Ensino Fundamental
Anos Finais

7º ANO

MATEMÁTICA E REALIDADE

GELSON IEZZI
Engenheiro metalúrgico pela Escola Politécnica da Universidade de São Paulo (Poli-USP).
Licenciado em Matemática pelo Instituto de Matemática e Estatística da Universidade de São Paulo (IME-USP).
Ex-professor da Pontifícia Universidade Católica de São Paulo (PUC-SP).
Ex-professor da rede particular de ensino de São Paulo.

OSVALDO DOLCE
Engenheiro civil pela Escola Politécnica da Universidade de São Paulo (Poli-USP).
Ex-professor da rede pública de ensino do Estado de São Paulo.
Ex-professor de cursos pré-vestibulares.

ANTONIO MACHADO
Licenciado em Matemática e mestre em Estatística pelo Instituto de Matemática e Estatística da Universidade de São Paulo (IME-USP).
Ex-professor do Instituto de Matemática e Estatística da Universidade de São Paulo (IME-USP).
Professor de escolas particulares de São Paulo.

Atual Editora

Editora Saraiva

Presidência: Mario Ghio Júnior
Direção executiva: Daniela Villela (Plataforma par)
Vice-presidência de educação digital: Camila Montero Vaz Cardoso
Direção editorial: Lidiane Vivaldini Olo
Gerência de conteúdo e design educacional: Renata Galdino
Gerência editorial: Julio Cesar Augustus de Paula Santos
Coordenação de projeto: Luciana Nicoleti
Edição: Rani de Oliveira e Souza e Thais Bueno de Moura
Planejamento e controle de produção: Flávio Matuguma (ger.), Juliana Batista (coord.), Vivian Mendes (analista) e Jayne Santos Ruas (analista)
Revisão: Letícia Pieroni (coord.), Aline Cristina Vieira, Anna Clara Razvickas, Brenda T. M. Morais, Carla Bertinato, Daniela Lima, Danielle Modesto, Diego Carbone, Kátia S. Lopes Godoi, Lilian M. Kumai, Malvina Tomáz, Marília H. Lima, Paula Rubia Baltazar, Paula Teixeira, Raquel A. Taveira, Ricardo Miyake, Shirley Figueiredo Ayres, Tayra Alfonso e Thaise Rodrigues
Arte: Fernanda Costa da Silva (ger.), Catherine Saori Ishihara (coord.), Lisandro Paim Cardoso (edição de arte)
Diagramação: Fórmula Produções Editoriais
Iconografia e tratamento de imagem: Roberta Bento (ger.), Claudia Bertolazzi (coord.), Karina Tengan (pesquisa iconográfica) e Fernanda Crevin (tratamento de imagens)
Licenciamento de conteúdos de terceiros: Roberta Bento (ger.), Jenis Oh (coord.), Liliane Rodrigues; Flávia Zambon e Raísa Maris Reina (analistas de licenciamento)
Ilustrações: Alberto De Stefano, Alex Silva, Artur Fujita, Cecília Iwashita, Ericson Guilherme Luciano, Estúdio Mil, Hélio Senatore, Ilustra Cartoon, Kanton e Tiago Donizete Leme
Cartografia: Eric Fuzii (coord.) e Robson Rosendo da Rocha
Design: Erik Taketa (coord.) e Pablo Maury Braz (proj. gráfico)
Foto de capa: Bildagentur Zoonar GmbH/Shutterstock

Avenida Paulista, 901, 6º andar – Bela Vista
São Paulo – SP – CEP 01310-200
http://www.somoseducacao.com.br

Dados Internacionais de Catalogação na Publicação (CIP)

Iezzi, Gelson
Matemática e realidade 7º ano / Gelson Iezzi, Antonio Machado e Osvaldo Dolce. - 10. ed. - São Paulo : Atual, 2021.

ISBN 978-65-5945-012-1 (livro do aluno)
ISBN 978-65-5945-013-8 (livro do professor)

1. Matemática (Ensino fundamental) - Anos finais I. Titulo II. Machado, Antonio III. Dolce, Osvaldo

21-2203 CDD 372.7

Angélica Ilacqua – Bibliotecária – CRB-8/7057

2023
10ª edição
3ª impressão
De acordo com a BNCC.

Impressão e acabamento Gráfica Santa Marta

Uma publicação SOMOS EDUCAÇÃO

Parabéns!
Agora você faz parte do **Plurall**, a plataforma digital do seu livro didático! Acesse e conheça todos os recursos e funcionalidades disponíveis para as suas aulas digitais.

Baixe o aplicativo do **Plurall** para Android e IOS ou acesse **www.plurall.net** e cadastre-se utilizando o seu código de acesso exclusivo:

AAPG8QGTH

Este é o seu código de acesso Plurall. Cadastre-se e ative-o para ter acesso aos conteúdos relacionados a esta obra.

@plurallnet

@plurallnetoficial

SOMOS EDUCAÇÃO

APRESENTAÇÃO

Esta é a mais nova edição da coleção *Matemática e realidade*. Por se tratar de uma obra com finalidade didática, esta coleção procura apresentar a teoria de maneira lógica e em linguagem acessível.

Nas séries de atividades e na introdução de alguns capítulos aparecem situações-problema ligadas quase sempre à realidade cotidiana. Algumas dessas propostas são apresentadas por meio da seção **Na real** ou do boxe **Participe**, que estimulam ações reflexivas, estratégias pessoais, compartilhamento de ideias e conhecimentos prévios para introduzir o tema a ser tratado.

Ao longo do livro, nos boxes **Na Olimpíada**, são reproduzidas questões da Olimpíada Brasileira de Matemática (OBM) e da Olimpíada Brasileira de Matemática das Escolas Públicas (Obmep), cujo objetivo é colocar você diante de situações novas, inesperadas, que o levem a analisar soluções, pensar e desenvolver a iniciativa de forma leve, divertida e espontânea.

A seção de leitura **Na mídia**, na qual é apresentada a reprodução de um texto de jornal, revista ou *site* ligado à Matemática, procura mostrar que a aplicação do conhecimento adquirido é essencial para o acesso aos meios de comunicação.

Em outra seção de leitura, **Na História**, você entrará em contato com a interessante história das descobertas matemáticas por meio da abordagem de um tema ligado ao assunto que está sendo estudado.

Em **Educação financeira**, você encontrará atividades individuais e coletivas sobre temas de educação financeira que podem ajudá-lo no planejamento financeiro – seu e/ou de sua família –, buscando sempre melhorar a qualidade de vida.

A seção **Matemática e tecnologia**, novidade desta edição e presente em todos os volumes, explora o uso de *softwares* e aplicativos de Matemática para resolver e modelar problemas.

Nesta edição, procuramos favorecer o desenvolvimento das competências e das habilidades propostas na Base Nacional Comum Curricular (BNCC), porque acreditamos que esse planejamento curricular facilitará a organização dos conteúdos e das abordagens das mais variadas escolas.

Esperamos que você goste deste livro e que aceite nossa companhia nesta viagem de descoberta dos números e das formas. Se quiser expressar sua opinião – seja ela qual for – a respeito desta obra, escreva para a editora. Teremos muita satisfação em saber o que você pensa.

Bons estudos!

Os autores

CONHEÇA SEU LIVRO

NA REAL

O objetivo da seção é mobilizar conhecimentos prévios e introduzir o conteúdo que será tratado no capítulo.

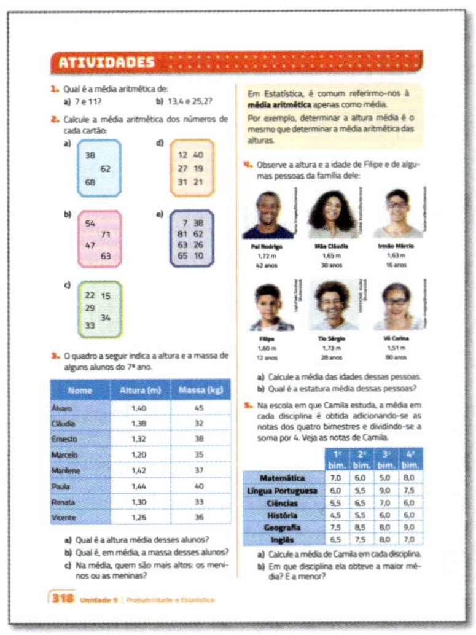

ATIVIDADES

As atividades são apresentadas em gradação de dificuldade e têm por objetivo consolidar o conteúdo estudado.

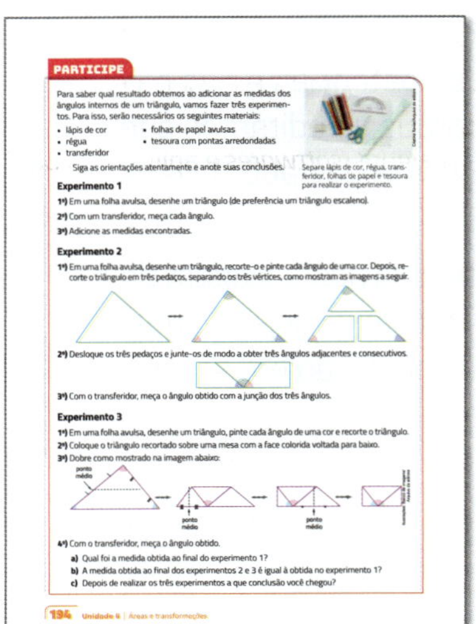

PARTICIPE

Neste boxe, são apresentadas questões que visam estimular o levantamento de hipóteses e a resolução de problemas por meio de estratégias pessoais.

NA OLIMPÍADA

Este boxe propõe questões desafiadoras que levam a analisar, pensar e relacionar conteúdos diversos.

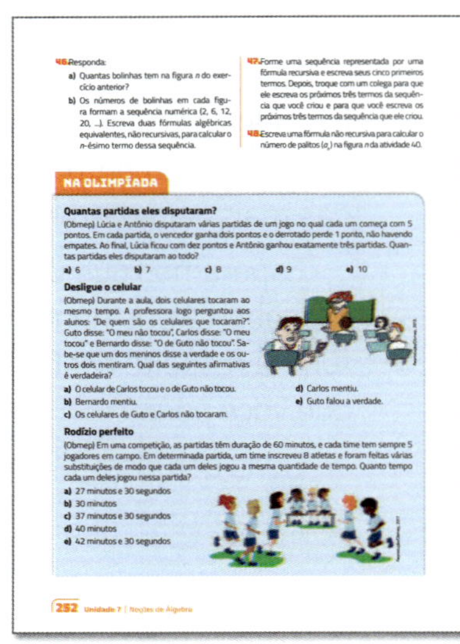

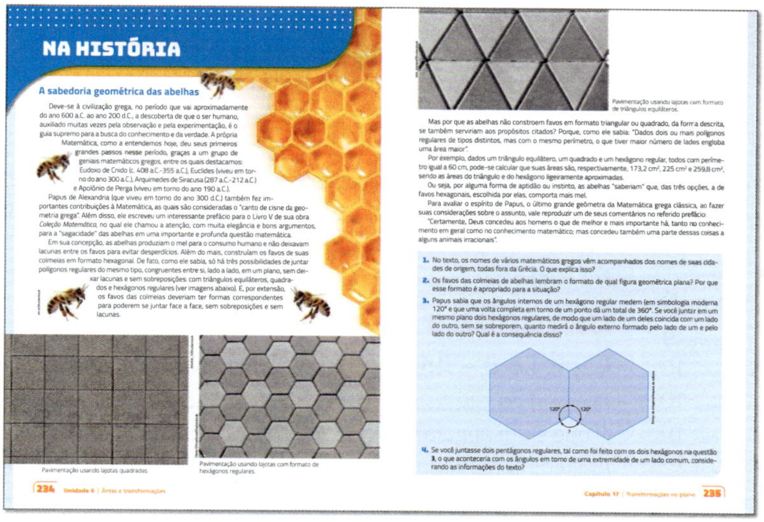

NA HISTÓRIA

Esta seção permite que você entre em contato com relatos históricos e questionamentos científicos relacionados a assuntos ligados ao conteúdo.

NA MÍDIA

Apresenta textos de jornais, revistas ou *sites* que levam a observar a realidade com visão crítica, usando a Matemática para comparar dados e situações apresentadas.

EDUCAÇÃO FINANCEIRA

Esta seção propõe atividades individuais e coletivas, permitindo uma reflexão sobre o consumo excessivo.

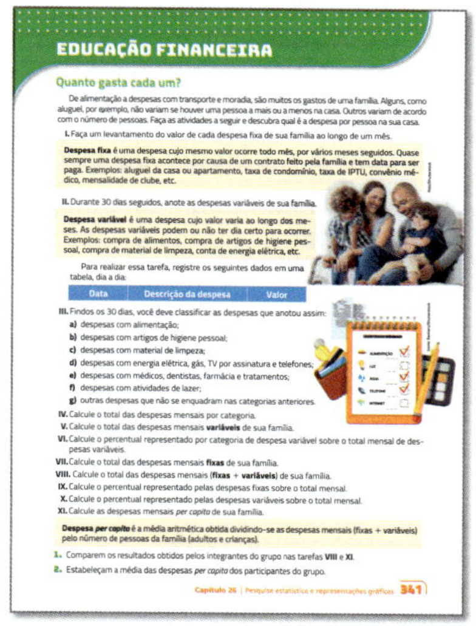

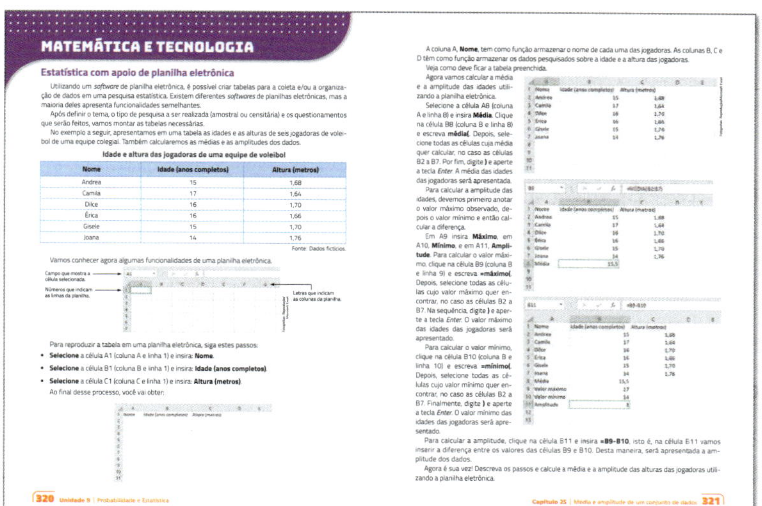

MATEMÁTICA E TECNOLOGIA

Esta seção propõe o uso de tecnologia para modelar e resolver problemas. Nela, são apresentados alguns *softwares* e aplicativos de Matemática.

ÍCONES

Calculadora Convém usar a calculadora quando encontrar este ícone.

Compasso Indica o uso de régua, compasso, esquadro, entre outros instrumentos.

SUMÁRIO

UNIDADES TEMÁTICAS DA BNCC: Números, Geometria, Álgebra, Grandezas e medidas, Probabilidade e Estatística

UNIDADE 1

Múltiplos e divisores, operações com frações e porcentagem

NESTA UNIDADE VOCÊ VAI

- Resolver problemas com números naturais.
- Calcular máximo divisor comum e mínimo múltiplo comum.
- Comparar e ordenar frações.
- Resolver e elaborar problemas envolvendo porcentagens.

CAPÍTULOS

CAPÍTULO 1

Múltiplos e divisores de um número natural

Igor Kyrlytsya/Shutterstock

NA REAL

Quantas moedas?

Imagine que você e os colegas conheceram um novo jogo e querem disputar uma partida para saber quem consegue acumular mais moedas. No início da partida, são distribuídas 120 moedas igualmente entre os participantes obedecendo a duas condições:

1. As moedas são distribuídas em grupos de 10.

2. Nunca sobram nem faltam moedas.

Quais são as opções de distribuição das moedas para atender à condição **1**?

Considerando as condições **1** e **2**, são permitidas quantas configurações de jogo que diferem uma da outra pela quantidade de participantes? Quais são elas?

Na BNCC
EF07MA01

Números naturais

No 6º ano, estudamos o conjunto dos números naturais, um conjunto infinito composto dos números 0, 1, 2, 3, 4, 5, 6, 7, 8, 9, 10, 11, ...

Dispostos nessa ordem, esses números formam o que chamamos **sequência dos naturais**. Eles podem ser representados por pontos igualmente espaçados numa reta, que chamamos **reta numérica**.

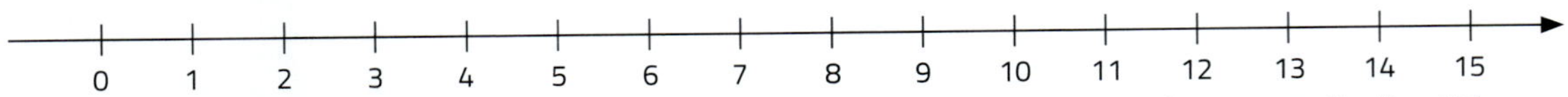

Nessa representação, os naturais estão na ordem crescente, da esquerda para a direita. Números representados por pontos vizinhos na sequência anterior são chamados **números naturais consecutivos**.

Exemplos

- 1 e 2 são dois números naturais consecutivos.
- 5, 6 e 7 são três números naturais consecutivos.
- 10, 11, 12 e 13 são quatro números naturais consecutivos.

Recordemos que na sequência de números naturais:

- o **antecessor** de um número é o número que vem imediatamente antes dele;
- o **sucessor** de um número é o número que vem imediatamente depois dele;
- todo natural tem um sucessor;
- o número 0 é o único natural que não tem antecessor.

Exemplos

- O sucessor de 25 é 26.
- O antecessor de 25 é 24.

Sequência numérica

Uma **sequência numérica** é uma lista de números dispostos em determinada ordem, que deve ser preservada. Os números que compõem uma sequência numérica são chamados **elementos da sequência**.

A sequência também pode ser chamada sucessão ou progressão.

Observe os exemplos a seguir.

- Sequência dos números naturais pares: 0, 2, 4, 6, 8, 10, ...
- Sequência dos números naturais ímpares: 1, 3, 5, 7, 9, 11, ...
- Sequência dos números naturais primos: 2, 3, 5, 7, 11, 13, ...

A sequência dos múltiplos de um número natural

O IBGE e a Fifa

O recenseamento da população brasileira é feito pelo Instituto Brasileiro de Geografia e Estatística (IBGE) a cada 10 anos, e a Copa do Mundo de Futebol é realizada pela Fédération Internationale de Football Association (Fifa) a cada 4 anos.

Observação: O recenseamento da população de 1990 foi realizado em 1991 por dificuldade de contratação de recenseadores; o de 2020 foi adiado devido à pandemia da covid-19.

Em 2010, ambos os fatos aconteceram: o recenseamento da população brasileira e a Copa do Mundo, que foi realizada na África do Sul.

De quanto em quanto tempo ocorre a coincidência desses dois eventos?

A partir de 2010, que vamos considerar como ano 0, os censos são realizados nos anos: 0, 10, 20, 30, 40, 50, 60, 70, 80, 90, ...

Já as copas acontecem nos anos: 0, 4, 8, 12, 16, 20, 24, 28, 32, 36, 40, 44, ...

Os anos em que ocorrem ambos os eventos são: 0, 20, 40, 60, 80, ...

Portanto, a coincidência desses eventos acontece de 20 em 20 anos. Como ambos ocorreram em 2010, a próxima coincidência será em 2030.

Múltiplos

Os números 0, 10, 20, 30, 40, 50, ... são os múltiplos naturais de 10. São obtidos multiplicando por 10 os naturais 0, 1, 2, 3, 4, 5, ...

Os múltiplos naturais de 4 são: 0, 4, 8, 12, 16, 20, 24, ...

Os múltiplos comuns de 10 e 4 são: 0, 20, 40, 60, ...

O menor múltiplo comum de 10 e 4, excluindo o zero, é 20, que chamamos **mínimo múltiplo comum (mmc)** de 10 e 4.

Os múltiplos de um número natural são os números que obtemos quando multiplicamos por ele os naturais 0, 1, 2, 3, 4, 5, 6, ...

- Um número natural dado é múltiplo de outro natural não nulo, quando é divisível por esse outro.
- O único múltiplo de 0 é 0.

Observe que 24 é múltiplo de 4 porque $24 = 4 \cdot 6$. Então, dividindo 24 por 4, obtemos quociente 6 e resto 0. Logo, 24 é divisível por 4.

$$\begin{array}{r|l} 24 & 4 \\ \hline 0 & 6 \end{array}$$

Todos os múltiplos de 4, e só eles, são divisíveis por 4.

O fluxograma a seguir indica uma forma de reconhecer se um número natural é múltiplo de outro (não nulo).

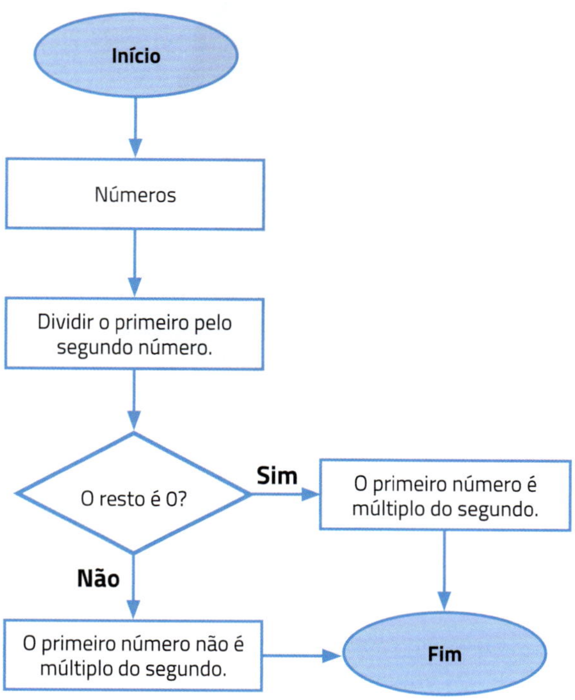

Exemplo

Será que 350 é múltiplo de 7? Vamos dividir 350 por 7:

$$\begin{array}{r|l} 350 & 7 \\ \hline -350 & 50 \\ \hline 0 & \end{array}$$

$350 = 7 \cdot 50$

O resto é 0, então, 350 é divisível por 7. Logo, 350 é múltiplo de 7.

Note que, como $350 = 50 \cdot 7$, o número 350 é múltiplo de 7 e também de 50.

ATIVIDADES

1. Escreva todos os números naturais menores que 60 que são múltiplos de:

a) 7. **b)** 8.

2. Observe os números a seguir.

6	24	30	36	50	55	84	100
112	120	142	180	220	240	244	264

a) Quais desses números são múltiplos de 12?

b) Quais são os múltiplos de 12 menores que 100 que não estão representados no quadro?

3. Descubra qual é o menor número natural:

a) múltiplo de 9 com três algarismos.

b) múltiplo de 25 com quatro algarismos.

c) múltiplo de 133 com quatro algarismos.

4 Elabore um problema que possa ter a resolução e a resposta a seguir.

843	365
113	2

113	30
23	3

Resposta: 23.

5. Bianca é uma jovem entusiasmada com esportes. Durante um mês de 30 dias, ela divide a prática de esportes da seguinte maneira:

- nos dias múltiplos de 5, ela pratica futebol.
- nos dias múltiplos de 7, ela pratica basquete.
- nos dias múltiplos de 3, ela faz caminhada, podendo também praticar outro esporte.

a) Em quais dias do mês Bianca pratica futebol?

b) Em quais dias do mês Bianca pratica basquete?

c) Em quais dias do mês Bianca faz caminhada?

d) Em quais dias do mês Bianca realiza mais de uma atividade?

e) Qual é o mínimo múltiplo comum de 7 e 3?

Patrick Foto/Shutterstock

6. Faça o que se pede.

a) Escreva a sequência dos múltiplos de 8, não nulos, até encontrar um que seja também múltiplo de 6.

b) Qual é o mínimo múltiplo comum de 6 e 8?

7. Determine o mínimo múltiplo comum de 12 e 20.

Os divisores de um número natural

Leandro precisa embalar 18 lâmpadas amarelas e 24 verdes em caixas com quantidades iguais, sem misturar as cores.

Para usar o mínimo de caixas, ele precisa colocar o máximo de lâmpadas em cada uma. Qual é a quantidade máxima de lâmpadas que Leandro pode colocar em cada caixa?

As 18 lâmpadas amarelas podem ser embaladas em caixas de:

- 1 lâmpada (serão necessárias 18 caixas)

  ou
- 2 lâmpadas (serão necessárias 9 caixas)

  ou
- 3 lâmpadas (serão necessárias 6 caixas)

  ou
- 6 lâmpadas (serão necessárias 3 caixas)

  ou
- 9 lâmpadas (serão necessárias 2 caixas)

  ou
- 18 lâmpadas (será necessária 1 caixa)

As 24 lâmpadas verdes podem ser embaladas em caixas de:

- 1 lâmpada (serão necessárias 24 caixas)

  ou
- 2 lâmpadas (serão necessárias 12 caixas)

  ou
- 3 lâmpadas (serão necessárias 8 caixas)

  ou
- 4 lâmpadas (serão necessárias 6 caixas)

  ou
- 6 lâmpadas (serão necessárias 4 caixas)

  ou
- 8 lâmpadas (serão necessárias 3 caixas)

  ou
- 12 lâmpadas (serão necessárias 2 caixas)

  ou
- 24 lâmpadas (será necessária 1 caixa)

Para que todas as caixas fiquem com a mesma quantidade de lâmpadas, cada caixa pode ter 1, 2, 3 ou 6 lâmpadas.

A quantidade máxima de lâmpadas que Leandro pode colocar em cada caixa é 6.

Embalando em caixas de 6 lâmpadas, serão montadas 3 caixas de lâmpadas amarelas e 4 caixas de lâmpadas verdes.

Divisores

Note que o número 18 é divisível por 1, 2, 3, 6, 9 e 18.

Os números 1, 2, 3, 6, 9 e 18 são divisores naturais de 18.

Os divisores naturais de 24 são: 1, 2, 3, 4, 6, 8, 12 e 24.

Os divisores comuns de 18 e 24 são: 1, 2, 3 e 6. O maior divisor comum de 18 e 24 é 6, que chamamos **máximo divisor comum (mdc)** de 18 e 24.

> Um número natural a é **divisor** do natural b quando a divisão de b por a deixa resto zero (b é **divisível** por a). Nesse caso, também dizemos que b é **múltiplo** de a.

Um número natural maior que 1 que só é divisível por 1 e por ele mesmo é chamado **número primo**. São números primos: 2, 3, 5, 7, 11, 13, 17, 19, 23, etc.

Exemplos

- 5 é um divisor de 185 porque 185 termina em 5, logo é divisível por 5.
- 24 é divisível por 8. → 24 é múltiplo de 8.
  → 8 é um divisor de 24.
  → 8 é um fator de 24.
- 17 é número primo porque os únicos divisores naturais de 17 são 1 e 17.

ATIVIDADES

8. Pense e responda:

a) 5 é divisor de 50? Por quê?

b) 15 é divisor de 50? Por quê?

9. Classifique em verdadeira ou falsa cada afirmação a seguir.

a) 30 é divisor de 60.

b) 96 é divisível por 4.

c) 1 350 é divisível por 250.

d) 8 é divisor de 4.

10. Complete as informações a seguir com os termos "divisor de" ou "múltiplo de".

a) 4 é ////////// 20.

b) 36 é ////////// 6.

c) 12 é ////////// 132.

d) 132 é ////////// 12.

e) 18 é ////////// 18.

11. Faça o que se pede.

a) Escreva os divisores de 16 e responda: Qual é o maior deles que também é divisor de 20?

b) Qual é o máximo divisor comum de 16 e 20?

12. Determine o mdc de 18 e 30.

Como obter os divisores

Podemos obter os divisores pela decomposição do número em fatores primos.

Divisores de 18:

		×	
		1	
18	2	2	
9	3	3,	6
3	3	9,	18
1			

Divisores de 24:

		×			
		1			
24	2	2			
12	2	4			
6	2	8			
3	3	3,	6,	12,	24
1					

ATIVIDADES

13. Obtenha os divisores por fatoração de:

a) 36.

b) 90.

14. Qual é o mdc de 36 e 90?

15. São dados os seguintes números: 23, 25, 27, 29 e 31. Quais deles são números primos? Justifique sua resposta.

16. Os números 25 e 27 são primos entre si? Por quê?

Cálculo do mínimo múltiplo comum

Veja estas filas de peças de dois dominós:

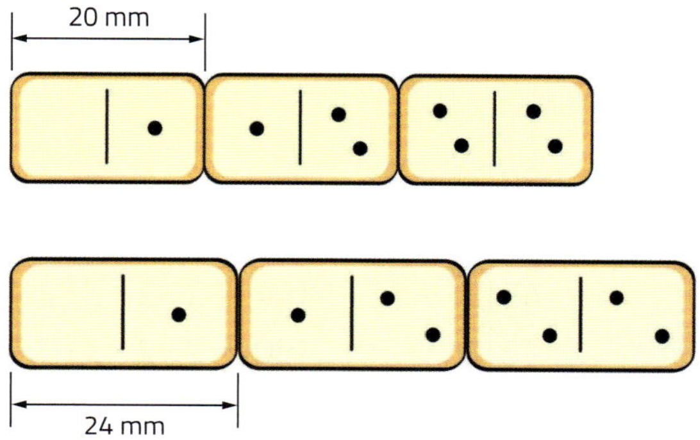

Estúdio Mil/Arquivo da editora

Na primeira fila, as peças medem 20 mm de comprimento e, na segunda fila, 24 mm. Queremos aumentar as filas até que fiquem com o mesmo comprimento, o menor possível, sempre justapondo as peças do primeiro dominó na primeira fila e as do segundo dominó na segunda fila. Com quantos milímetros ficará cada fila?

O comprimento, em milímetros, da primeira fila é um múltiplo de 20: 20, 40, 60, 80 ou ..., enquanto o da segunda fila é um múltiplo de 24.

Os múltiplos não nulos de 24, na ordem crescente, são:

$$24;\ 24 \cdot 2 = 48;\ 24 \cdot 3 = 72;\ 24 \cdot 4 = 96;\ 24 \cdot 5 = 120; \ldots$$

O primeiro desses números que também é múltiplo de 20 é 120.

Então, as filas vão medir 120 mm.

Note que o número 120 é o menor múltiplo de 24, excluindo o zero, que também é múltiplo de 20. Por isso, é chamado mínimo múltiplo comum (mmc) de 20 e 24. Escrevemos: mmc (20, 24) = 120.

Empregando fatoração

No problema anterior, calculamos o mmc (20, 24).

Há outro modo de obter o mmc (20, 24), empregando a fatoração dos números:

$$\begin{array}{r|l} 20 & 2 \\ 10 & 2 \\ 5 & 5 \\ 1 & \end{array} \qquad \begin{array}{r|l} 24 & 2 \\ 12 & 2 \\ 6 & 2 \\ 3 & 3 \\ 1 & \end{array} \qquad \begin{array}{l} 20 = 2 \cdot 2 \cdot 5 \\ 24 = 2 \cdot 2 \cdot 2 \cdot 3 \end{array}$$

Um múltiplo de 20, maior que 20, tem necessariamente os fatores 2, 2 e 5, podendo ter outros fatores.

Um múltiplo não nulo de 24 tem necessariamente os fatores 2, 2, 2 e 3, podendo ter outros fatores.

Então, um múltiplo comum de 20 e 24 deve ter pelo menos os fatores 2, 2, 2, 3 e 5. O mmc é o que só tem estes fatores:

$$\text{mmc}\,(20, 24) = 2 \cdot 2 \cdot 2 \cdot 3 \cdot 5 = 120$$

Empregando potências, escrevemos assim as formas fatoradas:

- $20 = 2^2 \cdot 5$
- $24 = 2^3 \cdot 3$
- $\text{mmc}\,(20, 24) = 2^3 \cdot 3 \cdot 5$

O fator primo 2 que aparece nas decomposições de 20 e de 24 é um fator primo comum de 20 e 24. Note que no mmc (20, 24) o expoente desse fator primo é o maior entre as fatorações dos números 20 e 24.

Já o 3 é fator primo de 24, mas não de 20. E o 5 é fator primo de 20, mas não de 24. Logo, 3 e 5 não são fatores primos comuns de 20 e de 24. Eles devem aparecer na forma fatorada do mmc como aparecem nas fatorações dos números.

Veja este outro exemplo:

$$\begin{array}{r|l} 144 & 2 \\ 72 & 2 \\ 36 & 2 \\ 18 & 2 \\ 9 & 3 \\ 3 & 3 \\ 1 & \end{array} \qquad \begin{array}{r|l} 180 & 2 \\ 90 & 2 \\ 45 & 3 \\ 15 & 3 \\ 5 & 5 \\ 1 & \end{array}$$

$$144 = 2 \cdot 2 \cdot 2 \cdot 2 \cdot 3 \cdot 3 = 2^4 \cdot 3^2$$

$$180 = 2 \cdot 2 \cdot 3 \cdot 3 \cdot 5 = 2^2 \cdot 3^2 \cdot 5$$

Na fatoração de 144, a maior quantidade de vezes que o fator primo 2 aparece é quatro; na fatoração de 180, a maior quantidade de vezes que o 3 aparece é duas e o 5 aparece uma vez.

Logo:

- $\text{mmc}\,(144, 180) = 2^4 \cdot 3^2 \cdot 5$
- $\text{mmc}\,(144, 180) = 16 \cdot 9 \cdot 5 = 720$

O **mínimo múltiplo comum (mmc)** é o produto dos fatores primos comuns e não comuns, cada um com o **maior expoente** que apresenta nas formas fatoradas dos números dados.

Essa regra também vale para calcular o mmc de mais de dois números.

Acompanhe o cálculo do mmc (18, 25, 30):

$$\begin{array}{r|l} 18 & 2 \\ 9 & 3 \\ 3 & 3 \\ 1 & \end{array} \qquad \begin{array}{r|l} 25 & 5 \\ 5 & 5 \\ 1 & \end{array} \qquad \begin{array}{r|l} 30 & 2 \\ 15 & 3 \\ 5 & 5 \\ 1 & \end{array}$$

Alberto De Stefano/Arquivo da editora

- $18 = 2 \cdot 3^2$
- $25 = 5^2$
- $30 = 2 \cdot 3 \cdot 5$

Na forma fatorada do mmc, entram 2, 3^2 e 5^2.

Então, $\text{mmc}\,(18, 25, 30) = 2 \cdot 3^2 \cdot 5^2 = 2 \cdot 9 \cdot 25 = 450$.

Empregando decomposição simultânea

Podemos calcular o mmc de dois ou mais números fazendo a decomposição deles simultaneamente. Acompanhe a explicação no cálculo do mmc (18, 25, 30).

1º passo: Escrevemos os números dados, separando-os por vírgulas, e colocamos um traço vertical ao lado do último número. À direita do traço, colocamos o menor dos fatores primos dos números dados, seja ele um fator comum ou não a todos os números (no exemplo, o 2).

$$\begin{array}{r|l} 18,\ 25,\ 30 & 2 \end{array}$$

2º passo: Abaixo de cada número que for divisível pelo fator primo, colocamos o quociente da divisão dele por esse fator primo (no exemplo, sob o 18 colocamos o 9 e sob o 30, o 15). Os números não divisíveis pelo fator primo devem ser repetidos (no exemplo, o 25).

$$\begin{array}{r|l} 18,\ 25,\ 30 & 2 \\ 9,\ 25,\ 15 & \end{array}$$

3º passo: Prosseguimos com esse processo até chegar ao quociente 1 em todos os números.

$$\begin{array}{r|l} 18,\ 25,\ 30 & 2 \\ 9,\ 25,\ 15 & 3 \\ 3,\ 25,\ 5 & 3 \\ 1,\ 25,\ 5 & 5 \\ 1,\ 5,\ 1 & 5 \\ 1,\ 1,\ 1 & \end{array}$$

4º passo: O mmc dos números é o produto dos fatores primos colocados à direita do traço: mmc (18, 25, 30) $= 2 \cdot 3^2 \cdot 5^2 = 2 \cdot 9 \cdot 25 = 450$.

ATIVIDADES

17. Em 2006 ocorreu um raro fenômeno: o alinhamento dos planetas Mercúrio, Vênus e Saturno. Assim como a Terra, esses planetas também giram em torno do Sol. Mercúrio leva aproximadamente 87 dias para completar uma volta em torno do Sol; Vênus leva aproximadamente 225 dias; e Saturno, 28 anos.

De acordo com essas informações, faça o que se pede a seguir.

a) Calcule o mmc (87, 225) e responda: Considerando o momento em que os três planetas se alinham, depois de quantos dias Mercúrio e Vênus estarão ambos novamente nessa mesma posição?

b) Transforme em anos o número da resposta ao item anterior.

c) Depois de quantos anos, aproximadamente, essa posição dos três planetas se repetirá? Calcule o mmc entre 28 e o número dado como resposta ao item **b**.

18. Um carro e uma moto partem juntos do ponto inicial do circuito de um autódromo. O carro percorre o circuito em 210 segundos, e a moto, em 280 segundos. Depois de quanto tempo o carro e a moto passarão juntos novamente pelo ponto inicial?

19. Calcule:

a) mmc (12, 15, 18)

b) mmc (24, 32, 40)

20. Esta é a foto que Adriana tirou dos amigos em uma festa da escola.

O mmc dos números pintados nas camisetas dos amigos de Adriana coincide com a pontuação de cada um em um jogo eletrônico. Se Adriana fez 100 pontos, no total, quem pontuou mais: os cinco meninos ou as cinco meninas? Quanto a mais?

21. Descubra a classificação das equipes na gincana da escola, calculando o mmc dos números escritos nas placas de cada líder de equipe. O maior mmc corresponde à equipe com mais pontos; o menor mmc corresponde à equipe com menos pontos. Qual foi a equipe vencedora?

Cálculo do máximo divisor comum

Claudete participa de um bazar beneficente com o objetivo de arrecadar fundos para uma creche. Ela fez, para vender no bazar, 840 bombons de chocolate ao leite e 900 bombons de fruta. Agora, ela precisa empacotá-los.

Quatro condições devem ser seguidas no empacotamento:

- Cada pacote deve ter apenas bombons de um mesmo sabor.
- Todos os pacotes devem ter a mesma quantidade de bombons.

- Os pacotes devem conter a maior quantidade possível de bombons.
- Não deve sobrar nenhum bombom fora dos pacotes.

Quantos bombons Claudete deve colocar em cada pacote?

Devemos repartir 840 de chocolate ao leite e 900 bombons de fruta em pacotes com a mesma quantidade e com um único sabor; não deve sobrar bombons.

A quantidade de bombons em cada pacote é um divisor comum de 840 e 900.

Como os pacotes devem conter a maior quantidade possível de bombons, precisamos calcular o máximo divisor comum de 840 e 900.

Você vai encontrar a resposta quando resolver a atividade **22** que está adiante. Agora vamos ver como podemos calcular o mdc.

Empregando a fatoração

Podemos determinar o mdc a partir da forma fatorada dos números, sem precisar escrever todos os divisores deles.

Por exemplo, vamos calcular o mdc (45, 60):

$$\begin{array}{r|l} 45 & 3 \\ 15 & 3 \\ 5 & 5 \\ 1 & \end{array} \qquad \begin{array}{r|l} 60 & 2 \\ 30 & 2 \\ 15 & 3 \\ 5 & 5 \\ 1 & \end{array} \qquad \begin{array}{l} 45 = 3 \cdot 3 \cdot 5 \\ 60 = 2 \cdot 2 \cdot 3 \cdot 5 \end{array}$$

O 3 e o 5 são divisores comuns de 45 e 60, e o produto $3 \cdot 5$ também é. Como não há outros divisores primos comuns, o maior divisor comum que podemos encontrar é $3 \cdot 5$; portanto, mdc (45, 60) = 15.

PARTICIPE

Vamos descobrir qual é o mdc (126, 270) empregando fatorações.

a) Decomponha 126 em fatores primos sem usar expoentes.

b) Decomponha 270 em fatores primos sem usar expoentes.

c) Quais são os divisores primos comuns de 126 e 270?

d) Algum fator primo comum aparece mais de uma vez em ambas as decomposições?

e) Quantas vezes ele aparece?

f) Multiplicando só fatores comuns que aparecem mais de uma vez, qual é o maior divisor comum de 126 e 270 que podemos encontrar?

g) Multiplicando fatores comuns repetidos ou não, qual é o maior divisor comum de 126 e 270 que podemos formar?

h) Qual é o mdc (126, 270)?

i) Agora, escreva as decomposições usando os expoentes dos números dados e do mdc deles.

j) No mdc, o fator comum apresenta o maior ou o menor expoente das duas fatorações?

O raciocínio empregado no exemplo anterior e na seção **Participe** pode ser aplicado no cálculo do mdc de mais de dois números.

Syda Productions/Shutterstock

Exemplo

Acompanhe o cálculo do mdc (180, 240, 252):

$$\begin{array}{r|l} 180 & 2 \\ 90 & 2 \\ 45 & 3 \\ 15 & 3 \\ 5 & 5 \\ 1 & \end{array} \qquad \begin{array}{r|l} 240 & 2 \\ 120 & 2 \\ 60 & 2 \\ 30 & 2 \\ 15 & 3 \\ 5 & 5 \\ 1 & \end{array} \qquad \begin{array}{r|l} 252 & 2 \\ 126 & 2 \\ 63 & 3 \\ 21 & 3 \\ 7 & 7 \\ 1 & \end{array}$$

$180 = 2^2 \cdot 3^2 \cdot 5$

$240 = 2^4 \cdot 3 \cdot 5$

$252 = 2^2 \cdot 3^2 \cdot 7$

Os fatores primos comuns aos três números são 2 e 3.

mdc (180, 240, 252) = $2^2 \cdot 3 = 4 \cdot 3 = 12$

O **máximo divisor comum (mdc)** é o produto dos fatores primos comuns, cada um com o **menor expoente** que apresenta nas fatorações dos números dados.

Lembre-se: se os números dados não apresentam fator primo comum, então o mdc é 1 e os números são primos entre si.

ATIVIDADES

22. Releia o problema sobre os pacotes de bombons, nas páginas 18 e 19. Calcule o mdc de 840 e de 900 para saber quantos bombons Claudete deve colocar em cada pacote.

23. Descubra as estações em que o trem vai parar calculando o mdc dos números que aparecem em cada vagão. Cada mdc é o número de uma estação em que vai haver parada.

a) Quantas serão as paradas?

b) Em quais estações serão as paradas?

Estação	
1- Serra das Onças	7- Muriri
2- Poço das Cobras	8- Vale do Perigo
3- Caxinguelê	9- Cidade Feliz
4- Pico dos Gaviões	10- Encruzilhada
5- Pererê	11- Porto dos Sonhos
6- Eldorado	12- Praia do Sol

Alberto De Stefano/Arquivo da editora

Empregando decomposição simultânea

Podemos calcular o mdc de dois ou mais números fazendo a decomposição simultânea deles. Acompanhe a explicação no cálculo do mdc de 180, 240 e 252.

1º passo: Escrevemos os números dados, separando-os com vírgulas, e colocamos um traço vertical ao lado do último número. À direita do traço, colocamos o menor fator primo comum de todos os números dados. Se não há fator primo comum, os números são primos entre si e o mdc é igual a 1.

$$\begin{array}{r|l} 180,\ 240,\ 252 & 2 \\ & \\ & \end{array}$$

2º passo: Abaixo de cada número colocamos o quociente da divisão pelo fator primo comum. À direita do traço, colocamos o menor fator primo comum dos quocientes encontrados.

$$\begin{array}{r|l} 180,\ 240,\ 252 & 2 \\ 90,\ 120,\ 126 & 2 \\ & \end{array}$$

3º passo: Dividimos cada quociente pelo fator primo comum e indicamos, abaixo de cada número, o resultado encontrado. Prosseguimos assim até encontrar quocientes que não tenham fator primo comum, isto é, que sejam primos entre si.

$$\begin{array}{r|l} 180,\ 240,\ 252 & 2 \\ 90,\ 120,\ 126 & 2 \\ 45,\ \ 60,\ \ 63 & 3 \\ \underbrace{15,\ \ 20,\ \ 21}_{\text{Não têm fator primo comum.}} & \end{array}$$

4º passo: O mdc é o produto dos fatores primos comuns colocados à direita do traço.

mdc (180, 240, 252) = $2 \cdot 2 \cdot 3 = 12$

Calculando o mdc e o mmc

Prosseguindo com a decomposição simultânea após calcularmos o mdc, podemos calcular também o mmc. Recomeçamos dividindo os quocientes por 2, 3, 5, etc., repetindo aqueles não divisíveis, já que não há mais fator comum.

$$\begin{array}{r|l} 180,\ 240,\ 252 & 2 \\ 90,\ 120,\ 126 & 2 \\ 45,\ \ 60,\ \ 63 & 3 \\ \hline 15,\ \ 20,\ \ 21 & 2 \\ 15,\ \ 10,\ \ 21 & 2 \\ 15,\ \ 5,\ \ 21 & 3 \\ 5,\ \ 5,\ \ 7 & 5 \\ 1,\ \ 1,\ \ 7 & 7 \\ 1,\ \ 1,\ \ 1 & \end{array}
\quad
\begin{array}{l} \left.\begin{array}{l} \\ \\ \\ \end{array}\right\} \text{comuns} \\ \left.\begin{array}{l} \\ \\ \\ \\ \\ \end{array}\right\} \text{não comuns} \\ \\ \end{array}$$

O mdc é o produto dos fatores primos comuns:

$$\text{mdc}\ (180, 240, 252) = 2 \cdot 2 \cdot 3 = 12$$

O mmc é o produto de todos os fatores primos. Então, se multiplicarmos o mdc pelos fatores não comuns, teremos:

$$\text{mmc}\ (180, 240, 252) = 12 \cdot 2 \cdot 2 \cdot 3 \cdot 5 \cdot 7 = 5\,040$$

ATIVIDADES

24. Tenho 84 balas de coco, 144 balas de chocolate e 60 balas de leite. Quero formar saquinhos de balas, sem misturar sabores nem ter sobras de balas. Todos os saquinhos devem ter a mesma quantidade de balas e esta deve ser a maior possível.

a) Quantas balas devo colocar em cada saquinho?

b) Quantos saquinhos devo formar?

25. Determine:

a) mdc (81, 80)

b) mdc (21, 30, 48)

c) mdc (100, 117)

d) mdc (112, 176, 96)

e) Em quais itens os números são primos entre si?

26. No Colégio 1º de Maio, matricularam-se:

- 280 estudantes de 6º ano;
- 224 estudantes de 7º ano;
- 168 estudantes de 8º ano;
- 112 estudantes de 9º ano.

O diretor quer que todas as classes do colégio tenham o mesmo número de estudantes. O número considerado ideal por ele é não menos de 20 nem mais de 40 estudantes. Para satisfazer a vontade do diretor:

a) quantos estudantes cada classe deve ter?

b) quantas classes de cada ano serão formadas?

27. Marcos e Daniel são universitários. O mdc dos números escritos nas camisetas deles é a idade de cada um, e o mmc corresponde a quanto cada um ganhou trabalhando nas últimas férias escolares.

Ilustra Cartoon/Arquivo da editora

Aplique a regra que preferir para calcular o mdc e o mmc e responda:

a) Quem é o mais velho?

b) Quem ganhou mais?

28. Fatore cada número a seguir:

75 **98** **320** **480**

Responda:

a) Entre os números dados, há dois que são primos entre si? Quais?

b) Qual é a soma dos dois números que têm mdc igual a 15?

c) Qual é o mmc dos dois números que têm mdc igual a 2?

CAPÍTULO 2

Operações com frações e decimais

Andre Nery/Shutterstock

NA REAL

O troco está certo?

Você já notou que em algumas situações os atendentes de caixas pedem aos clientes que facilitem o troco quando o pagamento é feito com cédulas e moedas?

Imagine que você fez uma compra na feira e vai pagar com cédulas e moedas. Leia o diálogo a seguir e diga se o troco proposto pelo atendente está correto ou não.

Atendente: – Deu R$ 46,75.

Você entrega uma cédula de R$ 50,00.

Atendente: – Tem uma cédula de R$ 2,00 para auxiliar no troco?

Você: – Tenho!

Atendente: – Ótimo! Porque aí eu cobro R$ 45,00 dos R$ 50,00 e R$ 1,75 dos R$ 2,00 e devolvo de troco R$ 5,25.

Na BNCC
EF07MA05
EF07MA06
EF07MA07
EF07MA08

Recordando frações

Marisa está participando com mais três amigas, Beatriz, Carla e Júlia, da criação de um jogo de tabuleiro no qual o tabuleiro é dividido em partes iguais, chamadas territórios. O jogo, que se chama conquistando territórios, é feito para quatro jogadores, os quais têm como meta conquistar territórios. Vence a partida o jogador que terminar a partida com o maior número de territórios.

O tabuleiro apresentado por Marisa tem o formato de um quadrado, dividido em 16 territórios. Confira o tabuleiro na figura a seguir.

Banco de imagens/Arquivo da editora

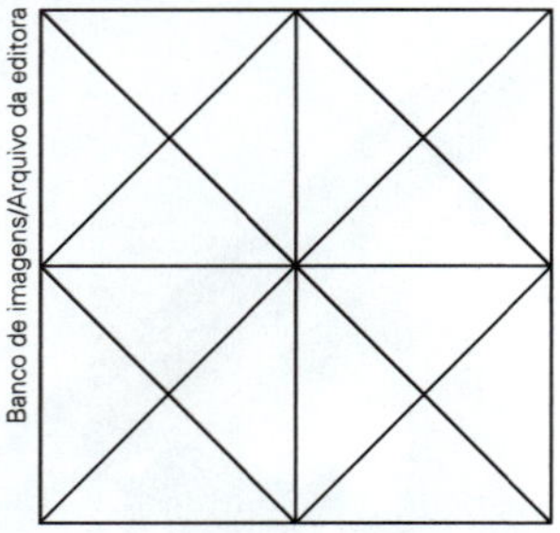

Ao final da primeira rodada desse jogo, a disposição dos territórios conquistados pelas jogadoras é a seguinte:

Banco de imagens/Arquivo da editora

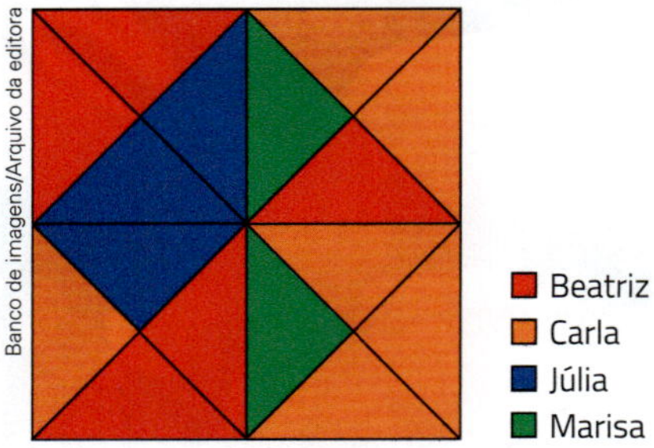

- Beatriz: 5 territórios.
- Carla: 6 territórios.
- Júlia: 3 territórios.
- Marisa: 2 territórios.

Dessa maneira, a vencedora dessa rodada foi Carla, com 6 territórios. Carla conseguiu conquistar $\frac{6}{16}$ do tabuleiro.

Frações

A fração pode ser compreendida como um número que representa partes de um inteiro. Na representação de uma fração, o termo acima do traço é chamado **numerador** e aquele abaixo, **denominador**. O denominador é sempre diferente de zero.

$$\frac{6}{16} \begin{matrix} \leftarrow \text{numerador} \\ \leftarrow \text{denominador} \end{matrix}$$

As frações podem ser classificadas, de acordo com os valores do numerador e do denominador, em frações próprias, frações impróprias e frações aparentes. Acompanhe a seguir.

Frações próprias

São aquelas em que o numerador é menor que o denominador.

Exemplos: $\frac{1}{2}, \frac{2}{5}, \frac{8}{10}, \frac{70}{100}$.

Frações impróprias

São aquelas em que o numerador é maior que ou igual ao denominador.

Exemplos: $\frac{5}{3}, \frac{10}{6}, \frac{12}{12}, \frac{100}{8}$.

Frações aparentes

São aquelas em que o numerador é múltiplo do denominador.

Exemplos: $\frac{4}{4}, \frac{30}{5}, \frac{35}{7}, \frac{150}{50}$.

PARTICIPE

Sobre a primeira rodada do jogo de tabuleiro criado por Marisa e suas amigas, responda:

a) Que fração do tabuleiro foi conquistada por Beatriz? Qual é o tipo dessa fração?

b) Que fração do tabuleiro foi conquistada por Júlia? Qual é o tipo dessa fração?

c) Que fração do tabuleiro foi conquistada por Marisa? Qual é o tipo dessa fração?

d) Que fração do tabuleiro representa os territórios conquistados por Júlia e Beatriz juntas? Qual é o tipo dessa fração?

e) Qual fração do tabuleiro representa os territórios conquistados pelas quatro jogadoras juntas? Qual é o tipo dessa fração?

ATIVIDADES

1. Observe o quadrado *ABCD* a seguir e responda a que fração dele corresponde:

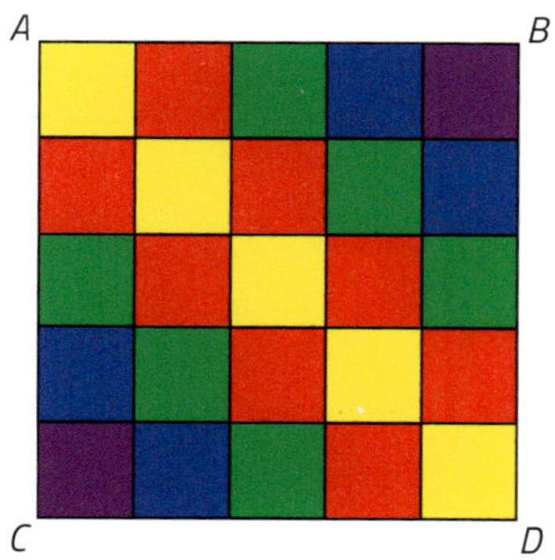

Banco de imagens/Arquivo da editora

a) a parte amarela.

b) a parte vermelha.

c) a parte verde.

d) a parte roxa.

e) a parte azul.

2. Classifique cada fração em própria ou imprópria.

$\frac{5}{7}$ $\quad \frac{9}{8}$ $\quad \frac{5}{15}$ $\quad \frac{16}{4}$ $\quad \frac{25}{7}$ $\quad \frac{6}{12}$

3. Na atividade anterior, há alguma fração aparente? Qual (ou quais)?

Frações equivalentes e simplificação

Vamos analisar e comparar duas frações. Observe os exemplos a seguir.

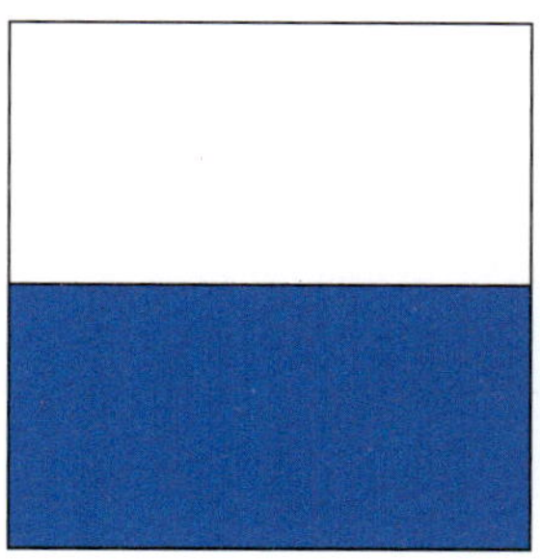

$\frac{1}{2}$

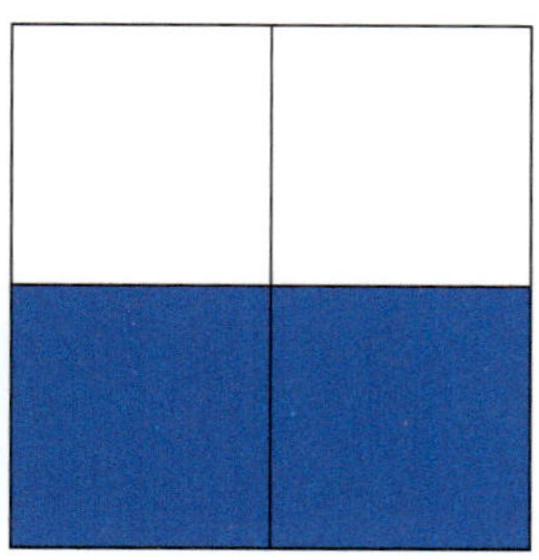

$\frac{2}{4}$

$\frac{1}{2}$ e $\frac{2}{4}$ representam a metade do inteiro. São frações equivalentes.

Banco de imagens/Arquivo da editora

$\frac{6}{16}$ $\qquad \frac{3}{8}$

$\frac{6}{16}$ e $\frac{3}{8}$ representam a mesma parte da unidade. São frações equivalentes.

Duas ou mais frações que representam a mesma quantidade de uma grandeza são chamadas **frações equivalentes**.

Quando multiplicamos ou dividimos os termos de uma fração dada por um mesmo número, diferente de zero, obtemos uma fração equivalente à fração dada.

Multiplicamos numerador e denominador por 2.

$$\frac{1}{2} \xrightarrow{\times 2} \frac{2}{4}$$

$$\frac{1}{2} = \frac{2}{4}$$

Dividimos numerador e denominador por 2.

$$\frac{6}{16} \xrightarrow{:2} \frac{3}{8}$$

$$\frac{6}{16} = \frac{3}{8}$$

Nesse caso, dizemos que simplificamos a fração.

Além disso, obtemos sua forma irredutível, $\frac{3}{8}$, pois 3 e 8 não têm fator primo comum.

> Simplificar uma fração é dividir seus termos por um mesmo número diferente de zero e obter termos menores que os iniciais. Quando uma fração é simplificada até que seus termos não tenham mais fator primo comum, diz-se que foi obtida a forma irredutível da fração dada.

Na forma irredutível, numerador e denominador são primos entre si.

PARTICIPE

Vamos considerar a fração $\frac{21}{35}$.

a) Quais são os divisores de 21?

b) Quais são os divisores de 35?

c) Quais são os divisores comuns de 21 e 35?

d) Qual é o mdc de 21 e 35?

e) Dividindo os termos da fração $\frac{21}{35}$ pelo mdc deles, qual é a fração encontrada?

f) Como se chama a forma da fração encontrada?

ATIVIDADES

4. Complete lacunas simplificando as frações.

a) $\frac{35}{50} = \frac{7}{\ldots}$

b) $\frac{72}{64} = \frac{36}{\ldots}$

c) $\frac{11}{121} = \frac{\ldots}{11}$

d) $\frac{120}{400} = \frac{\ldots}{20}$

5. Escreva a forma reduzida de cada fração da atividade anterior.

6. Observe as frações a seguir e responda ao que se pede.

$\frac{5}{7}$ $\quad \frac{9}{4}$ $\quad \frac{5}{15}$ $\quad \frac{40}{16}$ $\quad \frac{25}{7}$ $\quad \frac{6}{12}$

a) Quais das frações estão na forma reduzida?

b) Quais são as formas reduzidas das demais frações?

Comparando frações

A família Silva, formada por João (pai), Vânia (mãe) e Sabrina (filha), foi convidada a participar de um programa de auditório. Nesse programa competitivo, a família tem a possibilidade de ganhar um prêmio, desde que vença todas as provas. Em uma prova específica, os membros da família precisam escolher uma porta que deve ser aberta. Em cada porta existe uma fração estampada. Sabendo que a família só vence se escolher a porta com a maior fração estampada, qual deve ser a porta escolhida?

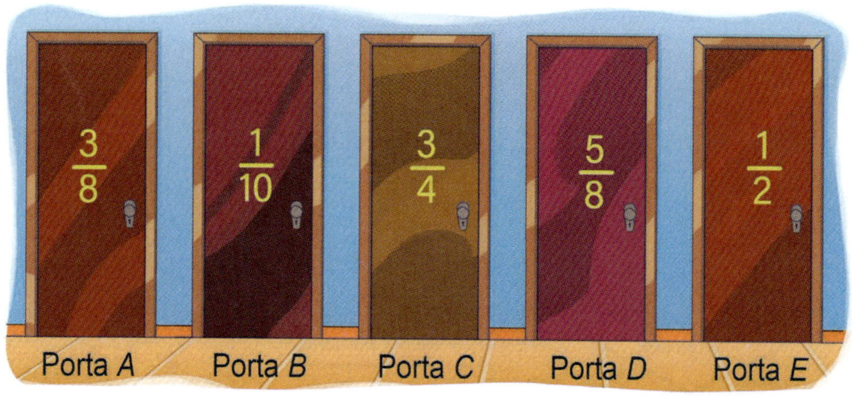

Ilustra Cartoon/Arquivo da editora

Sabrina, lembrando-se de suas aulas de Matemática, pensou em resolver o problema da seguinte maneira:

- As portas *A* e *D* possuem frações de mesmo denominador. Comparando os numeradores, o numerador 5 é maior que o numerador 3. Dessa maneira, conclui-se que a fração $\frac{5}{8}$ é maior e exclui-se a porta *A*.
- Para comparar as portas *B*, *C*, *D* e *E*, será necessário escrever as frações equivalentes a cada uma delas, todas com um mesmo denominador. Podemos usar para denominador comum o mmc dos denominadores 2, 4, 8 e 10, que é 40. Logo, as frações equivalentes serão:

$$\frac{1}{10} \overset{\times 4}{=} \frac{4}{40} \qquad \frac{3}{4} \overset{\times 10}{=} \frac{30}{40} \qquad \frac{5}{8} \overset{\times 5}{=} \frac{25}{40} \qquad \frac{1}{2} \overset{\times 20}{=} \frac{20}{40}$$

- Comparando as frações, Sabrina conclui que a maior fração é $\frac{30}{40}$, fração equivalente de $\frac{3}{4}$. Dessa maneira, a porta a ser escolhida deve ser a porta *C*.

No processo de comparação de frações, temos três casos que devem analisados:

1. Quando duas frações têm numeradores iguais, a menor delas é a que tem maior denominador.

Exemplo: $\frac{3}{8} < \frac{3}{5}$.

2. Quando duas frações têm denominadores iguais, a menor delas é a que tem menor numerador.

Exemplo: $\frac{3}{8} < \frac{5}{8}$.

3. Quando comparamos frações com numeradores diferentes e denominadores diferentes, primeiramente devemos reduzi-las ao mesmo denominador para, depois, fazer a comparação.

O fluxograma a seguir é uma representação do processo de comparação de duas frações.

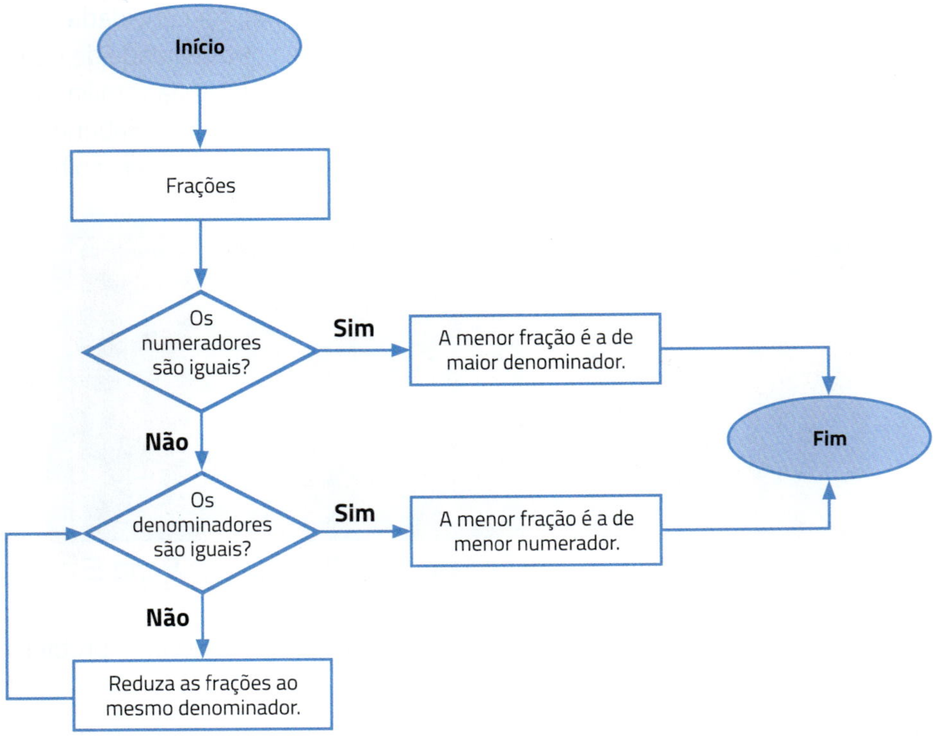

ATIVIDADES

7. Compare as frações em cada item e responda qual é a maior.

a) $\frac{1}{2}$ ou $\frac{3}{2}$.

b) $\frac{2}{3}$ ou $\frac{3}{4}$.

c) $\frac{11}{2}$ ou $\frac{5}{2}$.

d) $\frac{25}{30}$ ou $\frac{30}{25}$.

8. Almir tinha um terreno de 800 metros quadrados e doou $\frac{2}{5}$ dele para seu irmão Jadir. Com quantos metros quadrados ficou a parte de Jadir?

9. Camila passou um final de semana inteiro organizando sua coleção de livros. Sabendo que ela conseguiu organizar 45 livros e que essa quantidade corresponde a $\frac{3}{5}$ de sua coleção, quantos livros Camila tem?

10. Maria ganhou R$ 20,00 de mesada da mãe. Sabendo que ela gastou $\frac{2}{5}$ dessa quantia na sorveteria e $\frac{1}{4}$ na banca de jornal, quanto sobrou?

11. Dois irmãos saem para pedalar em um circuito que tem um total de 25 km. Sabendo que os dois já percorreram $\frac{3}{5}$ do circuito, determine quantos quilômetros faltam ser percorridos.

ESB Professional/Shutterstock

Transformação de numeral decimal em fração e de fração em numeral decimal

Fração decimal e numeral decimal

Recordemos que fração decimal é toda fração em que o denominador é uma potência de 10 com expoente natural.

Exemplos

- $\frac{1}{10} = 0{,}1$: lê-se "um décimo".
- $\frac{1}{100} = 0{,}01$: lê-se "um centésimo".
- $\frac{1}{1\,000} = 0{,}001$: lê-se "um milésimo".
- $\frac{1}{10\,000} = 0{,}0001$: lê-se "um décimo de milésimo".

Nos numerais decimais, os algarismos situados à esquerda da vírgula compõem a parte inteira do número, enquanto os algarismos que ficam à direita da vírgula compõem a parte decimal do número.

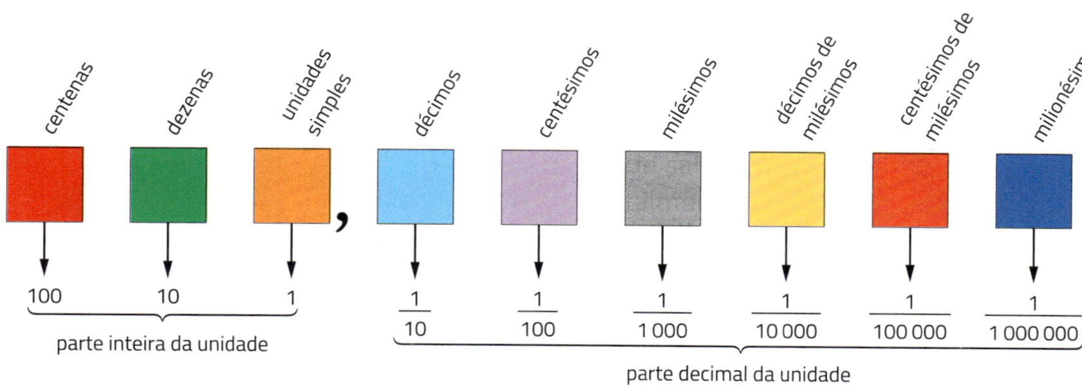

Banco de imagens/Arquivo da editora

Exemplos

- 2,3: lê-se "dois inteiros e três décimos".
- 5,85: lê-se "cinco inteiros, oito décimos e cinco centésimos" ou "cinco inteiros e oitenta e cinco centésimos".
- 15,236: lê-se "quinze inteiros, dois décimos, três centésimos e seis milésimos" ou "quinze inteiros e duzentos e trinta e seis milésimos".

ATIVIDADES

12. Escreva como se lê e represente com numeral decimal:

a) $\frac{8}{10}$

b) $\frac{24}{100}$

c) $\frac{7}{100}$

d) $\frac{156}{1\,000}$

e) $\frac{12}{1\,000}$

f) $\frac{3}{1\,000}$

13. Escreva como se lê:

a) 4,6

b) 1,78

c) 10,23

d) 5,689

Transformando numeral decimal em fração decimal

Para transformar um numeral decimal em fração decimal, deve-se escrever uma fração cujo numerador é o numeral decimal sem a vírgula e cujo denominador é o algarismo 1 seguido de tantos zeros quantas forem as casas decimais do numeral dado.

Exemplos

- $0{,}5 = \frac{5}{10}$; $1{,}5 = \frac{15}{10}$; $22{,}8 = \frac{228}{10}$
- $0{,}68 = \frac{68}{100}$; $20{,}25 = \frac{2\,025}{100}$; $0{,}02 = \frac{2}{100}$
- $8{,}325 = \frac{8\,325}{1\,000}$; $0{,}099 = \frac{99}{1\,000}$; $80{,}006 = \frac{80\,006}{1\,000}$

Transformando fração decimal em numeral decimal

Para transformar uma fração decimal em numeral decimal, deve-se escrever o numerador da fração com tantas casas decimais quantos forem os zeros do denominador.

Exemplos

- $\frac{8}{10} = 0{,}8$; $\frac{625}{10} = 62{,}5$
- $\frac{31}{100} = 0{,}31$; $\frac{408}{100} = 4{,}08$; $\frac{3}{100} = 0{,}03$
- $\frac{562}{1\,000} = 0{,}562$; $\frac{23\,805}{1\,000} = 23{,}805$; $\frac{19}{1\,000} = 0{,}019$; $\frac{7}{1\,000} = 0{,}007$

As frações $\frac{3}{5}$ e $\frac{12}{25}$ são exemplos de frações irredutíveis que são equivalentes a frações decimais e, portanto, podem ser transformadas em numerais decimais. Veja:

$$\frac{3}{5} \overset{\times 2}{=} \frac{6}{10} = 0{,}6 \qquad \frac{12}{25} \overset{\times 4}{=} \frac{48}{100} = 0{,}48$$

ATIVIDADES

14. Transforme os numerais decimais a seguir em frações decimais.

a) 0,23

b) 1,89

c) 12,25

d) 8,899

15. Transforme os numerais decimais a seguir em frações decimais.

a) 10,5

b) 1,05

c) 0,105

d) 0,0105

16. Transforme as frações a seguir em numerais decimais.

a) $\frac{8}{10}$

b) $\frac{2}{100}$

c) $\frac{21}{10}$

d) $\frac{1\,177}{100}$

17. Transforme cada numeral decimal em fração decimal e simplifique até obter a forma irredutível.

a) 2,5

b) 1,8

c) 0,25

d) 1,28

18. Transforme as frações a seguir em numerais decimais.

a) $\frac{7}{2}$

b) $\frac{2}{25}$

c) $\frac{21}{50}$

d) $\frac{7}{4}$

Adição e subtração de frações e decimais

Adição e subtração de frações

Vamos retornar à situação inicial deste capítulo: o jogo de tabuleiro criado por Marisa e as três amigas. Retomando os resultados da primeira rodada, temos a seguinte distribuição de territórios conquistados:

- Que fração do tabuleiro representa os territórios conquistados por Beatriz?

  O tabuleiro tem 16 territórios e Beatriz conquistou 5 deles. Logo, Beatriz conquistou $\frac{5}{16}$ do tabuleiro.

- Que fração do tabuleiro representa os territórios conquistados por Júlia?

  Júlia conquistou 3 territórios, portanto, conquistou $\frac{3}{16}$ do tabuleiro.

- Juntas, Beatriz e Júlia conquistaram que fração do território?

  $5 + 3 = 8$. Elas conquistaram juntas 8 territórios; portanto, $\frac{8}{16}$ do tabuleiro.

  Podemos obter esse resultado fazendo a seguinte adição de frações:

  $$\frac{5}{16} + \frac{3}{16} = \frac{5+3}{16} = \frac{8}{16}$$

A soma de frações com denominadores iguais é uma fração cujo denominador é igual ao das parcelas e cujo numerador é a soma dos numeradores das parcelas.

Exemplos

- $\frac{4}{7} + \frac{5}{7} = \frac{9}{7}$

- $\frac{11}{33} + \frac{22}{33} = \frac{33}{33}$

- Que fração do tabuleiro Beatriz conquistou a mais que Júlia?
  $5 - 3 = 2$. Beatriz conquistou a mais que Júlia 2 territórios; portanto, $\frac{2}{16}$ do tabuleiro.

  Fazendo a subtração de frações:

  $$\frac{5}{16} - \frac{3}{16} = \frac{5-3}{16} = \frac{2}{16}$$

A diferença de duas frações com denominadores iguais é uma fração cujo denominador é igual ao das frações dadas e cujo numerador é a diferença entre os numeradores.

Exemplos

- $\frac{7}{9} - \frac{5}{9} = \frac{2}{9}$
- $\frac{15}{22} - \frac{7}{22} = \frac{8}{22}$

E se os denominadores forem diferentes?

PARTICIPE

Vamos calcular $\frac{5}{6} + \frac{3}{8}$.

a) Qual é o menor múltiplo de 8, tirando o zero, que também é múltiplo de 6?

b) Qual é a fração de denominador 24 e equivalente a $\frac{5}{6}$?

c) Qual é a fração de denominador 24 e equivalente a $\frac{3}{8}$?

d) Qual é o resultado da adição $\frac{20}{24} + \frac{9}{24}$?

e) Qual é o valor de $\frac{5}{6} + \frac{3}{8}$?

Para adicionar ou subtrair frações com denominadores diferentes, devemos primeiro reduzi-las a um mesmo denominador.

ATIVIDADES

19. Efetue:

a) $\frac{1}{2} + \frac{3}{2}$

b) $\frac{3}{7} - \frac{2}{7}$

c) $\frac{3}{4} + \frac{1}{8}$

d) $\frac{2}{5} - \frac{4}{10}$

20. Foi realizada uma pesquisa sobre o gênero musical preferido de um grupo de jovens. Essa pesquisa revelou que:

- $\frac{2}{5}$ gostavam de música *pop*;
- $\frac{1}{2}$ gostava de sertanejo;
- O restante não gostava de música.

a) Que fração representa a quantidade de jovens que gostavam de música?

b) Que fração representa a quantidade de jovens que não gostavam de música?

21. Em uma lanchonete, $\frac{4}{5}$ das pessoas eram adultas e $\frac{1}{2}$ eram mulheres adultas.

a) Que fração representa o total de pessoas menores de idade na lanchonete?

b) Que fração representa o total de homens adultos na lanchonete?

22. Da renda de uma casa, $\frac{1}{2}$ é destinada às despesas gerais, $\frac{3}{10}$ vão para gastos mensais e lazer e o restante é guardado para emergências. Que fração da renda é guardada para emergências?

23. A produção mensal de uma fábrica de roupas consiste em $\frac{1}{4}$ de peças destinadas a homens adultos, $\frac{2}{7}$ de peças destinadas a mulheres adultas e o restante é destinado a crianças. Que fração da produção mensal é destinada a peças para crianças?

Macrovector/Shutterstock

Adição e subtração de decimais

PARTICIPE

I. Vamos calcular 12,25 + 8,66 recorrendo às frações decimais.

a) Transforme 12,25 em fração decimal.

b) Transforme 8,66 em fração decimal.

c) Qual é a soma das frações decimais dos itens **a** e **b**?

d) Transforme a soma obtida em numeral decimal.

e) Qual é o valor da adição 12,25 + 8,66?

II. Agora, calcule a mesma adição dispondo os números em linhas, com vírgula debaixo de vírgula:

$$\begin{array}{r} 12{,}15 \\ +\quad 8{,}66 \\ \hline \end{array}$$

Para realizar as operações de adição e subtração com decimais, é necessário primeiramente igualar as casas decimais e, na sequência, dispor esses números colocando vírgula debaixo de vírgula. Por exemplo, para calcular 2,51 + 13,3, igualamos as casas decimais acrescentando um zero em 13,3:

$$\begin{array}{r} 2{,}51 \\ +\quad 13{,}30 \\ \hline 15{,}81 \end{array}$$

Para calcular 26 – 8,25, acrescentamos duas casas em 26 colocando vírgula e 00:

$$\begin{array}{r} 26{,}00 \\ -\quad 8{,}25 \\ \hline 17{,}75 \end{array}$$

Empregando frações decimais, essas contas ficam assim:

- $2{,}51 + 13{,}30 = \frac{251}{100} + \frac{1330}{100} = \frac{1581}{100} = 15{,}81$
- $26{,}00 - 8{,}25 = \frac{2\,600}{100} - \frac{825}{100} = \frac{1\,775}{100} = 17{,}75$

ATIVIDADES

24. Realize as adições e subtrações de decimais a seguir:

a) 0,25 + 0,37

b) 1,23 + 2,5

c) 9,9 − 4,56

d) 10 − 2,8

25. Recordemos que o perímetro de um polígono é a soma das medidas dos seus lados. Então, calcule o perímetro::

a) do triângulo *ABC*.

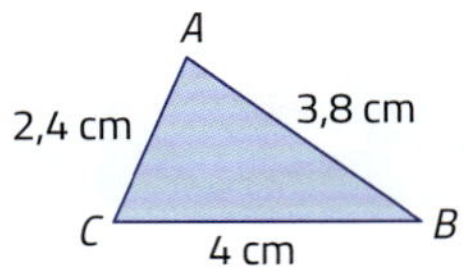

b) do pentágono *PQRST*.

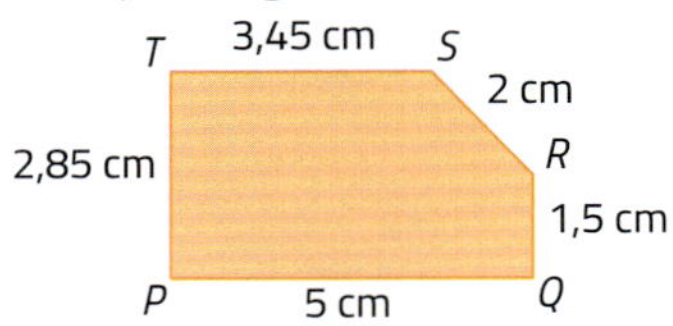

Banco de imagens/Arquivo da editora

26. No pentágono *PQRST* da atividade anterior, qual é a diferença entre as medidas do maior e as do menor lado?

27. José possui dois pedaços de corda, um deles medindo 1,30 metro e outro medindo 2,45 metros. Ele necessita de uma corda de comprimento igual a 3,80 metros para amarrar dois objetos. Se emendar as duas cordas que possui, conseguirá cumprir seu objetivo?

28. Descubra, mentalmente, os valores que completam cada uma das lacunas a seguir.

a) 1,75 + ______ = 5

b) 8,25 − ______ = 5

c) 21,85 + ______ = 25

d) 30 − ______ = 10,52

Multiplicação e divisão de frações e decimais

Para recordar multiplicação e divisão de frações, vamos retornar ao jogo conquistando territórios. Na primeira rodada, Carla conquistou 6 territórios, enquanto Marisa conquistou 2. Logo, Carla conquistou o triplo da quantidade de territórios conquistados por Marisa. Em relação ao tabuleiro todo, Carla conquistou $\frac{6}{16}$, enquanto Marisa conquistou $\frac{2}{16}$. Dessa maneira, temos que o triplo de $\frac{2}{16}$ é igual a $\frac{6}{16}$.

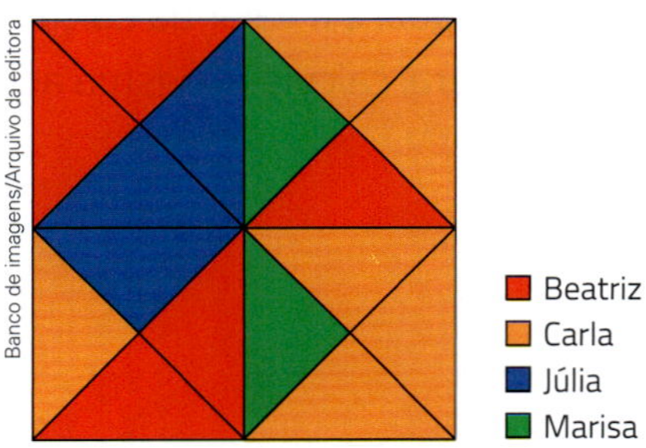

Banco de imagens/Arquivo da editora

Operando com as frações: $3 \cdot \frac{2}{16} = \frac{3}{1} \cdot \frac{2}{16} = \frac{3 \cdot 2}{1 \cdot 16} = \frac{6}{16}$.

Júlia conquistou 3 territórios, a metade de Carla. Em relação ao tabuleiro todo, Carla conquistou $\frac{6}{16}$, e Júlia, $\frac{3}{16}$. A metade de $\frac{6}{16}$ é $\frac{3}{16}$.

Operando com as frações: $\frac{6}{16} : 2 = \frac{6}{16} : \frac{2}{1} = \frac{6}{16} \cdot \frac{1}{2} = \frac{6}{32} = \frac{3}{16}$.

Multiplicação de frações

O produto de duas frações é uma fração cujo numerador é o produto dos numeradores e cujo denominador é o produto dos denominadores.

Exemplos

- $\frac{4}{5} \cdot \frac{3}{2} = \frac{4 \cdot 3}{5 \cdot 2} = \frac{12}{10} = \frac{6}{5}$
- $\frac{6}{7} \cdot \frac{2}{5} = \frac{6 \cdot 2}{7 \cdot 5} = \frac{12}{35}$
- $5 \cdot \frac{3}{8} = \frac{5}{1} \cdot \frac{3}{8} = \frac{5 \cdot 3}{1 \cdot 8} = \frac{15}{8}$

Inverso de uma fração

O inverso de uma fração diferente de zero é a fração que se obtém trocando entre si o numerador e o denominador da fração dada.

Exemplo

O inverso da fração $\frac{4}{7}$ é a fração $\frac{7}{4}$.

Divisão de frações

O quociente da divisão de uma fração por outra é igual ao produto da primeira fração pelo inverso da segunda.

Exemplos

- $\frac{1}{2} : \frac{4}{5} = \frac{1}{2} \cdot \frac{5}{4} = \frac{5}{8}$
- $3 : \frac{2}{5} = 3 \cdot \frac{5}{2} = \frac{15}{2}$
- $\frac{10}{3} : \frac{7}{2} = \frac{10}{3} \cdot \frac{2}{7} = \frac{20}{21}$
- $\frac{3}{5} : 2 = \frac{3}{5} \cdot \frac{1}{2} = \frac{3}{10}$

ATIVIDADES

29. Efetue as multiplicações a seguir.

a) $\frac{1}{2} \cdot \frac{3}{2}$

b) $\frac{4}{5} \cdot \frac{2}{3}$

c) $\frac{11}{10} \cdot \frac{1}{2}$

d) $\frac{13}{25} \cdot 4$

30. Calcule os itens a seguir.

a) $\frac{1}{2} : \frac{3}{2}$

b) $\frac{4}{5} : \frac{2}{3}$

c) $\frac{11}{10} : \frac{1}{2}$

d) $\frac{13}{25} : 4$

31. Calcule o valor de cada expressão a seguir, usando as operações com frações.

a) $\left(\frac{1}{4} + \frac{3}{4}\right) : \left(\frac{2}{3} + \frac{1}{3}\right)$

b) $\left(\frac{3}{8} - \frac{2}{8}\right) : \left(\frac{1}{6} + \frac{2}{6}\right)$

c) $\left(\frac{1}{2} + \frac{1}{1}\right) \cdot \left(\frac{3}{5} - \frac{1}{5}\right)$

d) $\left(\frac{1}{2} - \frac{2}{3}\right) \cdot \left(\frac{1}{11} + \frac{6}{11}\right)$

32. Beatriz fez uma venda de garagem para vender objetos que já não usava mais. No final das vendas, conseguiu arrecadar R$ 1 000,00. Com metade desse valor, comprou roupas novas. Com $\frac{1}{4}$ do valor que sobrou após comprar as roupas, Beatriz comprou livros escolares. O restante foi guardado na poupança.

a) Qual foi o total gasto com roupas?

b) Quanto foi o total gasto com livros?

c) Quanto foi guardado na poupança?

NA OLIMPÍADA

O problema da caneca

(Obmep) Ângela tem uma caneca com capacidade para $\frac{2}{3}$ L de água. Que fração dessa caneca ela encherá com $\frac{1}{2}$ L de água?

a) $\frac{7}{12}$ **b)** $\frac{2}{3}$ **c)** $\frac{3}{4}$ **d)** $\frac{5}{6}$ **e)** $\frac{4}{3}$

Multiplicação de decimais

Vamos calcular $4{,}51 \cdot 3{,}2$.

Primeiro multiplicamos os números sem as vírgulas.

$$\begin{array}{r} 451 \\ \times \quad 32 \\ \hline 902 \\ 1\,353 \\ \hline 14\,432 \end{array}$$

Contamos as casas decimais dos dois fatores: $2 + 1 = 3$. O resultado terá 3 casas.

Finalmente, damos a resposta colocando a vírgula no resultado: 14,432.

Na multiplicação de decimais, multiplicamos os números dados sem as vírgulas. No resultado, a quantidade de casas decimais deve ser igual ao total de casas decimais adicionando as dos dois fatores.

Outra possibilidade: podemos multiplicar decimais transformando-os primeiramente em frações decimais; na sequência, multiplicamos as frações e transformamos o resultado em numeral decimal.

Exemplo

$$4{,}51 \cdot 3{,}2 = \frac{451}{100} \cdot \frac{32}{10} = \frac{14\,432}{1\,000} = 14{,}432$$

PARTICIPE

I. Vamos calcular $2{,}2 \cdot 1{,}5 \cdot 0{,}6$.

a) Escreva o decimal 2,2 na forma de fração decimal.

b) Escreva o decimal 1,5 na forma de fração decimal.

c) Escreva o decimal 0,6 na forma de fração decimal.

d) Multiplique as três frações.

e) Qual é o valor do produto $2{,}2 \cdot 1{,}5 \cdot 0{,}6$?

II. Quanto é $7{,}25 \cdot 10$? E $7{,}25 \cdot 100$? E $7{,}25 \cdot 1\,000$?

III. Complete as lacunas.

Para multiplicar um decimal por 10, por 100 ou por 1 000, basta deslocar a vírgula ////////, //////// ou //////// casas decimais para a direita, respectivamente.

ATIVIDADES

33. Efetue as multiplicações deslocando a vírgula do numeral.

a) 1,2 · 10

b) 0,049 · 100

c) 0,25 · 1 000

d) 0,000089 · 1 000 000

34. Sabemos que o perímetro de um quadrado é a soma das medidas dos quatro lados, portanto, equivale a 4 vezes a medida de um lado. A área de um quadrado corresponde ao produto da medida do lado por ela mesma.
Sendo ℓ a medida do lado, temos:

Banco de imagens/Arquivo da editora

$$\text{perímetro} = \ell + \ell + \ell + \ell = 4 \cdot \ell$$
$$\text{área} = \ell \cdot \ell$$

Calcule o perímetro e a área de um quadrado cujo lado mede 3,5 cm.

35. A área de um retângulo corresponde ao produto da medida da base pela medida de sua altura.

Sendo b a medida da base e h a medida da altura, temos:

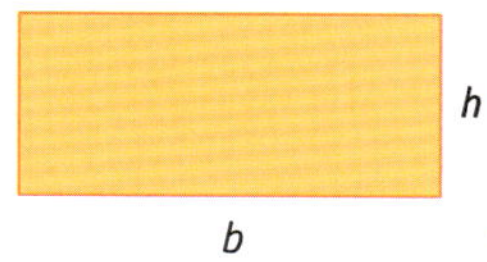

Banco de imagens/Arquivo da editora

$$\text{área} = b \cdot h$$

Calcule a área de um retângulo com 42,4 m de base e 8,25 m de altura.

Confira sua resposta usando uma calculadora.

36. Ivani foi a uma loja de especiarias culinárias e comprou 0,1 kg de orégano, 0,05 kg de canela em pó e 0,25 kg de chá-verde. Sabendo que os preços são os do quadro abaixo, calcule o valor gasto por Ivani. Use uma calculadora.

Produto	Valor por kg
Orégano	R$ 29,30
Canela em pó	R$ 22,20
Chá-verde	R$ 36,00
Camomila	R$ 18,50

Divisão de decimais

Para realizar a divisão com decimais, devemos igualar as casas decimais e efetuar a divisão. No exemplo a seguir, vamos dividir 8,5 por 1,25. Acompanhe o passo a passo:

1º passo: Para igualar as casas decimais, acrescentamos um 0 a 8,5, ficando com 8,50.

2º passo: Retiramos as vírgulas e realizamos a divisão de 850 por 125:

```
   850  |125
 − 750   6,8
  1000
 − 1000
     0
```

Há divisões entre números naturais que resultam em um quociente decimal e um resto nulo. O quociente é então chamado decimal exato. Se o quociente não é um decimal exato, obtemos uma dízima periódica. Nesse caso, podemos dar valores aproximados para o quociente.

Outra possibilidade: podemos dividir decimais transformando-os primeiramente em frações decimais; na sequência, dividimos as frações e transformamos o resultado em numeral decimal.

Quando possível, convém simplificar as frações durante esse procedimento.

$$8{,}5 : 1{,}25 = \frac{85}{10} : \frac{125}{100} = \frac{85}{10} \cdot \frac{100}{125} = \frac{17}{2} \cdot \frac{4}{5} = \frac{68}{10} = 6{,}8$$

Recorde que, na divisão de um decimal por 10, por 100 ou por 1 000, basta deslocar a vírgula, respectivamente, 1, 2 ou 3 casas decimais para a esquerda.

ATIVIDADES

37. Efetue cada uma das divisões a seguir.

a) 0,36 : 10

b) 0,08 : 100

c) 235,8 : 10

d) 999,9 : 1 000

38. Um prêmio de loteria de R$ 1 233 044,80 foi dividido entre 40 ganhadores. Quanto recebeu cada ganhador?

39. Num barril cabem 180 litros de vinho que serão engarrafados em garrafas de 0,375 litro cada uma. Quantas garrafas serão produzidas?

40. Um tapete retangular de 3,6 metros quadrados tem o lado maior medindo 2,5 metros. Quanto mede o lado menor?

Fração como quociente

Conforme estudamos no 6º ano, uma fração pode representar, por exemplo, parte de um todo e um quociente. Acompanhe:

- $\frac{1}{2}$ equivale à metade de 1 inteiro. Dividindo 1 por 2, obtemos 0,5 como quociente. Como 5 décimos equivalem à metade de 1 inteiro, escrevemos: $\frac{1}{2} = 0,5$.

Banco de imagens/Arquivo da editora

- $\frac{3}{2}$ equivalem a 1 inteiro e meio. Dividindo 3 por 2, obtemos 1,5 como quociente. Como 1 inteiro e 5 décimos equivalem a 1 inteiro e meio, escrevemos: $\frac{3}{2} = 1,5$.

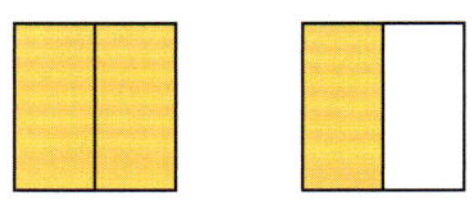

Banco de imagens/Arquivo da editora

- $\frac{15}{5}$ equivalem a 3 inteiros. Dividindo 15 por 5, obtemos 3 como quociente. Portanto, $\frac{15}{5} = 3$.

Banco de imagens/Arquivo da editora

Toda fração representa o quociente da divisão do numerador pelo denominador. Como não se divide por zero, o denominador é sempre um número não nulo.

Veja a seguir algumas aplicações.

- Para transformar uma fração em numeral decimal, dividimos o numerador pelo denominador. Por exemplo, vamos transformar $\frac{7}{4}$ em numeral decimal:

```
 7   |4
30    1,75
 20
  0
```

Portanto, $\frac{7}{4} = 1,75$.

- Podemos comparar duas frações, de numeradores diferentes e denominadores diferentes, transformando-as em numerais decimais.

  Por exemplo, vamos comparar as frações $\frac{11}{25}$ e $\frac{9}{20}$:

```
110 |25
100  0,44
 0

90  |20
100  0,45
 0
```

Como $0{,}44 < 0{,}45$, concluímos que $\frac{11}{25} < \frac{9}{20}$.

ATIVIDADES

41. Transforme cada fração a seguir em numeral decimal. Depois, indique qual delas é maior.

a) $\frac{21}{5}$ **b)** $\frac{81}{20}$

42. Compare as frações $\frac{19}{8}$ e $\frac{12}{5}$ usando duas estratégias diferentes:

1º) reduzindo ambas ao mesmo denominador;

2º) transformando ambas em numerais decimais.

Qual dos dois modos você achou melhor?

43. Compare as frações $\frac{35}{12}$ e $\frac{43}{15}$ usando duas estratégias diferentes. Nesse caso, qual dos dois modos você achou melhor?

44. Fátima montou dois painéis, um quadrangular e outro retangular, ambos com quantidades iguais de azulejos. Ela utilizou azulejos azuis e brancos, todos com formato quadrado e a mesma medida de lado.

Sabendo que há azulejos azuis e brancos nos dois painéis e que, no painel quadrangular, $\frac{5}{12}$ dos azulejos são azuis e, no retangular, $\frac{4}{9}$ são azuis, responda:

a) Em qual dos painéis há mais azulejos azuis?

b) Se um dos painéis tem 2 azulejos azuis a mais que o outro, quantos azulejos há em cada painel?

45. Duas turmas a mesma quantidade de meninos: na turma A eles correspondem a $\frac{1}{2}$ dos estudantes e na B são $\frac{1}{3}$ dos estudantes. Qual das turmas tem mais estudantes?

46. As turmas do 7º A e do 7º B de um colégio têm 24 meninas em cada uma. Se no 7º A as meninas correspondem a $\frac{2}{3}$ da turma e no 7º B são $\frac{3}{5}$ da turma, qual das turmas tem mais estudantes?

CAPÍTULO

3 Cálculo de porcentagens

Rido/Shutterstock

NA REAL

Qual é o valor da taxa?

O pagamento com cartões de crédito ou débito é muito utilizado e, em troca de praticidade, segurança e outras vantagens, as empresas que fornecem as máquinas cobram uma taxa de administração.

Um comerciante adquiriu o serviço de uma empresa que fornece máquina de cartões e cobra uma taxa de administração de 5% sobre o valor de cada venda. Se um cliente fez uma compra de R$ 120,00 usando cartão de crédito, qual é o valor da taxa cobrada pela empresa da máquina de cartões por essa venda?

Na BNCC
EF07MA02

Porcentagem

Leia a seguir o trecho de uma notícia publicada no jornal *Estado de Minas* em 2020.

[...]

A pandemia do novo coronavírus assusta à medida que avança e mata mais de 230 mil pessoas em todo o mundo. A população mundial contaminada ultrapassa os 3 milhões de pessoas em 207 países. De cada três registros de COVID-19 no mundo, um ocorre nos Estados Unidos, que representam 33% de todos os casos diagnosticados até o momento. Somente 20 países apresentaram 86% dos casos registrados no mundo e 93% dessas mortes ocorreram nessas nações.

CRUZ, Márcia Maria. Coronavírus: Brasil tem uma das maiores taxas de letalidade do mundo. *Estado de Minas*, 5 maio 2020. Disponível em: https://www.em.com.br/app/noticia/internacional/2020/05/05/interna_internacional,1144336/coronavirus-brasil-tem-uma-das-maiores-taxas-de-letalidade-do-mundo.shtml. Acesso em: 30 jun. 2021.

As taxas percentuais (33%, 86%, 93%) são uma maneira de representar frações centesimais $\left(\frac{33}{100}, \frac{86}{100}, \frac{93}{100}\right)$.

PARTICIPE

Observe o quadro a seguir, especialmente a primeira linha. Depois, responda às questões.

Fração irredutível	Numeral decimal	Fração centesimal	Taxa percentual
$\frac{1}{2}$	0,50	$\frac{50}{100}$	50%
$\frac{1}{4}$	//////////	//////////	//////////
//////////	0,20	//////////	//////////
//////////	//////////	$\frac{94}{100}$	//////////
//////////	//////////	//////////	55%
$\frac{1}{3}$	//////////	//////////	//////////

a) O que é uma fração irredutível?

b) Como se transforma uma fração em numeral decimal?

c) O que é uma fração centesimal?

d) Como se transforma uma fração centesimal em taxa percentual?

e) Preencha a segunda linha do quadro.

f) Na terceira linha, é dado um numeral decimal. Complete essa linha na seguinte ordem: fração centesimal, fração irredutível, taxa percentual.

g) Complete a quarta linha na ordem que preferir.

h) Complete a quinta linha.

i) Complete a sexta linha. Na terceira coluna, vai ficar indicada uma divisão por 100 na forma de fração centesimal.

j) Aproximando para uma casa decimal, como fica a taxa percentual da sexta linha?

ATIVIDADES

1. Represente cada fração com um número decimal. (Divida o numerador pelo denominador da fração.)

a) $\frac{1}{2}$ **b)** $\frac{1}{4}$ **c)** $\frac{3}{5}$ **d)** $\frac{47}{100}$

2. Identifique no quadro a seguir as frações que representam 0,5.

$\frac{1}{2}$	$\frac{1}{3}$	$\frac{2}{3}$	$\frac{2}{4}$	$\frac{3}{5}$	$\frac{3}{3}$
$\frac{4}{8}$	$\frac{4}{6}$	$\frac{3}{6}$	$\frac{4}{16}$	$\frac{5}{25}$	$\frac{5}{10}$

Texto para a atividade **3**:

As frações de denominador 100 são chamadas **frações centesimais**.

3. Converta estas frações centesimais em numerais decimais:

a) $\frac{7}{100}$ **d)** $\frac{80}{100}$

b) $\frac{19}{100}$ **e)** $\frac{115}{100}$

c) $\frac{30}{100}$ **f)** $\frac{201}{100}$

Texto para as atividades **4** e **5**:

As frações centesimais também podem ser representadas em forma de taxa percentual. Por exemplo:

$$\frac{7}{100} = 7\%$$

As taxas percentuais também podem ser dadas por números que não são inteiros. Por exemplo:

$$3{,}5\% = \frac{3{,}5}{100} = \frac{35}{1\,000}$$

4. Represente cada fração centesimal na forma de taxa percentual.

a) $\frac{19}{100}$ **c)** $\frac{115}{100}$

b) $\frac{30}{100}$ **d)** $\frac{201}{100}$

5. Represente cada taxa percentual na forma de fração, cujo denominador seja uma potência de 10, como 10, 100, 1 000, etc.

a) 4,7% **c)** 1,15%

b) 62,3% **d)** 23,74%

6. Complete o quadro a seguir.

Numeral decimal	Fração centesimal	Taxa percentual
0,3		
1,25		
0,1276		
0,03		
0,075		
1,4		
1,132		
0,09		
0,9		
9		

7. Observe as taxas percentuais a seguir e complete o quadro.

Taxa percentual	Fração centesimal	Forma irredutível
75%		
10%		
147%		
80%		
15%		
65%		

8. Complete o quadro a seguir.

Taxa percentual	Fração centesimal	Numeral decimal
21%		
37,3%		
4,81%		
6,7%		
213%		
100%		

9. Que parte da figura foi colorida? Represente na forma de taxa percentual.

a) 

c) 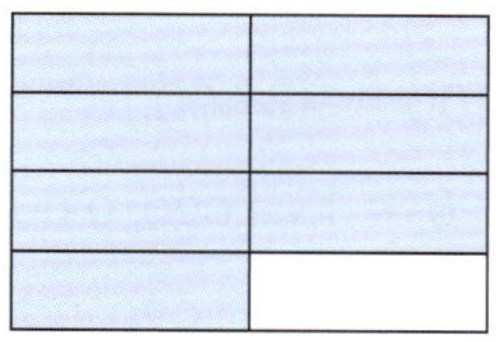

b) 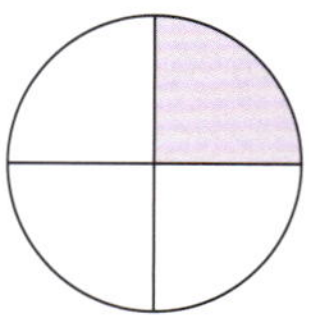

d) 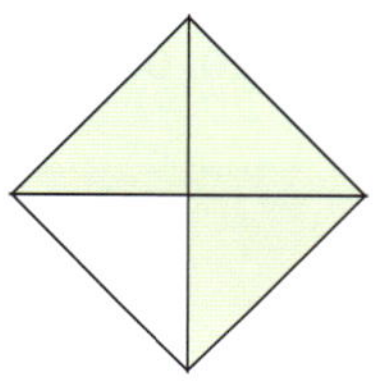

Banco de imagens/Arquivo da editora

10. Um remédio custa R$ 120,00 e vai ter um aumento de R$ 6,00.

a) Quanto passará a custar o remédio?

b) Qual é o percentual do aumento?

11. Comprei por R$ 120,00 uma calça que custava R$ 150,00.

a) Qual foi o valor do desconto?

b) De quanto por cento foi o desconto?

12. Em uma classe de 30 estudantes há 12 meninos.

David Fuentes Prieto/Shutterstock

a) Que percentual da classe os meninos representam?

b) E as meninas?

Fração como operador

Conforme estudamos no 6º ano, para calcular, por exemplo, $\frac{3}{5}$ de 80, basta multiplicar $\frac{3}{5}$ por 80, ou seja:

$$\left(\frac{3}{5} \text{ de } 80\right) = \frac{3}{5} \cdot 80 = \frac{240}{5} = 48$$

Assim, quando vamos calcular uma porcentagem de um total, por exemplo, 15% de 1 200, multiplicamos a fração centesimal correspondente pelo total:

$$(15\% \text{ de } 1\,200) = \frac{15}{100} \cdot 1\,200 = 15 \cdot 12 = 180$$

Exemplo

Na Escola Nova Indaiá há 950 estudantes matriculados, 8% deles no 7º ano. Quantos são os estudantes do 7º ano?

$$(8\% \text{ de } 950) = \frac{8}{100} \cdot 950 = \frac{8 \cdot 95}{10} = \frac{760}{10} = 76$$

Há 76 estudantes matriculados no 7º ano.

Recordando o cálculo mental

Vamos recordar o cálculo mental de porcentagens, como já fizemos no 6º ano:

- 100% é o todo.

  Por exemplo, 100% de 2 400 é 2 400.

- 50% é a metade.
  Por exemplo, 50% de 2 400 é 2 400 : 2 = 1 200.
- 25% é a metade da metade, ou um quarto.
  Por exemplo, 25% de 2 400 é 2 400 : 4 = 600.
- 10% é um décimo.
  Por exemplo, 10% de 2 400 é 2 400 : 10 = 240.
  E quanto é 30% de 2 400?
  30% = 3 · 10%, portanto, são 3 décimos.
  30% de 2 400 é 3 · 240 = 720.
- 1% é um centésimo.
  Por exemplo, 1% de 51 000 é: 51 000 : 100 = 510.
- Se 1% de um número é 234, então o número é: 234 · 100 = 23 400.
- Se 6% de um número é 90, então 1% do número é: 90 : 6 = 15. Logo, o número é: 15 · 100 = 1 500.
- Se 50% de um número é 220, então a metade do número é 220. Logo, o número é: 220 · 2 = 440.
- Se 25% de um número é 1 250, então $\frac{1}{4}$ do número é 1 250. Logo, o número é: 1 250 · 4 = 5 000.

ATIVIDADES

Nesta série de atividades, quando possível, faça as contas mentalmente.

13. Quanto é:

a) 50% de 480?
b) 25% de 1 600?
c) 10% de 225?
d) 20% de 600?

14. Quanto é:

a) 25% de 360?
b) 75% de 360?
c) 100% de 2 000?
d) 150% de 2 000?

15. Em uma promoção, um *shopping* vai distribuir 2 000 bolas coloridas.

Alberto De Stefano/ Arquivo da editora

Se 40% dessas bolas são vermelhas, quantas bolas são de outras cores?

16. Qual é o número?

a) 25% do número é 50.
b) 10% do número é 175.
c) 50% do número é 15.
d) 20% do número é 88.

17. Rosângela disse a uma amiga: "Eu fui promovida, tive um aumento de 20% e passei a ganhar mais R$ 360,00". Qual era o salário de Rosângela antes da promoção?

18. Em uma classe de 7° ano com 40 estudantes, 3 são canhotos. Que porcentagem da classe representa o número de estudantes canhotos?

19. Em uma cidade, 6% dos habitantes são analfabetos e 517 000 sabem ler. Quantos habitantes tem essa cidade?

20. Luiz comprou uma casa e deu 30% do valor total do imóvel como entrada, o que representou R$ 54 000,00. Quanto ele vai pagar pela casa?

Ilustrações: Artur Fujita/ Arquivo da editora

Uma porcentagem especial: aumentos e reduções

Aumentos

É comum observarmos situações em que o valor de uma mercadoria se altera mediante aumentos ou descontos. Vamos entender como isso funciona.

Por exemplo, se uma cidade tinha 100 000 habitantes e, depois de algum tempo, passou a ter 110 000 habitantes, dizemos que sua população teve um aumento de 10%. Esse aumento percentual é calculado da seguinte maneira:

$$\text{Aumento percentual} = \frac{(\text{valor antigo}) - (\text{valor novo})}{(\text{valor antigo})} \times 100\%$$

No caso da cidade que teve sua população aumentada de 100 000 para 110 000 habitantes, o aumento percentual é:

$$\text{Aumento percentual} = \frac{(110\,000) - (100\,000)}{(100\,000)} \times 100\% = \frac{10\,000}{100\,000} \times 100\% = \frac{1\,000\,000}{100\,000}\% = 10\%$$

Ou seja, a população teve um aumento de 10%.

Exemplo

Lucas economizou R$ 80,00 fazendo uma poupança para o final do ano. Depois de um mês, havia R$ 90,00 nessa poupança. Qual foi o aumento percentual do dinheiro nesse período?

$$\text{Aumento percentual} = \frac{(\text{valor antigo}) - (\text{valor novo})}{(\text{valor antigo})} \times 100\%$$

$$\text{Aumento percentual} = \frac{(90) - (80)}{(80)} \times 100\% = \frac{10}{80} \times 100\% = \frac{1\,000}{80}\% = 12{,}5\%$$

Houve um aumento de 12,5% na poupança de Lucas.

ATIVIDADES

21. Um remédio custa R$ 120,00 e vai ter um aumento de R$ 6,00.

a) Quanto passará a custar o remédio?

b) Qual é o percentual do aumento?

22. A população de uma cidade ficou muito insatisfeita quando a tarifa de ônibus passou de R$ 2,40 para R$ 3,00. Qual foi o aumento percentual da tarifa?

23. Diana disse: "Eu pesava 56 kg. Engordei e estou pesando 63 kg". Qual foi o aumento percentual na massa de Diana?

24. Devido à alta do dólar, um produto importado que custava R$ 40,00 passou a custar R$ 80,00. Qual foi o aumento percentual?

25. Os três problemas anteriores apresentam estrutura parecida e podem ser resolvidos usando a mesma estratégia. Escreva um texto explicando a estrutura desses problemas e a estratégia que pode ser usada para resolvê-los.

Cálculo do valor novo após aumento

O litro da gasolina custava R$ 4,20 quando foi anunciado um aumento de 5% no combustível. Quanto passou a custar o litro da gasolina?

Observe que o aumento será de 5% de R$ 4,20. Portanto: $\frac{5}{100} \cdot$ R$ 4,20 = R$ 0,21.

Assim, o novo preço será: R$ 4,20 + R$ 0,21 = R$ 4,41.

Após um aumento percentual em um valor, o novo valor é calculado da seguinte maneira:

Valor novo = (valor antigo) − (redução percentual) × (valor antigo)

ATIVIDADES

26. Uma televisão de 40 polegadas custa R$ 1 500,00, mas esse valor sofrerá um aumento de 25%. Qual será o preço da televisão após o aumento?

27. Um carro custava R$ 33 000,00 e teve um aumento de 4%. Quanto passou a custar?

28. Fátima paga R$ 700,00 pelo aluguel de uma casa. A partir do mês que vem haverá um aumento de 8% no valor do aluguel. Qual será o valor do novo aluguel da casa onde Fátima mora?

29. Escreva um texto explicando a estrutura dos três problemas anteriores e como resolvê-los.

Reduções

Assim como muitos valores podem aumentar, tendo seus aumentos medidos em porcentagem, também é comum o caso em que os valores diminuem. Por exemplo, quando uma loja abaixa o preço de uma mercadoria.

Exemplo

Mauro compra e vende veículos usados. Comprou um automóvel por R$ 50 000,00 e o vendeu por R$ 42 000,00. De quanto foi seu prejuízo percentual?

Obviamente teve prejuízo, pois vendeu o automóvel por um valor mais baixo que o preço de custo. A redução percentual é calculada da seguinte maneira:

$$\text{Redução percentual} = \frac{(\text{valor antigo}) - (\text{valor novo})}{(\text{valor antigo})} \times 100\%$$

No exemplo, temos:

$$\text{Redução percentual} = \frac{(50\,000) - (42\,000)}{(50\,000)} \times 100\% = \frac{8\,000}{50\,000} \times 100\% = \frac{800\,000}{50\,000} = 16\%$$

Cálculo do valor novo após redução

Raul também compra e vende veículos usados. Comprou um automóvel por R$ 9 000,00 e o vendeu com prejuízo percentual de 20%. Por quanto Raul vendeu o automóvel?

Observe que o prejuízo foi de 20% de R$ 9 000,00. Portanto: $\frac{20}{100} \cdot$ R$ 9 000,00 = R$ 1 800,00

Assim, o preço de venda foi: R$ 9 000,00 − R$ 1 800,00 = R$ 7 200,00

Após uma redução percentual em um valor, o novo valor é calculado da seguinte maneira:

Valor novo = (valor antigo) − (redução percentual) × (valor antigo)

ATIVIDADES

30. No Natal do ano passado, quando foi lançado, um *videogame* custava R$ 3 000,00. No mês de janeiro, o preço desse *videogame* sofreu uma redução, passando a custar R$ 2 190,00. Qual foi a redução percentual do preço?

31. José Ricardo ganha R$ 1 500,00 por mês, mas tem um desconto de 9% que vai para a previdência. Quanto resta do salário dele?

32. Maurício quer comprar uma geladeira. A loja oferece as seguintes condições de pagamento:

- 3 parcelas de R$ 500,00

ou

- pagamento à vista com 10% de desconto.

Quanto Maurício vai desembolsar em cada plano de pagamento?

33. Observe as ofertas das Lojas Kibeleza:

Ilustra Cartoon/Arquivo da editora

a) Qual é a taxa percentual do desconto oferecido na compra do fogão?

b) Quanto vai economizar quem comprar o forno de micro-ondas?

c) Quem comprar a camiseta vai pagar quanto por ela?

Uma só fórmula para variação percentual

As fórmulas que apresentamos para aumento, redução, lucro ou prejuízo percentuais podem ser resumidas em uma só:

$$\text{Variação percentual} = \frac{(\text{valor maior}) - (\text{valor menor})}{(\text{valor inicial})} \times 100\%$$

No numerador, calculamos sempre a diferença entre o maior e o menor valor (pode ser final menos inicial ou inicial menos final, dependendo de ser aumento ou redução). No denominador usamos sempre o valor inicial, antes de sofrer a alteração.

PARTICIPE

Um patinete custava R$ 200,00. No mês seguinte, o brinquedo passou a ser vendido por R$ 230,00.

a) Qual é a porcentagem de variação do preço?

b) Essa porcentagem foi de aumento ou de desconto?

c) Ao comprar um patinete com o preço novo, Marco conseguiu um desconto e pagou R$ 218,50. Qual foi a porcentagem do desconto?

d) Em relação ao preço antigo de R$ 200,00, quanto por cento Marco pagou a mais?

ATIVIDADES

34. Devido ao grande aumento no consumo de vinho nacional ocorrido no ano passado, um produtor do Rio Grande do Sul decidiu expandir sua lavoura, passando de 52 para 65 hectares destinados à plantação das uvas. Qual é a variação percentual da área plantada?

35. Em uma megaliquidação de uma loja de varejo, um *smartphone* que custava R$ 1 200,00 está sendo vendido por R$ 720,00. Qual foi o desconto percentual oferecido?

36. Uma livraria oferece a promoção mostrada ao lado aos seus clientes.

Sabendo que uma pessoa comprou um livro de R$ 50,00 e outro de R$ 40,00, qual foi o valor total pago por esse consumidor?

Ilustra Cartoon/Arquivo da editora

37. Mário trabalhava como analista de mercado de ações. Ao estudar as ações de uma empresa que em dezembro valia R$ 100,00 cada, percebeu que essa ação sofreu aumento de 20% em janeiro e queda de 20% em fevereiro. Após dois meses, qual era o valor dessa ação?

38. Para se desfazer de um estoque de CDs encalhados, uma loja decidiu reduzir em 25% o preço dos CDs, que era de R$ 40,00. Como isso não foi suficiente para atrair compradores, a loja baixou o novo preço em 10%.

a) Qual foi o preço final dos CDs?

b) Do preço inicial para o preço final, qual foi a redução percentual concedida?

39. Elabore um problema que possa ter a resolução a seguir.

Preço: R$ 250,00

10% de R$ 250,00 = R$ 25,00

R$ 250,00 + R$ 25,00 = R$ 275,00

5% de R$ 275,00 = R$ 13,75

R$ 275,00 − R$ 13,75 = R$ 261,25

Resposta: R$ 261,25

NA MÍDIA

Pesquisa de preço de material escolar

O Programa de Defesa do Consumidor (Procon Goiânia) constatou variação de até 558,23% nos valores de itens da lista de material escolar 2021. A pesquisa foi realizada entre os dias 4 a 8 de janeiro, em seis papelarias da capital. Foram analisados 38 produtos e entre os objetos pesquisados estão lápis, borrachas, cadernos, canetas, cola, corretivos, giz de cera, lápis de cor, canetinhas, lapiseira [...] etc.

O preço do Lápis preto n°2 foi o produto que apresentou a maior variação, de 558,23%. O menor preço encontrado é de R$ 0,79 e [o] maior de R$ 5,20. A caneta esferográfica teve variação de ////////. Os preços variam de R$ 1,00 até R$ 6,00.

A cola líquida branca de 40 gramas alcançou uma variação de 490%. O menor preço verificado é R$ 1,00 e [o] maior de ////////. Já o corretivo líquido foi encontrado de R$ 1,50 até R$ 5,30, uma variação de 253,33%.

Entre os itens pesquisados, os produtos que apresentaram as menores variações foram a lapiseira, lápis de cor de 12 cores, caderno de capa dura e universitário e marcador de texto.

[...]

O lápis de cor com 12 cores apresentou uma diferença de ////////. O menor preço foi de R$ 10,50 e o maior preço de R$ 12,50. O marcador de texto apresentou variação de ////////, com preços que variam de R$ 3,10 até R$ 3,50.

O Procon Goiânia também fez comparação de preços dos produtos pesquisados neste ano com a lista de material de 2020. A pesquisa constatou que o preço da tesoura sem ponta, em 2020, era R$ 5,90 e agora pode ser encontrada por até R$ 2,25. Uma queda de ////////. Outro produto que apresentou diminuição de preço foi o caderno universitário de 16 matérias. No ano passado, o caderno custava R$ 19,90 e neste ano o maior preço verificado foi de R$ 18,50.

[...]

CLEMENTE, Anderson. Procon divulga pesquisa de material escolar. Prefeitura de Goiânia. 11 jan. 2021. Fonte: https://www.goiania.go.gov.br/procon-divulga-pesquisa-de-material-escolar/. Acesso em: 30 jun. 2021.

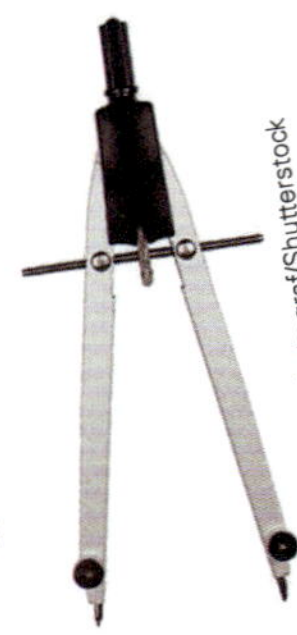

Fotografias: stockphoto-graf/Shutterstock

Depois de ler atentamente o texto, se necessário, use calculadora para descobrir os dados que cobrimos e responder às questões a seguir.

1. Qual foi a variação percentual no preço da caneta esferográfica?
2. Qual foi o maior preço verificado da cola líquida branca?
3. Compare os percentuais das diferenças de preços do lápis de cor e do marcador de texto. O menor deles corresponde ao item pesquisado que teve a menor variação percentual nos preços. Que item foi esse?
4. De quanto foi a queda percentual no preço da tesoura de 2020 para 2021?
5. A queda percentual no preço do caderno universitário, de 2020 para 2021, foi maior ou menor que 10%?
6. Cite outras ações, além da pesquisa de preços, que podem ser praticadas para economizar na compra do material escolar.

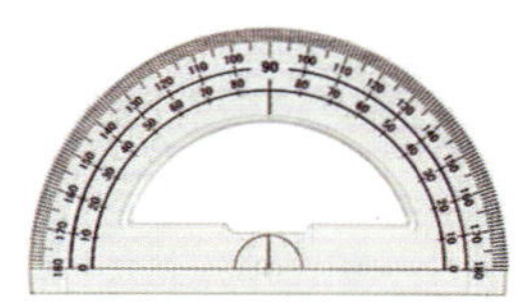

UNIDADE 2

Números inteiros

NESTA UNIDADE VOCÊ VAI

- Identificar números positivos e negativos.
- Identificar e comparar números inteiros.
- Associar números inteiros a pontos da reta numérica.
- Resolver e elaborar problemas envolvendo adição e subtração de números inteiros em diferentes situações.
- Resolver e elaborar problemas envolvendo multiplicação, divisão e potenciação com números inteiros em diferentes situações.

CAPÍTULOS

CAPÍTULO 4

Números positivos e números negativos

Adazhiy Dmytro/Shutterstock

NA REAL

Qual é o andar?

Os centros urbanos de algumas cidades, devido ao crescimento populacional, são caracterizados pela presença de diversos edifícios.

Para transitar entre as dezenas de andares de um edifício, pode-se usar o elevador, em que cada número no painel indica um andar. Na maioria dos elevadores, o número 1 indica o 1º andar, o número 2 refere-se ao 2º andar, e assim por diante. O número 0 costuma indicar o andar térreo.

Supondo que você está no andar térreo do prédio mostrado na imagem desta página, qual botão do painel do elevador você deve apertar para ir ao andar que tem um carro de polícia próximo a uma coluna? Qual número deve estar representado nesse botão?

Na BNCC
EF07MA03

Temperatura abaixo de zero

Leia a seguir alguns trechos de notícias.

Temperatura em SP cai 17 °C em 24 h; previsão é de mais frio nesta quarta

O frio que chegou a São Paulo nesta terça-feira, [...], fez as temperaturas despencarem na capital paulista. [...] Na segunda-feira, [...], os termômetros no Aeroporto de Congonhas, zona sul da cidade, marcavam 25 °C às 16 horas. No mesmo horário nesta terça, o registro era de apenas 8 °C. [...]

MARQUES, Júlia. Temperatura em SP cai 17 °C em 24 h; previsão é de mais frio nesta quarta. *O Estado de S. Paulo*. 18 jul. 2017. Disponível em: http://sao-paulo.estadao.com.br/noticias/geral,temperatura-em-sp-cai-17c-em-24h-previsao-e-de- mais-frio-nesta-quarta,70001895074. Acesso em: 9 mar. 2021.

Sul tem temperatura de −7 °C, e frio bate recordes pelo País

A intensa massa polar que invadiu o sul do Brasil provocou frio extremo na madrugada desta terça-feira (18). A temperatura mais baixa registrada na região foi −7,4 °C em Bom Jardim da Serra (SC), no Morro da Igreja, segundo as medições oficiais do Instituto Nacional de Meteorologia (Inmet). [...]

SUL tem temperatura de −7 °C, e frio bate recordes pelo País. *Terra*. 18 jul. 2017. Disponível em: https://www.terra.com.br/noticias/climatempo/frio-de-7c-no-sul-do-br,6d97cf0b90f4f499 4d435862aa99d208a4zu54yy.html. Acesso em: 9 mar. 2021.

Wagner Urbano OnJack/Futura Press

Árvores amanhecem congeladas na cidade de São Joaquim, em Santa Catarina.

Temperaturas negativas marcam madrugada no Sul; frio chega a Rio e SP

Uma massa de ar frio derrubou para abaixo de zero a temperatura do sul do Paraná e das serras de Santa Catarina e do Rio Grande do Sul. [...]

No Paraná, por exemplo, a cidade de Inácio Martins marcou −4 °C nesta madrugada. [...]

COPLE, Júlia; SOUTO, Luiza. Temperaturas negativas marcam madrugada no Sul; frio chega a Rio e SP. *O Globo*. 18 jul. 2017. Disponível em: https://oglobo.globo.com/brasil/temperaturas-negativas-marcam-madrugada-no-sul-frio-chega-rio-sp-21602327. Acesso em: 9 mar. 2021.

Marilia Sutil/Futura Press

Paisagem em Urupema, Santa Catarina.

Em São Paulo (SP), a temperatura era de 25 °C quando começou a esfriar na segunda-feira. Como caiu 17 °C em 24 horas, no dia seguinte, terça-feira, o termômetro marcava 8 °C:

$$25\ °C - 17\ °C = 8\ °C$$

Nas demais notícias aparecem temperaturas como −4 °C e −7 °C. Vamos entender o que significam essas medidas.

Suponha que, em um município, o termômetro indicava a temperatura de 1 °C em determinado horário do dia. Se a temperatura cair 4 °C, qual será a temperatura final?

Para responder a essa pergunta precisamos calcular:

$$1\ °C - 4\ °C$$

É possível fazer esse cálculo? Sim. Acompanhe o raciocínio observando as marcações do termômetro após cada queda de 1 °C na temperatura:

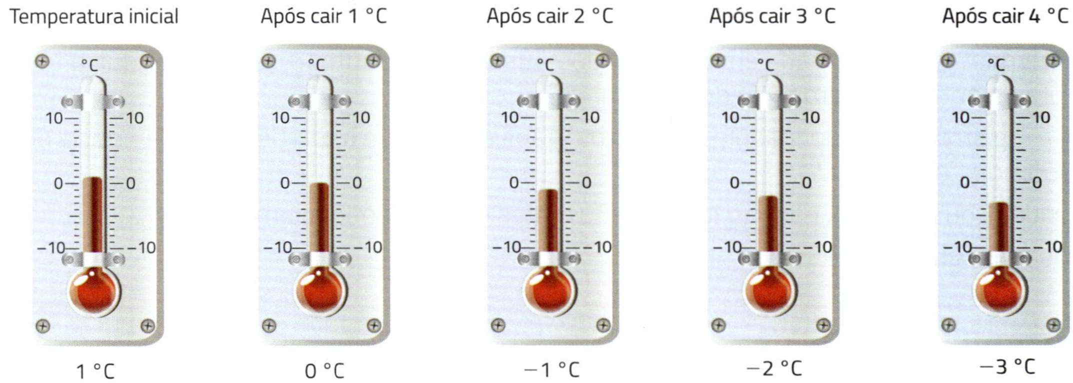

Ilustrações: Alex Silva/Arquivo da editora

Note que −1 °C (lê-se: "menos um grau Celsius") indica 1 grau abaixo de zero; do mesmo modo, −2 °C indica 2 graus abaixo de zero, e assim por diante. Logo, temos:

$$1\ °C - 4\ °C = -3\ °C$$

Se a temperatura cair mais ainda, vai atingir marcas como −4 °C, −5 °C, −6 °C, etc., como aconteceu em alguns dos municípios citados nas notícias da página anterior.

- 0 °C é a temperatura do gelo quando está derretendo (passando do estado sólido para o estado líquido da água).
- 100 °C é a temperatura da água quando está fervendo (evaporando), ao nível do mar.
- Há temperaturas abaixo de 0 °C (como em um congelador) e acima de 100 °C (como em um forno).

PARTICIPE

Leia mais alguns trechos de notícias de outras ocasiões em que fez bastante frio no Brasil. Depois, responda às questões.

- [...] o CGE (Centro de Gerenciamento de Emergências), da Prefeitura de São Paulo, anotou 3 °C às 6 h no aeroporto do Campo de Marte, localizado na zona norte da capital. O aeroporto de Congonhas, na zona sul, registrou 7 °C às 7 h. [...]

  CIDADES do Centro-Sul do Brasil têm o dia mais frio dos últimos anos; em São Paulo, mínima de 6,1 °C é a menor desde 2003. *UOL*. 28 jun. 2011. Disponível em: https://noticias.uol.com.br/cotidiano/2011/06/28/cidades-do-centro-sul-do-brasil-tem-o-dia-mais-frio-dos-ultimos-anos-segundo-meteorologia.htm. Acesso em: 9 mar. 2021.

- [...] Na cidade de São José dos Ausentes (RS), a temperatura chegou a −2 graus Celsius (°C), levando a prefeitura a suspender temporariamente as aulas para poupar os estudantes. A medida foi tomada depois que alunos e professores reclamaram à prefeitura que não estavam suportando o frio dentro das salas de aula.

  Em São Joaquim, Urupema e Urubici, em Santa Catarina, a temperatura mínima foi −6 °C. Em várias dessas cidades, os turistas lotam as pousadas e hotéis à espera da neve. Na cidade de São José dos Ausentes, a prefeitura postou imagens de invernos passados, nas quais a neve aparece em quase todas.

  GIRALDI, Renata. Temperaturas caem no país, com formação de geadas e neve no Sul. *DomTotal*. 28 jun. 2021. Disponível em: https://domtotal.com/noticia/341642/2011/06/temperaturas-caem-no-paas-com-formaaao-de-geadas-e-neve-no-sul/. Acesso em: 9 mar. 2021.

I. Imagine que em São Paulo a temperatura caiu mais 4 °C. Para saber qual era a temperatura no aeroporto de Congonhas, que cálculo devemos fazer? E no Campo de Marte?

II. Quantos graus marcaria um termômetro no aeroporto de Congonhas?

III. E quantos graus seriam registrados no Campo de Marte?

IV. A temperatura registrada em São José dos Ausentes é quantos graus menor que a temperatura da notícia do aeroporto de Congonhas?

V. E a registrada em São Joaquim é quantos graus menor que a temperatura da notícia do aeroporto de Congonhas?

VI. Onde ficou mais frio: em São José dos Ausentes ou em São Joaquim?

VII. Quantos graus a menos?

Números negativos e números positivos

Os números que indicam medidas abaixo de zero, como -1, -2, -3, -4, -5, -6, etc., são denominados **números negativos**.

Os números que indicam medidas acima de zero, como 1, 2, 3, 4, 5, 6, etc., são denominados **números positivos**. Esses números também podem ser representados precedidos do sinal $+$. Assim, $+1 = 1$, $+2 = 2$, $+3 = 3$, etc.

O número zero não é positivo nem negativo.

Saldo: uma diferença que pode ser positiva, negativa ou nula

Conhecendo os números negativos, podemos calcular a diferença entre dois números, mesmo quando precisamos subtrair o maior do menor.

Em campeonatos de futebol, por exemplo, o saldo de gols de uma equipe é a diferença entre o número de gols marcados (gols pró) e o número de gols sofridos (gols contra). No caso de empate na classificação, o saldo pode ser usado para desempatar: ganha a equipe que tem saldo maior. No torneio cujos resultados estão a seguir, cada equipe ganhou um jogo e perdeu um. Qual tem o maior saldo? E qual tem o menor?

Resultados das partidas

- Corinthians 5 × 2 Bahia
- Bahia 3 × 2 Flamengo
- Flamengo 4 × 3 Corinthians

	Gols pró (GP)	Gols contra (GC)	Saldo de gols (GP – GC)
Bahia	$2 + 3 = 5$	$5 + 2 = 7$	$5 - 7 = -2$
Corinthians	$5 + 3 = 8$	$2 + 4 = 6$	$8 - 6 = 2$
Flamengo	$2 + 4 = 6$	$3 + 3 = 6$	$6 - 6 = 0$

O maior saldo de gols é o do Corinthians. O menor saldo de gols é o do Bahia, que teve mais gols contra do que pró. Para calcular o saldo de gols do Bahia, $5 - 7$, podemos pensar assim:

De 5 queremos tirar 7.

Como $7 = 5 + 2$, vamos tirar 5 e, depois, tirar mais 2. De 5, tirando 5, ficamos com 0.

Tirando mais 2, ficamos com 2 a menos que 0.

Então, $5 - 7 = -2$.

ATIVIDADES

1. O termômetro está marcando 5 °C. Quantos graus vai marcar:

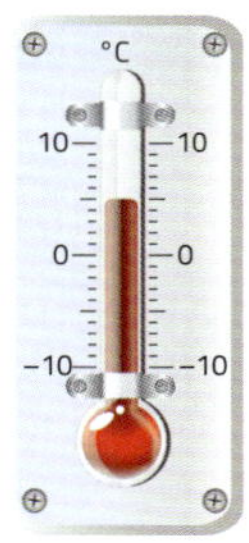

5 °C

Ilustrações: Alex Silva/Arquivo da editora

a) se a temperatura diminuir 3 graus?

b) se a temperatura diminuir 5 graus?

c) se a temperatura diminuir 7 graus?

d) se a temperatura diminuir 8 graus?

e) se a temperatura diminuir 8 graus e, depois, aumentar 2 graus?

2. Qual é a diferença?

a) 8 − 4 **c)** 8 − 8 **e)** 8 − 12

b) 8 − 6 **d)** 8 − 10 **f)** 8 − 14

3. Observe o quadro a seguir e calcule o saldo de gols de cada seleção.

	Gols pró	Gols contra	Saldo de gols
Argentina	13	6	
Brasil	14	5	
Colômbia	9	9	
Equador	10	14	
Paraguai	7	12	
Uruguai	4	11	

4. Um alpinista está escalando uma montanha.

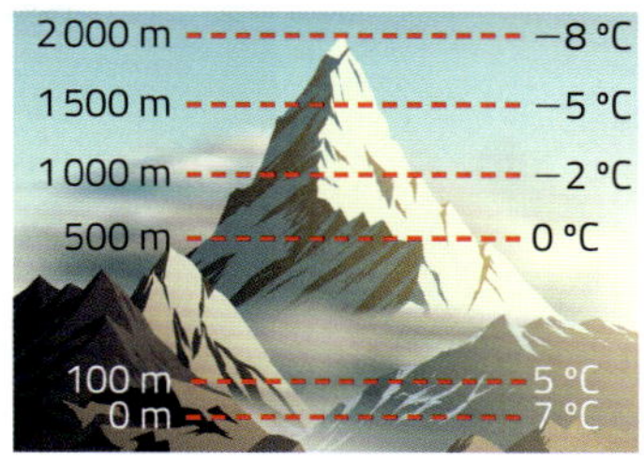

d1sk/Shutterstock

Quantos graus a temperatura aumenta ou diminui:

a) nos 100 primeiros metros?

b) entre 100 m e 500 m?

c) entre 500 m e 1000 m?

d) entre 1000 m e 1500 m?

e) entre 1500 m e 2000 m?

5. Quantas unidades diminuímos?

a)

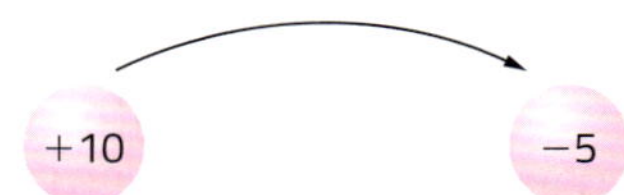

b)

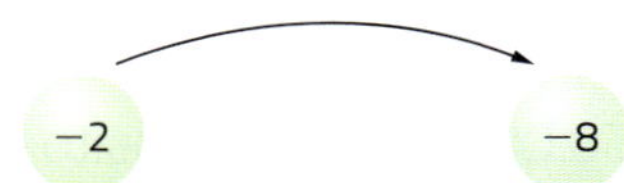

6. Quantas unidades aumentamos?

a)

b)

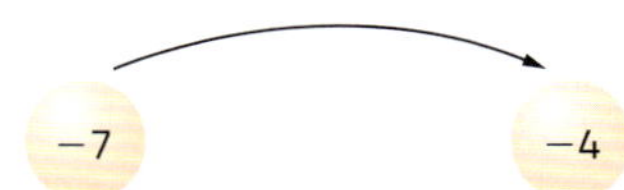

7. Um mergulhador está explorando o fundo do mar. A temperatura, na superfície do mar, é de 15 °C e, ao nível do mar, a altitude é 0 m.

Os elementos da imagem não estão representados em proporção entre si.

Artur Fujita/Arquivo da editora

1ª etapa:
O mergulhador desce 5 m e a temperatura cai 3 °C.

2ª etapa:
O mergulhador desce mais 3 m e a temperatura cai 2 °C.

3ª etapa:
O mergulhador desce mais 7 m. Desse ponto, é melhor voltar. A temperatura caiu 5 °C, e 2 m abaixo... há um tubarão.

a) Descubra os números que completam o quadro a seguir. Use números negativos para indicar altitudes abaixo do nível do mar e números positivos para indicar altitudes acima do nível do mar.

	Altitude	Temperatura
1ª etapa	//////////	//////////
2ª etapa	//////////	//////////
3ª etapa	//////////	//////////

b) A que altitude se encontra o tubarão?

Saldo bancário

Michaelpuche/Shutterstock

Nas contas bancárias, o saldo indica quanto dinheiro a pessoa tem no banco. Quando se faz um depósito, o saldo aumenta. Quando se faz uma retirada, o saldo diminui.

De algumas contas, o banco permite a retirada de quantias superiores ao saldo disponível. Nesse caso, o banco está emprestando dinheiro para a pessoa, que fica com saldo negativo, isto é, a pessoa fica devendo para o banco e paga juros pelo empréstimo.

Acompanhe os exemplos:

- Carlos tinha R$ 60,00 e fez um depósito de R$ 30,00. Qual é o saldo após esse depósito?

  R$ 60,00 + R$ 30,00 = R$ 90,00

- Carlos tinha R$ 90,00 e fez uma retirada de R$ 50,00. Qual é o saldo após essa retirada?

  R$ 90,00 − R$ 50,00 = R$ 40,00

- Carlos tinha R$ 40,00 e fez uma retirada de R$ 110,00. Qual é o saldo após essa retirada?

  R$ 40,00 − R$ 110,00 = //////////

  110 = 40 + 70

  Tirando 40 de 40, ficou com 0; tirando mais 70, ficou com 70 a menos.

  Então, 40 − 110 = −70.

  Nesse caso, ficou com saldo negativo de 70 reais (−R$ 70,00).

Na ilustração do extrato bancário ao lado, a letra **C** significa crédito, ou seja, é um depósito, e a letra **D** significa débito, ou seja, uma retirada de dinheiro.

No caso de uma conta com cheque especial, há um valor extra que o cliente pode usar e ficar devendo ao banco.

Se chegar ao limite, o banco não paga mais as despesas (nem as retiradas nem os débitos) do cliente até que seja feito algum depósito.

BANCO NOVO EXTRATO DE CONTA-CORRENTE

AGÊNCIA 3333 DATA: 11/01/2019 HORA 11.46.55

CONTA 00700-0 CARLOS SAMPAIO

DATA	HISTÓRICO	VALOR
----------DEZEMBRO/2018----------		
24/12/2018	SALDO	60,00
26/12/2018	DEPÓSITO	30,00 C
27/12/2018	SALDO	90,00
30/12/2018	SAQUE	50,00 D
----------JANEIRO/2019----------		
02/01/2019	SALDO	40,00
05/01/2019	SAQUE	110,00 D
06/01/2019	SALDO	−70,00

Banco de imagens/Arquivo da editora

ATIVIDADES

8. Observe, a seguir, o extrato de uma conta bancária em determinado período.

Data	Crédito (R$)	Débito (R$)	Saldo (R$)
31/3	200,00	– – –	120,00
2/4	– – –	150,00	//////////
3/4	– – –	60,00	//////////
5/4	50,00	– – –	//////////
10/4	100,00	– – –	//////////

a) Quais números completam a coluna do saldo?

b) No dia 31/3, foi feito um depósito de R$ 200,00 e o saldo totalizou R$ 120,00. Qual era o saldo anterior?

9. Observe o quadro a seguir e responda: Em qual município foi registrada a menor temperatura? E a maior?

Temperatura registrada em 21/8/2020

Curitibanos (SC)	Quaraí (RS)	Colombo (PR)
−2 °C	−5 °C	4,1 °C

Fonte: Instituto Nacional de Meteorologia (INMET).

Considere as informações do texto a seguir para responder às atividades **10** e **11**.

Brasil deve ter temperaturas entre −5 °C e −10 °C nesta terça-feira

[...]

Confira as temperaturas registradas às 5 h, conforme o Inmet:

Bom Jardim da Serra (SC): −7,2 °C

São Joaquim (SC): −5 °C

Urupema (SC): −6,5 °C

Urubici (SC): −5,8 °C

São José dos Ausentes (RS): −3,3 °C

Erechim (RS): −2,7 °C

Vacaria (RS): −2,5 °C

Lagoa Vermelha (RS): −2 °C

Bento Gonçalves (RS): −1,3 °C

[...]

Fom Conradi/AGIF/AFP

Paisagem coberta de gelo em Urupema (SC) na madrugada mais fria de 2019.

BRASIL deve ter temperaturas entre −5 °C e −10 °C nesta terça-feira. *Gazeta Online*. 18 jul. 2017. Disponível em: https://www.gazetaonline.com.br/noticias/cidades/2017/07/brasil-deve-ter-temperaturas-entre-5-c-e-10-c-nesta-terca-feira-1014079014.html. Acesso em: 10 mar. 2021.

10. Em São Joaquim, foi registrada a temperatura de −5 °C. Em quais municípios foram registradas temperaturas abaixo dessa?

11. Considerando as temperaturas apresentadas, responda às perguntas.

a) Em algum desses municípios foi registrada temperatura abaixo de −10 °C?

b) Em quantos desses municípios há registro de temperatura entre −5 °C e −10 °C, sem contar −5 °C?

c) Em quantos desses municípios há registro de temperatura entre −5 °C e −2 °C, sem contar −5 °C e −2 °C?

12. Observe, na tabela a seguir, o saldo de três clientes do Banco Novo.

BANCO NOVO Saldo no dia 6/3/2021 (em reais)		
Adir Soares	**Bento Silva**	**Celso Arantes**
−125,00	−152,00	−80,00

Dados fictícios.

Quem tinha o menor saldo no Banco Novo nessa data? E o maior?

13. Em um campeonato de futebol, todos os times iniciam com zero ponto. Leia as regras de pontuação:

- Ao vencer uma partida, o time ganha 3 pontos.
- Ao perder uma partida, o time não ganha nem perde pontos.
- Ao empatar uma partida, o time ganha 1 ponto.

a) Observe os resultados das três primeiras rodadas desse campeonato e determine os números que completam a tabela.

1ª rodada
Rialto 2 × 2 Oliveiras
Quebeque 4 × 3 Saturno

2ª rodada
Oliveiras 2 × 3 Quebeque
Rialto 1 × 4 Saturno

3ª rodada
Quebeque 1 × 3 Rialto
Saturno 2 × 6 Oliveiras

	Pontuação após três rodadas			
	Pontos ganhos	**Gols pró (GP)**	**Gols contra (GC)**	**Saldo de gols (GP − GC)**
Rialto	//////////	//////////	//////////	//////////
Oliveiras	//////////	//////////	//////////	//////////
Saturno	//////////	//////////	//////////	//////////
Quebeque	//////////	//////////	//////////	//////////

Dados fictícios.

b) Depois das três rodadas, qual é a classificação por pontos ganhos? (Em caso de empate no número de pontos ganhos, vence quem tem maior saldo de gols.)

CAPÍTULO 5

Números inteiros

Colônia de pinguins-imperadores em Snow Hill, na Antártida.

vladsilver/Shutterstock

NA REAL

Onde é mais frio

Diferentemente dos seres humanos, para os quais temperaturas muito baixas podem oferecer riscos, alguns animais conseguem sobreviver em ambientes com temperaturas abaixo de zero grau. É o caso dos pinguins-imperadores, que vivem, principalmente, na Antártida. Entre as espécies de pinguins existentes, o pinguim-imperador é o de maior tamanho e o mais resistente ao frio.

Na Antártida, durante o inverno, a temperatura, devido aos ventos, pode chegar a −40 °C, e a temperatura da água alcança cerca de −2 °C, que é muito inferior à temperatura média corporal do pinguim-imperador, de 38 °C. Nesse período, a temperatura é mais baixa na superfície da terra ou na água?

Na BNCC
EF07MA03

Números inteiros

No 6º ano, estudamos que os números 0, 1, 2, 3, 4, 5, 6, 7, 8, 9, 10, 11, ... são chamados **números naturais**. Com o conhecimento de números negativos, podemos efetuar a subtração de dois números naturais quaisquer. Dessa subtração, pode resultar:

- um número positivo, como em $9 - 4 = \mathbf{5}$, $16 - 5 = \mathbf{11}$, $100 - 20 = \mathbf{80}$;
- o número zero, como em $9 - 9 = \mathbf{0}$, $16 - 16 = \mathbf{0}$, $100 - 100 = \mathbf{0}$;
- um número negativo, como em $9 - 10 = \mathbf{-1}$, $16 - 20 = \mathbf{-4}$, $100 - 200 = \mathbf{-100}$.

Todos os números em destaque são exemplos de números inteiros. Assim, temos:

- os números **inteiros positivos**: 1, 2, 3, 4, 5, 6, 7, 8, ...
- os números **inteiros negativos**: −1, −2, −3, −4, −5, −6, −7, −8, ...
- o zero, que também é número inteiro, mas não é positivo nem negativo.

Podemos representar os números inteiros sobre uma reta com pontos igualmente espaçados:

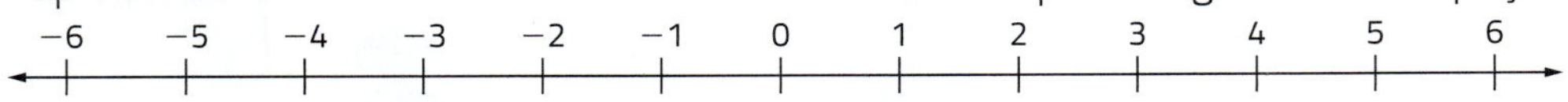

Na reta numérica, os números inteiros estão dispostos em ordem crescente da esquerda para a direita.

Partindo do zero para a direita, encontramos os números inteiros positivos:

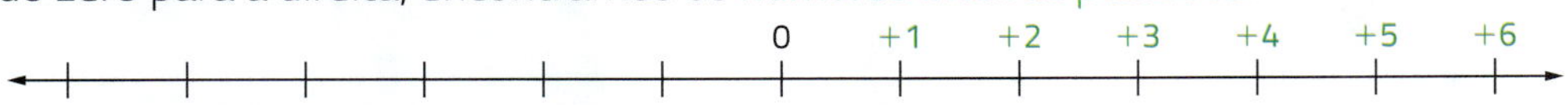

Indo do zero para a esquerda, encontramos os números inteiros negativos:

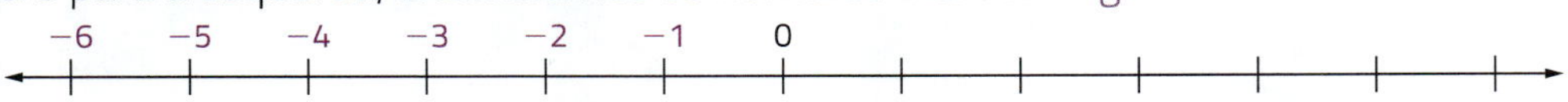

Valor absoluto

A notícia da TV

As temperaturas que o repórter está anunciando na TV são bem diferentes, mas têm algo em comum.

A temperatura −4 °C indica quantos graus abaixo de 0 °C?

A resposta é 4.

E a temperatura +4 °C indica quantos graus acima de 0 °C?

A resposta também é 4.

Ilustra Cartoon/Arquivo da editora

O 4 é chamado **valor absoluto** dos números -4 e $+4$.

Dizemos que o valor absoluto de -4 é 4 e o valor absoluto de $+4$ é 4.

O valor absoluto resulta da comparação do número com zero. Para um número positivo, é quanto ele representa a mais que zero; para um negativo, é quanto ele representa a menos que zero.

Acompanhe outros exemplos:

- o valor absoluto de $+8$ é 8 (porque $+8$ representa 8 a mais que zero);
- o valor absoluto de -8 é 8 (porque -8 representa 8 a menos que zero);
- o valor absoluto de -5 é 5 (porque -5 representa 5 a menos que zero);
- o valor absoluto de 0 é 0.

O saldo do jogo

Repare no resultado de um jogo de futebol entre Brasil e Argentina:

Brasil 3 × 1 Argentina

Qual foi o saldo de gols do Brasil?

$$3 - 1 = +2$$

E o saldo de gols da Argentina?

$$1 - 3 = -2$$

Lucas Figueiredo/CBF

Jogo entre Brasil e Argentina na Copa América Feminina de 2018.

Números opostos ou simétricos

Os números $+2$ e -2 têm o mesmo valor absoluto (2) e sinais contrários (um positivo, outro negativo). Quando são representados na reta numérica, ficam à mesma distância do zero, porém em lados opostos: $+2$ fica à direita e -2 fica à esquerda do zero.

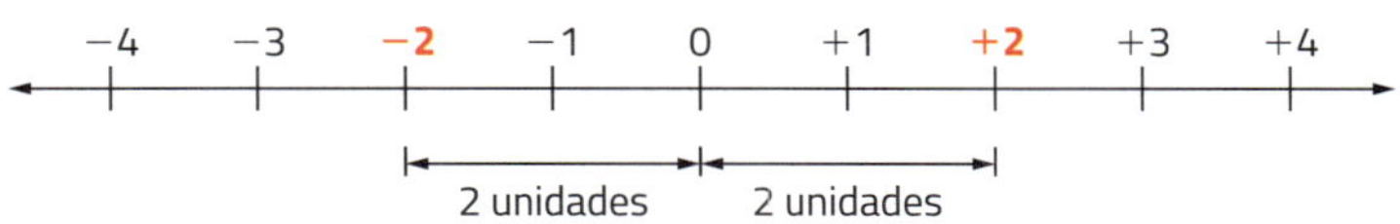

Dizemos que $+2$ e -2 são **números opostos** ou **números simétricos**.

Portanto:

- -2 é o oposto (ou simétrico) de $+2$;
- $+2$ é o oposto (ou simétrico) de -2.

Acompanhe outros exemplos:

- -6 é o oposto de 6;
- 5 é o oposto de -5;
- 21 é o oposto de -21.

ATIVIDADES

1. Desenhe uma reta e represente sobre ela os números inteiros de −8 a +8. Depois, contorne de azul cada número inteiro positivo e de vermelho cada número inteiro negativo.

Considere as informações a seguir para resolver as atividades **2**, **3** e **4**.

Na reta a seguir, as letras estão no lugar de números inteiros consecutivos. Cada letra é a inicial do nome de um aluno.

Ilustra Cartoon/Arquivo da editora

2. Se **V**, de Vítor, está no lugar do zero, indique de quem é a inicial que está no lugar de:

a) +6
b) +4
c) −2
d) −4
e) +3
f) −3

3. Se **D**, de Deco, está no lugar do −5, indique de quem é a inicial que está no lugar de:

a) −8
b) −1
c) 0
d) +3
e) −3
f) +1

4. Se **C**, de Cris, está no lugar do +6, indique em que lugar está a inicial de:

a) Vítor
b) Deco
c) Talita
d) Laís
e) Enzo
f) Ingo

5. Alegria é um vilarejo que adotou uma numeração diferente para suas casas. Na rua principal, o prédio do Correio fica no número 0. A partir dele, a leste (à direita da figura), as casas são numeradas por 1L, 2L, 3L, etc.; e a oeste (à esquerda), por 1W, 2W, 3W, etc. Casas de numeração par ficam do mesmo lado em que está o Correio; as de numeração ímpar ficam do outro lado.

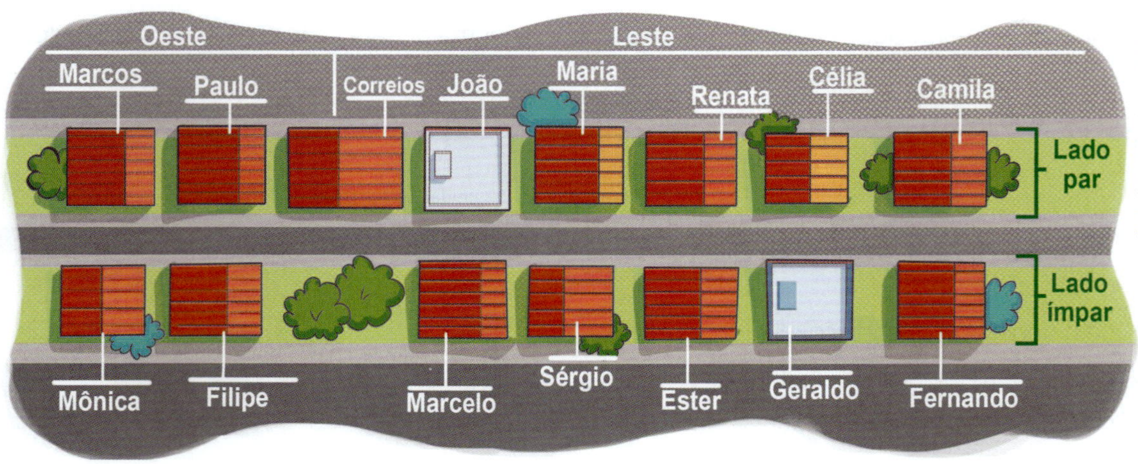

Ilustra Cartoon/Arquivo da editora

O carteiro precisa entregar cartas nos números 2L, 3W, 5L e 8L. Considerando os dois lados da rua, responda: Quem vai receber carta?

6. Quantos são os números inteiros:

a) de -1 a -5, incluindo esses dois números?

b) de -4 a 3, incluindo esses dois números?

7. Quanto é:

a) o valor absoluto de 7?

b) o valor absoluto de -9?

8. Qual é a cor da caixa:

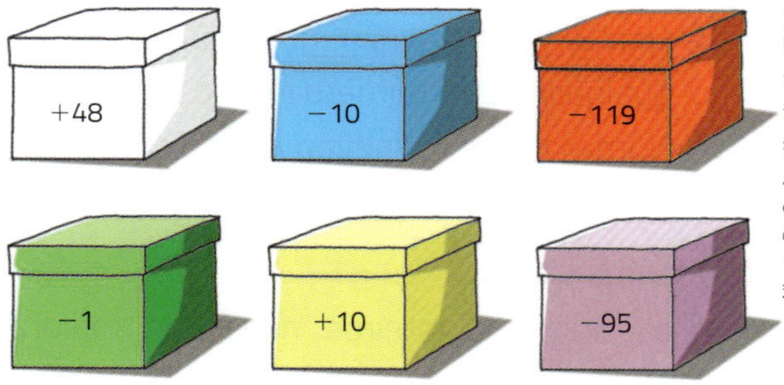

Alberto De Stefano/Arquivo da editora

a) do número de maior valor absoluto?

b) do número de menor valor absoluto?

c) dos números de mesmo valor absoluto?

9. Leia cada afirmação a seguir e descubra quem fez uma afirmação errada.

Cookie Studio/Shutterstock

Adriana

WAYHOME studio/Shutterstock

Bete

rnl/Shutterstock

Carlos

Samuel Borges Photography/Shutterstock

Duda

10. Verifique se estes números são opostos:

a) $+15$ e -15

b) -14 e $+14$

c) $+9$ e -9

d) -4 e $+2$

11. Qual é o número:

a) simétrico de $+10$?

b) oposto de 0?

c) oposto de -6?

d) simétrico de -15?

Leia este texto antes de resolver a atividade **12**.

O sinal de menos colocado antes de um número indica seu oposto. Assim:

- -11 é o oposto de 11;
- $-(+9)$ é o oposto de $+9$, portanto: $-(+9) = -9$;
- $-(-6)$ é o oposto de -6, portanto: $-(-6) = +6 = 6$;
- O oposto de zero é o próprio zero: $-0 = 0$.

12. Descubra qual é o número em cada caso.

a) $-(-1)$

b) $-(-4)$

c) $-(+8)$

d) $-(+3)$

e) o oposto do oposto de 5.

13. Qual é a temperatura maior:

a) -4 °C ou 4 °C?

b) -4 °C ou -8 °C?

14. O saldo na conta bancária do Ricardo é de −R$ 50,00. O saldo na conta de Marcelo é de R$ 25,00, e Rodrigo tem −R$ 68,00. Qual deles tem o maior saldo? E quem tem o menor saldo?

15. Faça o que se pede em cada item.

a) Qual número é maior: -6 ou -10?

b) Qual número é menor: -20 ou -10?

c) Substitua ______ pela palavra que torna a frase verdadeira:

Considerando dois números negativos, o maior é aquele que tem valor absoluto ______.

16. Em cada item a seguir, compare os números e substitua ______ pelo símbolo $<$ (menor que) ou $>$ (maior que).

a) $+20$ ______ $+30$

b) -20 ______ -30

c) $+20$ ______ -30

d) -20 ______ $+30$

17. Substitua ////////// pelos símbolos > e <.

−4 ////////// −1	−5 ////////// 0
−4 ////////// −5	+2 ////////// 0
−2 ////////// −1	0 ////////// −3

18. Em cada item, substitua ////////// pela palavra que torna a frase correta.

a) Na comparação de um número negativo com zero, o maior é //////////.

b) Na comparação de um número positivo com zero, o maior é //////////.

c) Na comparação de um número negativo com um positivo, o maior é //////////.

19. Qual número é maior:

a) +230 ou +150?

b) +230 ou −150?

c) −230 ou +150?

d) −230 ou −150?

20. Qual número é menor:

a) −246 ou −247?

b) +246 ou −247?

c) −470 ou −469?

d) −470 ou +469?

21. O número apresentado em cada item a seguir existe? Em caso afirmativo, escreva o número.

a) Número inteiro positivo menor do que qualquer outro número inteiro positivo.

b) Número inteiro positivo maior do que qualquer outro número inteiro.

c) Número inteiro negativo menor do que qualquer outro número inteiro.

d) Número inteiro negativo maior do que qualquer outro número inteiro negativo.

22. Quantos são:

a) os números inteiros negativos maiores que −3?

b) os números inteiros maiores que −5 e menores que +3?

c) os números inteiros compreendidos entre −10 e −5?

d) os números inteiros compreendidos entre 999 e 1 001?

Considere o texto a seguir para responder às atividades **23** e **24**.

Em cada atividade está representada uma parte da reta numérica. Responda ao que se pede em cada caso.

23. Quais são os opostos dos números representados por *A* e *B*?

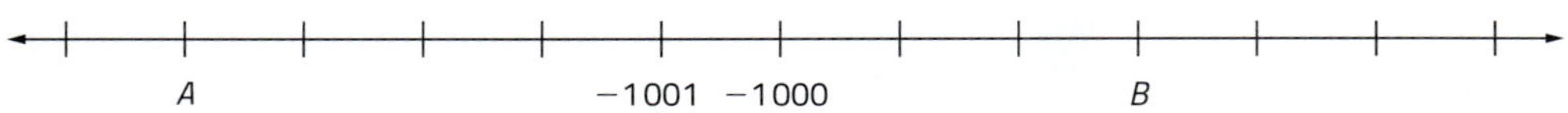

24. Quais são os valores absolutos dos números representados por *A* e *B*?

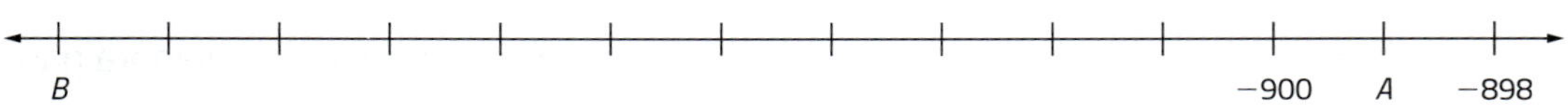

25. Considere, na imagem ao lado, que na superfície do mar a altitude é zero. Use números negativos para indicar altitudes abaixo da superfície do mar e números positivos para indicar altitudes acima da superfície do mar.

a) Em que altitude está o pássaro?

b) Em que altitude está o peixe?

c) Qual é a diferença entre as duas altitudes?

Kanton/Arquivo da editora

Os elementos da imagem não estão representados em proporção entre si.

26. Na linha do tempo, os anos antes do nascimento de Cristo (anos a.C., antes de Cristo) são indicados por números negativos. Não existe o ano zero. O ano do nascimento de Cristo é o ano 1. A partir do nascimento de Cristo, os anos são indicados por números positivos (anos d.C., depois de Cristo). Observe:

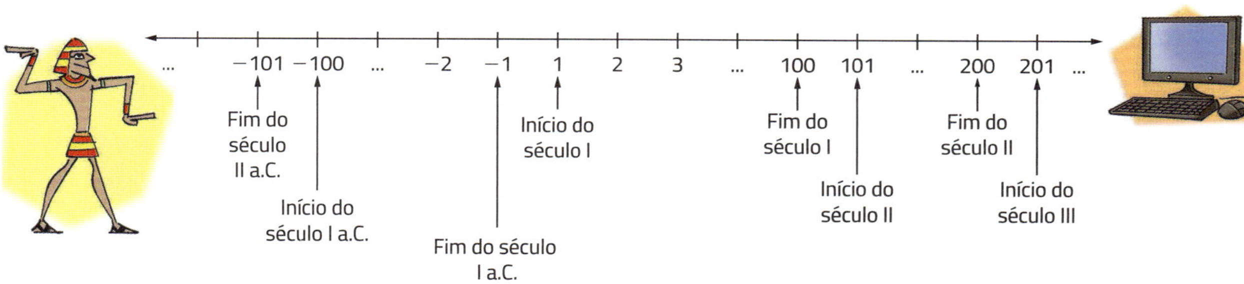

Ilustrações: Kanton/ Arquivo da editora

Observe, também, o ano de ocorrência de alguns acontecimentos históricos.

- No ano −2300 (2300 a.C.), a população do Egito atingiu 5 milhões de habitantes.
- No ano −1225 (1225 a.C.), o Egito perdeu o maior de seus soberanos: Ramsés II.
- Em −586 (586 a.C.), o rei Nabucodonosor terminou a construção de um conjunto de jardins que ficariam conhecidos como uma das sete maravilhas do mundo: os Jardins Suspensos da Babilônia.
- Em −212 (212 a.C.), o célebre matemático e inventor Arquimedes foi morto durante o cerco que os romanos fizeram a Siracusa.
- No ano −44 (44 a.C.), o imperador romano César foi assassinado em pleno Senado por três homens.
- Em 25/8/1270 morreu Luís IX, rei da França.
- Em 6/12/1791 morreu, aos 35 anos, o compositor Wolfgang Amadeus Mozart.

Alamy/Fotoarena

Representação dos Jardins Suspensos da Babilônia, século XIX.

Agora, responda às perguntas.

a) Quantos anos se passaram desde o início do ano em que Nabucodonosor terminou a construção dos Jardins Suspensos da Babilônia até o fim do ano em que Mozart morreu?

b) Em que ano terminou o século XVIII?

c) Quantos anos se passaram desde o início do ano em que Ramsés II morreu até o fim do ano em que Luís IX morreu?

d) Em que ano começou o século XVI?

e) Quantos anos se passaram desde o início do ano em que morreu Arquimedes até o fim do ano em que César morreu?

f) Em que dia, mês e ano terminou o século XX?

g) Em que dia, mês e ano começou o século XXI?

h) Há quantos anos a população do Egito atingiu 5 milhões de habitantes?

CAPÍTULO 6

Adição e subtração

baranq/Shutterstock

NA REAL

Pagamos pelo "peso" do prato?

Fazer refeições em restaurantes que vendem comida por quilo pode ser uma opção saudável e barata. Nesses lugares você pode escolher a quantidade de alimentos e quais deseja consumir. O preço é calculado de acordo com a quantidade de comida no prato. Para isso, são utilizadas balanças que indicam o preço por quilograma ou grama, a quantidade de alimento servido e o preço a pagar.

Para indicar o preço real do alimento, as balanças são ajustadas para descontar o "peso" do prato.

Imagine que no visor da balança de um restaurante, sem nenhum prato sobre ela, aparece −640 g. Quantos gramas deve pesar o prato com comida para que no visor da balança apareça 490 g?

Na BNCC
EF07MA03
EF07MA04

Adição de números inteiros

O dinheiro na conta bancária

Vamos imaginar uma situação em que uma conta bancária está com saldo zero. Com que valor essa conta ficará em cada situação a seguir?

a) Um depósito de R$ 120,00 e outro de R$ 95,00.

Isso é o mesmo que fazer um depósito de valor igual à soma dos valores dos dois depósitos:

$$120 + 95 = 215$$

A conta ficará com saldo de R$ 215,00.

b) Uma retirada de R$ 85,00 e outra de R$ 150,00.

Isso é o mesmo que fazer uma retirada de valor igual à soma dos valores das duas retiradas:

$$85 + 150 = 235$$

A conta ficará com saldo negativo de R$ 235,00, ou seja, com um saldo de −R$ 235,00.

c) Um depósito de R$ 120,00 e uma retirada de R$ 85,00.

Como o valor do depósito é maior que o valor da retirada, isso é o mesmo que fazer um depósito de valor igual à diferença dos valores:

$$120 - 85 = 35$$

A conta ficará com saldo de R$ 35,00.

d) Um depósito de R$ 120,00 e uma retirada de R$ 150,00.

Como o valor da retirada é maior que o valor do depósito, isso é o mesmo que fazer uma retirada de valor igual à diferença dos valores:

$$150 - 120 = 30$$

A conta ficará com saldo de −R$ 30,00.

e) Um depósito de R$ 85,00 e uma retirada de R$ 85,00.

Como o depósito e a retirada têm o mesmo valor, o saldo continuará sendo R$ 0,00.

Sara_K/Shutterstock

Pessoa realizando uma operação bancária em um caixa eletrônico.

PARTICIPE

Em uma conta bancária, depósitos são créditos, e retiradas são débitos. Os créditos são representados por números positivos, e os débitos, por números negativos. O saldo da conta é o quanto de dinheiro existe nela. Vamos partir de uma conta com saldo de R$ 250,00.

Cédulas do Sistema Monetário Brasileiro.

a) Quanto dinheiro existe na conta?

Começamos fazendo dois depósitos: +R$ 30,00 e +R$ 60,00.

b) Quanto é adicionado ao saldo da conta?

c) Qual é o novo saldo?

Em seguida, fazemos duas retiradas: −R$ 150,00 e −R$ 80,00.

d) Quanto é adicionado ao saldo anterior?

e) Qual é o novo saldo?

Agora, fazemos um depósito e uma retirada: +R$ 90,00 e −R$ 50,00.

f) Quanto é adicionado ao saldo anterior?

g) Qual é o novo saldo?

Em seguida, fazemos outro depósito e outra retirada: +R$ 70,00 e −R$ 270,00.

h) Quanto é adicionado ao saldo anterior?

i) Qual é o novo saldo?

Fazemos mais uma retirada: −R$ 75,00.

j) Qual é o novo saldo?

Finalmente, fazemos mais um depósito: R$ 125,00.

k) Qual é o saldo final?

Adicionando números inteiros positivos

Como você resolveria esta operação?

$$(+120) + (+95)$$

Resolvê-la é o mesmo que adicionar dois depósitos de valores iguais a R$ 120,00 e R$ 95,00.

$$\begin{array}{r} 120 \\ +\ \ 95 \\ \hline 215 \end{array} \quad \text{ou} \quad (+120) + (+95) = +215$$

Considere a reta numérica. Partindo da marca 0, seguindo 120 unidades para a direita e, depois, mais 95 unidades também para a direita, chegamos à marca 215. Observe:

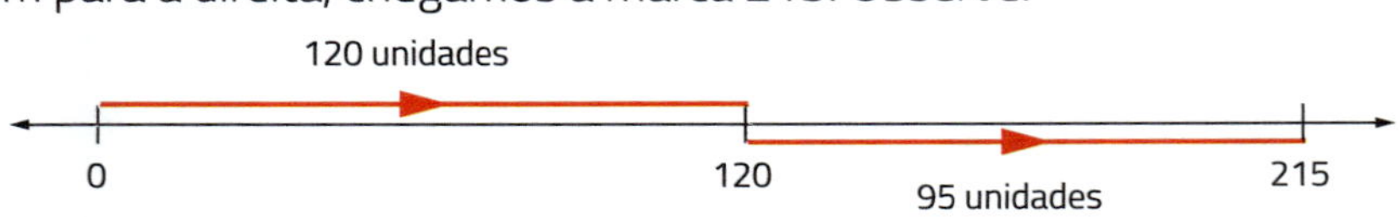

Para não usar parênteses, deixamos de indicar o sinal + da operação. Ficam apenas os sinais dos números:

$$+120 + 95 = +215$$

Ou, simplesmente, $120 + 95 = 215$.

Observe que adicionar dois números inteiros positivos é o mesmo que adicionar dois números naturais; é efetuar a adição que você já conhece.

Adicionando números inteiros negativos

Considere a reta numérica. Partindo da marca 0, seguindo 85 unidades para a esquerda e mais 150 unidades para a esquerda, chegamos à marca −235. Observe:

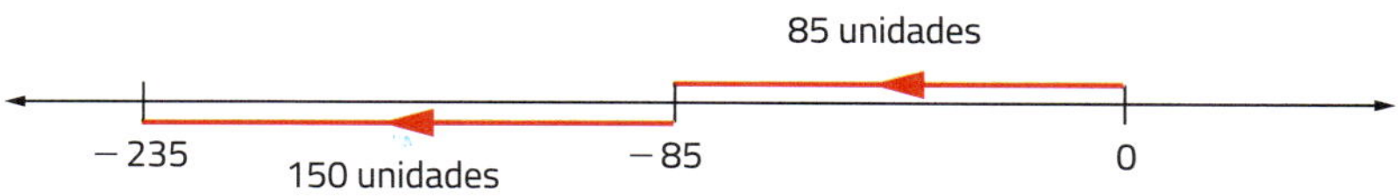

Interpretando a reta numérica:

- Partimos da marca 0.
- O valor absoluto do número indica quantas unidades se deve seguir.
- O sinal dá o sentido:
  + para a direta;
  − para a esquerda.
- A marca da "chegada" é o resultado da adição.

Qual é o valor de (−85) + (−150)?

Resolver esta operação é o mesmo que adicionar duas retiradas de valores iguais a R$ 85,00 e R$ 150,00.

$$\begin{array}{r} 85 \\ +\ 150 \\ \hline 235 \end{array} \quad \text{ou} \quad (-85) + (-150) = -235$$

Eliminando os parênteses, deixamos de indicar o sinal + da operação. Ficam apenas os sinais dos números:

$$-85 - 150 = -235$$

Observe que, para chegar ao resultado, adicionamos os valores absolutos (85 + 150 = 235) e consideramos o sinal negativo, por se tratar de um débito.

Para adicionar números negativos, adicionamos os valores absolutos e colocamos o sinal negativo no resultado.

Outros exemplos:

- $(-12) + (-16) = -12 - 16 = -28$

$$\begin{array}{r} 12 \\ +\ 16 \\ \hline 28 \end{array}$$

- $(-300) + (-100) = -300 - 100 = -400$

$$\begin{array}{r} 300 \\ +\ 100 \\ \hline 400 \end{array}$$

Adicionando números inteiros de sinais contrários

Como você resolveria esta operação?

$$(+120) + (-85)$$

Resolvê-la é o mesmo que adicionar um depósito de R$ 120,00 a uma retirada de R$ 85,00. Nesse caso, o depósito é maior que a retirada, portanto, equivale ao depósito da diferença entre os dois valores:

$$\begin{array}{r} 120 \\ -\ \ 85 \\ \hline 35 \end{array}$$

Ou (+120) + (−85) = +35.

Na reta numérica, partindo da marca 0, seguimos 120 unidades para a direita, depois, 85 para a esquerda e chegamos à marca 35.

Eliminando os parênteses:

$$+120 - 85 = +35$$

Ou, simplesmente:

$$120 - 85 = 35$$

Para chegar ao resultado, subtraímos os valores absolutos e colocamos o sinal positivo no resultado, porque o valor absoluto do crédito é maior que o do débito. Essa operação resultou em um crédito.

Agora repare na operação a seguir. Ela pode ser representada por um depósito de R$ 120,00 e uma retirada de R$ 150,00.

$$(+120) + (-150)$$

Como a retirada é maior que o depósito, a operação equivale a uma retirada da diferença:

$$\begin{array}{r} 150 \\ -\ 120 \\ \hline 30 \end{array}$$

$$(+120) + (-150) = -30$$

Ou, simplesmente:

$$120 - 150 = -30$$

Na reta numérica, partindo da marca 0, seguimos 120 unidades para a direita, depois, 150 para a esquerda e chegamos à marca −30.

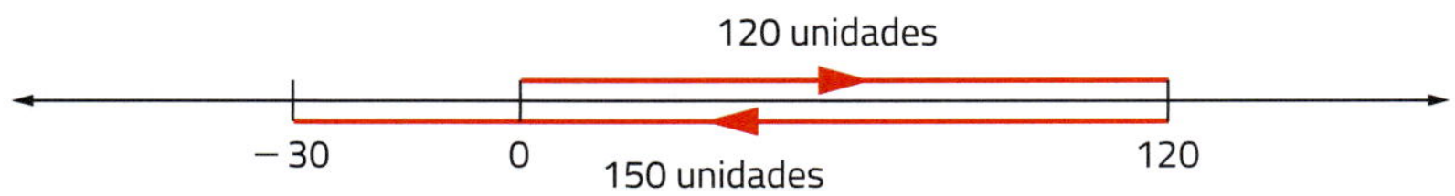

Também subtraímos os valores absolutos (150 − 120 = 30). Colocamos o sinal negativo no resultado, porque o valor absoluto do débito é maior que o do crédito. Essa operação resultou em um débito.

Mais um exemplo:

$$(+85) + (-85) = 0$$

Ou, simplesmente:

$$85 - 85 = 0$$

Nessa operação não resultou crédito nem débito. Considerando a reta numérica, isso seria partir da marca 0, seguir para a direita 85 unidades e, depois, 85 unidades para a esquerda, voltando à marca 0.

Para adicionar um número positivo a um número negativo, subtraímos os valores absolutos e colocamos o sinal do número de maior valor absoluto no resultado. Caso sejam números opostos, a soma é zero.

Acompanhe outros exemplos:

- $(+50) + (-40) = 50 - 40 = 10$

$$\begin{array}{r} 50 \\ -\ 40 \\ \hline 10 \end{array}$$

- $(+50) + (-70) = 50 - 70 = -20$

$$\begin{array}{r} 70 \\ -\ 50 \\ \hline 20 \end{array}$$

- $(-600) + (+100) = -600 + 100 = -500$

$$\begin{array}{r} 600 \\ -\ 100 \\ \hline 500 \end{array}$$

- $(-600) + (+800) = -600 + 800 = 200$

$$\begin{array}{r} 800 \\ -\ 600 \\ \hline 200 \end{array}$$

ATIVIDADES

1. Na reta numérica, partindo da marca 0, em que marca termina o percurso de:

a) 8 unidades para a direita e, depois, 6 para a direita? Quanto é (+8) + (+6)?

b) 5 unidades para a esquerda e, depois, 4 para a esquerda? Quanto é (−5) + (−4)?

c) 13 unidades para a direita e, depois, 7 para a esquerda? Quanto é (+13) + (−7)?

d) 11 unidades para a direita e, depois, 12 para a esquerda? Quanto é (+11) + (−12)?

e) 4 unidades para a esquerda e, depois, 9 para a direita? Quanto é (−4) + (+9)?

f) 9 unidades para a esquerda e, depois, 7 para a direita? Quanto é (−9) + (+7)?

g) 12 unidades para a direita e, depois, 12 para a esquerda? Quanto é (+12) + (−12)?

h) 6 unidades para a esquerda e, depois, 6 para a direita? Quanto é (+6) − (−6)?

2. Os quadros a seguir representam extratos de contas bancárias. Observe-os e responda: Qual é o saldo de cada conta?

Ilustra Cartoon/Arquivo da editora

a)

Sr. Nélson			
Data	**Crédito (R$)**	**Débito (R$)**	**Saldo (R$)**
1º/4	---	---	250,00
2/4	500,00	---	

b)

Sr. Carlos			
Data	**Crédito (R$)**	**Débito (R$)**	**Saldo (R$)**
1º/4	---	---	536,00
2/4	---	588,00	

c)

Sra. Cleide			
Data	**Crédito (R$)**	**Débito (R$)**	**Saldo (R$)**
1º/4	---	---	−80,00
2/4	650,00	---	

d)

Sra. Syla			
Data	**Crédito (R$)**	**Débito (R$)**	**Saldo (R$)**
1º/4	---	---	460,00
2/4	---	500,00	

e)

Sr. Roque			
Data	**Crédito (R$)**	**Débito (R$)**	**Saldo (R$)**
1º/4	---	---	−50,00
2/4	---	575,00	

f)

Sr. José Luiz			
Data	**Crédito (R$)**	**Débito (R$)**	**Saldo (R$)**
1º/4	---	---	−430,00
2/4	305,00	---	

g)

Sra. Marisa			
Data	**Crédito (R$)**	**Débito (R$)**	**Saldo (R$)**
1º/4	---	---	320,00
2/4	---	230,00	

h)

Sra. Olga			
Data	**Crédito (R$)**	**Débito (R$)**	**Saldo (R$)**
1º/4	---	---	−78,00
2/4	---	337,00	

3. Calcule as adições indicadas em cada item:

a) (+7) + (+5)
(+31) + (+10)
(+64) + (+57)

b) (−12) + (−3)
(−20) + (−6)
(−40) + (−17)

c) (−14) + (+10)
(+9) + (−3)
(+15) + (−20)

d) (−9) + (+13)
(−30) + (+18)
(+85) + (−60)

4. Elimine os parênteses e calcule:

a) (+28) + (+17)
b) (−19) + (−11)
c) (+30) + (−13)
d) (+22) + (−50)
e) (−8) + (+26)
f) (−17) + (−12)

5. Em minha conta bancária havia um saldo de −R$ 520,00. Depositei R$ 810,00 e paguei com cheques as seguintes contas:

- aluguel: R$ 440,00;
- supermercado: R$ 180,00.

Descontando os cheques, qual vai ser o saldo em minha conta bancária?

6. Complete a tabela a seguir. Se desejar, use uma calculadora para conferir os resultados.

+	71	−102	93	−38	−207
−46			47		
−150		−252			
63					
19					

Considere o texto a seguir para resolver a atividade **7**.

Para adicionar três ou mais números, podemos adicionar os dois primeiros; em seguida, adicionar o resultado ao número seguinte, e assim por diante. Acompanhe o exemplo:

$$\underbrace{-4 + 15}_{11} - 18 - 7 = \underbrace{11 - 18}_{-7} - 7 = -7 - 7 = -14$$

7. Calcule:

a) 45 − 35 − 25 − 15
b) −35 + 15 − 25 + 5
c) −5 + 25 − 35 + 15
d) 5 − 35 + 15 − 45

8. Qual é o saldo de cada conta em 4/10?

a)

Sr. J. J. Silva			
Data	**Crédito (R$)**	**Débito (R$)**	**Saldo (R$)**
1º/10	---	---	405,00
2/10	---	350,00	
3/10	200,00	---	
4/10	---	270,00	

b)

Sr. A. A. Souza			
Data	**Crédito (R$)**	**Débito (R$)**	**Saldo (R$)**
1º/10	---	---	−180,00
2/10	---	160,00	
3/10	---	45,00	
4/10	360,00	---	

9. No jogo de basquete, o saldo de pontos é a diferença entre os pontos marcados e os pontos sofridos. Certa vez, os times de Brasil e Ilhas Virgens se enfrentaram em um torneio. Suponha que, antes do jogo, o saldo de pontos de cada equipe no torneio fosse o seguinte:

Equipe	Saldo de pontos
Brasil	+2
Ilhas Virgens	−30

Se o resultado do jogo foi Brasil 79 × 50 Ilhas Virgens, como ficou o saldo de pontos de cada equipe após a partida?

Caetano Barreira/Reuters/Fotoarena

Jogo de basquete entre Brasil e Ilhas Virgens. Rio de Janeiro, 2007.

10. As seleções de Brasil, Chile, México e Venezuela disputam um torneio de futebol de salão (futsal). Como ficou o saldo de gols de cada equipe após a rodada de domingo?

Saldo de gols antes dos jogos	
Brasil	+6
Chile	−2
México	+1
Venezuela	−5

Resultados dos jogos de domingo
Brasil 3 × 1 México
Chile 6 × 3 Venezuela

11. No jogo de dardos, é preciso calcular a soma dos pontos obtidos nos lançamentos. Cada jogador atirou três dardos. Quantos pontos fez cada jogador?

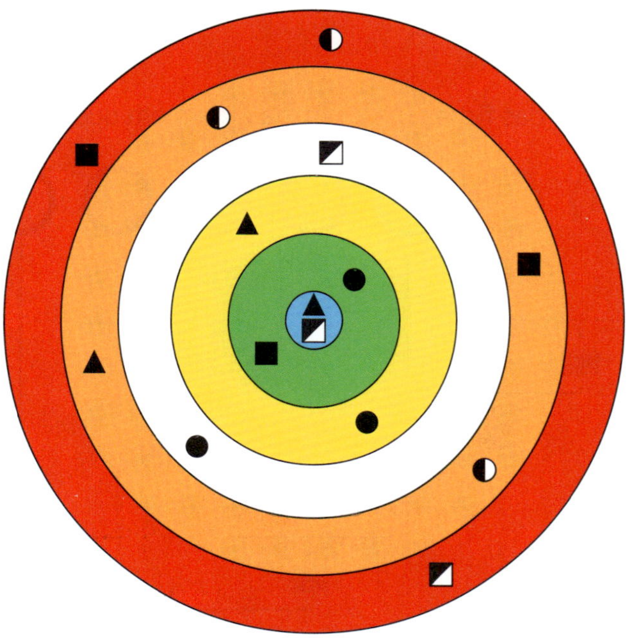

Cor	Pontuação
vermelho	−6
laranja	−3
branco	0
amarelo	2
verde	5
azul	10

André ▲

Cristina ■

Eliana ●

Fernando ◪

Gabriel ◐

Ilustrações: Alberto De Stefano/Arquivo da editora

12. Cada aluna calculou uma expressão, e todas acertaram.

Ana Cláudia	Ana Maria	Ana Paula
$(-11 + 4) + [-17 + (-3 - 7 + 1)]$	$-1 + [-1 + (-1 + 1)]$	$-1 + (-2 + 3) + [-4 + (-5 + 6 - 7)]$

- Quem obteve o resultado maior?

13. Leia esta tirinha e, depois, responda às perguntas.

Piratas do Tietê/Laerte

© Laerte Coutinho/Acervo da cartunista

a) Contando os que entram e descontando os que saem, quantos passageiros são adicionados em cada estação?

b) Com quantos passageiros o trem parte da terceira estação?

c) De que estação o trem parte com mais passageiros? Com quantos?

Propriedades da adição

As três resoluções

O professor de Matemática distribuiu os alunos da turma de Talita em três grupos.

Cada grupo recebeu 8 fichas — 4 azuis, com números positivos, e 4 vermelhas, com números negativos — e a instrução de adicionar os números das 8 fichas recebidas.

Veja como cada grupo procedeu:

No grupo de Talita, os alunos adicionaram os números das fichas um a um, na ordem em que as receberam.

Ilustra Cartoon/Arquivo da editora

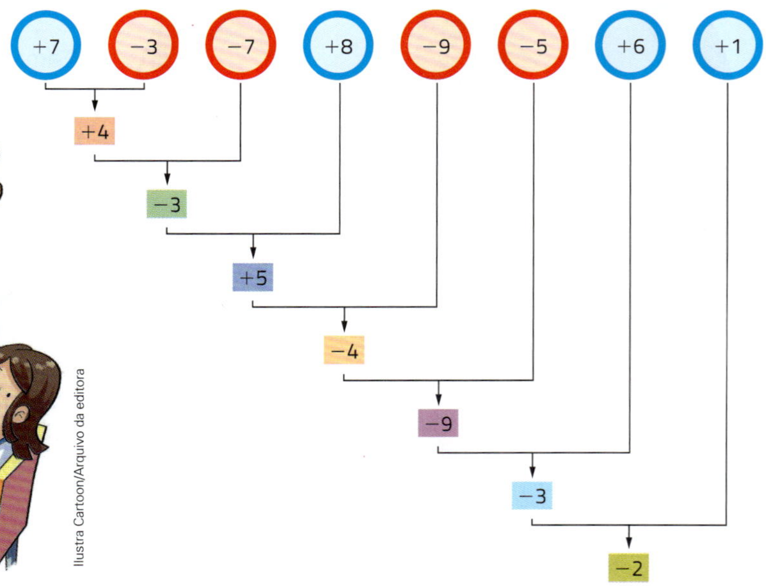

Resultado: −2.

No grupo de João, os alunos adicionaram separadamente os números das fichas azuis e os números das fichas vermelhas.

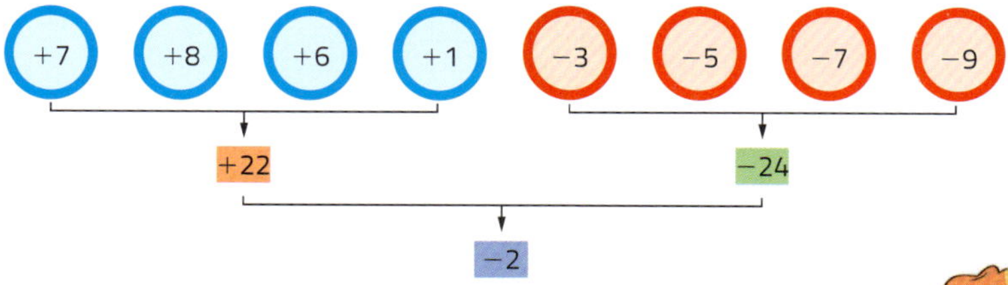

Ilustra Cartoon/Arquivo da editora

Resultado: −2.

No grupo de Pedro, os alunos eliminaram algumas fichas cuja soma dos números dava zero. Depois, adicionaram os números das fichas restantes.

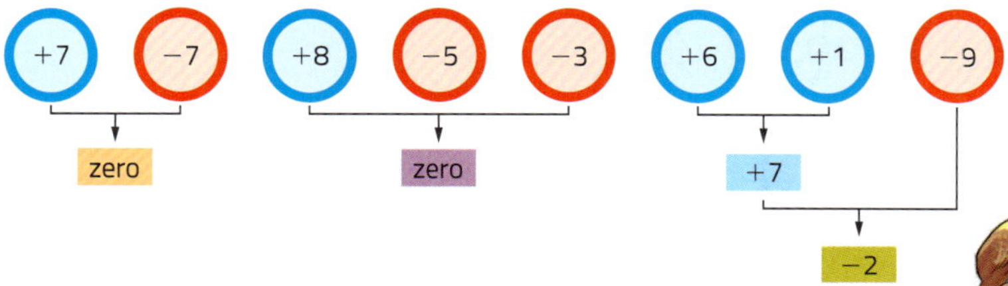

Resultado: −2.

Ilustra Cartoon/Arquivo da editora

Os três grupos encontraram o mesmo resultado. Você acha que os três procedimentos estão corretos? Coloque as fichas em outra ordem a sua escolha e calcule a soma dos números. Qual é o resultado?

Propriedade comutativa

Para efetuar uma adição de números inteiros, −50 e 30, por exemplo, podemos comutá-los, ou seja, colocá-los na ordem de nossa preferência:

$(-50) + 30 = -20$ ou $30 + (-50) = -20$

comutar: trocar, permutar.

A ordem das parcelas não altera a soma.

Outro exemplo:

$$\begin{array}{r} 378 \\ +\ 642 \\ \hline 1020 \end{array} \quad \text{ou} \quad \begin{array}{r} 642 \\ +\ 378 \\ \hline 1020 \end{array}$$

PARA QUE SERVE?

A propriedade comutativa pode ser usada para conferir o resultado de uma adição.

Propriedade associativa

Considere a seguinte adição de três parcelas.

$(-25) + 11 + 54$

Para adicionar essas três parcelas, podemos começar pelas duas primeiras:

$\underbrace{((-25) + 11)}_{-14} + 54 = (-14) + 54 = 40$

Podemos, também, começar pelas duas últimas:

$(-25) + \underbrace{(11 + 54)}_{65} = (-25) + 65 = 40$

Em ambas as associações, encontramos o mesmo resultado.

PARA QUE SERVE?

Na adição de diversas parcelas, podemos fazer as associações que acharmos mais convenientes. Por exemplo, começar adicionando as parcelas de mesmo sinal. Isso serve para podermos simplificar os cálculos.

Elemento neutro e existência do oposto

Em uma adição podemos eliminar (cancelar) parcelas cuja soma seja zero, porque zero não acrescenta nem diminui a soma. Quando adicionamos um número a zero, o resultado é o próprio número.

Por exemplo:

$21 + 0 = 21$ $\quad$ $(-6) + 0 = -6$ $\quad$ $13 \underbrace{-8 + 8}_{\text{resulta em 0}} = 13$

O zero é o **elemento neutro** da adição.

Todo número inteiro possui um oposto. A soma de um número inteiro com seu oposto é zero.

PARA QUE SERVE?

Na adição em que há elementos opostos, estes podem ser cancelados, reduzindo-se, assim, o número de parcelas.

Então, respondendo à pergunta inicial, concluímos que os três grupos utilizaram procedimentos corretos. Repare:

No grupo de Talita, os alunos adicionaram o número de cada ficha ao da seguinte, até chegar ao resultado.

O grupo de João utilizou as propriedades comutativa e associativa da adição.

O grupo de Pedro eliminou os números opostos e aqueles que somaram zero. Depois, usou as propriedades comutativa e associativa.

Ilustra Cartoon/Arquivo da editora

ATIVIDADES

14. Calcule, agrupando as parcelas de sinais iguais:

a) $(+12) + (-18) + (+10) + (+3) + (-2)$

b) $(+6) + (-10) + (+3) + (+9) + (-4)$

15. Efetue os cancelamentos e calcule:

a) $3 - 7 + 4 + 7 - 1 - 7 + 1$

b) $16 - 8 - 4 + 16 - 4 + 8$

c) $4 + 100 - 100 - 7 + 6 - 1$

d) $-23 - 8 + 17 + 6 - 4 + 8$

16. Cada um destes três alunos, Francisco, Rodrigo e Valéria, sorteou um cartão com duas expressões.

Ilustra Cartoon/Arquivo da editora

$(+8) + (-3) + (-8) + (-1) + (+2)$
$(-10) + (-7) + (-4) + (-1) + (+4) + (+7)$

$32 - 2 - 16 + 4 - 32 + 16 - 4 + 5 - 1$
$372 - 28 - 372 + 104 - 28 - 104$

$-1\,234 - 735 + 498 + 735 - 498 + 1\,234$
$-231 + 64 - 587 + 644 + 231 + 587$

Francisco encontrou dois resultados negativos e Rodrigo encontrou um resultado igual a zero. Todos eles acertaram os cálculos.

a) Qual é a cor do cartão de Francisco?

b) Qual foi o outro resultado encontrado por Rodrigo, além do zero?

c) Qual foi a soma dos resultados encontrados por Valéria?

17. Responda completando os esquemas.

a) Substitua cada ▨ pelo número que devemos adicionar a 5 para obter os resultados indicados.

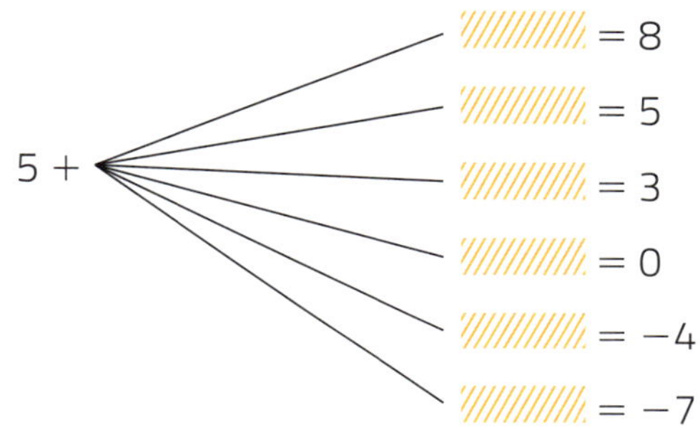

b) Substitua cada ▨ pelo número que devemos adicionar a −5 para obter os resultados indicados.

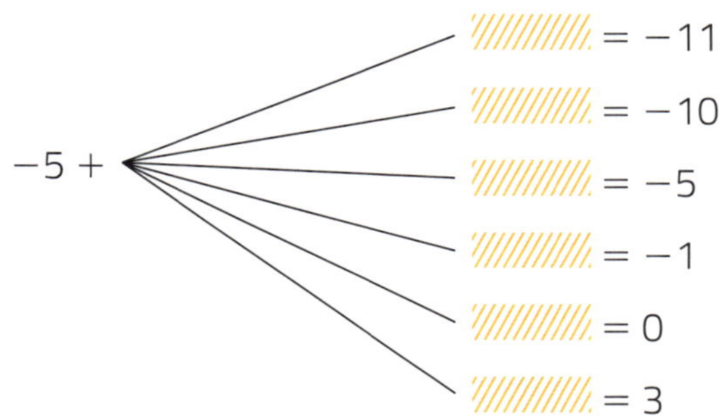

NA OLIMPÍADA

Qual conta fazer?

(Obmep) Mário gosta de escrever dois números de cinco algarismos usando todos os algarismos de 0 a 9 e depois subtrair o menor do maior. Por exemplo, ele escreveu os números 78 012 e 39 654 e calculou sua diferença 78 012 − 39 654 = 38 358. Qual é a menor diferença que ele pode obter?

a) 237 **b)** 239 **c)** 247 **d)** 249 **e)** 269

Subtração de números inteiros

Recordando o saldo de gols

Veja no quadro a seguir o saldo de gols de cada equipe em um campeonato estudantil de handebol.

Equipe	Gols pró	Gols contra	Saldo de gols
Leões	22	12	$22 - 12 = 10$
Tigres	16	20	$16 - 20 = -4$
Touros	12	18	$12 - 18 = -6$
Ursos	14	14	$14 - 14 = 0$

Quando a equipe tem mais gols pró do que contra, o saldo é positivo; quando tem mais gols contra do que pró, o saldo é negativo.

Se a equipe marcou a mesma quantidade de gols que sofreu, o saldo é zero.

Para calcular o saldo, realizamos uma operação de subtração. Nem sempre é possível realizar a subtração no conjunto dos números naturais; nos inteiros, isso é possível.

Por exemplo:

- $16 - 20 \rightarrow$ não se realiza no conjunto dos números naturais;
- $16 - 20 = -4 \rightarrow$ realiza-se no conjunto dos números inteiros;
- $22 - 12 = 10 \rightarrow$ realiza-se no conjunto dos números naturais e no dos números inteiros.

No conjunto dos números naturais, não podemos subtrair de um número outro maior do que ele. No conjunto dos números inteiros, sim; o resultado é um número inteiro negativo.

No conjunto dos números naturais, podemos subtrair de um número outro número menor do que ele; o resultado é um número natural. No conjunto dos números inteiros, também; o resultado é um número inteiro positivo.

Oleksandr Osipov/Shutterstock

Jogo de handebol.

PARTICIPE

I. Nos quadros abaixo, estão registradas, de hora em hora, as temperaturas de um dia de inverno no município de São Joaquim, em Santa Catarina, onde faz muito frio.

Horário (h)	1	2	3	4	5	6	7	8	9	10	11	12
Temperatura (°C)	−6	−7	−8	−8	−7	−6	−5	−3	−2	0	0	+2

Horário (h)	13	14	15	16	17	18	19	20	21	22	23	24
Temperatura (°C)	+3	+5	+6	+5	+5	+4	+2	0	−1	−2	−3	−4

a) Qual foi a temperatura máxima (a maior) registrada nesse dia? A que horas?

b) Qual foi a temperatura mínima (a menor) registrada nesse dia? A que horas?

Para saber quantos graus variou a temperatura nesse dia, precisamos obter a diferença entre a temperatura máxima e a mínima. Quanto é a diferença $(+6) - (-8)$?

Como estamos subtraindo de $(+6)$ um número menor que ele, a diferença deve ser positiva. Acompanhe:

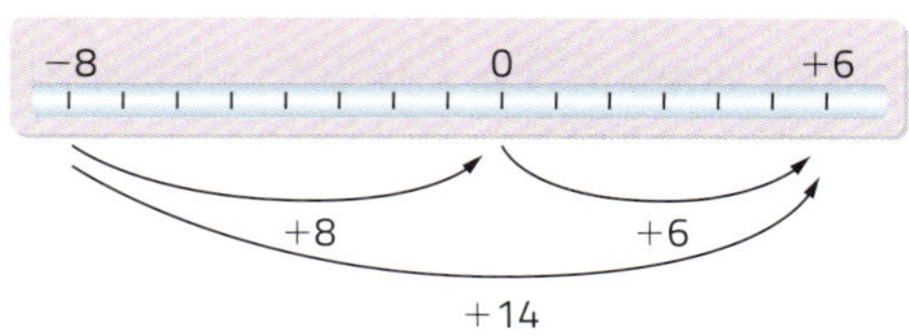

Banco de imagens/ Arquivo da editora

Para passar de −8 °C a 0 °C, a temperatura precisa aumentar 8 °C. De 0 °C a +6 °C, precisa aumentar mais 6 °C. Portanto, para passar de −8 °C a +6 °C, deve aumentar 14 °C.

Então: $(+6) - (-8) = 14$.

Nesse dia, a temperatura variou 14 °C.

Das 7 h às 9 h, a temperatura aumentou ou diminuiu? Quantos graus variou a temperatura? A variação da temperatura entre dois instantes é a diferença entre o valor final e o inicial.

A temperatura às 7 h foi de −5 °C e, às 9 h, de −2 °C.

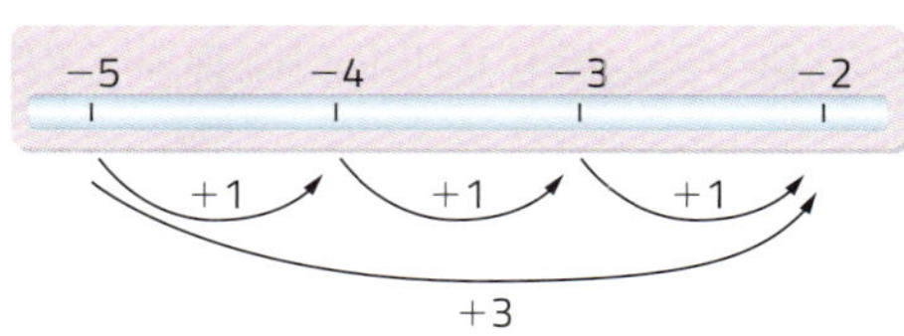

Banco de imagens/ Arquivo da editora

Portanto, aumentou 3 °C. Então: $(-2) - (-5) = 3$.

De (-2) subtraímos um número menor que ele. A diferença é positiva.

Das 18 h às 22 h, a temperatura aumentou ou diminuiu? Quantos graus? Das 18 h às 22 h, a temperatura passou de +4 °C para −2 °C.

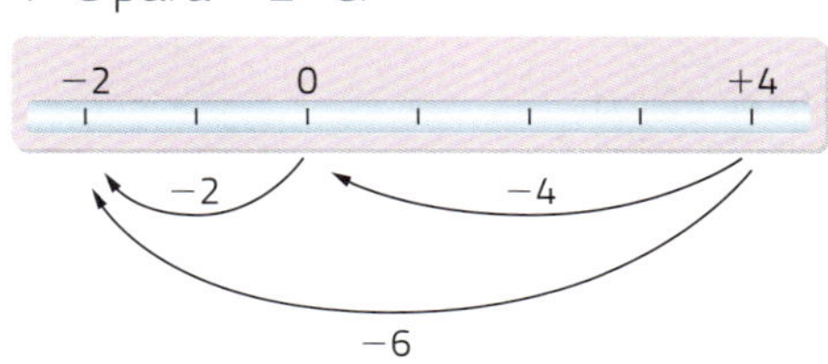

Banco de imagens/ Arquivo da editora

Portanto, diminuiu 6 °C. Então: $(-2) - (+4) = -6$.

De (-2) subtraímos um número maior que ele. A diferença é negativa.

II. Com base nos dados apresentados na atividade anterior, responda às perguntas.

a) Das 8 h às 10 h, a temperatura aumentou ou diminuiu? Quantos graus?

b) Quanto é $0 - (-3)$?

c) Das 10 h às 12 h, a temperatura aumentou ou diminuiu? Quantos graus?

d) Das 8 h às 12 h, quantos graus a temperatura variou?

e) Quanto é $(+2) - (-3)$?

f) Das 19 h às 23 h, quantos graus variou a temperatura?

g) Quanto é $(-3) - (+2)$?

h) Quanto é $(-4) - (-1)$?

Nelson Antoine/Fotoarena

Município de São Joaquim (SC), após uma madrugada de frio intenso, em 2013.

Provavelmente, você se lembra de que:

- $22 - 12 = 10$, porque $10 + 12 = 22$

A diferença entre dois números, dados em certa ordem, é o número que, adicionado ao segundo, dá como resultado o primeiro. Assim:

- $16 - 20 = -4$, porque $(-4) + 20 = 16$
- $12 - 18 = -6$, porque $(-6) + 18 = 12$
- $(+6) - (-8) = 14$, porque $14 + (-8) = 6$
- $(-2) - (-5) = 3$, porque $3 + (-5) = -2$
- $(-2) - (+4) = -6$, porque $(-6) + 4 = -2$

Usando nosso conhecimento do oposto de um número, podemos calcular uma diferença de inteiros empregando a adição. Acompanhe:

- $\underbrace{16 - 20}_{\text{diferença entre 16 e 20}}$ dá o mesmo que $\underbrace{16 + (-20)}_{\text{soma de 16 com o oposto de 20}}$ (o resultado é -4)
- $\underbrace{(+6) - (-8)}_{\text{diferença entre 6 e } -8}$ dá o mesmo que $\underbrace{6 + 8}_{\text{soma de 6 com o oposto de } -8}$ (o resultado é 14)
- $\underbrace{(-2) - (-5)}_{\text{diferença entre } -2 \text{ e } -5}$ dá o mesmo que $\underbrace{(-2) + 5}_{\text{soma de } -2 \text{ com o oposto de } -5}$ (o resultado é 3)
- $\underbrace{(-2) - (+4)}_{\text{diferença entre } -2 \text{ e } 4}$ dá o mesmo que $\underbrace{(-2) + (-4)}_{\text{soma de } -2 \text{ com o oposto de } 4}$ (o resultado é -6)

Ilustra Cartoon/Arquivo da editora

A diferença entre dois números inteiros é igual à soma do primeiro com o oposto do segundo.

ATIVIDADES

18. Esta atividade deve ser feita em grupos de 4 ou 5 alunos.

Vocês vão precisar de cartolina colorida cortada em pedaços de 4 cm × 6 cm. Recortem alguns cartões e escrevam um número em cada um. Por exemplo:

+10   −3   +6   −2   +7   −9

Escrevam, no verso de cada cartão, o oposto do número que está na frente:

frente dos cartões	+10	−3	+6	−2	+7	−9
verso dos cartões	−10	+3	−6	+2	−7	+9

Para calcular a subtração:

$$+10 - (-3)$$

mantemos o primeiro cartão e adicionamos o número que está no verso do segundo.

$$+10 + (+3) = 13$$

Vamos calcular o resultado de mais algumas subtrações? Estas são sugestões utilizando os cartões deste exemplo.

a) −9 − +6

−9 + _____ = _____

b) +7 − −2

_____ + _____ = _____

c) −3 − +7

_____ + _____ = _____

d) −2 − −9

_____ + _____ = _____

Depois de resolver essas operações, elaborem outras propostas para que os outros grupos resolvam. Para isso, produzam outros cartões.

19. A foto mostra o Rockfeller Center, na cidade de Nova York, nos Estados Unidos, em um dia de Natal, geralmente muito frio no hemisfério norte.

Veja no quadro as temperaturas registradas em algumas cidades naquele dia.

Cidade	Mínima	Máxima
Miami	+4 °C	+11 °C
Atlanta	−2 °C	+6 °C
Nova York	−6 °C	0 °C
Boston	−10 °C	−2 °C
Chicago	−12 °C	−3 °C

Quanto variou a temperatura em cada cidade?

DiegoMariottini/Shutterstock

Rockfeller Center, Nova York, Estados Unidos, em 2015.

20. Calcule:

a) $(+6) - (-3)$
b) $(+4) - (-9)$
c) $(+10) - (+3)$
d) $(+8) - (+9)$
e) $(-17) - (-3)$
f) $(-9) - (+10)$
g) $(-8) - (-12)$
h) $(-1) - 2$

21. Aníbal tem duas contas bancárias com saldos negativos que, juntas, totalizam −R$ 620,00. Se o saldo de uma delas é −R$ 280,00, qual é o saldo da outra?

22. O limite da minha conta é de −R$ 800,00, o que quer dizer que o máximo que posso dever ao banco é R$ 800,00. Se a conta tem saldo de −R$ 550,00:

Ilustra Cartoon/Arquivo da editora

a) e eu emitir um cheque de R$ 500,00, o banco vai pagar esse cheque?

b) e eu emitir um cheque de R$ 200,00, o banco vai pagar esse cheque?

c) para que o banco pague um cheque, qual é o valor máximo que ele pode ter?

23. A professora distribuiu um cartão com uma expressão para cada aluno. Os alunos deviam efetuar a subtração "de cabeça", sem anotações. Depois, ela pediu que levantasse a mão quem havia encontrado resultado negativo. Ariela, Raí, Salete, Vera e Marcos levantaram. Conferindo os cartões de todos, a professora descobriu quem acertou e quem errou.

Alberto De Stefano/Arquivo da editora

Calcule mentalmente, verifique quem deveria levantar a mão e responda: Quem errou?

24. Em relação ao nível do mar, a altitude de um avião é +2 500 metros e a altitude de um submarino é −400 metros. De quanto é a diferença entre as altitudes do avião e do submarino?

25. Um avião partiu de um aeroporto situado a 600 metros acima do nível do mar, com tempo bom e temperatura de 28 °C. Ao atingir a altitude máxima, de 3 300 metros acima do nível do mar, o piloto avisou que a temperatura externa era de −40 °C. Calcule as diferenças entre:

a) a altitude máxima do avião e a do aeroporto;

b) a temperatura externa na altitude máxima e no aeroporto.

26. Qual é o sinal: + ou −? Descubra o sinal que deve ser colocado no lugar de cada /////// para que as igualdades fiquem corretas.

a) (−8) /////// (−13) = −21

b) −9 /////// (+9) = −18

c) (−3) /////// (−2) /////// − (+1) = −6

d) (−2) /////// (+2) /////// (−2) /////// (−4) = −2

e) (−1) /////// (−1) /////// (−1) = −1

f) (−3) /////// (+2) = −5

27. Cada aluno recebeu uma ficha com uma expressão e todos calcularam corretamente o resultado.

Igor: 16 − (+9 − 14) + (−3 + 5)

Mariana: −(−8) + (−3) − (+5) − 8 + (−2) + (+15)

Marcela: −(25 − 17) − 2 + 13 − (4 + 5)

Rafael: −(−23 + 19 − 1) − (3 − (4 + 7 − 15))

Sabrina: −6 + (−4) − (−10) − (+1) + (+3)

Francisco: (3 − 8) + (−3 − 2) − (−11 + 1) − (6 − 2)

Júlia: −(−40) − (50 − (60 − 70))

Lucas: −(+1) + (+5) + (−3) − (+2) − (−4)

a) Faça os cálculos para chegar aos resultados obtidos pelos alunos.

b) Agora, adicione mentalmente todos os resultados. Que número obteve?

28. Elabore e resolva um problema que possa ser solucionado operando inteiros negativos.

NA OLIMPÍADA

Os cartões do Caetano

(Obmep) Caetano fez cinco cartões, cada um com uma letra na frente e um número atrás. As letras formam a palavra OBMEP e os números são 1, 2, 3, 4 e 5. Observe os quadrinhos e responda: qual é o número atrás do cartão com a letra M?

Reprodução/Obmep, 2013.

a) 1 **c)** 2 **e)** 5

b) 3 **d)** 4

Que conta ela fez?

(Obmep) Vânia preencheu os quadradinhos da conta abaixo com os algarismos 1, 2, 3, 4, 5, 6, 7 e 8. Ela usou todos os algarismos e obteve o maior resultado possível. Qual foi esse resultado?

■■■ + ■■ − ■■■

a) 402 **c)** 618 **e)** 876

b) 609 **d)** 816

CAPÍTULO 7

Multiplicação, divisão e potenciação

Andrey_Popov/Shutterstock

NA REAL

Qual é o saldo da conta?

As contas bancárias podem ter saldo negativo, nulo ou positivo, dependendo do consumo e da quantidade de dinheiro disponível. Isso ocorre porque os bancos oferecem a possibilidade de usar uma quantia além daquela que o cliente tem em conta cobrando uma taxa quando o saldo fica negativo por mais de um dia.

Suponha que uma pessoa tenha R$ 60,00 de saldo em conta. Ao realizar uma compra, ela optou pelo pagamento de 3 parcelas de R$ 45,00 usando o cartão. No entanto, o atendente compreendeu errado e acabou cobrando o valor total da compra. Após esse pagamento, qual será o saldo da conta dessa pessoa?

Na BNCC
EF07MA03
EF07MA04

Multiplicação de inteiros positivos

A quantidade de azulejos

Observe a ilustração e responda: Quantos azulejos haverá nesta parede se for revestida com 18 fileiras de 25 azulejos?

Ilustra Cartoon/Arquivo da editora

$$\underbrace{25 + 25 + 25 + 25 + \ldots + 25}_{18 \text{ parcelas de } 25} = 18 \times 25 = 450$$

Haverá 450 azulejos.

Multiplicar dois números inteiros positivos é o mesmo que multiplicar dois números naturais. Podemos utilizar a multiplicação quando precisamos adicionar parcelas iguais.

Exemplos:

- $(+42) + (+42) + (+42) + (+42) + (+42) = 5 \times (+42) = 5 \times 42 = 210$
- $(+13) \times (+100) = 13 \times 100 = 1\,300$

O débito de parcelas iguais

Se uma pessoa compra um fogão para pagar em 6 prestações de R$ 133,00, quanto será adicionado ao saldo de sua conta no banco?

Cada prestação acarreta um débito de R$ 133,00 na conta. O débito total será de:

$$6 \times 133 = 798$$

Do saldo da conta, serão subtraídos R$ 798,00, isto é, será adicionado o valor de −R$ 798,00.

Outra possibilidade: cada prestação acarreta uma retirada de dinheiro da conta; portanto, adiciona ao saldo um número negativo. Temos, então, uma adição de 6 parcelas negativas:

$$\underbrace{-133 - 133 - 133 - 133 - 133 - 133}_{6 \text{ parcelas de } (-133)} = -798$$

Como adicionamos 6 parcelas de (−133), indicamos:

$$6 \times (-133) = -798$$

Ilustra Cartoon/Arquivo da editora

Multiplicação de inteiros de sinais contrários

Observe que:

$$6 \times (-133) = -133 - 133 - 133 - 133 - 133 - 133 = -798$$

Da mesma maneira, $5 \times (-10)$ corresponde à adição de 5 parcelas de -10.

$$5 \times (-10) = -10 - 10 - 10 - 10 - 10 = -50$$

Note que:

$$6 \times (-133) = -(6 \times 133) = -798$$
$$5 \times (-10) = -(5 \times 10) = -50$$

Acompanhe estes outros exemplos:

- $1\,000 \times (-1) = -(1\,000 \times 1) = -1\,000$
- $20 \times (-11) = -(20 \times 11) = -220$

Como se faz a multiplicação quando o primeiro fator é negativo?

Para preservar a propriedade comutativa da multiplicação (a ordem dos fatores não altera o produto), devemos ter, por exemplo:

- $(-133) \times 6 = 6 \times (-133) = -798$; então, $(-133) \times 6 = -(133 \times 6) = -798$
- $(-10) \times 5 = 5 \times (-10) = -50$; então, $(-10) \times 5 = -(10 \times 5) = -50$
- $(-1) \times 1\,000 = 1\,000 \times (-1) = -1\,000$; então, $(-1) \times 1\,000 = -(1 \times 1\,000) = -1\,000$
- $(-11) \times 20 = 20 \times (-11) = -220$; então, $(-11) \times 20 = -(11 \times 20) = -220$

Para concluir, observe novamente:

- $6 \times (-133) = -(6 \times 133)$
- $(-1) \times 1\,000 = -(1 \times 1\,000)$
- $5 \times (-10) = -(5 \times 10)$
- $(-11) \times 20 = -(11 \times 20)$

Para **multiplicar um número positivo por um número negativo**, em qualquer ordem, multiplicamos os valores absolutos e colocamos o sinal negativo no produto.

Exemplos:

- $(-4) \times (+9) = -(4 \times 9) = -36$
- $(-2) \times 32 = -(2 \times 32) = -64$
- $(+6) \times (-8) = -(6 \times 8) = -48$
- $50 \times (-3) = -(50 \times 3) = -150$

ATIVIDADES

1. Elabore um problema que possa ser resolvido pela multiplicação 12×50 e pela multiplicação $12 \times (-50)$. Depois, peça a um colega que resolva o problema que você criou enquanto você resolve o dele.

2. Calcule os produtos:

a) $3 \times (-5)$
b) $(-4) \times 8$
c) $4 \times (-25)$
d) $(-10) \times 33$
e) $20 \times (-36)$
f) $(-45) \times 6$
g) $111 \times (-2)$
h) $(-300) \times 50$

3. Calcule:

a) 9×11
$(+9) \times (+11)$
$(+9) \times (-11)$
$(-9) \times (+11)$

b) 75×4
$(+75) \times (+4)$
$(+75) \times (-4)$
$(-75) \times (+4)$

c) 44×1000
$(+44) \times (+1000)$
$(+44) \times (-1000)$
$(-44) \times (+1000)$

Multiplicação de inteiros negativos

Como calculamos $(-3) \times (-7)$ e $(-5) \times (-12)$?

Vamos perceber que, mesmo nesse caso, a multiplicação pode estar representando uma adição de parcelas iguais.

Já sabemos que $(-3) \times 7 = -(3 \times 7) = -21$ e também que $3 \times (-7) = -(3 \times 7) = -21$. Então:

$$(-3) \times 7 = 3 \times (-7) = \underbrace{-7 - 7 - 7}_{\text{3 parcelas de } (-7)}$$

Odua Images/Shutterstock

Do mesmo modo:

$$(-5) \times 12 = 5 \times (-12) = \underbrace{-12 - 12 - 12 - 12 - 12}_{\text{5 parcelas de } (-12)}$$

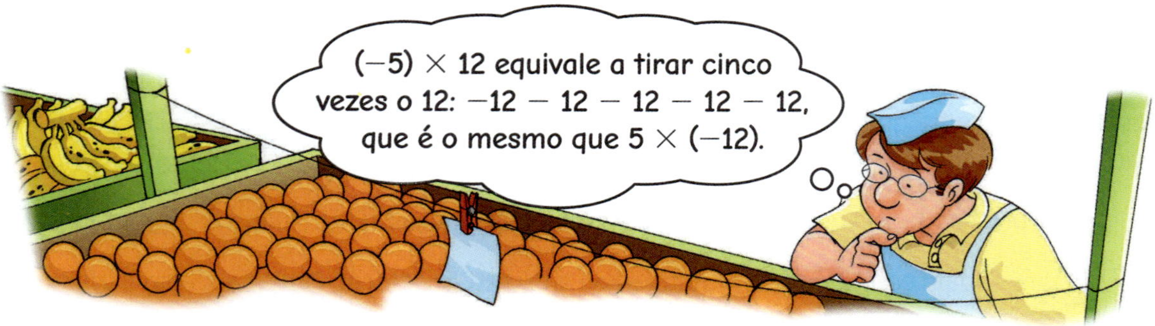

Ilustra Cartoon/Arquivo da editora

Quando o primeiro fator é negativo, seu valor absoluto indica a quantidade de parcelas que devemos adicionar; as parcelas são iguais ao oposto do segundo fator.

Também podemos pensar assim quando os dois fatores são negativos.

Então:

$(-3) \times (-7)$ é o mesmo que adicionar 3 parcelas iguais ao oposto de (-7):

$$(-3) \times (-7) = \underbrace{-(-7) - (-7) - (-7)}_{\text{3 parcelas de } -(-7)} = 7 + 7 + 7 = 21$$

Ilustra Cartoon/Arquivo da editora

Assim, $(-5) \times (-12)$ é o mesmo que adicionar 5 parcelas iguais ao oposto de (-12):

$$(-5) \times (-12) = \underbrace{-(-12) - (-12) - (-12) - (-12) - (-12)}_{\text{5 parcelas de } -(-12)} = 12 + 12 + 12 + 12 + 12 = 60$$

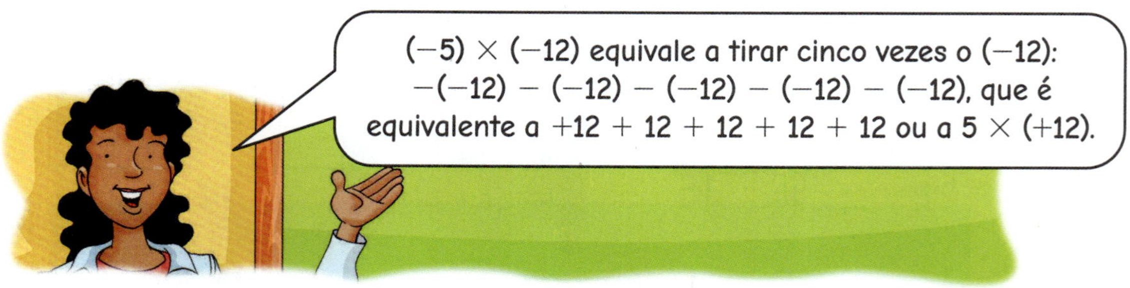

Ilustra Cartoon/Arquivo da editora

Para concluir, observe que:

$(-3) \times (-7) = 21 = +(3 \times 7)$ $\quad$ $(-5) \times (-12) = 60 = +(5 \times 12)$

Para **multiplicar dois números negativos**, multiplicamos os valores absolutos e colocamos o sinal positivo no produto.

Exemplos:

- $(-6) \times (-6) = +(6 \times 6) = 36$
- $(-9) \times (-11) = +(9 \times 11) = 99$
- $(-75) \times (-4) = +(75 \times 4) = 300$
- $(-44) \times (-1\,000) = +(44 \times 1\,000) = 44\,000$

Indicação da multiplicação

Podemos indicar a multiplicação sem o sinal $\times$ (ou $\cdot$) da operação, empregando parênteses. Os fatores ficam um junto do outro, sem sinal entre eles. Acompanhe alguns exemplos:

- $(+2)(+5) = 10$
- $(-3)(+6) = -18$
- $2(5) = 10$
- $-3(6) = -18$
- $2(-5) = -10$
- $-3(-6) = 18$

Não se deve escrever os sinais $\times$, da operação, e $-$, do número, um junto do outro sem parênteses. Assim, não se escreve 5×-3 nem $5 \cdot -3$. Deve-se escrever $5 \times (-3)$ ou $5 \cdot (-3)$ ou, simplesmente, $5(-3)$.

ATIVIDADES

4. Determine os números que devem entrar no lugar de cada /////.

Número	+5	+4	+3	+2	+1	0	−1	−2	−3	−4	−5
Número × (−10)	/////	/////	/////	/////	/////	/////	/////	/////	/////	/////	/////

5. Qual é o produto?

a) $(-2)(-4)$

b) $(-5)(-6)$

c) $(-8)(-1)$

d) $(-9)(-10)$

6. Determine os números que devem entrar no lugar de cada /////.

×	−10	−5	0	+5	+10
+4	/////	/////	/////	/////	/////
+2	/////	/////	/////	/////	/////
0	/////	/////	/////	/////	/////
−2	/////	/////	/////	/////	/////
−4	/////	/////	/////	/////	/////

Assim como na multiplicação de números naturais, se um fator é zero, o produto é zero.

7. Calcule:

a) $(-6)(-7)$

b) $(+5)(-5)$

c) $(-4)(+4)$

d) $(-9)(2)$

Menos por menos dá mais

Leia esta explicação sobre por que menos por menos dá mais.

$-(-7)$ pode indicar:

- **Oposto** de -7. Então: $-(-7) = +7$.
- **Subtrair** -7. Como subtrair um número é o mesmo que adicionar o oposto desse número, subtrair -7 resulta no mesmo que adicionar 7.

$$3 \underbrace{-}_{\text{subtrair}} (-7) = 3 \underbrace{+}_{\text{adicionar}} 7$$

Nas duas situações, $-(-7)$ é $+7$.

$-3(-7)$ pode indicar:

- **Produto** dos números -3 e -7.
- **Subtrair** três vezes -7.

Como subtrair três parcelas de -7 resulta no mesmo que adicionar três parcelas de 7, temos, por exemplo:

$$10 \underbrace{-}_{\text{subtrair}} \underbrace{3(-7)}_{\text{3 parcelas de } -7} = 10 \underbrace{+}_{\text{adicionar}} \underbrace{3 \cdot 7}_{\text{3 parcelas de 7}} = 10 + 21$$

Neste cálculo, $-3(-7)$ é trocado por $+21$.

Então, o produto dos números negativos -3 e -7, que também se indica por $-3(-7)$, deve resultar no número positivo $+21$.

Multiplicação de três ou mais inteiros

Acompanhe os exemplos:

- $\underbrace{12 \cdot (-1)}_{-12} \cdot (-3) = (-12) \cdot (-3) = +36 = 36$
- $\underbrace{(-4) \cdot 5}_{-20} \cdot (-2) \cdot (-6) = \underbrace{(-20) \cdot (-2)}_{+40} \cdot (-6) = 40(-6) = -240$

Para multiplicar três ou mais números inteiros, podemos multiplicar os dois primeiros, depois, multiplicar o resultado pelo número seguinte, e assim por diante. Por exemplo:

$$\underbrace{\underbrace{(-3) \cdot (+7)}_{-} \cdot (-10)}_{+} = +(3 \cdot 7 \cdot 10) = 210$$

Na multiplicação de números inteiros, podemos verificar primeiro qual é o sinal do produto e, depois, multiplicar os valores absolutos.

ATIVIDADES

8. Para responder às perguntas seguintes, calcule as expressões:

(+3)(−2)(−5)

(−4)(+5)(−3)(−1)

6(−5)27

(+6)(+3)(−2)

(−1)(−10)(+2)(−15)

(−1)(−1)(−1)(−1)(−1)

(−4)(+3)(−5)

(−6)(−6)(+5)

1 · (−2) · 3 · (−4) · 5

(−2)(−1)(−5)(+10)

(+10)(−10)(+10)

73 · (−21)

Banco de imagens/Arquivo da editora

Colocando os resultados em ordem crescente, as bandeiras associadas às expressões ficam nesta sequência: Acre, Alagoas, Amazonas, Sergipe, Maranhão, Rio Grande do Norte, Santa Catarina, Espírito Santo, Paraná, Rondônia, Minas Gerais, Goiás.

a) Qual é o resultado correspondente à bandeira de Rondônia?

b) De que estado é a bandeira que corresponde ao resultado −100?

9. Para responder às perguntas seguintes, calcule o valor das expressões:

(+3)(+2)(−2)

(−4)(+5)(−2)(+5)

(−34)(−34)

(+4)(−6)(−1)

(+3)(−1)(−4)(+2)(−10)

(−8)(−8) · 15

(−8)(−2)(−3)

(−10)(+12)(−3)(0)(+19)

(−1)(+9)

(−1)(+12)(−11)

(−3)(−2)(+1)(−5)

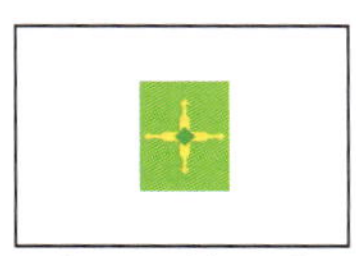
(−20)(−2)

Banco de imagens/Arquivo da editora

Colocando os resultados em ordem decrescente, as bandeiras ficam assim: Piauí, Rio de Janeiro, Rio Grande do Sul, Pará, Distrito Federal, Mato Grosso, Pernambuco, Mato Grosso do Sul, Paraíba, São Paulo, Bahia, Ceará.

a) De que estado é a bandeira que corresponde ao resultado 132?

b) Qual resultado corresponde à bandeira do Mato Grosso do Sul?

10. Qual é o sinal do produto na multiplicação de:

a) três números positivos?

b) três números negativos?

c) quatro números negativos?

11. Calcule as expressões a seguir e responda: Qual delas apresenta o resultado de maior valor absoluto?

a) $5 - 4(-3)$

b) $(-5) \cdot 4 - 3$

c) $5 \cdot (-4) - 3$

d) $(-4) \cdot 6 + 20(-1)$

e) $(-8)(-4) - 10 \cdot 3$

f) $3(-7) + (-6)(-5) - 2(-1)(+8)$

12. Neste prédio não há elevador. Para subir de um andar ao outro, são 16 degraus.

Ilustrações: Alberto De Stefano/ Arquivo da editora

Um rapaz precisa entregar uma *pizza* no andar da expressão de menor valor. Quantos degraus ele vai subir?

13. Complete os quadros substituindo ////////// por palavras ou números que tornam as afirmações verdadeiras.

a)

Menos por mais dá //////////.

$-(+6) =$ //////////

$(-2)(+5) =$ //////////

b)

Mais por menos dá //////////.

$+(-8) =$ //////////

$(+4)(-3) =$ //////////

c)

Menos por menos dá //////////.

$-(-6) =$ //////////

$(-2)(-5) =$ //////////

d)

Mais por mais dá //////////.

$+(+8) =$ //////////

$(+4)(+3) =$ //////////

14. Em cada item, calcule as expressões e compare os resultados.

a) $(5 \cdot (-2)) \cdot 6$ e $5 \cdot ((-2) \cdot 6)$

b) $((-7)(-3)) \cdot 10$ e $(-7)((-3) \cdot 10)$

Propriedades da multiplicação

Com a atividade **14**, introduzimos as propriedades da multiplicação, que vamos enunciar a seguir, apresentando novos exemplos.

Propriedade comutativa

A ordem dos fatores não altera o produto.

Assim, por exemplo, $34 \cdot 105 = 105 \cdot 34$.

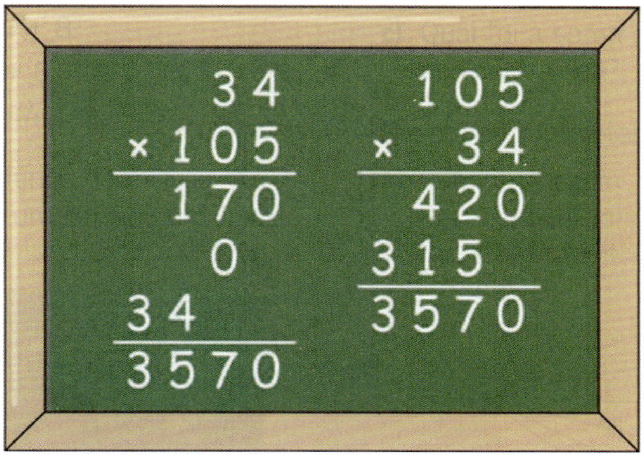

Banco de imagens/Arquivo da editora

> **PARA QUE SERVE?**
>
> Para conferir se o resultado de uma multiplicação está correto. O resultado deve ser o mesmo, estando os fatores em uma ordem ou em outra.
>
> Confira também o sinal.

E, também: $(-34)(105) = -3\,570$ e $(105)(-34) = -3\,570$.

Propriedade associativa

Confira os resultados da atividade **14**.

Na multiplicação de três fatores, podemos associar os dois primeiros ou os dois últimos e, em ambos os casos, obtemos o mesmo resultado.

Por exemplo:

$$\underbrace{10 \cdot (-50)} \cdot (-20) = \\ = (-500) \cdot (-20) = \\ = +10\,000$$

$$10 \cdot \underbrace{(-50) \cdot (-20)} = \\ = 10 \cdot (+1\,000) = \\ = +10\,000$$

No cálculo de expressões como $(-35) \cdot 17 \cdot (-4)$, podemos:

- descobrir o sinal:

$$\underbrace{\underbrace{(-) \cdot (+)} \cdot (-)}_{}$$
$$\underbrace{(-) \cdot (-)}$$
$$(+)$$

- multiplicar os números:

$$\begin{array}{r} 35 \\ \times\ \ 4 \\ \hline 140 \end{array} \qquad \begin{array}{r} 140 \\ \times\ \ 17 \\ \hline 980 \\ 140 \\ \hline 2380 \end{array}$$

> **PARA QUE SERVE?**
>
> Em uma multiplicação de diversos fatores, podemos fazer as associações que acharmos mais convenientes.

Então, $(-35) \cdot 17 \cdot (-4) = +2\,380$.

Elemento neutro

Observe as multiplicações a seguir:

$$(-4)(+1) = -4 \qquad (+1)(100) = 100$$

O produto de um número por $+1$ é sempre o próprio número.

O número $+1$ é o elemento neutro da multiplicação de inteiros.

Menos por menos dá mais (mais uma explicação)

Você se lembra da propriedade distributiva? No 6º ano, nós a utilizamos para fazer cálculos mentalmente. Por exemplo:

$$5 \cdot 87 =$$
$$= 5 \cdot (80 + 7) =$$
$$= 400 + 35 = 435$$

Essa propriedade continua valendo quando operamos com números inteiros, mesmo negativos.

Como:

$$5 + (-5) = 0$$

Então:

$$(-2) \cdot (5 + (-5)) = (-2) \cdot 0 = 0$$

Mas:

$$(-2) \cdot (5 + (-5)) =$$
$$= (-10) + (-2)(-5)$$

Para dar o resultado zero, (-10) precisa ser adicionado a $(+10)$. Logo, $(-2)(-5)$ só pode ser $+10$.

ATIVIDADES

15. Júlio está brincando de multiplicar os números das fichas que estão sobre a mesa.

Ilustra Cartoon/Arquivo da editora

a) Qual será o sinal do produto?

b) Associe as fichas como preferir e descubra a resposta que Júlio deve obter.

16. Cecília quer calcular o produto dos números das fichas. A quarta ficha está virada.

Ilustra Cartoon/Arquivo da editora

Qual é o resultado se na ficha virada há:

a) o número $+1$?

b) o número -1?

c) o número 0?

17. Substitua ▨ pelos números que devemos multiplicar por (+4) para obter os resultados indicados.

$(+4) \cdot$ ▨ $= +20$
$(+4) \cdot$ ▨ $= -4$
$(+4) \cdot$ ▨ $= 0$

18. Substitua ▨ pelos números que devemos multiplicar por (−8) para obter os resultados indicados.

$(-8) \cdot$ ▨ $= +16$
$(-8) \cdot$ ▨ $= -80$
$(-8) \cdot$ ▨ $= 0$

19. Que números devemos colocar no lugar de ▨ para que as igualdades sejam verdadeiras?

a) (▨)$(-7) = +49$
b) (-8)(▨)$= +8$
c) $(+3)$(▨)$= -9$
d) $(+8)$(▨)$= +32$
e) $(+6)$(▨)$= -30$
f) (-2)(▨)$= -16$
g) (-5)(▨)$= +25$
h) (-7)(▨)$= 0$
i) (▨)$(+3) = -3$

20. Descubra a que filme Marcelo vai assistir calculando as expressões e adicionando os resultados obtidos. Por coincidência, essa soma dá exatamente a duração do filme em minutos.

Filme	Duração
Os amigáveis	214 min
O último dos pelicanos	212 min
O primeiro horror	168 min

Ilustrações: Alberto De Stefano/Arquivo da editora

21. Elabore e resolva um problema que possa ser resolvido pelas seguintes operações:

$$13 \cdot (5) + 4 \cdot (-2) = 65 - 8 = 57$$

Divisão de inteiros

Recordando a divisão

Ana comprou uma caixa com 20 bombons de chocolate para presentear igualmente seus cinco amigos. Quantos bombons cada um vai ganhar?

Ilustra Cartoon/Arquivo da editora

Vamos recordar a operação de divisão de números naturais:

$20 : 5 = 4$, porque $4 \cdot 5 = 20$

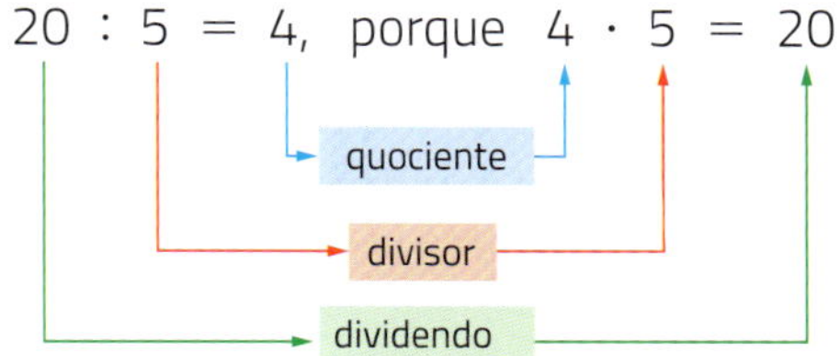

Em uma divisão (exata), o **quociente** é o número que, multiplicado pelo divisor, dá o dividendo.

Portanto, cada um dos amigos de Ana vai ganhar 4 bombons.

PARTICIPE

Para dividir um número inteiro por outro, raciocinamos como na divisão de naturais: queremos determinar o número que, multiplicado pelo segundo, dá o primeiro. É preciso prestar atenção nos sinais.

I. Vamos dividir inteiros positivos.

a) Que número multiplicado por $(+6)$ dá $(+18)$?

b) Então, quanto é $(+18):(+6)$?

c) Quanto é $(+100):4$? Por quê?

d) Quando dividimos dois inteiros positivos, qual é o sinal do quociente?

II. Vamos dividir inteiros com sinais contrários.

a) Que número multiplicado por $(+6)$ dá (-18)?

b) Então, quanto é $(-18):(+6)$?

c) Quanto é $(-100):4$? Por quê?

d) Quanto é $(+18):(-6)$? Por quê?

e) Quanto é $100:(-4)$? Por quê?

f) Quando dividimos dois inteiros com sinais contrários, o quociente tem sinal positivo ou negativo?

III. Vamos dividir inteiros negativos.

a) Que número multiplicado por (-6) dá (-18)?

b) Então, quanto é $(-18):(-6)$?

c) Quanto é $(-100):(-4)$? Por quê?

d) Quando dividimos dois inteiros negativos, qual é o sinal do quociente?

Quando dividimos inteiros com o mesmo sinal, o quociente é positivo; se dividimos inteiros com sinais contrários, o quociente é negativo.

Após verificar qual é o sinal do quociente, dividimos os valores absolutos, como se faz com números naturais.

Acompanhe outros exemplos:

- $(+56):(+7) = +(56:7) = 8$
- $(-60):(-1) = +(60:1) = 60$
- $(+32):(-16) = -(32:16) = -2$
- $200:(-40) = -(200:40) = -5$
- $(-5):(+5) = -(5:5) = -1$
- $-72:12 = -(72:12) = -6$

Para **dividir números inteiros com o mesmo sinal**, dividimos os valores absolutos e colocamos o sinal positivo no quociente. Para **dividir números inteiros com sinais contrários**, dividimos os valores absolutos e colocamos o sinal negativo no quociente.

Observe as seguintes afirmações:

- Os sinais : , da operação, e −, do número, não devem ser escritos um junto do outro sem o uso de parênteses. Por exemplo, não se escreve $15:-3$. Deve-se escrever $15:(-3)$.
- Zero dividido por outro número, diferente de zero, dá zero. Por exemplo:

$$0:(+9) = 0, \text{ porque } 0 \cdot 9 = 0$$
$$0:(-5) = 0, \text{ porque } 0 \cdot (-5) = 0$$

- Não existe divisão por zero. Por quê?

Toda operação, quando aplicada a dois números, deve apresentar um e apenas um resultado. Por exemplo, $5:0$ não apresenta resultado, porque nenhum número multiplicado por 0 dá 5. E $0:0$ não tem um resultado definido, porque todo número multiplicado por 0 dá 0. Por isso, não existe divisão por zero.

ATIVIDADES

22. Qual é o quociente?

a) $(+36) : (+9)$ **b)** $(+55) : (-5)$ **c)** $(-27) : (+3)$ **d)** $(-40) : (-4)$ **e)** $(+15) : (-1)$ **f)** $(-26) : (-26)$ **g)** $63 : 21$ **h)** $48 : (-8)$ **i)** $(-85) : 5$

23. Calcule as expressões:

a) $10 : 5 - 4$ **b)** $-3 + 12 : 4$ **c)** $-2 + 3 \cdot 5 - 12 : 6$ **d)** $(-16) : 4 \cdot (-4)$ **e)** $4 \cdot 8 : (-2)$

24. Que números devemos colocar no lugar de ////////// para que as igualdades sejam verdadeiras?

a) (//////////) $: (-3) = 8$ **b)** (//////////) $: (-12) = -10$ **c)** (//////////) $: (-25) = -1$ **d)** $(-352) :$ (//////////) $= -8$ **e)** $1836 :$ (//////////) $= -36$ **f)** $(-1050) :$ (//////////) $= 21$

25. Cada aluno recebeu uma expressão para calcular.

Laís: $(-6) \cdot 10 - 4 : (-2) + (-5)(-10)$
Artur: $(7 \cdot 8 - 60) : (-2) + 3$
Talita: $(12 + 5 \cdot 6) : (-2 - 3(-1 - 2))$
Fernando: $4 \cdot 20 : (-10) + (-32) : (+16) \cdot (-2)$
Raul: $2 + 2 - 2 \cdot 2 : 2 + (-2) : (-2) \cdot (-2)$
Adriana: $-5(4 - 8 : 4) + 7 \cdot (-1)$

Alberto De Stefano/Arquivo da editora

Depois, a professora pediu aos alunos que formassem dois grupos: o dos alunos que chegaram aos resultados de valores absolutos pares e o dos alunos que chegaram aos resultados de valores absolutos ímpares.

Quem deve ficar em cada grupo?

26. Associe cada expressão ao resultado indicado em uma das fichas.

a) $10 - 20 : (-4)$
b) $100 - 80 : (-10)$
c) $40 : 8 - 6 : 2$

$+2$ -2 $+108$ $+15$ $+10$ $+10$

27. Entre os resultados das expressões a seguir, apenas um é um número ímpar.

a) $-16 : (-1 + 3 \cdot 3) + 3 \cdot 4$
b) $[-16 : (-1 + 3 \cdot 3) + 3]\,4 - 1$
c) $32 : [32 : (2 - 5 \cdot 2) - 4] - 4$
d) $32 : [14 : (1 - 3) - 3 \cdot 3] - 3[(0 - 10) : 2 + 3]$
e) $(26 - 16 : 2)(-13 + 4 \cdot 3)$
f) $(8 \cdot 6 - 16) : (-4 - 2 \cdot 2)$

Organizando os resultados em ordem decrescente, em que posição fica o resultado ímpar?

28. As fichas a seguir devem ser guardadas nas caixas correspondentes. Observe-as e responda às perguntas.

a) Quantas fichas devem ser guardadas na caixa azul?
b) Quais serão as fichas guardadas na caixa verde?
c) Quais fichas vão ficar na caixa vermelha?

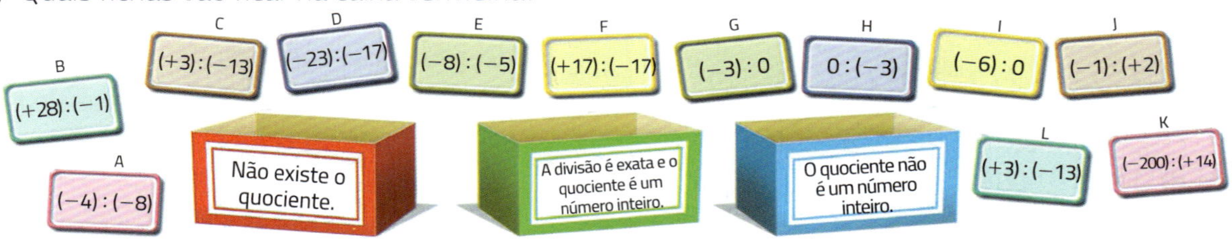

Hélio Senatore/Arquivo da editora

Recordando potência

Quantas gotas?

Virgínia toma 7 gotas de um remédio 7 vezes ao dia. Quantas gotas ela toma em 7 semanas?

Em um dia, Virgínia toma $7 \cdot 7$ gotas. Em uma semana, são $7 \cdot 7 \cdot 7$ gotas. Então, em 7 semanas, são $7 \cdot 7 \cdot 7 \cdot 7$ gotas. Temos: $7 \cdot 7 = 49$, $49 \cdot 7 = 343$ e $343 \cdot 7 = 2\,401$. Portanto, em 7 semanas, Virgínia toma 2 401 gotas do remédio.

Ilustra Cartoon/Arquivo da editora

No 6º ano, estudamos que:

- $7 \cdot 7 = 7^2 \rightarrow$ lê-se "sete ao quadrado".
- $7 \cdot 7 \cdot 7 = 7^3 \rightarrow$ lê-se "sete ao cubo".
- $7 \cdot 7 \cdot 7 \cdot 7 = 7^4 \rightarrow$ lê-se "sete elevado a quatro" ou "sete à quarta".

Um produto de fatores iguais é uma **potência**.

Na potenciação:

- a **base** é o fator que se repete;
- o **expoente** é o número de vezes que repetimos a base.

expoente ↓ $7^2 = \underbrace{7 \cdot 7}_{\text{2 fatores}}$ ↑ base

expoente ↓ $7^3 = \underbrace{7 \cdot 7 \cdot 7}_{\text{3 fatores}}$ ↑ base

expoente ↓ $7^4 = \underbrace{7 \cdot 7 \cdot 7 \cdot 7}_{\text{4 fatores}}$ ↑ base

A base da potência pode ser um número inteiro qualquer, positivo, negativo ou zero. Para calcular a potência, fazemos as multiplicações. Acompanhe os exemplos:

- $(+8)^3 = (+8)(+8)(+8) = 64 \cdot 8 = 512$
- $0^4 = 0 \cdot 0 \cdot 0 \cdot 0 = 0$
- $(-5)^2 = (-5)(-5) = +25$
- $(-2)^5 = (-2)(-2)(-2)(-2)(-2) = -32$

ATIVIDADES

29. $(-10)(-10)(-10)(-10)(-10)$ é o produto de 5 fatores iguais a (-10). Por isso, pode ser representado por $(-10)^5$. Que potências representam os produtos a seguir?

a) $(-6)(-6)(-6)$

b) $2 \cdot 2 \cdot 2 \cdot 2 \cdot 2 \cdot 2 \cdot 2 \cdot 2$

c) $(-1) \cdot (-1) \cdot (-1) \cdot (-1)$

d) $1001 \cdot 1001$

30. Calcule as potências às perguntas.

a) $(+2)^4$

b) $(-2)^5$

c) 0^6

31. Responda às perguntas.

a) Em que potências se lê a base elevada "ao quadrado"?

b) Quanto é $(+3)^2$ e $(-3)^2$?

32. Responda às perguntas.

a) Em que potências se lê a base elevada "ao cubo"?

b) Quanto é $(+2)^3$ e $(-2)^3$?

Considere o texto a seguir para responder à atividade **33**.

Recorde:

$5^1 = 5$ (quando o expoente é 1, a potência é igual à base)

$5^0 = 1$ (quando o expoente é 0 e a base é não nula, a potência é igual a 1)

33. Indique o valor de:

a) $(+10)^1$

b) $(+10)^0$

c) $(-10)^1$

d) $(-10)^0$

34. Calcule a potência:

a) de base (-6) e expoente 3;

b) de expoente 5 e base (-10).

35. Faça o que se pede nos itens a seguir.

a) Calcule as seguintes potências de base -2: $(-2)^0$, $(-2)^1$, $(-2)^2$, $(-2)^3$, $(-2)^4$, $(-2)^5$, $(-2)^6$, $(-2)^7$ e $(-2)^8$.

b) Para quais expoentes o resultado é positivo?

c) Para quais expoentes o resultado é negativo?

36. Calcule o valor das expressões a seguir e descubra qual foi o resultado do jogo de futebol Brasil × Itália na final da Copa do Mundo de 1970.

a) Brasil: $(-4)^3 : (-2)^5 + 2 : (-10)^0$

b) Itália: $8^2 : [3^2 - (1 - 2^3)] + (-3)^1$

Alberto De Stefano/ Arquivo da editora

Foto: STAFF/AFP

37. Calcule as expressões:

a) $(-12)^2 - 4^3$

b) $4 \cdot (-2)^5 + 2 \cdot (-5)^2 - 75 \cdot (-1)^1$

NA OLIMPÍADA

Só dá Alemanha?

(Obmep) Um torneio de futebol foi disputado por seis seleções. Cada uma delas disputou exatamente um jogo com cada uma das outras cinco. A tabela seguinte indica a classificação final do torneio, no qual foram atribuídos 3 pontos por vitória, 1 ponto por empate e 0 ponto por derrota.

Time	Vitórias	Pontos
Alemanha	3	10
Bolívia	2	8
Camarões	2	7
Dinamarca	1	6
Espanha	1	4
França	0	4

Se a Alemanha ganhou da França, com qual seleção a Alemanha empatou?

Equilibre

(Obmep) Na figura, o número 7 ocupa a casa central. É possível colocar os números 1, 2, 3, 4, 5, 6, 8 e 9, um em cada uma das casas restantes, de modo que a soma dos números na horizontal seja igual à soma dos números na vertical. Qual é essa soma?

a) 22 **b)** 23 **c)** 24 **d)** 25 **e)** 26

Na Páscoa

(Obmep) Télio deu para sua mãe uma caixa com 13 bombons, dos quais 5 são brancos e os demais escuros. Desses 13 bombons, 7 são recheados. Qual é a menor quantidade possível de bombons escuros recheados nessa caixa?

a) 1 **b)** 2 **c)** 3 **d)** 4 **e)** 5

Contas cruzadas

(Obmep) As contas $AB \times C = 195$ e $CDE \div F = 88$ estão corretas, sendo *A*, *B*, *C*, *D*, *E* e *F* algarismos diferentes. O número *AB* é formado pelos algarismos *A* e *B*, e o número *CDE* é formado pelos algarismos *C*, *D* e *E*. Qual é o algarismo representado pela letra *F*?

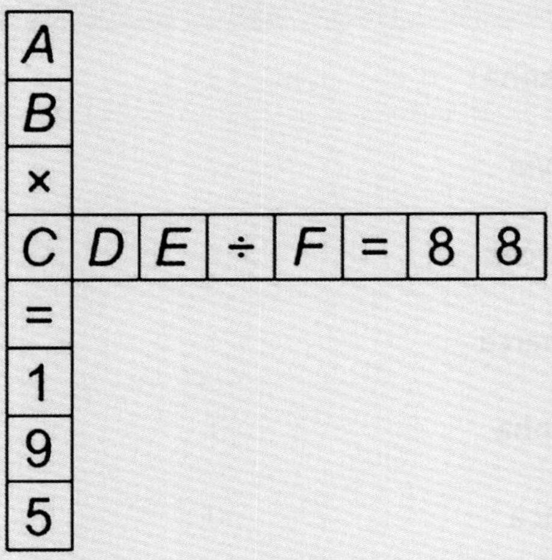

a) 1 **b)** 2 **c)** 4 **d)** 6 **e)** 8

NA HISTÓRIA

Números negativos

A noção de número negativo demorou muito a surgir na história da Matemática. Egípcios, babilônios e gregos, povos responsáveis por muitas realizações matemáticas importantes, não trabalharam com esse tipo de número.

Até onde se sabe, os números negativos surgiram inicialmente na China, há pouco mais de dois milênios. Entre outros fatores, a dificuldade de comunicação entre povos distantes, na época, impediu que essa contribuição chinesa chegasse logo ao Ocidente.

Na obra *Os nove capítulos da arte da matemática* (século III a.C.), a mais influente da Matemática chinesa na Antiguidade, podem ser encontradas as regras de sinais para a adição e a subtração: "Para a subtração, com os mesmos sinais, tire um do outro; tirar positivo do nada dá negativo; tirar negativo do nada dá positivo. Para a adição com sinais diferentes, tire um do outro; com os mesmos sinais, acrescente um ao outro; positivo com nada dá positivo; negativo com nada dá negativo".

No entanto, não há nenhum registro na Matemática chinesa do uso da regra de sinais da multiplicação e da divisão antes ao século XIII.

Os chineses desenvolveram a prática de operar com números inteiros usando barras de bambu estendidas sobre um tabuleiro. Para distinguir número positivo de número negativo, adotaram a seguinte convenção: barras vermelhas indicavam números positivos, e barras pretas, números negativos.

Depois dos chineses, acredita-se que os hindus foram o primeiro povo a trabalhar consistentemente com números negativos. A finalidade inicial era indicar dívidas. Entre os matemáticos hindus, o primeiro a discorrer sobre os números negativos foi Brahmagupta, no século VII, que enunciou a regra de sinais para a multiplicação: "Positivo dividido por positivo ou negativo dividido por negativo é positivo".

Artur Fujita/Arquivo da editora

Os árabes, com o objetivo de disseminar o islamismo (religião fundada por Maomé, em torno do ano 620), dominaram vários povos e construíram um grande império, incluindo parte da Índia, a península Ibérica e o norte da África. Eles assimilaram nosso sistema de numeração na Índia, onde foi criado e desenvolvido entre o século III e o século IX. Como os árabes o difundiram por todo o seu império, é chamado **sistema de numeração indo-arábico**. Por exemplo, no ano 825, o matemático Al-Khowarizmi, natural da Pérsia (atual Irã), descreveu esse sistema de maneira completa em um pequeno tratado.

A tradução dessa obra para o latim, no começo do século XII, mostrava claramente a superioridade do sistema de numeração criado pelos hindus sobre o sistema de numeração romano. Porém, somente por volta do ano 1500, os europeus ocidentais se curvaram a essa realidade.

A ideia de números negativos também foi absorvida pelos árabes, mas preferiram deixá-los de lado.

Na verdade, os números negativos foram evitados ou rejeitados pelos matemáticos ocidentais até por volta do século XVII. Por exemplo, no século XV, o francês Nicolas Chuquet (1445-1488) e, no século XVI, o alemão Michael Stifel (1487-1567) referiam-se a eles como **números absurdos**. François Viète (1540-1630), o maior matemático francês do século XVI, ignorou-os em sua obra. E o também francês Blaise Pascal (1623-1662), um dos maiores matemáticos de todos os tempos e inventor da primeira máquina de calcular, assim se pronunciou na sua obra *Pensamentos*: "Conheci gente incapaz de entender que ao se tirar 4 de zero o que resta é zero".

No século XIX, o matemático britânico Augustus De Morgan (1801-1871) achou absurda a resposta −2 a um problema cuja pergunta era "Daqui a quantos anos?". Ele poderia ter interpretado essa resposta como "dois anos atrás". Sugeriu então que a pergunta do problema fosse colocada como "Há quantos anos...?".

MehmetO/Shutterstock

Monumento a Al-Khowarizmi, em Khiva, no Usbequistão.

1. Pinte 10 palitos de fósforo de vermelho e 10 de preto. Raciocinando como os chineses da Antiguidade, como você explicaria as igualdades a seguir?

a) $(+4) + (-7) = -3$

b) $(-3) + (-5) = -8$

2. O primeiro matemático a interpretar geometricamente os números negativos foi o francês Albert Girard (1595-1632). "O negativo em geometria indica retrocesso e o positivo, avanço", dizia ele. Como você interpreta essa afirmação em termos da reta numerada?

3. Em 1299, o governo da cidade de Florença baixou um decreto proibindo o uso dos numerais indo-arábicos nas transações comerciais. O registro em papel era reservado apenas para os resultados dos cálculos efetuados com o ábaco. A justificativa era que os cálculos no papel, com numerais indo-arábicos, facilitavam as fraudes. Contudo, no século XVIII, o ábaco já havia praticamente desaparecido da Europa ocidental. Como você interpreta isso?

4. Resolva de cabeça: Dois irmãos têm 12 anos e 7 anos. Há quantos anos a idade do mais velho foi o dobro da idade do mais novo?

UNIDADE 3 Ângulos e retas

NESTA UNIDADE VOCÊ VAI

- Determinar abertura de ângulos.
- Conhecer o conceito de bissetriz.
- Classificar ângulos.
- Conhecer as relações entre ângulos formados por retas paralelas cortadas por uma transversal.

CAPÍTULOS

CAPÍTULO

8 Ângulo

Bianca Zardo/Acervo da fotógrafa

NA REAL

Quantos graus girou o recordista mundial?

Em 2020, com 11 anos de idade, o skatista brasileiro Gui Khury fez mais um marco inédito na carreira. Ele foi o primeiro a executar a manobra que dá 3 giros completos no ar no vertical (o *half pipe*).

A manobra foi reconhecida pelo *Guinness World Records* no Dia Mundial do Skate, em 2020. Anteriormente, o recorde mais próximo pertencia ao skatista Tony Hawk, que atingiu a marca de 900° no vertical, em 1999.

Sabendo que o giro de 1 volta completa equivale a 360°, quanto de volta Gui Khury deu a mais que Tony Hawk para estabelecer o novo recorde?

O que é um ângulo?

A ideia de ângulo

As imagens desta página não estão representadas em proporção entre si.

Alguns objetos transmitem a ideia de ângulo. Observe a seguir exemplos em que é possível associar um objeto à ideia de um ângulo.

IB Photography/Shutterstock

Na abertura de uma tesoura.

Prostock-studio/Shutterstock

Nos pedaços de uma *pizza*.

Frame Art/Shutterstock

Nos cantos da moldura de um quadro.

Vamos recordar o conceito de ângulo em Geometria, que estudamos no 6º ano.

Observe ao lado a figura formada por duas semirretas, $\overrightarrow{OA}$ e $\overrightarrow{OB}$.

O ponto O é origem da semirreta $\overrightarrow{OA}$ e também da semirreta $\overrightarrow{OB}$.

As semirretas $\overrightarrow{OA}$ e $\overrightarrow{OB}$ formam um ângulo: o ângulo $A\hat{O}B$.

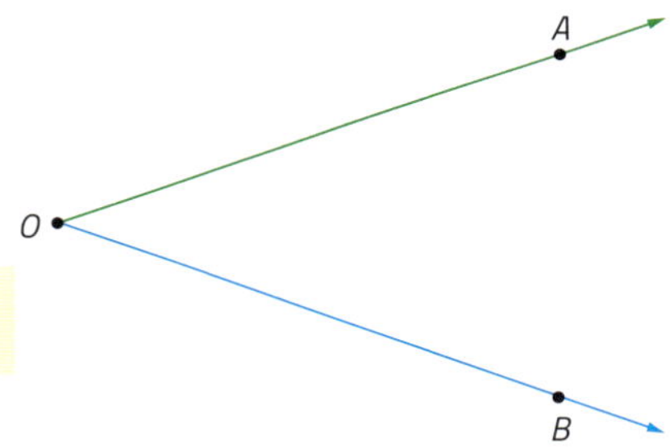

Banco de imagens/Arquivo da editora

A reunião de duas semirretas de mesma origem forma um **ângulo**.

O ponto O é o **vértice** do ângulo $A\hat{O}B$.

As semirretas $\overrightarrow{OA}$ e $\overrightarrow{OB}$ são os **lados** do ângulo $A\hat{O}B$.

$A\hat{O}B$ é uma maneira simbólica de representar o ângulo; é um nome para o ângulo.

Outra maneira de representá-lo é $B\hat{O}A$.

Veja outros exemplos de ângulos e suas representações simbólicas:

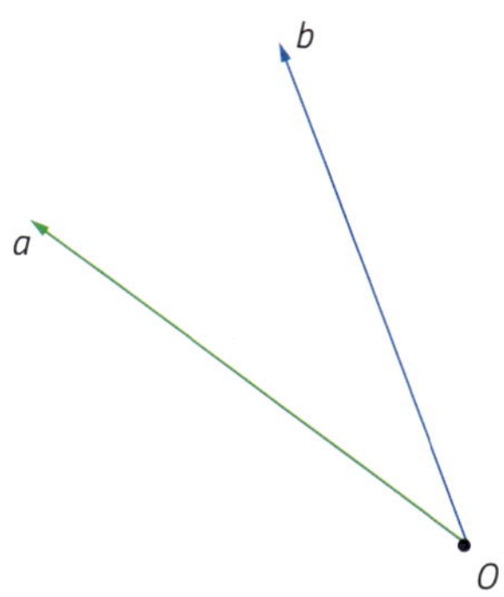

Ângulo: $a\hat{O}b$ ou $b\hat{O}a$
Vértice: O
Lados: $\overrightarrow{Oa}$ e $\overrightarrow{Ob}$

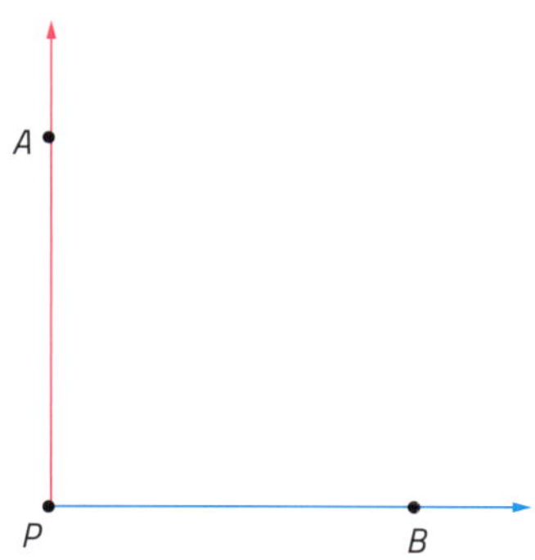

Ângulo: $A\hat{P}B$ ou $B\hat{P}A$
Vértice: P
Lados: $\overrightarrow{PA}$ e $\overrightarrow{PB}$

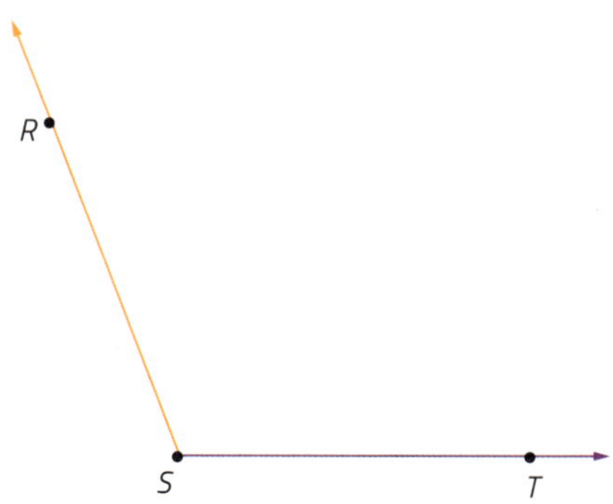

Ângulo: $R\hat{S}T$ ou $T\hat{S}R$
Vértice: S
Lados: $\overrightarrow{SR}$ e $\overrightarrow{ST}$

Banco de imagens/Arquivo da editora

Ângulos congruentes

Dois ângulos são **congruentes** quando têm a mesma "abertura".

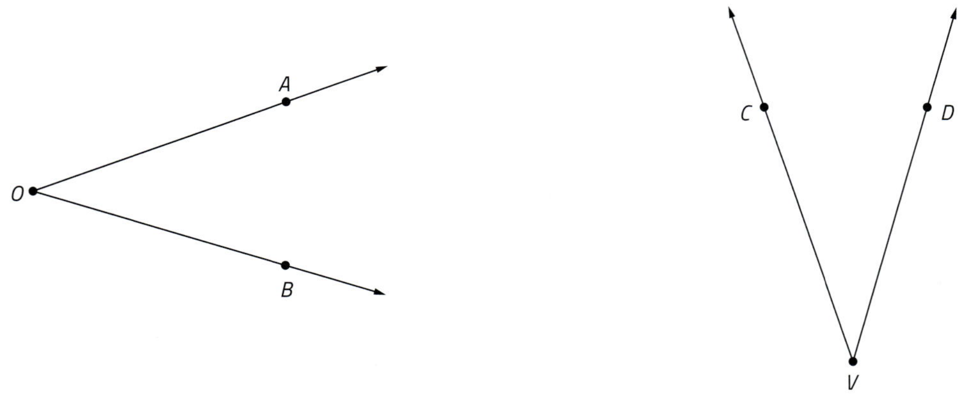

Banco de imagens/Arquivo da editora

Os ângulos $A\hat{O}B$ e $C\hat{V}D$ têm a mesma "abertura".

Se copiarmos $A\hat{O}B$ em um papel transparente e, em seguida, por deslocamento, fizermos O coincidir com V e $\overrightarrow{OA}$ coincidir com $\overrightarrow{VC}$, notaremos que $\overrightarrow{OB}$ também coincidirá com $\overrightarrow{VD}$.

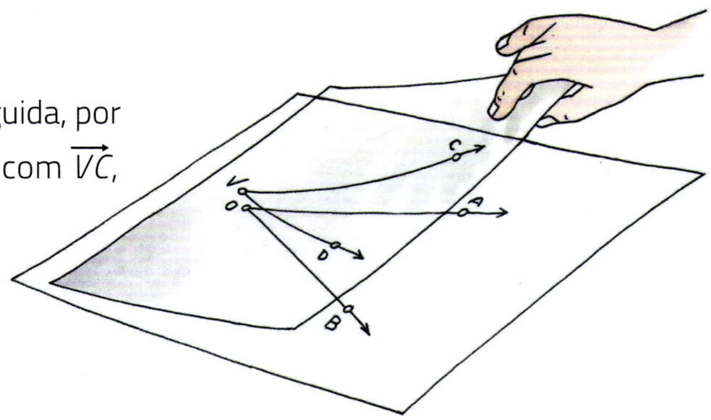

Cecília Iwashita

Medida de ângulo

Caso duas semirretas de mesma origem, $\overrightarrow{OA}$ e $\overrightarrow{OB}$, sejam coincidentes, dizemos que formam um **ângulo nulo**.

O ângulo $A\hat{O}B$ é nulo.

Vale lembrar que segmentos coincidentes são segmentos de reta que têm todos os pontos em comum.

Para medir ângulos, usamos um instrumento chamado **transferidor**. O transferidor é dividido em graus.

Banco de imagens/Arquivo da editora

Transferidor de 180º.

> A unidade para medir ângulos é o grau.
>
> **1 grau** é representado por **1°**.
>
> 1 grau é igual a 60 minutos.
>
> **1° = 60'**
>
> 1 minuto é igual a 60 segundos.
>
> **1' = 60"**

Nem sempre a medida de um ângulo é um número inteiro.

Adição de medidas de ângulos

Ao meio-dia e 45 minutos

Exatamente ao meio-dia, os ponteiros de um relógio coincidem, apontando para a marca 12 do mostrador. Quarenta e cinco minutos depois, faltando 15 minutos para as 13 horas, o ponteiro dos minutos aponta para a marca 9 e o ponteiro das horas aponta na direção entre as marcas 12 e 1.

Sabendo que o ponteiro das horas percorreu, a partir do meio-dia, um ângulo de $22^\circ\ 30'$, qual é a medida do ângulo entre os dois ponteiros às 12 h 45 min?

ao meio-dia

às 12 h 45 min

Conforme indicamos na figura anterior, à direita, o ângulo entre o ponteiro dos minutos e o das horas, às 12 h 45 min, mede a soma de um ângulo reto (90°) com um ângulo de $22^\circ\ 30'$. Portanto, a medida é:

$90^\circ + 22^\circ\ 30' = 90^\circ + 22^\circ + 30' = 112^\circ + 30' = 112^\circ\ 30'$

Vamos ver alguns exemplos de como adicionar medidas de ângulos.

Exemplo 1

Vamos calcular $27^\circ\ 30'\ 15'' + 3^\circ\ 12'\ 25''$.

$$\begin{array}{rrrl} 27^\circ & 30' & 15'' & \\ 3^\circ & 12' & 25'' & + \\ \hline 30^\circ & 42' & 40'' & \end{array}$$

Logo, $27^\circ\ 30'\ 15'' + 3^\circ\ 12'\ 25'' = 30^\circ\ 42'\ 40''$.

Exemplo 2

Vamos calcular $82^\circ\ 25'\ 58'' + 46^\circ\ 47'\ 12''$.

$$\begin{array}{rrrl} 82^\circ & 25' & 58'' & \\ 46^\circ & 47' & 12'' & + \\ \hline 128^\circ & 72' & 70'' & \end{array}$$

Substituindo $70''$ por $1'\ 10''$, temos:

$$128^\circ\ 72'\ 70'' = 128^\circ\ 72' + 1'\ 10'' = 128^\circ\ 73'\ 10''$$

Substituindo $73'$ por $1^\circ\ 13'$, temos:

$$128^\circ\ 73'\ 10'' = 128^\circ + 1^\circ\ 13' + 10'' = 129^\circ\ 13'\ 10''$$

Logo, $82^\circ\ 25'\ 58'' + 46^\circ\ 47'\ 12'' = 129^\circ\ 13'\ 10''$.

ATIVIDADES

Nas atividades **1** a **4**, calcule a medida do ângulo entre o ponteiro das horas e o dos minutos com base nos dados de cada figura.

1. Às 12 h 55 min:

Alex Silva/Arquivo da editora

2. Às 3 h 5 min:

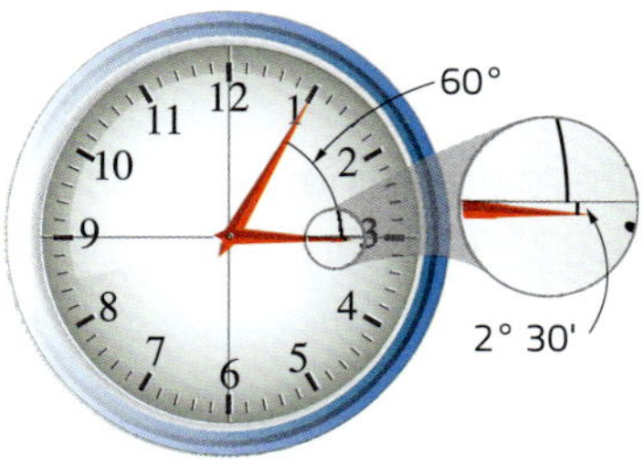

Alex Silva/Arquivo da editora

3. Às 8 h 25 min:

Alex Silva/Arquivo da editora

4. Às 9 h 35 min:

Alex Silva/Arquivo da editora

5. Na figura, $A\hat{O}B$ mede 32° 30' e $B\hat{O}C$ mede 77° 50'.

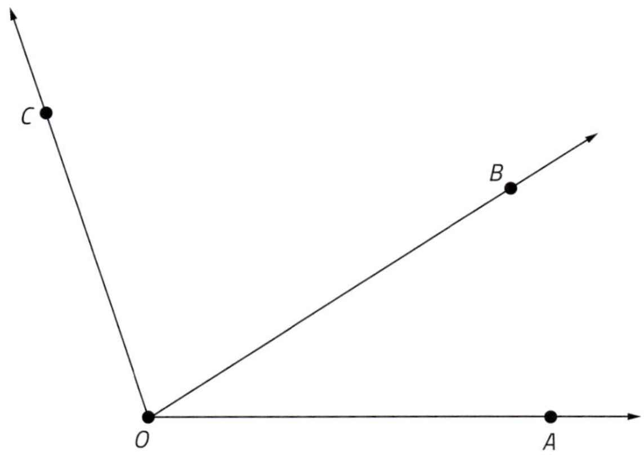

Banco de imagens/Arquivo da editora

Quanto mede $A\hat{O}C$?

6. Para cada item, resolva a adição indicada.

a) 120° 28' 7" + 42° 12' 32"

b) 50° 40' + 25° 24'

c) 57' 32" + 4' 40"

d) 20° 47' 58" + 32° 22' 39"

Subtração de medidas de ângulos

Ao meio-dia e 15 minutos

Em 15 minutos, o ponteiro dos minutos de um relógio percorre um ângulo reto (90°). Nesse mesmo tempo, o ponteiro das horas percorre um ângulo de 7° 30'. Qual é a medida do ângulo entre os dois ponteiros às 12 h 15 min?

Alex Silva/Arquivo da editora

ao meio-dia

às 12 h 15 min

Conforme indicamos na figura anterior, à direita, a medida do ângulo entre o ponteiro dos minutos e o das horas, ao meio-dia e 15 minutos, é a diferença entre a medida de um ângulo reto (90°) e 7° 30'. Portanto, essa medida é:

$$\begin{array}{rrrl} 90° \rightarrow & 89° & 60' & \\ & 7° & 30' & - \\ \hline & 82° & 30' & \end{array}$$

$$90° - 7° 30' = 89° 60' - 7° 30' = 82° 30'$$

Agora, vamos ver outros exemplos de subtração de medidas de ângulos.

Exemplo 1

Vamos calcular 82° 49' 56" − 50° 34' 16".

$$\begin{array}{rrrl} 82° & 49' & 56'' & \\ 50° & 34' & 16'' & - \\ \hline 32° & 15' & 40'' & \end{array}$$

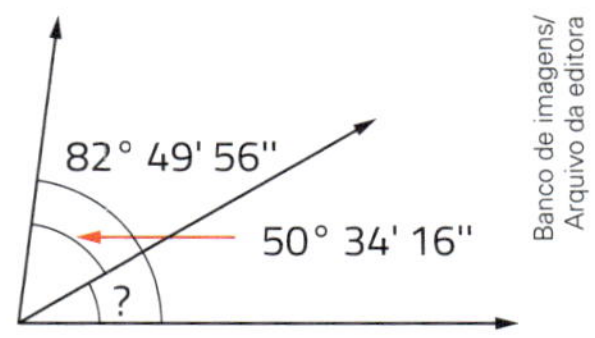

Logo, 82° 49' 56" − 50° 34' 16" = 32° 15' 40".

Exemplo 2

Vamos calcular 35° 12' 23" − 24° 51' 43".

$$\begin{array}{rrrl} 35° & 12' & 23'' & \\ 24° & 51' & 43'' & - \\ \hline & & & \end{array} \longrightarrow \begin{array}{rrrl} 35° & 11' & 83'' & \\ 24° & 51' & 43'' & - \\ \hline & & 40'' & \end{array} \longrightarrow \begin{array}{rrrl} 34° & 71' & 83'' & \\ 24° & 51' & 43'' & - \\ \hline 10° & 20' & 40'' & \end{array}$$

Logo, 35° 12' 23" − 24° 51' 43" = 10° 20' 40".

ATIVIDADES

7. Qual é a medida do ângulo entre os ponteiros das horas e dos minutos:

a) às 12 h 30 min?

b) às 2 h 15 min?

8. Quanto mede:

a) o ângulo $B\hat{O}C$?

b) o ângulo $C\hat{O}D$?

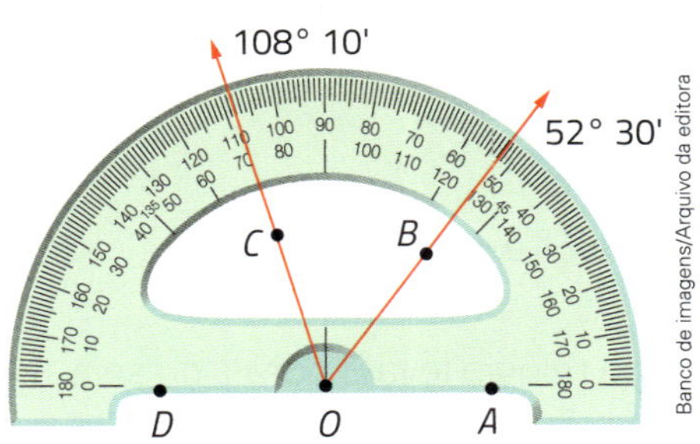

9. Um engenheiro precisa medir o ângulo $A\hat{O}S$, sob o qual vê a torre de uma antena de TV. Observe a figura.

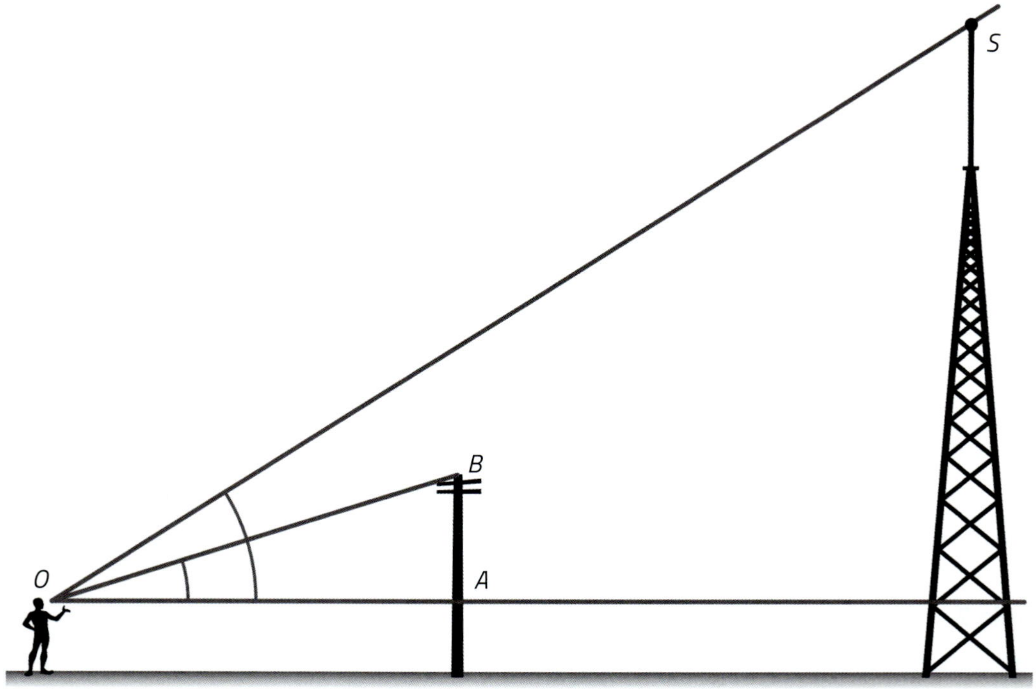

Banco de imagens/Arquivo da editora

Entre ele e a torre há um poste e, medindo o ângulo $A\hat{O}B$, obtêm-se 17° 35'.
Se $A\hat{O}S$ mede 32° 20', quanto mede o ângulo $B\hat{O}S$?

10. Qual é a diferença?

a) 90° 50' 55" − 42° 37' 15"

b) 40° 15' − 25° 50'

c) 40° 17' 28" − 25° 52' 45"

d) 148° 45' 38" − 85° 50' 30"

e) 10° 45" − 20' 12"

Multiplicação de medida de ângulo por um número natural

O movimento dos ponteiros

O ponteiro dos minutos de um relógio percorre um ângulo reto em 15 minutos. Em 1 minuto ele percorre um ângulo de quantos graus? E em 8 minutos?

O ponteiro dos minutos percorre um ângulo de 90° em 15 minutos. Então, em 1 minuto, percorre um ângulo de:

$$90° : 15 = 6° \ (A\hat{O}B \text{ mede } 6°)$$

Em 8 minutos, percorre um ângulo de:

$$6° \cdot 8 = 48° \ (A\hat{O}D \text{ mede } 48°)$$

Em 1 minuto, percorre um ângulo de 6° e, em 8 minutos, um ângulo de 48°.

Alex Silva/Arquivo da editora

O ponteiro das horas desse mesmo relógio leva 3 horas, ou seja, 180 minutos, para percorrer um ângulo reto. Em 1 minuto ele percorre um ângulo de quantos graus? E em 15 minutos?

O ponteiro das horas percorre um ângulo de 90° em 180 minutos. Então, em 1 minuto, percorre um ângulo de:

$$90° : 180 = 0{,}5°$$

$$90° : 180 = (90 \cdot 60') : 180 = 30'$$

Em 15 minutos:

$$15 \cdot 0{,}5° = 7{,}5° = 7°\ 30'$$

$A\hat{O}C$ mede 7,5° (ou 7° 30').

Alex Silva/Arquivo da editora

Em 1 minuto, ele percorre um ângulo de 0,5° (ou 30'); em 15 minutos, um ângulo de 7,5° (ou 7° 30').

A seguir, veja como podemos multiplicar a medida de um ângulo por um número natural.

Exemplo

Vamos calcular 25° 32' 52" · 5.

25°	32'	52"
	×	5
125°	160'	260"

Substituindo 260" por 4' 20", temos:

125° 160' 260" = 125° 160' + 4' 20" = 125° 164' 20"

Substituindo 164' por 2° 44', temos:

125° 164' 20" = 125° + 2° 44' + 20" = 127° 44' 20"

Logo, 25° 32' 52" · 5 = 127° 44' 20".

ATIVIDADES

11. Calcule a medida do ângulo entre os ponteiros de um relógio às 12 h 25 min e responda às perguntas propostas.

Alex Silva/Arquivo da editora

a) Das 12 h às 12 h 25 min, o ponteiro dos minutos percorre o ângulo $A\hat{O}B$. Em 1 min ele percorre 6°.

Quanto mede $A\hat{O}B$?

b) Das 12 h às 12 h 25 min, o ponteiro das horas percorre o ângulo $A\hat{O}C$. Em 1 min ele percorre 0,5°.

Quanto mede $A\hat{O}C$?

c) O ângulo entre os ponteiros às 12 h 25 min é o ângulo $C\hat{O}B$.

Quanto mede $C\hat{O}B$?

12. Na figura, med ($A\hat{O}B$) = 12° 30' e med ($A\hat{O}C$ = = 5 · med ($A\hat{O}B$).

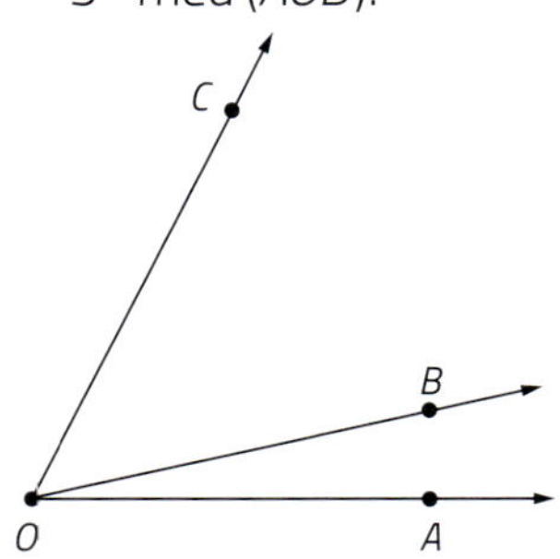

Banco de imagens/Arquivo da editora

a) Quanto mede $A\hat{O}C$?

b) Quanto mede $B\hat{O}C$?

13. Qual é o produto?

a) (40° 25' 33") · 2

b) (25° 35") · 3

c) (15° 35' 58") · 5

d) (42° 45') · 3

e) (5° 52") · 4

f) (50' 30") · 10

Divisão de medida de ângulo por um número natural

Vamos calcular (40° 26' 58") : 2.

• 1º passo

Dividimos os graus.

40°	26'	58"	2
00°			20°

• 2º passo

Dividimos os minutos.

40°	26'	58"	2	
00°	26		20°	13'
	0'			

• 3º passo

Dividimos os segundos.

40°	26'	58"	2		
00°	06	18	20°	13'	29"
	0'	0"			

Logo, (40° 26' 58") : 2 = 20° 13' 29".

Agora, vamos calcular (60° 47' 36") : 4.

• 1º passo

Dividimos os graus.

60°	47'	36"	4
20			15°
0°			

• 2º passo

Dividimos os minutos.

60°	47'	36"	4	
20	07		15°	11'
0°	3'			

• 3º passo

Convertemos o resto 3' em segundos, 3' = 180", adicionamos 180" a 36" (obtendo 216") e dividimos por 4.

60°	47'	36"	4		
20	07	180"	15°	11'	54"
0°	3'	216"			
		16			
		0"			

Logo, (60° 47' 36") : 4 = 15° 11' 54".

ATIVIDADES

14. Na figura a seguir, o ângulo $A\hat{O}B$ está dividido em quatro partes iguais pelas semirretas $\overrightarrow{OC}$, $\overrightarrow{OD}$ e $\overrightarrow{OE}$. Além disso, $A\hat{O}B$ mede 90°.

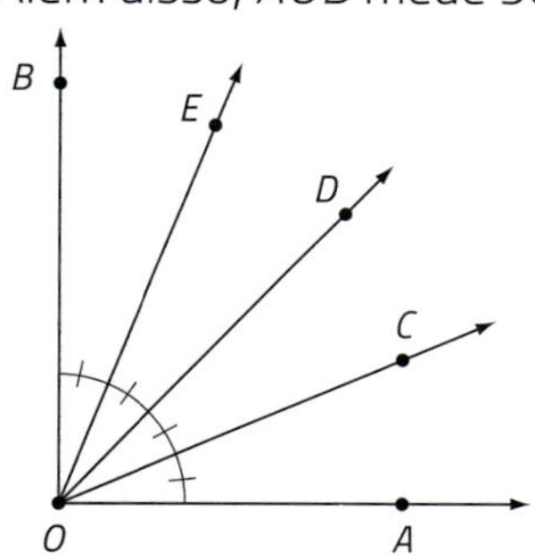

Banco de imagens/Arquivo da editora

a) Quanto mede $A\hat{O}C$?

b) Quanto mede $A\hat{O}E$?

c) Dividindo $A\hat{O}C$ em quatro partes iguais, quantos graus vai medir cada parte?

15. Você sabe que, no tempo de 1 h, o ponteiro das horas percorre um ângulo de 30°. Quanto mede o ângulo que ele percorre no tempo de:

a) 15 min? **b)** 2 h 5 min?

16. Determine o quociente da divisão indicada em cada item.

a) (35° 15") : 5

b) (81° 54' 39") : 3

c) 5° : 3

d) (5° 14') : 3

e) (47° 12') : 2

f) (139° 42' 20") : 5

17. Calcule:

(27° 53' 13" − 2° 45' 31") : 4

18. Determine:

a) $\frac{2}{5}$ de 120°

b) $\frac{3}{5}$ de 43°

c) $\frac{5}{4}$ de 12° 15' 28"

Ângulos adjacentes

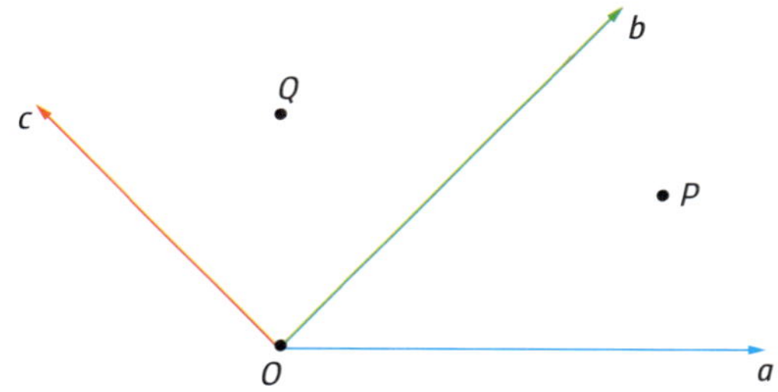

Banco de imagens/Arquivo da editora

Observe a figura formada pelos ângulos $a\hat{O}b$ e $b\hat{O}c$:

$\overrightarrow{Ob}$ é lado comum aos ângulos $a\hat{O}b$ e $b\hat{O}c$.

Os pontos da semirreta $\overrightarrow{Ob}$ estão no ângulo $a\hat{O}b$ e no ângulo $b\hat{O}c$.

O ponto P é ponto interno do ângulo $a\hat{O}b$ e não é ponto interno do ângulo $b\hat{O}c$.

O ponto Q é ponto interno do ângulo $b\hat{O}c$ e não é ponto interno do ângulo $a\hat{O}b$. Os ângulos $a\hat{O}b$ e $b\hat{O}c$ não têm pontos internos comuns.

Dizemos que os ângulos $b\hat{O}c$ e $a\hat{O}b$ são **ângulos adjacentes**.

Dois **ângulos são adjacentes** quando têm em comum o vértice e um dos lados e não têm pontos internos em comum.

Bissetriz de um ângulo

Semirreta interna a um ângulo

Observe a figura a seguir.

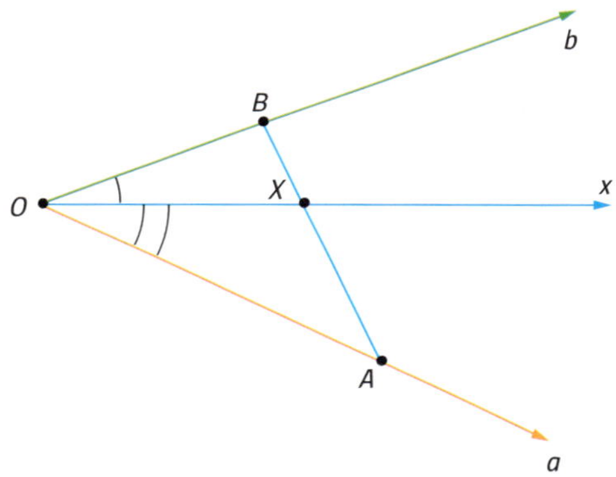

Banco de imagens/Arquivo da editora

As semirretas $\overrightarrow{Oa}$, $\overrightarrow{Ob}$ e $\overrightarrow{Ox}$ têm a mesma origem.

Tomando um ponto A em $\overrightarrow{Oa}$ e um ponto B em $\overrightarrow{Ob}$, o segmento AB encontra a semirreta $\overrightarrow{Ox}$ em um ponto X, que é um ponto interno do segmento $\overline{AB}$. Dizemos que a semirreta $\overrightarrow{Ox}$ é **interna** ao ângulo $a\hat{O}b$.

Bissetriz

Observe a figura ao lado.

A semirreta $\overrightarrow{Oc}$ é interna ao ângulo $a\hat{O}b$.

O ângulo $a\hat{O}c$ mede 30°, e o ângulo $b\hat{O}c$ também mede 30°.

Os ângulos $a\hat{O}c$ e $b\hat{O}c$ são congruentes.

Dizemos que $\overrightarrow{Oc}$ é **bissetriz** do ângulo $a\hat{O}b$ ou que $\overrightarrow{Oc}$ divide o ângulo $a\hat{O}b$ ao meio.

Bissetriz de um ângulo é uma semirreta interna ao ângulo, com origem em seu vértice e que forma com seus lados dois ângulos congruentes.

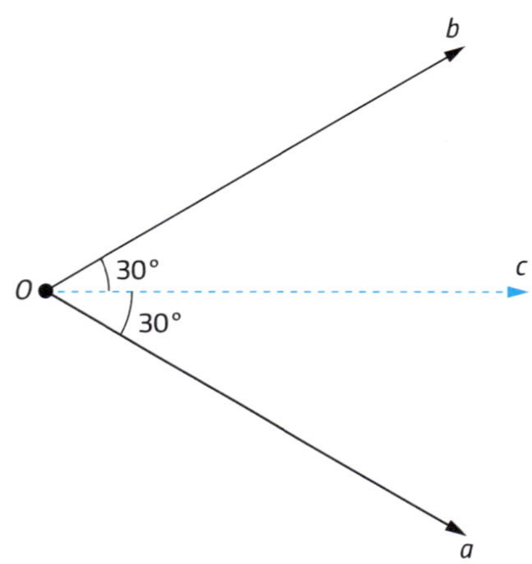

Banco de imagens/Arquivo da editora

ATIVIDADES

19. Observe a figura a seguir.

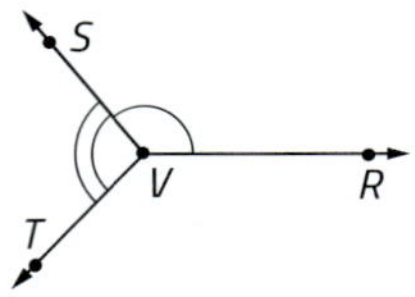

Banco de imagens/Arquivo da editora

Os ângulos $R\hat{V}S$ e $S\hat{V}T$:

a) têm algum lado em comum?

b) têm pontos internos em comum?

c) são adjacentes?

20. São dados os ângulos $x\hat{P}z$, $x\hat{P}y$ e $y\hat{P}z$.

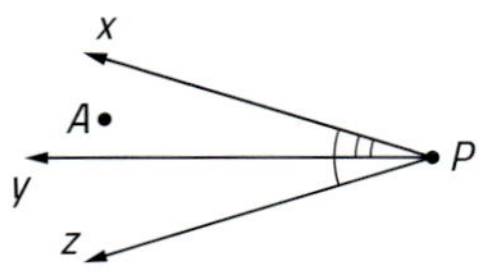

Banco de imagens/Arquivo da editora

a) Qual é o lado comum aos ângulos $x\hat{P}z$ e $x\hat{P}y$?

b) O ponto A é ponto interno de quais ângulos?

c) Os ângulos $x\hat{P}y$ e $x\hat{P}z$ têm pontos internos em comum?

d) Podemos afirmar que os ângulos $x\hat{P}z$ e $x\hat{P}y$ são adjacentes?

21. Observe os ângulos $a\hat{O}c$, $a\hat{O}b$ e $b\hat{O}c$ da figura abaixo.

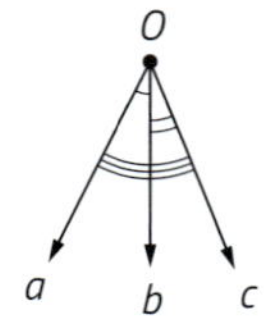

Banco de imagens/Arquivo da editora

a) Quais desses ângulos são adjacentes?

b) Se $a\hat{O}b$ mede 27° e $b\hat{O}c$ mede 22°, qual é a medida de $a\hat{O}c$?

22. Observe os ângulos $r\hat{O}s$, $s\hat{O}t$ e $r\hat{O}t$ da figura abaixo.

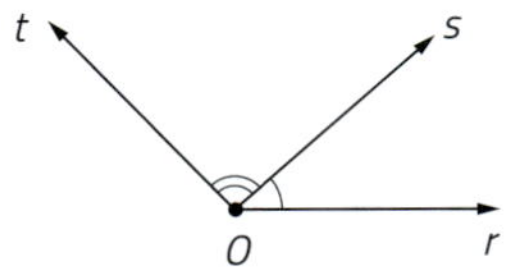

Banco de imagens/Arquivo da editora

Se $r\hat{O}s$ mede 134° 51', qual é a medida de $s\hat{O}t$?

23. Desenhe e dê nomes a:

a) dois ângulos adjacentes;

b) dois ângulos de mesmo vértice, não adjacentes e sem lado comum;

c) dois ângulos não adjacentes que tenham um lado comum.

Retas perpendiculares

PARTICIPE

Na figura ao lado, as retas r e s determinam quatro ângulos com um lado em cada uma: $A\hat{O}B$, $B\hat{O}C$, $C\hat{O}D$ e $D\hat{O}A$.

a) Indique os pares de ângulos adjacentes.

b) Os ângulos $A\hat{O}B$, $B\hat{O}C$, $C\hat{O}D$ e $D\hat{O}A$ têm medidas iguais. Quanto mede cada um?

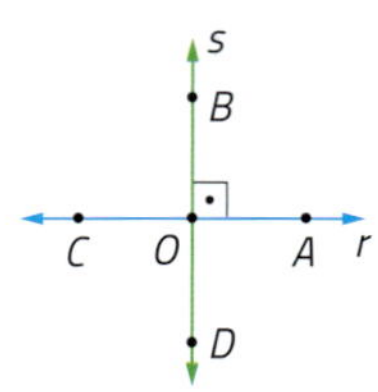

Banco de imagens/Arquivo da editora

Dizemos que r e s são **retas perpendiculares**.

Indicamos: $r \perp s$. Na figura, o sinal ⊾ indica que r e s são retas perpendiculares.

Duas retas que determinam ângulos adjacentes de medidas iguais são **retas perpendiculares**.

Classificação de ângulos

Ladrilhos e ângulos

Na foto ao lado, os azulejos da parede se encaixam perfeitamente. O encaixe perfeito dos azulejos se dá com base no conhecimento dos ângulos retos.

Mathier/iStock

Ângulo reto

Como estudamos no 6º ano, cada um dos quatro ângulos formados por duas retas perpendiculares é um **ângulo reto**. O ângulo reto mede 90°.

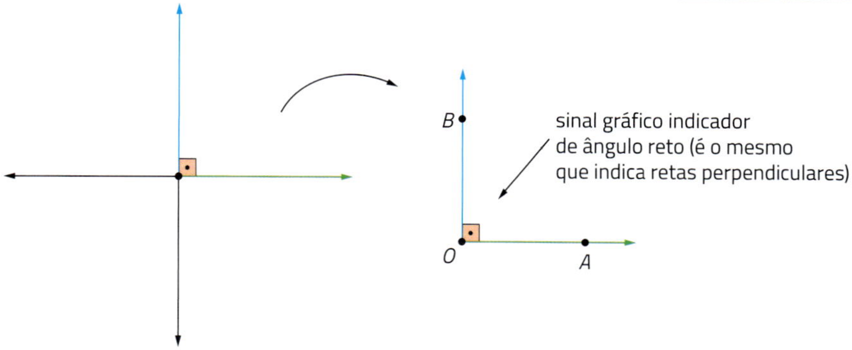

Banco de imagens/Arquivo da editora

Se $A\hat{O}B$ é um ângulo reto:

$$\text{med}(A\hat{O}B) = 90°$$

Ângulo agudo

Denominamos **ângulo agudo** todo ângulo não nulo e menor que o ângulo reto. A medida de um ângulo agudo, portanto, está entre 0° e 90°.

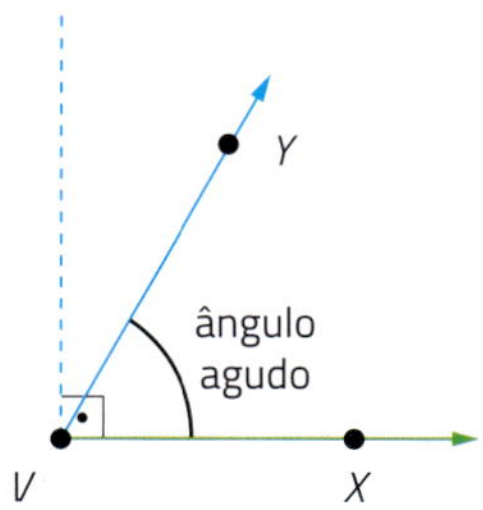

Banco de imagens/Arquivo da editora

Se $X\hat{V}Y$ é um ângulo agudo:

$$0° < \text{med}(X\hat{V}Y) < 90°$$

Ângulo obtuso

Denominamos **ângulo obtuso** todo ângulo maior que o ângulo reto e não raso. A medida de um ângulo obtuso, portanto, está entre 90° e 180°.

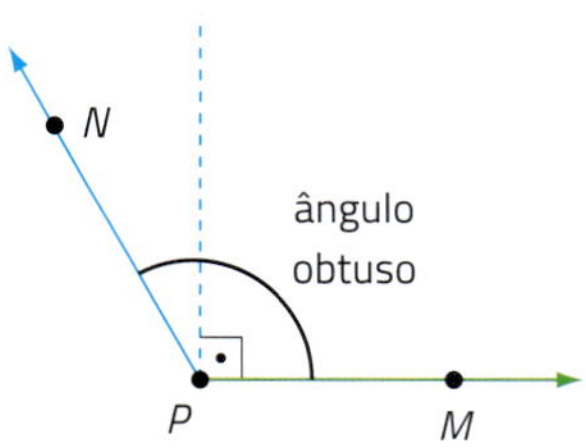

Banco de imagens/Arquivo da editora

Se $M\hat{P}N$ é um ângulo obtuso:

$$90° < \text{med}(M\hat{P}N) < 180°$$

ATIVIDADES

24. Em cada caso, $A\hat{O}B$ é um ângulo agudo ou obtuso? Use o transferidor, se necessário.

a)

b)

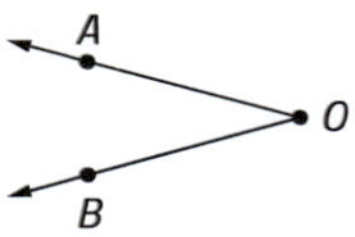

c)

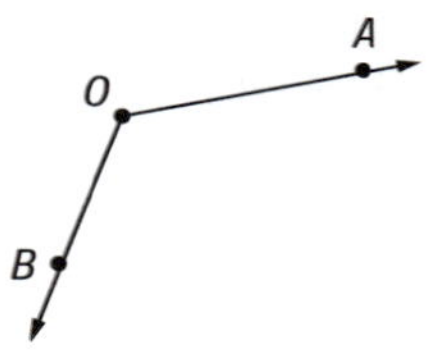

d)

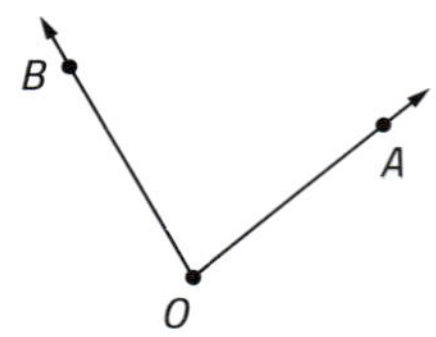

Banco de imagens/Arquivo da editora

e)

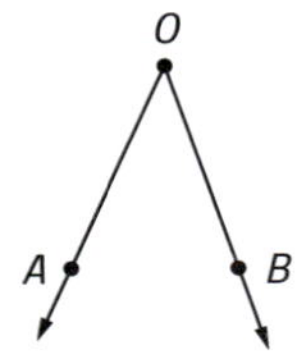

f)

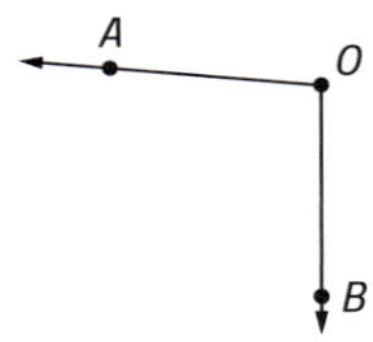

25. Qual é maior:

a) um ângulo reto ou um ângulo obtuso?

b) um ângulo reto ou um ângulo agudo?

c) um ângulo obtuso ou um ângulo agudo?

Ângulos complementares

Observe as figuras a seguir. Quantos graus somam as medidas dos ângulos $A\hat{O}B$ e $R\hat{P}S$?

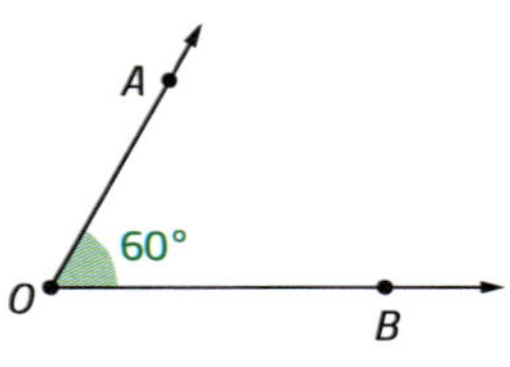

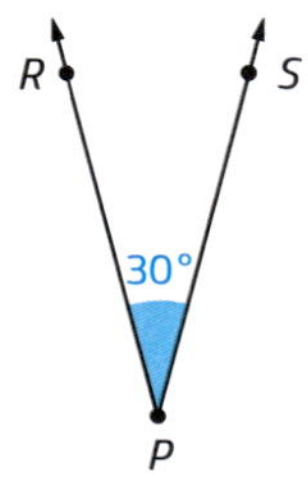

Banco de imagens/Arquivo da editora

Temos: $60° + 30° = 90°$. Portanto, a soma das medidas desses ângulos é 90°.

Dizemos, por isso, que os ângulos $A\hat{O}B$ e $R\hat{P}S$ são **complementares**.

Na linguagem da Geometria, também se diz:

- $A\hat{O}B$ é complementar de $R\hat{P}S$;
- 60° é **complemento** de 30°;
- $R\hat{P}S$ é complementar de $A\hat{O}B$;
- 30° é **complemento** de 60°.

Dois ângulos são **complementares** quando a soma de suas medidas é 90°.

Ângulos suplementares

Quantos graus somam os ângulos $M\hat{O}N$, de medida 120°, e $L\hat{P}Q$, de medida 60°?

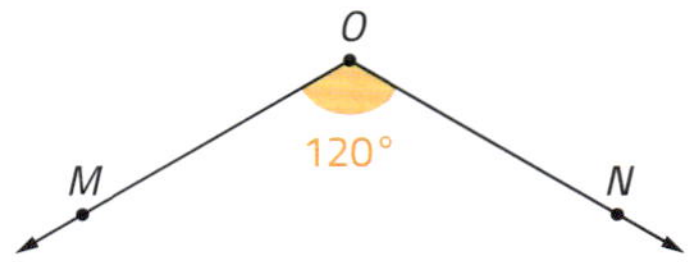

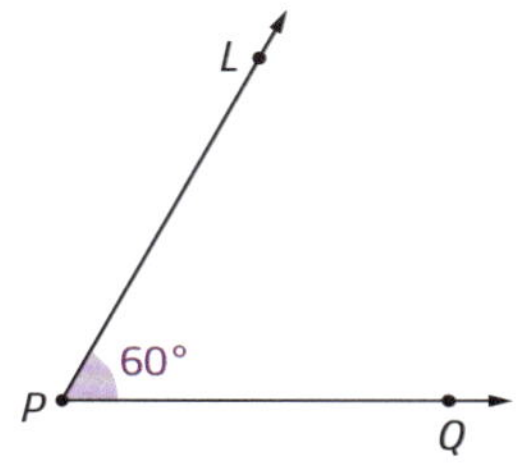

Banco de imagens/Arquivo da editora

Temos: 120° + 60° = 180°. Portanto, a soma das medidas desses ângulos é 180°.

Dizemos, por isso, que os ângulos $M\hat{O}N$ e $L\hat{P}Q$ são **suplementares**.

Também se diz:

- $M\hat{O}N$ é suplementar de $L\hat{P}Q$;
- 120° é **suplemento** de 60°;
- $L\hat{P}Q$ é suplementar de $M\hat{O}N$;
- 60° é **suplemento** de 120°.

Dois ângulos são **suplementares** quando a soma de suas medidas é 180°.

ATIVIDADES

26. Responda às perguntas sobre os ângulos $X\hat{V}Y$ e $R\hat{P}S$:

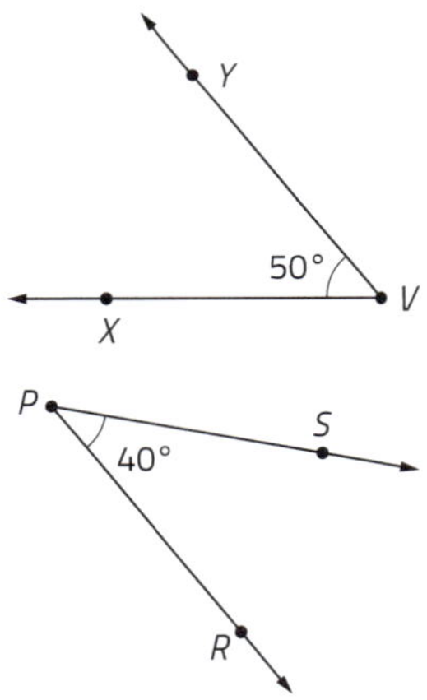

Banco de imagens/Arquivo da editora

a) Esses ângulos são adjacentes?

b) Esses ângulos são complementares?

27. Responda às perguntas sobre os ângulos $L\hat{O}M$ e $M\hat{O}N$:

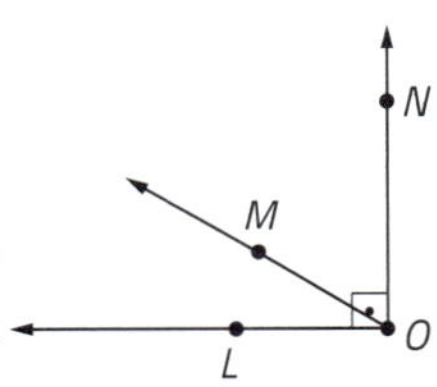

Banco de imagens/Arquivo da editora

a) Eles são adjacentes?

b) Eles são complementares?

28. Em cada item a seguir, os ângulos são adjacentes e complementares. Qual é o valor da medida x em cada caso?

a)

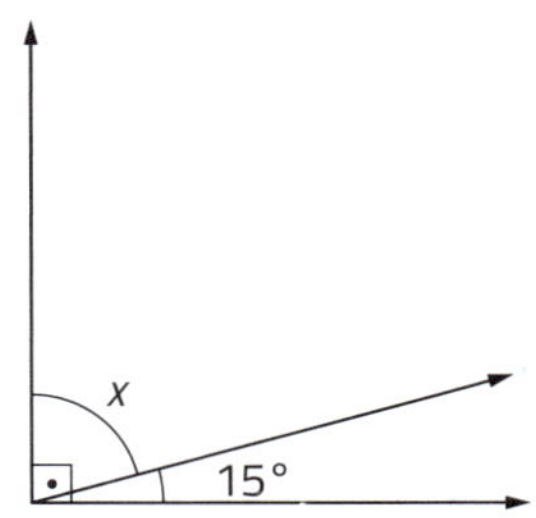

Banco de imagens/Arquivo da editora

b)

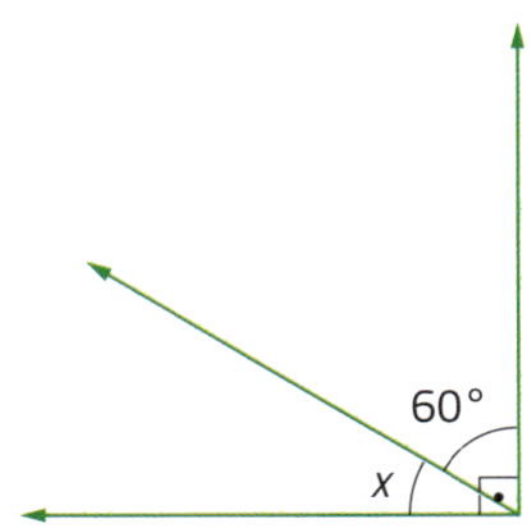

Banco de imagens/Arquivo da editora

c)

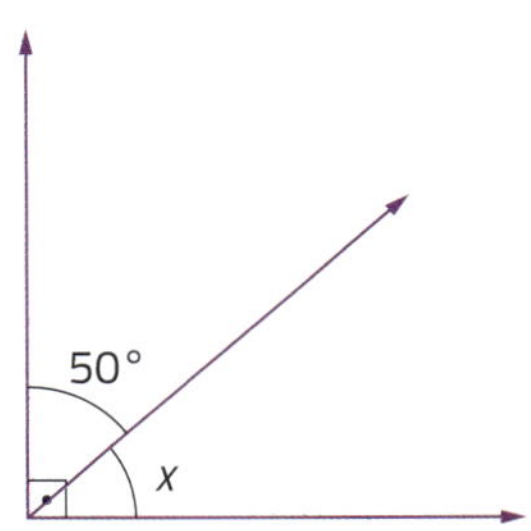

Banco de imagens/Arquivo da editora

29. Qual é o complemento de:

a) 30°? **b)** 60°? **c)** 50°?

30. Qual é o complemento de:

a) 82° 25' 57"? **b)** 22° 5'? **c)** 70° 57' 34"?

31. A metade do complemento de um ângulo $a\hat{O}b$ é 26° 2' 30". Quanto mede $a\hat{O}b$?

32. Responda às perguntas sobre os ângulos $R\hat{T}S$ e $M\hat{P}N$:

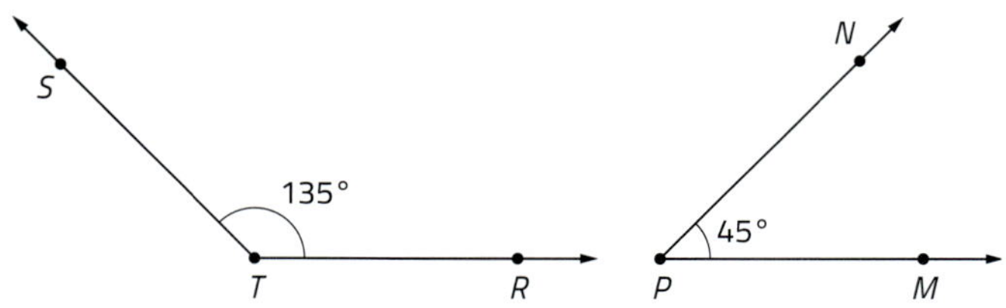

Banco de imagens/Arquivo da editora

a) Esses ângulos são adjacentes?

b) Eles são suplementares?

33. Responda às perguntas sobre os ângulos $L\hat{O}M$ e $M\hat{O}N$:

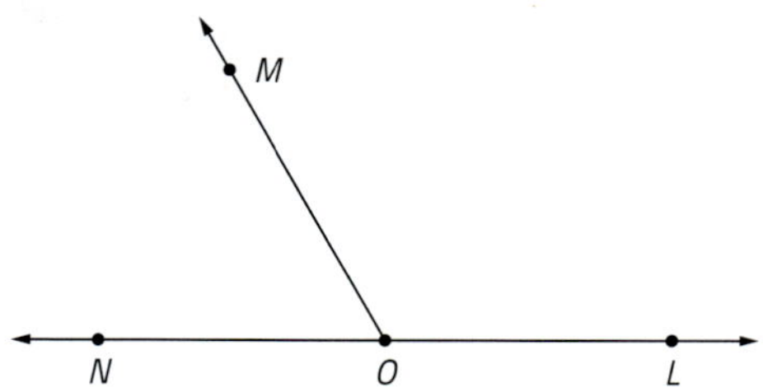

Banco de imagens/Arquivo da editora

a) $L\hat{O}M$ e $M\hat{O}N$ são adjacentes?

b) São suplementares?

34. Em cada item a seguir, os ângulos são adjacentes e suplementares. Qual é o valor da medida *x* em cada caso?

a)

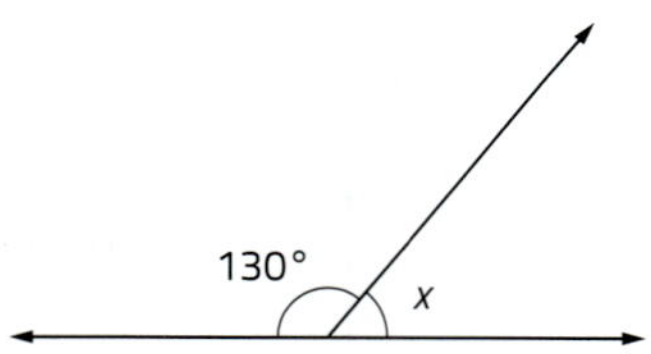

b)

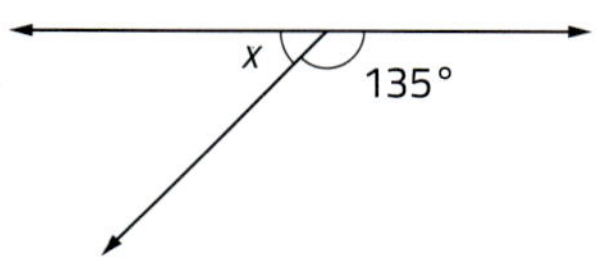

c)

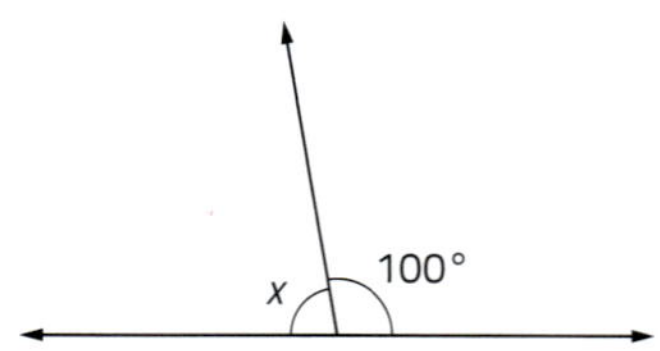

Banco de imagens/Arquivo da editora

35. Qual é o suplemento de:

a) 20°? **b)** 120°? **c)** 60°?

36. Qual é o suplemento de:

a) 120° 15'? **b)** 55° 42' 32"? **c)** 5' 15"?

37. O dobro do suplemento de um ângulo $a\hat{O}b$ é 163° 11' 52". Quanto mede $a\hat{O}b$?

38. O triplo da medida de um ângulo é 151° 28' 15". Qual é o complemento desse ângulo?

39. O dobro do complemento de um ângulo é 150°. Quanto mede esse ângulo?

CAPÍTULO 9 Retas e ângulos

NA REAL

Por que barras paralelas?

O aparelho usado pelo ginasta da imagem em sua apresentação faz parte de uma modalidade da ginástica artística, exclusivamente masculina, e integra os jogos olímpicos desde sua primeira edição. Esse aparelho é chamado barras paralelas.

O aparelho é composto de duas barras de madeira revestidas de fibra de vidro e sustentadas por duas estruturas de metal. A distância entre as barras é ajustável de acordo com o tamanho do ginasta.

Em sua apresentação nesse aparelho, o atleta deve realizar vários movimentos giratórios, de impulso e de força.

Por que esse aparelho recebe o nome de barras paralelas?

Na BNCC
EF07MA23

Posições relativas de duas retas

As retas e a arte

O conhecimento das posições relativas de retas pode ser utilizado, por exemplo, na pintura, para criar efeitos especiais. Os quadros a seguir são do pintor russo Wassily Kandinsky (1866-1944), pioneiro do abstracionismo nas artes visuais. São quadros representativos do emprego de elementos geométricos na pintura.

Reprodução/Museu Solomon R. Guggenheim, Nova York, EUA.

Composição VIII (1923). Museu Guggenheim, Nova York, Estados Unidos.

Reprodução/Museu Solomon R. Guggenheim, Nova York, EUA.

No quadrado negro (1923). Museu Guggenheim, Nova York, Estados Unidos.

Retas coplanares

Na figura a seguir, indicamos algumas retas em um plano α.

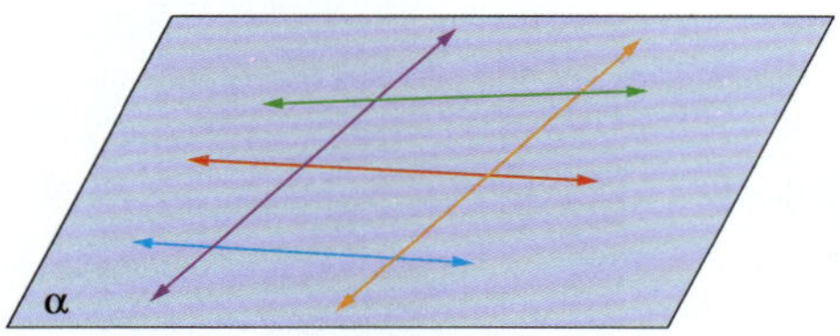

Banco de imagens/Arquivo da editora

α é uma letra grega, lida como **"alfa"**.

As retas estão contidas no plano α. Dizemos, por isso, que são **retas coplanares**.

Duas ou mais retas em um mesmo plano são **retas coplanares**.

PARTICIPE

Dado um ponto P em um plano, responda:

a) Nesse plano, é possível traçar uma reta por esse ponto?

b) Nesse plano, é possível traçar outra reta distinta da primeira por esse ponto?

c) Nesse plano, podemos traçar quantas retas passando por esse ponto?

d) O que essas retas têm em comum?

Retas concorrentes

Na figura, as retas coplanares *r* e *s* cruzam-se no ponto *P*.

As retas *r* e *s* só têm o ponto *P* em comum. Por isso, são chamadas **retas concorrentes**.

> Duas retas que possuem um único ponto em comum são **retas concorrentes**.

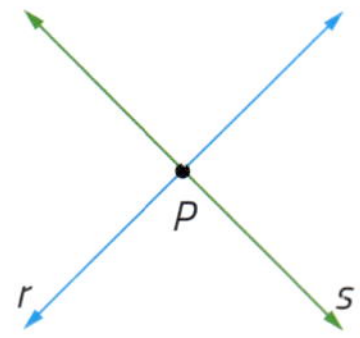

Banco de imagens/Arquivo da editora

O ponto *P* é o ponto de interseção das retas *r* e *s*. Por isso, também dizemos que *r* e *s* se intersectam em *P*. Quando duas retas *r* e *s* são concorrentes, indicamos: $r \times s$.

Veja mais exemplos:

- As retas *c* e *d* são retas concorrentes: $c \times d$.

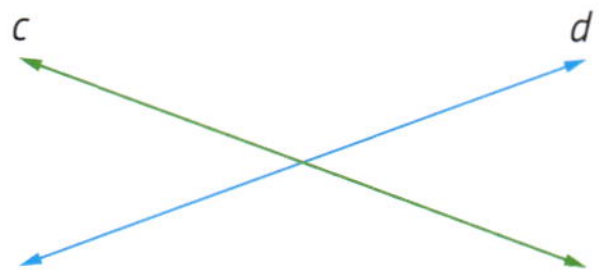

- As retas coplanares *x* e *y* são retas concorrentes: $x \times y$.

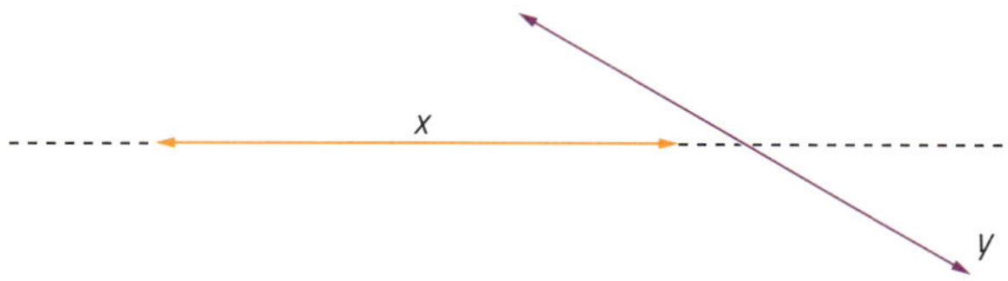

Banco de imagens/Arquivo da editora

Retas paralelas

A figura a seguir indica duas retas coplanares *a* e *b* que, mesmo prolongadas para um lado ou para o outro, nunca se cruzarão.

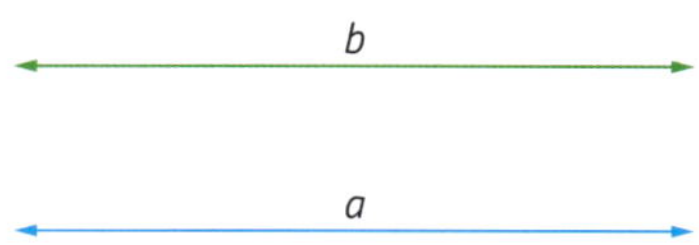

Banco de imagens/Arquivo da editora

As retas *a* e *b* não têm ponto em comum. Por isso, são chamadas **retas paralelas**.

> Duas retas em um mesmo plano e sem um ponto em comum são **retas paralelas**.

Quando duas retas *a* e *b* são paralelas, indicamos: $a \parallel b$. Veja mais exemplos:

- As retas *r* e *s* são paralelas: $r \parallel s$.

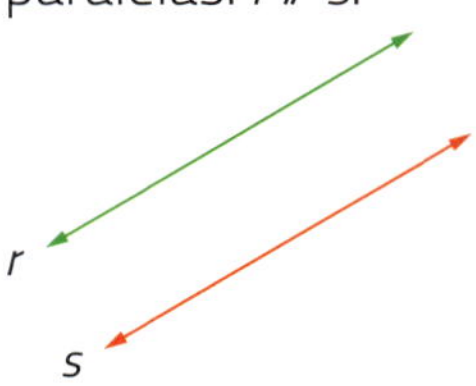

- As retas *t* e *u* são paralelas: $t \parallel u$.

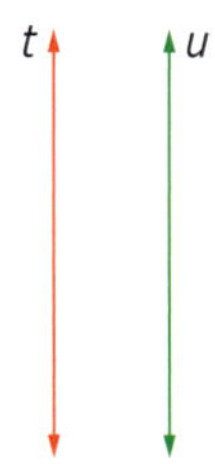

- As retas *c* e *d* são paralelas: $c \parallel d$.

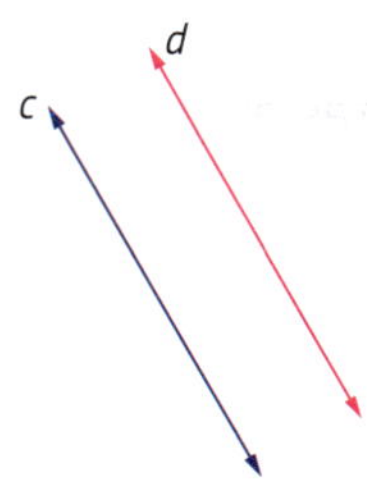

Banco de imagens/Arquivo da editora

Retas coincidentes

Na figura a seguir, os pontos *A*, *B*, *C* e *D* são colineares. A reta que passa por eles pode ser nomeada, por exemplo, reta $\overleftrightarrow{AB}$ ou reta $\overleftrightarrow{CD}$. Assim, podemos afirmar que $\overleftrightarrow{AB}$ e $\overleftrightarrow{CD}$ são retas que têm todos os pontos em comum. Por isso, são chamadas **retas coincidentes**.

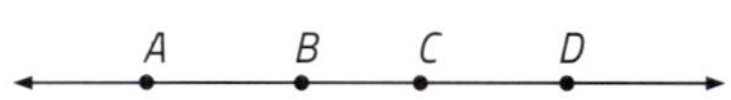

> Duas retas que têm todos os pontos em comum são **retas coincidentes**.

Quando duas retas *r* e *s* são coincidentes, indicamos desta maneira: $r \equiv s$.

ATIVIDADES

1. Na figura a seguir indicamos como *r*, *s* e *t* as retas que contêm os lados de um triângulo *ABC*.

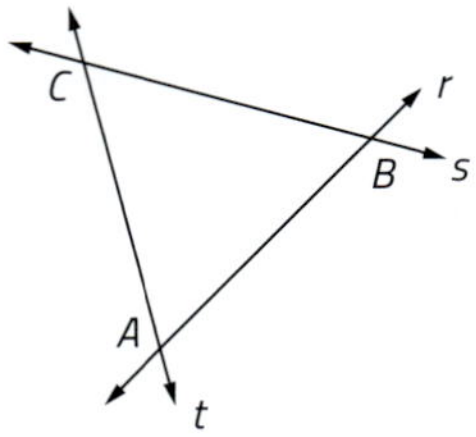

Banco de imagens/Arquivo da editora

a) Qual é a interseção das retas *r* e *s*?
b) Qual é a posição relativa das retas *r* e *t*?
c) Qual é a posição relativa das retas *s* e *t*?

2. As retas *r*, *s*, *t* e *u* contêm os lados do trapézio *ABCD*, conforme indica a figura.

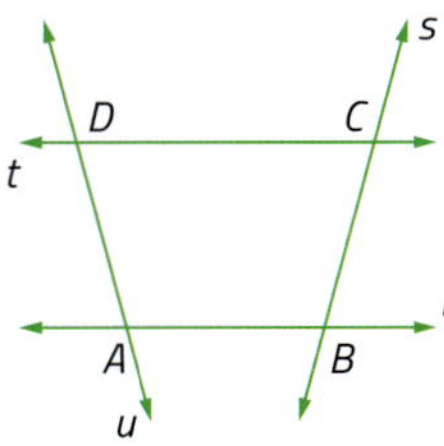

Banco de imagens/Arquivo da editora

Qual é a posição relativa das retas:
a) *r* e *s*?
b) *s* e *t*?
c) *r* e *t*?
d) *t* e *u*?
e) *s* e *u*?

3. Desenhe quatro retas que formem um retângulo. Dê nomes às retas e responda:
a) Quais são os pares de retas perpendiculares?
b) Quais são os pares de retas paralelas?

4. Escolhendo as retas que contêm as arestas do cubo *ABCDEFGH*, indique:

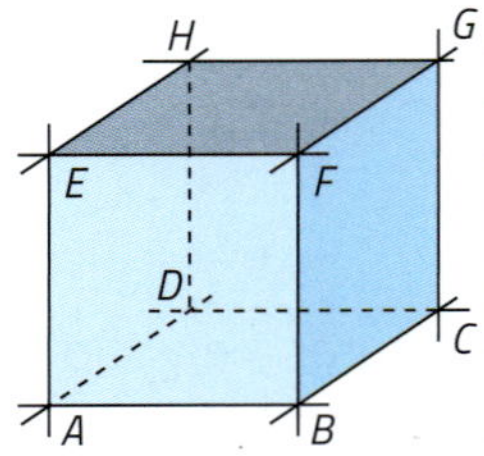

Banco de imagens/Arquivo da editora

a) três pares de retas concorrentes;
b) três pares de retas paralelas.

5. As retas *r*, *s*, *t* e *u* contêm os lados de um paralelogramo *ABCD*, como indicado na figura.

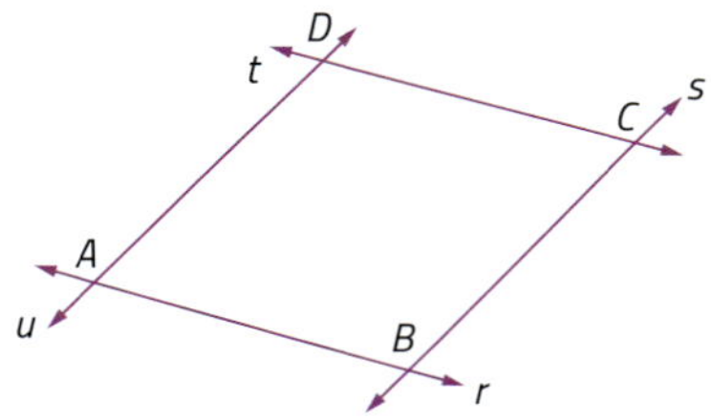

Banco de imagens/Arquivo da editora

Qual é a posição relativa de:
a) *r* e *s*?
b) *r* e *t*?
c) *s* e *t*?
d) *s* e *u*?

Ângulos de duas retas concorrentes

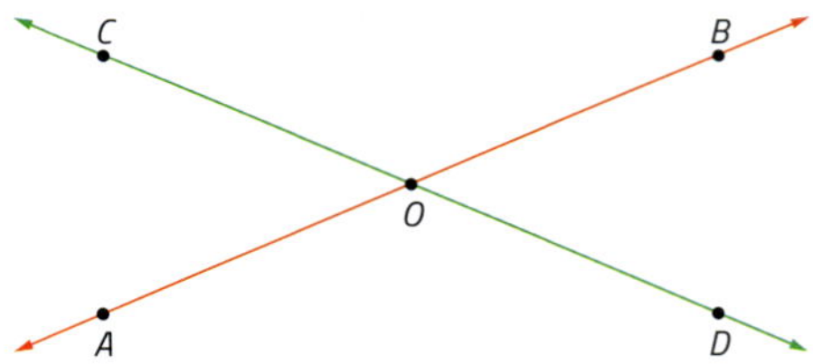

Banco de imagens/Arquivo da editora

Observe a figura ao lado.
$\overleftrightarrow{AB}$ e $\overleftrightarrow{CD}$ são retas concorrentes.
$\overleftrightarrow{AB}$ e $\overleftrightarrow{CD}$ se intersectam em *O*.
$\overleftrightarrow{OA}$ e $\overleftrightarrow{OB}$ são semirretas opostas.
$\overleftrightarrow{OC}$ e $\overleftrightarrow{OD}$ são semirretas opostas.
As retas $\overleftrightarrow{AB}$ e $\overleftrightarrow{CD}$ determinam quatro ângulos: $A\hat{O}C$, $C\hat{O}B$, $B\hat{O}D$ e $D\hat{O}A$.
Vamos destacar os ângulos $A\hat{O}C$ e $B\hat{O}D$:
Os lados $\overleftrightarrow{OA}$ e $\overleftrightarrow{OB}$ são semirretas opostas.
Os lados $\overleftrightarrow{OC}$ e $\overleftrightarrow{OD}$ são semirretas opostas.
$A\hat{O}C$ e $B\hat{O}D$ são chamados **ângulos opostos pelo vértice**.

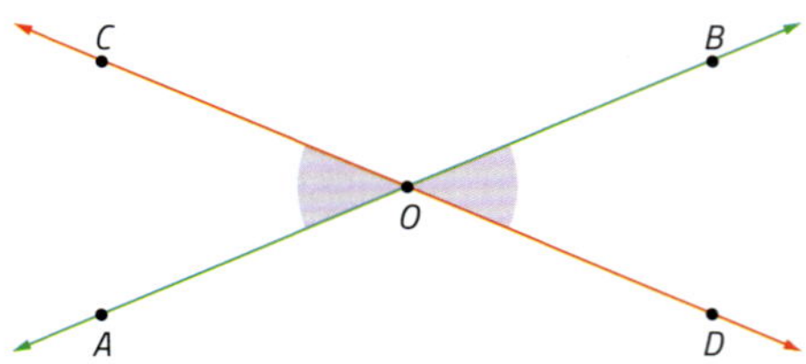

Banco de imagens/Arquivo da editora

Dois ângulos são **opostos pelo vértice (o.p.v.)** quando os lados de um deles são semirretas opostas aos lados do outro.

Propriedade dos ângulos opostos pelo vértice

Observe, nas figuras, os ângulos de medidas a e b, opostos pelo vértice, e o ângulo de medida c:

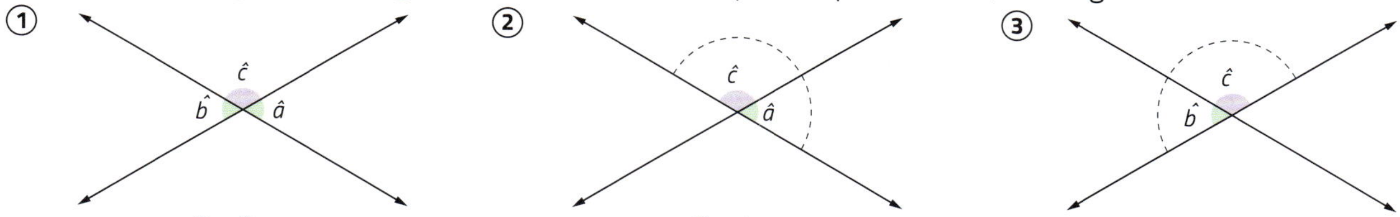

Banco de imagens/Arquivo da editora

Na figura 2, $\hat{a}$ e $\hat{c}$ são suplementares; na figura 3, $\hat{b}$ e $\hat{c}$ são suplementares.

Então, a é o suplemento de c, assim como b é o suplemento de c. Logo, $a = b$.

Se $a = b$, concluímos que ângulos opostos pelo vértice têm medidas iguais.

Dois ângulos opostos pelo vértice têm medidas iguais.

Duas retas concorrentes, r e s, formam quatro ângulos de medidas a, b, c e d. Observe que:

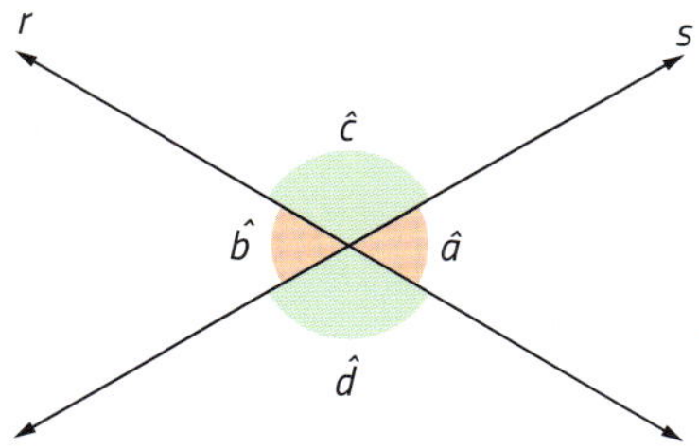

Banco de imagens/Arquivo da editora

- os ângulos $\hat{a}$ e $\hat{b}$ são opostos pelo vértice: $a = b$.
- os ângulos $\hat{c}$ e $\hat{d}$ são opostos pelo vértice: $c = d$.

Além disso:

- os ângulos $\hat{a}$ e $\hat{c}$ são adjacentes e suplementares e suas medidas somam 180°.
- os ângulos $\hat{b}$ e $\hat{c}$ são adjacentes e suplementares e suas medidas somam 180°.
- os ângulos $\hat{a}$ e $\hat{d}$ são adjacentes e suplementares e suas medidas somam 180°.
- os ângulos $\hat{b}$ e $\hat{d}$ são adjacentes e suplementares e suas medidas somam 180°.

Em resumo, considerando as retas concorrentes r e s, temos:

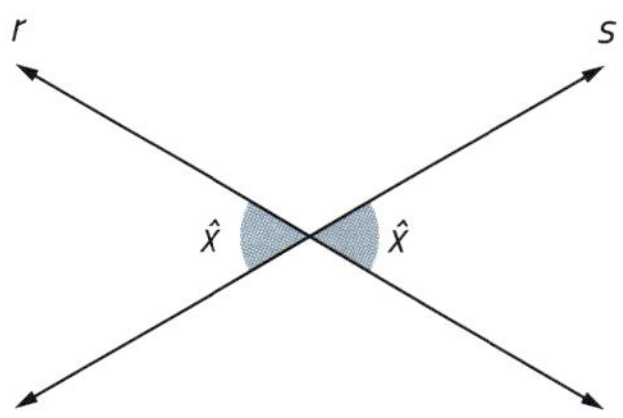

Os ângulos indicados por x têm medidas iguais.

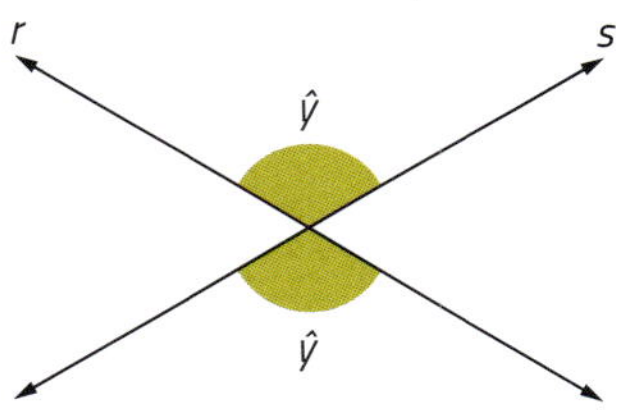

Os ângulos indicados por y têm medidas iguais.

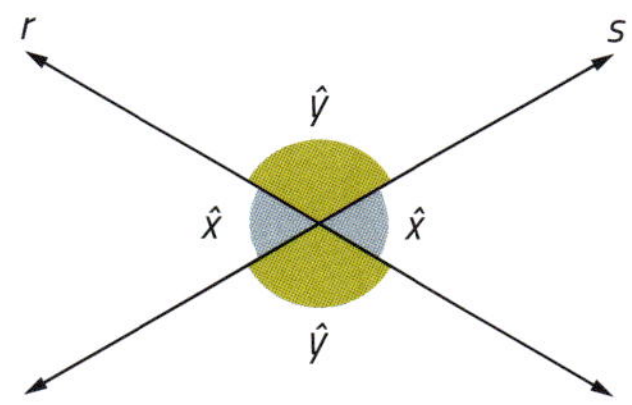

A soma de x e y é 180°.

Banco de imagens/Arquivo da editora

ATIVIDADES

6. Considere a figura a seguir.

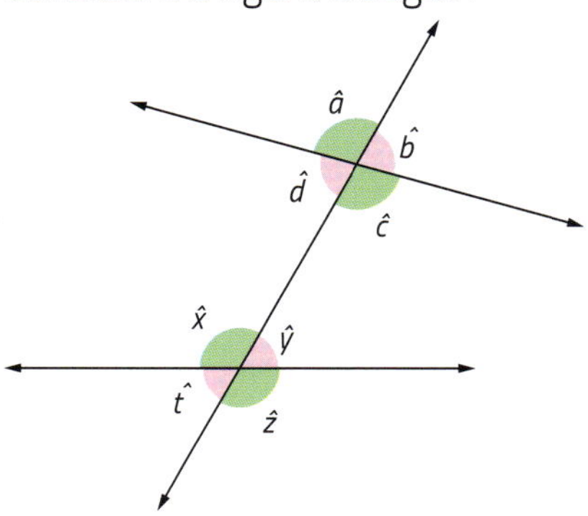

Banco de imagens/Arquivo da editora

a) Quais são os ângulos opostos pelo vértice?

b) Quais são os ângulos adjacentes e suplementares?

7. Determine, em cada figura, o valor de *x*.

a)

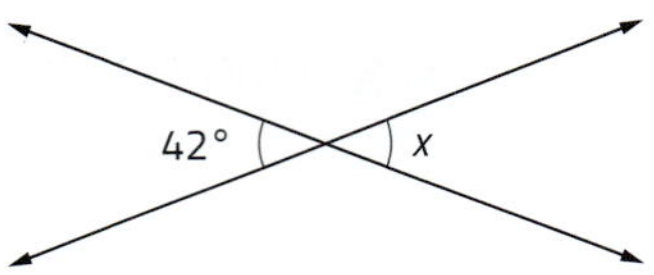

Banco de imagens/Arquivo da editora

b)

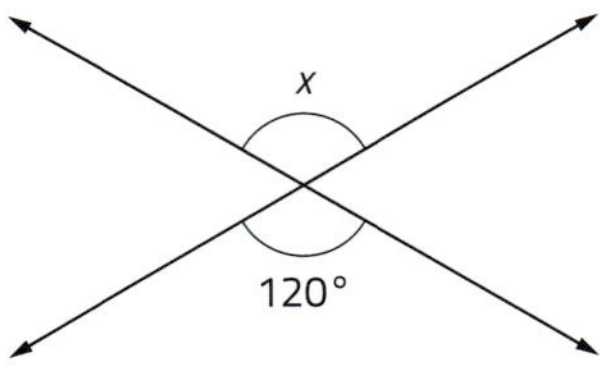

8. Determine o valor de *x* nos casos a seguir.

a)

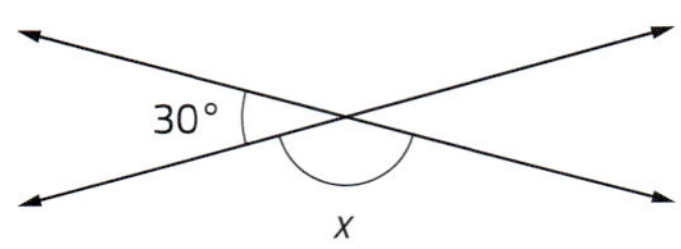

Banco de imagens/Arquivo da editora

b)

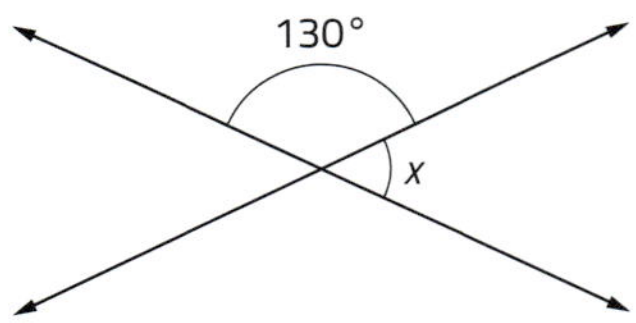

Ângulos de duas retas com uma transversal

Observe na figura a seguir os ângulos formados pelas retas *r* e *t* e pelas retas *s* e *t*:

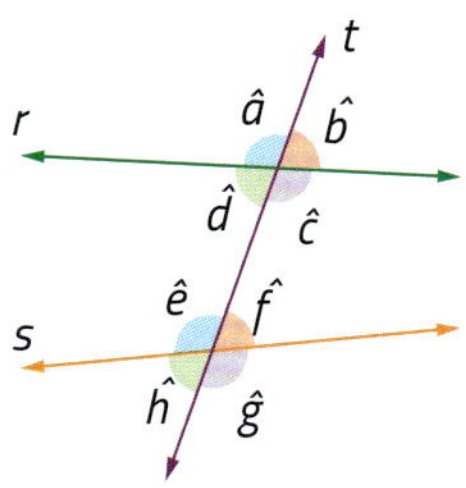

Banco de imagens/Arquivo da editora

Dizemos que a reta *t* é uma transversal de *r* e *s*.

As retas *r*, *s* e *t* determinam oito ângulos: $\widehat{a}$, $\widehat{b}$, $\widehat{c}$, $\widehat{d}$, $\widehat{e}$, $\widehat{f}$, $\widehat{g}$ e $\widehat{h}$.

- $\widehat{a}$ e $\widehat{e}$

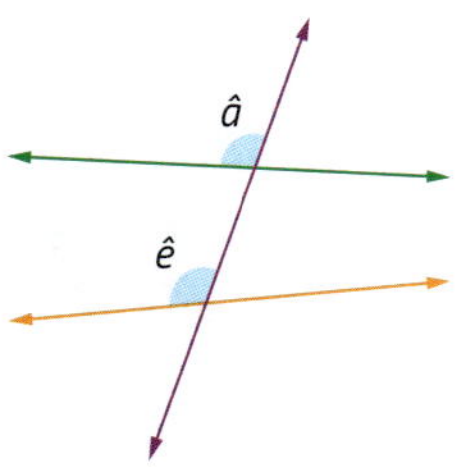

Banco de imagens/Arquivo da editora

$\hat{a}$ e $\hat{e}$ são ângulos correspondentes.

- $\widehat{c}$ e $\widehat{g}$

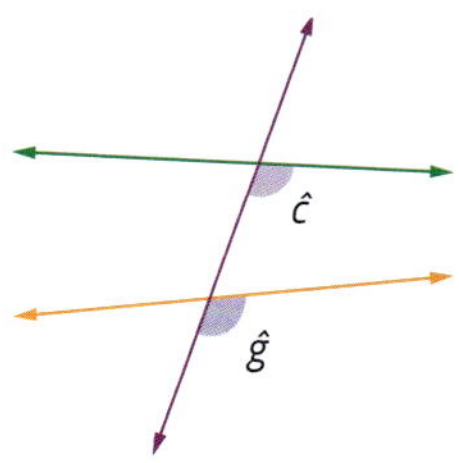

Banco de imagens/Arquivo da editora

$\widehat{c}$ e $\widehat{g}$ são ângulos correspondentes.

- $\widehat{b}$ e $\widehat{f}$

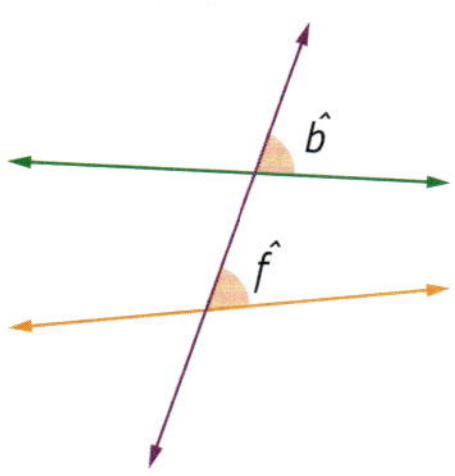

Banco de imagens/Arquivo da editora

$\widehat{b}$ e $\widehat{f}$ são ângulos correspondentes.

- $\widehat{d}$ e $\widehat{h}$

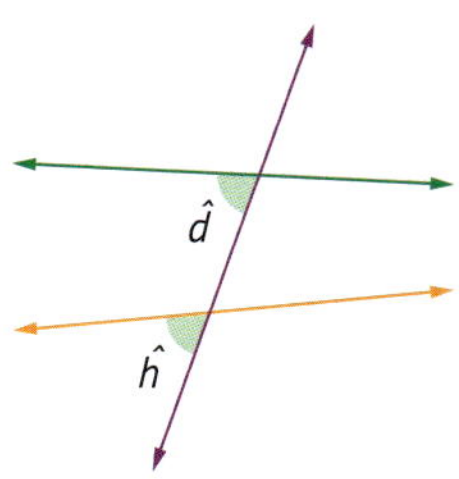

Banco de imagens/Arquivo da editora

$\widehat{d}$ e $\widehat{h}$ são ângulos correspondentes.

Agora, vamos estudar algumas propriedades importantes para duas retas cortadas por uma transversal.

1ª propriedade

Nas figuras a seguir, temos as retas *r* e *s* e a transversal *t* e marcamos os ângulos correspondentes $\widehat{a}$ e $\widehat{b}$ de medidas *a* e *b*.

Banco de imagens/Arquivo da editora

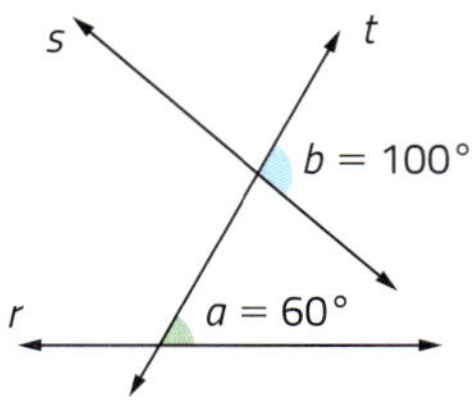

$a = 60°$ e $b = 100°$

As retas *r* e *s* não são paralelas.

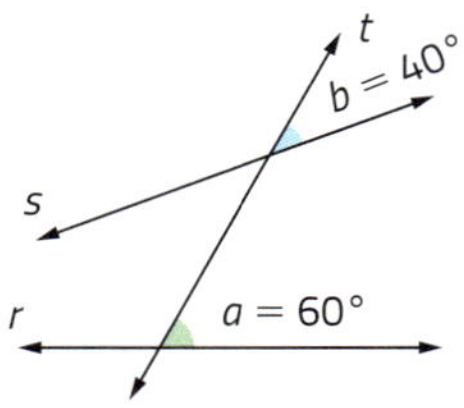

$a = 60°$ e $b = 40°$

Os ângulos correspondentes têm medidas diferentes.
As retas *r* e *s* são concorrentes.

Banco de imagens/Arquivo da editora

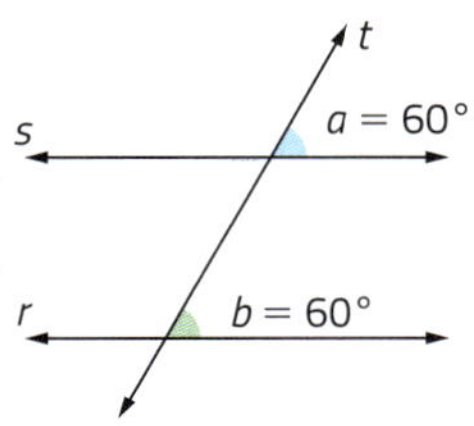

$a = 60°$ e $b = 60°$

As retas *r* e *s* são paralelas.

Os ângulos correspondentes têm medidas iguais.

Se duas retas formam com uma transversal ângulos correspondentes de medidas iguais, então são retas paralelas.

2ª propriedade (axioma de Euclides)

Observe a figura:

Das retas que passam pelo ponto *P* (retas *r*, *b*, *s*, *u* e *t*) a **única** que é paralela à reta *a* é a reta *b*.

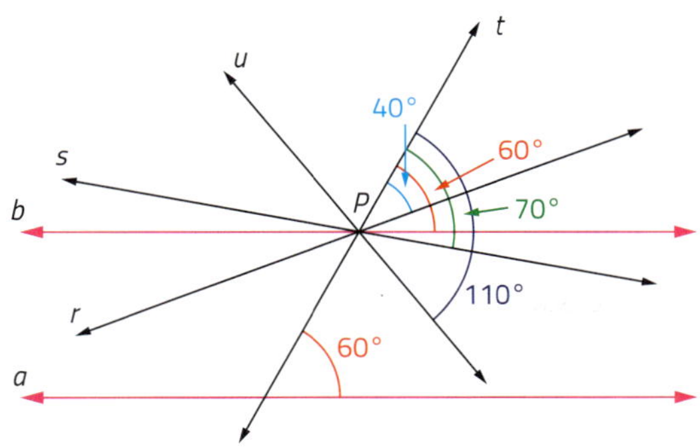

Banco de imagens/Arquivo da editora

Postulado ou **axioma de Euclides**

Por um ponto *P* fora de uma reta *a* passa uma única reta paralela à reta *a*.

PARTICIPE

Faça o que se pede.

a) Trace duas retas paralelas e uma terceira reta que intersecte as duas primeiras.

b) Meça com um transferidor os ângulos formados pelo encontro da reta inclinada com as retas paralelas e anote as medidas encontradas.

c) Compare as medidas e responda: O que você observa ao comparar as medidas dos ângulos?

3ª propriedade

Na figura a seguir, as duas retas paralelas *a* e *b* formam com a transversal *t* ângulos correspondentes de medidas iguais.

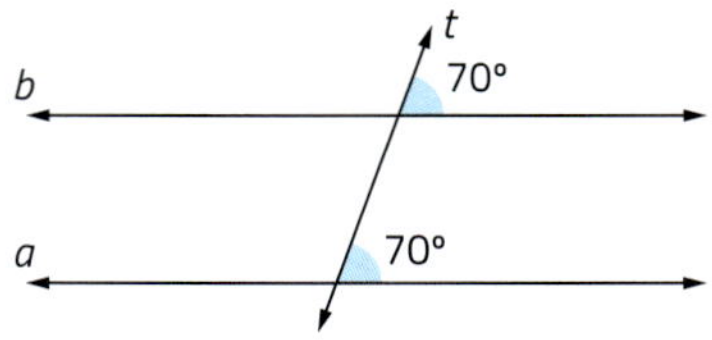

Banco de imagens/Arquivo da editora

As duas retas paralelas *a* e *b* formam com qualquer transversal (*t* ou *r* ou *s*) ângulos correspondentes de medidas iguais.

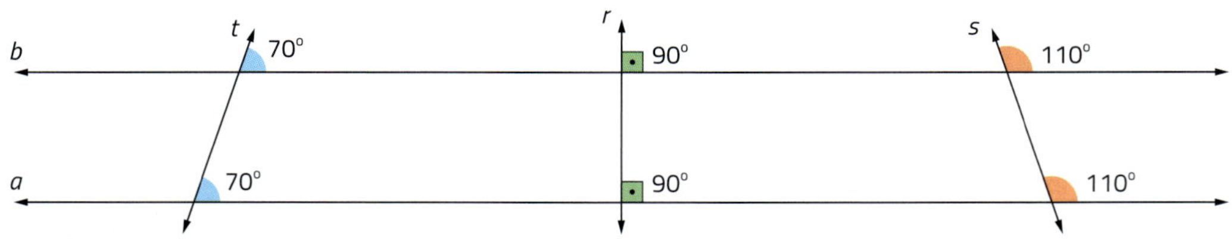

Banco de imagens/Arquivo da editora

Se duas retas paralelas intersectam uma transversal, então os ângulos correspondentes têm medidas iguais.

Conclusões práticas

- Na figura ao lado, as retas *r* e *s* são paralelas e *t* é transversal:

Temos os ângulos correspondentes:

- $\hat{a}$ e $\hat{e}$
- $\hat{b}$ e $\hat{f}$
- $\hat{c}$ e $\hat{g}$
- $\hat{d}$ e $\hat{h}$

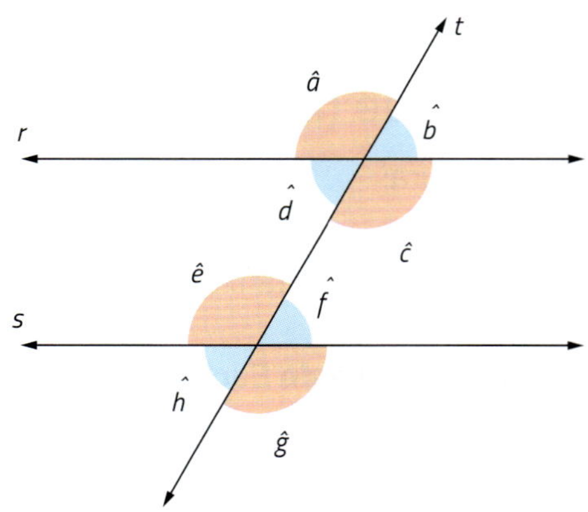

Banco de imagens/Arquivo da editora

Ângulos o.p.v.:

- $\hat{a}$ e $\hat{c}$; então, $a = c = e = g$.
- $\hat{b}$ e $\hat{d}$; então, $b = d = f = h$.

Os ângulos $\hat{a}$ e $\hat{d}$ são suplementares:

$a + d = 180°$

Então:

$a + h = 180°$ e $d + e = 180°$

Os ângulos $\hat{b}$ e $\hat{c}$ são suplementares:

$b + c = 180°$

Daí:

$b + g = 180°$ e $c + f = 180°$

- Para as retas *r* e *s* paralelas e *t* transversal, podemos generalizar:

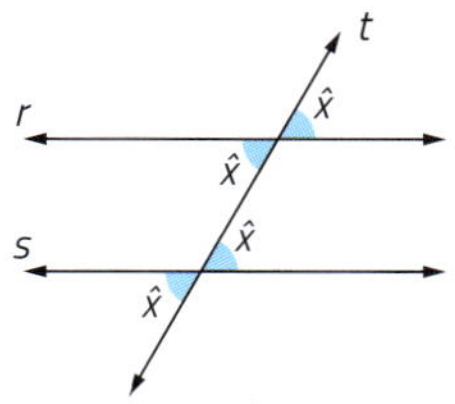

Os ângulos indicados por $\hat{x}$ têm medidas iguais. Nesse caso, os quatro ângulos agudos têm medidas iguais.

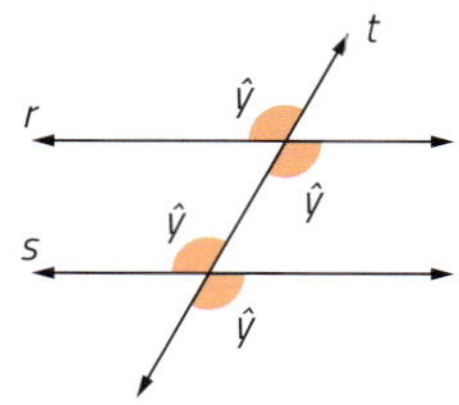

Os ângulos indicados por $\hat{y}$ têm medidas iguais. Nesse caso, os quatro ângulos obtusos têm medidas iguais.

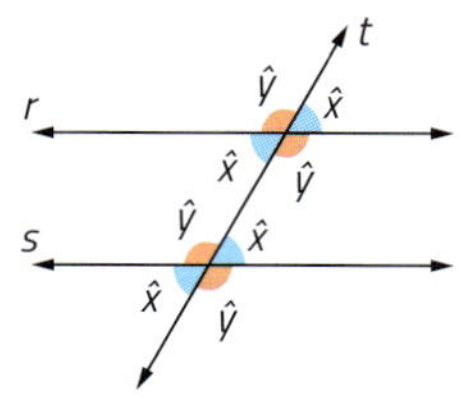

E, ainda, $x + y = 180°$. Nesse caso, o ângulo agudo e o ângulo obtuso são suplementares.

Banco de imagens/Arquivo da editora

- Considere as retas *r*, *s* e *t*, sendo $r /\!/ s$:

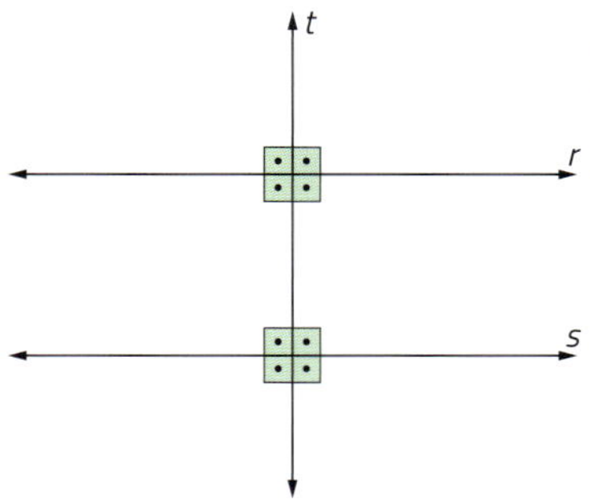

Banco de imagens/Arquivo da editora

$r \perp t$

$s \perp t$

Se *t* é perpendicular a *r* e a *s*, então as retas determinam oito ângulos retos.

ATIVIDADES

9. Calcule *x*, *y* e *z* indicados em cada figura, admitindo que *r* e *s* são retas paralelas.

a)

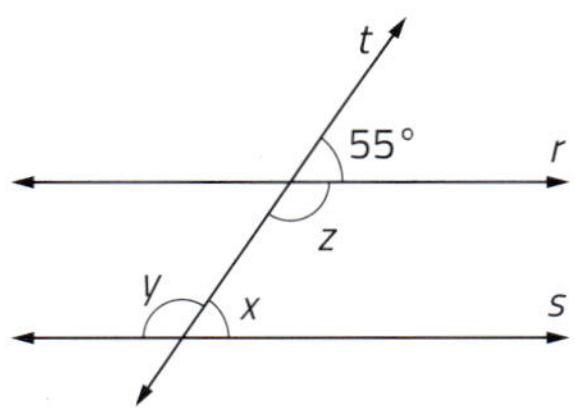

b)

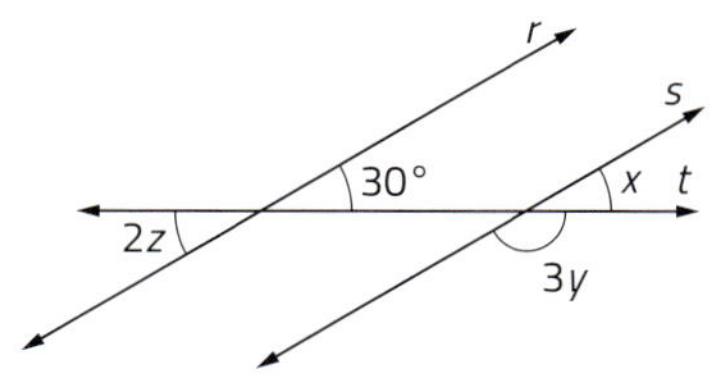

Banco de imagens/Arquivo da editora

10. Na figura a seguir temos duas retas *r* e *s* paralelas e uma reta *t* perpendicular à reta *r*.

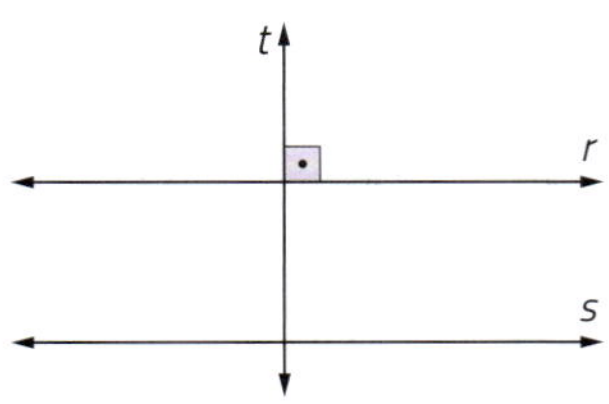

Banco de imagens/Arquivo da editora

a) As retas *t* e *s* são perpendiculares? Por quê?

b) Quantos ângulos retos são formados pelas retas *r*, *s* e *t*?

11. Na figura temos $r /\!/ s$ e $t /\!/ u$. Qual é o valor de *x*, *y* e *z*?

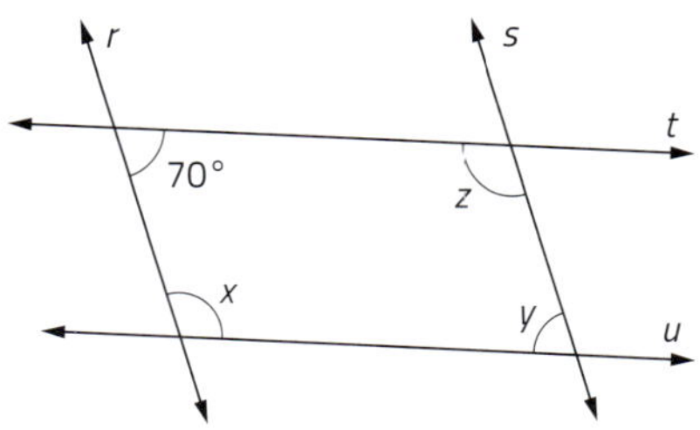

Banco de imagens/Arquivo da editora

Verificando ângulos formados por retas paralelas cortadas por uma transversal

Agora, vamos utilizar o GeoGebra para investigar as relações apresentadas em relação aos ângulos formados por retas paralelas cortadas por uma transversal. O GeoGebra é um *software* gratuito de Matemática e pode ser utilizado em computadores, realizando o *download* no *site* www.geogebra.org/download (acesso em: 14 abr. 2021); em *smartphones*, baixando na loja oficial de aplicativos do sistema operacional do aparelho; ou virtualmente no *site* https://www.geogebra.org/geometry (acesso em: 15 fev. 2021).

Para verificar as relações utilizando o GeoGebra, siga os seguintes passos:

1º) Acesse o *link*: https://www.geogebra.org/m/GcQWhd6e (acesso em: 15 fev. 2021) que vai direcioná-lo para a simulação "Ângulos formados por duas retas paralelas e uma transversal".

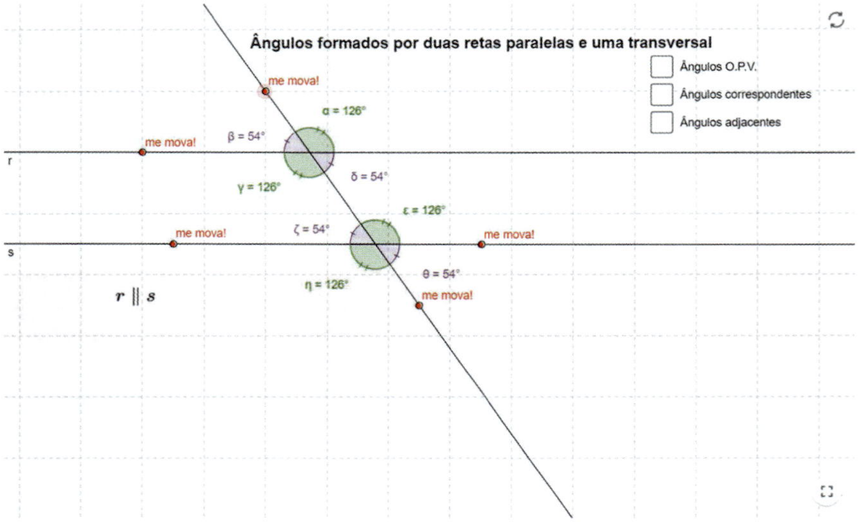

Reprodução/www.geogebra.org

2º) Selecione a opção "Ângulos O.P.V." nas caixas do canto superior direito, o *software* vai apresentar a relação de todos os ângulos opostos pelo vértice da construção. Dessa maneira, é possível verificar que todos os ângulos apresentados têm a mesma medida.

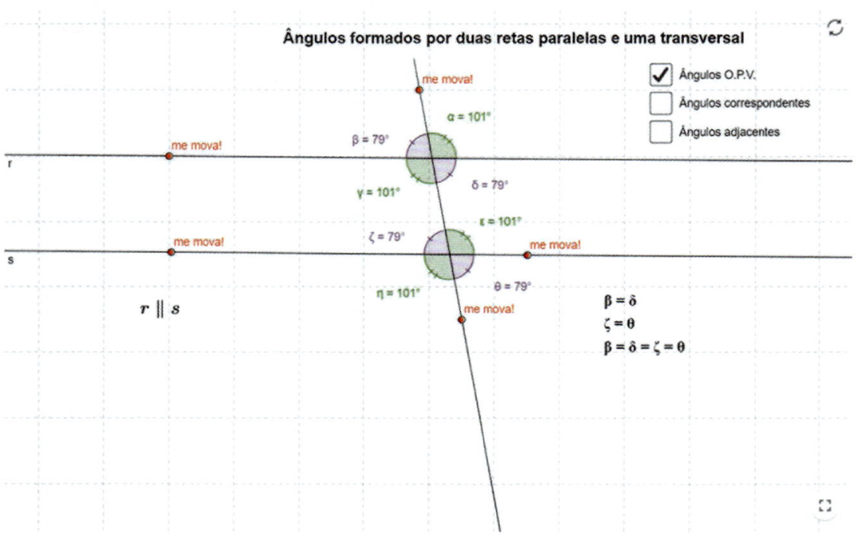

Reprodução/www.geogebra.org

3º) Selecione a opção "Ângulos correspondentes" nas caixas do canto superior direito, o *software* vai apresentar a relação de todos os ângulos correspondentes da construção. Dessa maneira, é possível verificar que todos os ângulos apresentados têm a mesma medida e estão na mesma posição em relação às retas paralelas e à transversal.

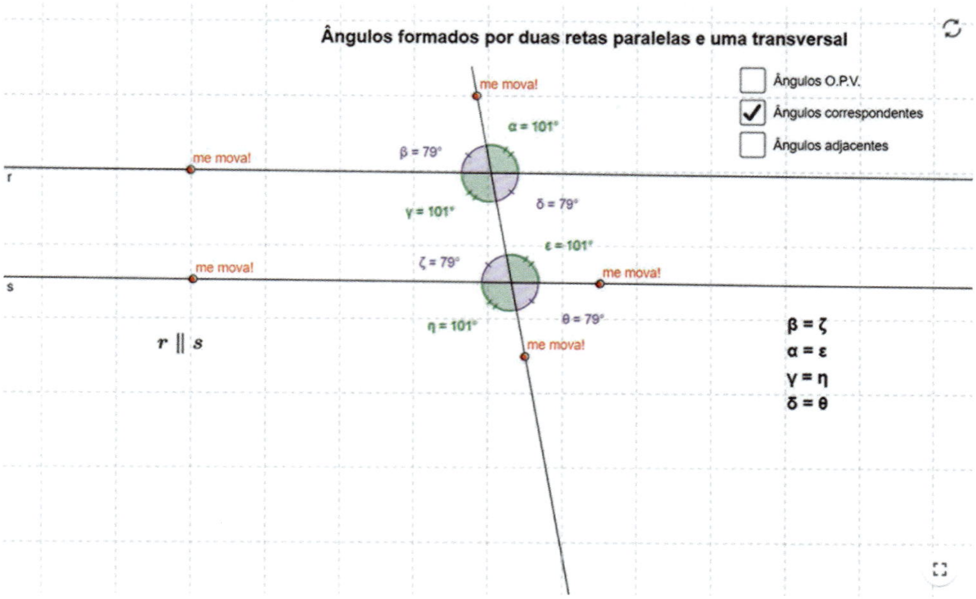

Reprodução/www.geogebra.org

4º) Agora, selecione a opção "Ângulos adjacentes" nas caixas do canto superior direito, o *software* vai apresentar a relação de todos os pares de ângulos adjacentes da construção. Dessa maneira, é possível verificar os pares de ângulos suplementares, ou seja, que somam 180°.

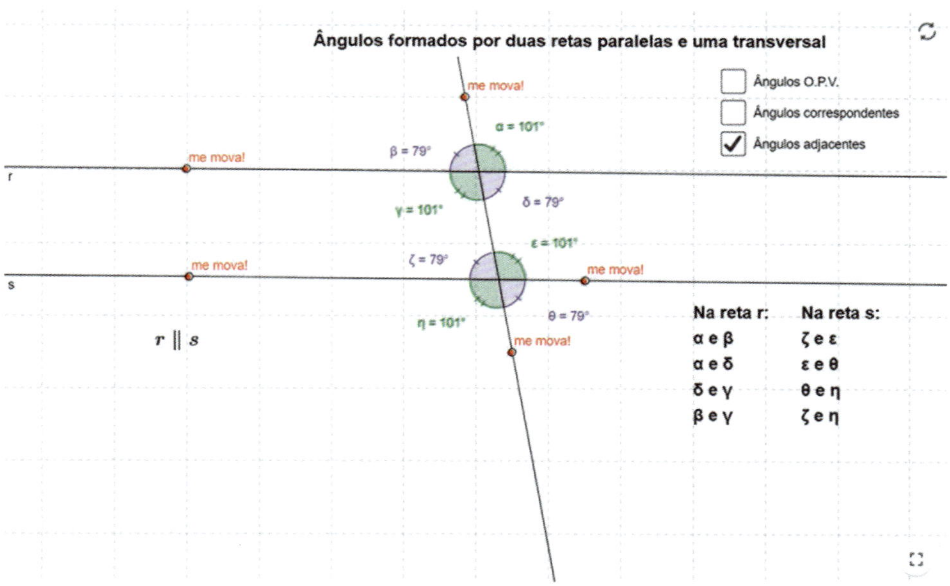

Reprodução/www.geogebra.org

A simulação apresenta também os botões "me mova!", que permitem o deslocamento das retas paralelas e da reta transversal ao longo da malha. Dessa maneira, você pode, a qualquer momento, alterar a posição de reta transversal, selecionando e clicando sobre o botão "me mova!", e mudar os ângulos formados na figura.

Agora é sua vez! Explore a ferramenta e tire suas conclusões sobre as relações entre os ângulos formados por diferentes posicionamentos de retas. Verifique se as conclusões apresentadas anteriormente se mantêm.

NA MÍDIA

Kobra estabelece novo recorde

O artista Eduardo Kobra e seu gigantesco mural chamado *Cacau*, de 2017, ao fundo.

Um dos nomes mais conhecidos da arte de rua atualmente, Eduardo Kobra finaliza em São Paulo os últimos detalhes do maior mural do mundo, um recorde que ele mesmo estabeleceu no ano passado no Rio de Janeiro.

Com 5 742 metros quadrados, a nova obra do artista brasileiro avança sobre a parede de uma fábrica de chocolates na região metropolitana de São Paulo, onde o muralista deixa sua marca há mais de uma década.

O mural inédito, de 30 metros de altura e 200 [metros] de largura, reproduz uma cena do processo de colheita do cacau na Amazônia brasileira e olha de frente para uma movimentada estrada que atravessa o município de Itapevi. Com cores fortes, o artista que saiu da periferia e hoje é reconhecido mundialmente retrata em seu novo projeto um jovem indígena navegando com uma canoa carregada de cacau sobre um rio de chocolate.

[...]

Kobra começou a atual obra há um mês e a concluirá nos próximos 15 dias, período no qual terá utilizado um total de 3,2 mil latas de *spray* e muitos litros de tinta.

SANTANDREU, Alba. Kobra estabelece novo recorde com maior mural do mundo em São Paulo. *O Estado de S. Paulo*, 31 mar. 2017. Disponível em: http://cultura.estadao.com.br/noticias/artes,kobra-estabelece-novo-recorde-com-maior-mural-do-mundo- em-sao-paulo,70001721679. Acesso em: 14 abr. 2021.

Responda às questões a respeito do texto.

1. Na composição da imagem do jovem indígena no mural de Eduardo Kobra, é possível observar segmentos de retas paralelas e concorrentes. Escolha alguns pares de segmentos de retas paralelas e concorrentes e compartilhe suas escolhas com os colegas.

2. Analise a imagem a seguir.

a) É correto afirmar que os ângulos $\hat{x}$ e $\hat{y}$ destacados são congruentes? Justifique sua resposta.

b) A camiseta do jovem indígena é composta essencialmente de quais figuras geométricas planas?

c) Qual é a posição relativa das retas *r* e *s* destacadas na camiseta do jovem?

UNIDADE 4

Números racionais

NESTA UNIDADE VOCÊ VAI

- Retomar a ideia de razão entre dois números.
- Comparar e ordenar números racionais.
- Associar números racionais a pontos da reta numérica.
- Resolver e elaborar problemas que envolvem adição e subtração de números racionais em diferentes situações.
- Resolver e elaborar problemas que envolvem multiplicação e divisão de números racionais em diferentes situações.
- Utilizar a relação entre a multiplicação e a divisão de números racionais na resolução de problemas.

CAPÍTULOS

CAPÍTULO

10 Os números racionais

Monkey Business Images/Shutterstock

NA REAL

Quantos pontos?

A equipe de basquete em que Luan joga perdeu a última partida que disputou. No entanto, Luan foi o jogador que marcou mais pontos na partida. O garoto fez exatamente $\frac{2}{3}$ do total de pontos marcados pela sua equipe.

O número que representa a fração de pontos marcados por Luan é um número natural ou inteiro? Justifique.

Com base nessas informações, podemos determinar quantos pontos Luan fez nessa partida? Justifique.

Na BNCC
EF07MA10

Razão

Consumo de energia elétrica

Abaixo está representado o consumo de energia elétrica de uma residência, em quilowatt-hora, no segundo trimestre do ano.

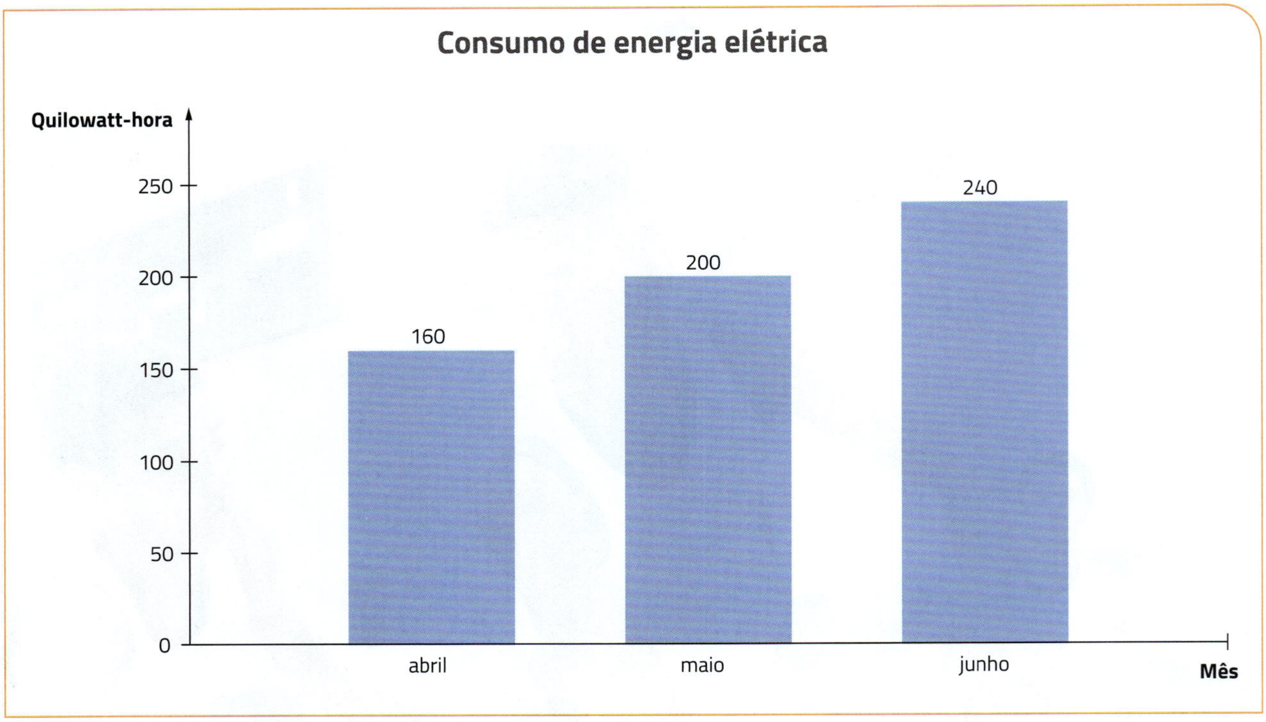

Dados fictícios.

- O consumo de maio equivale a quantas vezes o de abril?

  Para responder, dividimos o consumo de maio pelo de abril:

$$\frac{200}{160} = \frac{5}{4} = 1{,}25$$

  O consumo de maio equivale a 1,25 vez o de abril.

- O consumo de junho equivale a quantas vezes o de maio?

$$\frac{240}{200} = \frac{6}{5} = 1{,}20$$

  O consumo de junho equivale a 1,20 vez o de maio.

- Em que mês ocorreu o maior aumento de consumo relativamente ao mês anterior?

  Como $1{,}25 > 1{,}20$, o maior aumento relativo ao mês anterior ocorreu em maio.

  Note que, em quilowatt-hora, de abril para maio, o aumento foi de $200 - 160 = 40$. De maio para junho, foi de $240 - 200 = 40$. Porém, o aumento relativo ocorrido em maio foi de 40 sobre os 160 de abril, enquanto o aumento ocorrido em junho foi de 40 sobre os 200 de maio.

  Como $\frac{40}{160} > \frac{40}{200}$, o maior aumento relativo ocorreu em maio.

PARTICIPE

Leia a notícia abaixo, sobre uma pesquisa divulgada em 2020 pelo Instituto Brasileiro de Geografia e Estatística (IBGE).

> O IBGE divulga hoje as estimativas das populações residentes nos 5.570 municípios brasileiros, com data de referência em 1º de julho de 2020. Nessa data, a população do Brasil chegou a 211,8 milhões de habitantes, crescendo 0,77% em relação a 2019.
>
> O município de São Paulo continua sendo o mais populoso, com 12,3 milhões de habitantes, seguido pelo Rio de Janeiro (6,75 milhões), Brasília (3,05 milhões) e Salvador (2,88 milhões). Os 17 municípios do país com população superior a um milhão de habitantes concentram 21,9% da população nacional e 14 deles são capitais estaduais. [...]
>
> A região metropolitana de São Paulo continua sendo a mais populosa do País, com 21,9 milhões de habitantes, seguida pelas regiões metropolitanas do Rio de Janeiro (13,1 milhões) e Belo Horizonte (6,0 milhões), além da Região Integrada de Desenvolvimento (RIDE) do Distrito Federal e Entorno (4,7 milhões). [...]
>
> No ranking dos estados, São Paulo segue como o mais populoso, com 46,3 milhões de habitantes, concentrando 21,9% da população total do país, seguido de Minas Gerais, com 21,3 milhões de habitantes, e do Rio de Janeiro, com 17,4 milhões de habitantes. Os cinco estados menos populosos, aglutinando cerca de 5,7 milhões de pessoas, estão na Região Norte: Roraima, Amapá, Acre, Tocantins e Rondônia. [...]

IBGE divulga estimativa da população dos municípios para 2020. Disponível em: https://agenciadenoticias.ibge.gov.br/agencia-sala-de-imprensa/2013-agencia-de-noticias/releases/28668-ibge-divulga-estimativa-da-populacao-dos-municipios-para-2020. Acesso em: 14 maio 2021.

De acordo com a pesquisa do IBGE, em 2020 o município de São Paulo tinha cerca de 12 milhões de habitantes, e Brasília, cerca de 3 milhões. A Região Metropolitana de São Paulo tinha cerca de 22 milhões de habitantes e a de Belo Horizonte, 6 milhões. Além disso, concluiu-se que, entre os estados, São Paulo, com cerca de 46 milhões de habitantes, era o mais populoso, seguido de Minas Gerais, com cerca de 21 milhões.

Responda às perguntas abaixo, considerando que:

- o país tinha cerca de 212 milhões de habitantes,
- a razão entre duas populações é o quociente da divisão da primeira pela segunda.

a) A população da cidade de São Paulo era cerca de quantas vezes a de Brasília?

b) Qual era a razão entre as populações das Regiões Metropolitanas de São Paulo e de Belo Horizonte?

c) Qual era a razão entre as populações do Brasil e do estado de Minas Gerais? A população do Brasil era cerca de quantas vezes a população de Minas Gerais?

d) Os 17 municípios com mais de 1 milhão de habitantes somavam cerca de 22% da população do país. Como se representa 22% em fração centesimal? E em numeral decimal? E em fração irredutível?

e) Que fração da população da Região Metropolitana de Belo Horizonte (cerca de 6 milhões de habitantes) representa a população da cidade de Belo Horizonte (cerca de 3 milhões)? Como se apresenta essa fração em porcentagem?

f) Os estados mais populosos do país (SP, MG, RJ, BA e PR) somavam cerca de 112 milhões de habitantes. Que fração da população do país representavam esses 112 milhões? Qual é esse valor em porcentagem?

Considerando o problema "O consumo de energia elétrica", da página 134, podemos dizer que a razão entre o consumo de energia do mês de maio e o de abril é igual a:

$$\frac{200}{160} \text{ ou } \frac{5}{4} \text{ ou } 1{,}25$$

Também podemos dizer que a razão entre o consumo de energia do mês de junho e o de maio é igual a:

$$\frac{240}{200} \text{ ou } \frac{6}{5} \text{ ou } 1{,}20\text{, ou } 1{,}2$$

A **razão** entre dois números (ou entre duas medidas) é o quociente da divisão do primeiro número pelo segundo (não nulo).

As razões podem ser usadas, por exemplo, para fazer comparações. Voltaremos a tratar desse assunto no capítulo 22.

ATIVIDADES

1. Em uma sala de aula com 18 meninos e 24 meninas:

a) Qual é a razão entre o número de meninos e o número de meninas?

b) O número de meninos equivale a quantas vezes o número de meninas?

2. Considerando a atividade anterior, responda:

a) As 24 meninas correspondem a que fração dos estudantes da sala de aula?

b) Quantos por cento, aproximadamente, dos estudantes da sala de aula são meninas?

3. Em 2020, segundo o IBGE, o município de São Paulo (SP) tinha aproximadamente 12,3 milhões de habitantes, enquanto Porto Alegre (RS) tinha 1,5 milhão de habitantes.

a) Qual é a razão entre a população do município de São Paulo e a população de Porto Alegre?

b) A população do município de São Paulo equivale a quantas vezes a de Porto Alegre?

Vamos conhecer os números racionais

Já conhecemos os números naturais (0, 1, 2, 3, 4, 5, 6, 7, 8, ...) e os números inteiros (..., −4, −3, −2, −1, 0, 1, 2, 3, 4, ...). Agora, leia a pergunta de Cíntia:

Ilustra Cartoon/Arquivo da editora

Reflita sobre a divisão de dois números inteiros. O resultado será sempre um número inteiro?

Veja as possibilidades a seguir:

- Se o valor absoluto do primeiro número for múltiplo do valor absoluto do segundo, o quociente é um número inteiro.

Exemplos

$$(+6):(+2) = \frac{+6}{+2} = +3 = 3$$

$$(+6):(-2) = \frac{+6}{-2} = -3$$

$$(-6):(+2) = \frac{-6}{+2} = -3$$

$$(-6):(-2) = \frac{-6}{-2} = +3 = 3$$

- Se o valor absoluto do primeiro número não for múltiplo do valor absoluto do segundo, mas os dois números tiverem o mesmo sinal, o quociente é um número positivo que pode ser representado por uma fração ou por um numeral decimal.

Exemplos

$$(+14):(+6) = \frac{+14}{+6} = +\frac{14}{6} = \frac{14}{6} = \frac{7}{3} = 2{,}3333... = 2{,}\bar{3}$$

$$(-16):(-25) = \frac{-16}{-25} = +\frac{16}{25} = \frac{16}{25} = 0{,}64$$

- Se o valor absoluto do primeiro número não for múltiplo do valor absoluto do segundo e os dois números tiverem sinais contrários, o quociente é um número negativo que pode ser representado por uma fração precedida do sinal − ou por um numeral decimal.

Exemplos

$$(-14):(+6) = \frac{-14}{+6} = -\frac{14}{6} = -\frac{7}{3} = -2{,}3333... = -2{,}\bar{3}$$

$$(+16):(-25) = \frac{+16}{-25} = -\frac{16}{25} = -0{,}64$$

Todos os números resultantes da divisão de dois números inteiros, e só eles, são denominados **números racionais**.

A palavra **racional** vem da palavra *ratio* (razão). Um número racional é a razão entre dois inteiros.

Denominamos **número racional** todo número que pode ser obtido pela divisão entre dois números inteiros, sendo o divisor não nulo.

É importante saber que:

- um mesmo número racional pode ser representado por diferentes frações, todas equivalentes entre si.

Exemplos

$$\frac{1}{2} = \frac{2}{4} = \frac{3}{6} = \frac{-1}{-2} = \frac{-2}{-4} = \frac{-3}{-6} = ...$$

$$-\frac{3}{4} = \frac{3}{-4} = \frac{-3}{4} = \frac{6}{-8} = \frac{-6}{8} = \frac{9}{-12} = ...$$

- um número racional pode ser representado por um numeral decimal exato ou periódico.

Exemplos

$\frac{10}{5} = 2$ (decimal exato)

$-\frac{3}{4} = -075$ (decimal exato)

$\frac{1}{3} = 0{,}333... = 0{,}\overline{3}$ (decimal periódico)

ATIVIDADES

4. Qual é o quociente? Dê o resultado em forma de fração, simplificando-a quando for possível.

a) $(+7) : (-2)$

b) $(-9) : (+4)$

c) $(+22) : (+6)$

d) $(-8) : (-4)$

e) $(-12) : (-8)$

f) $(+27) : (-21)$

g) $(-32) : (+20)$

h) $(-50) : (-35)$

5. Por quais números devemos substituir ▨ para que as igualdades em cada item sejam verdadeiras?

a) $(+12) : (▨) = \frac{12}{5}$

b) $(-13) : (▨) = \frac{13}{7}$

c) $(▨) : (-2) = -\frac{11}{2}$

d) $\frac{▨}{6} = -\frac{7}{3}$

e) $\frac{6}{5} = \frac{▨}{-10}$

f) $\frac{▨}{14} = \frac{2}{7}$

g) $\frac{▨}{-17} = \frac{12}{17}$

h) $\frac{▨}{-33} = -\frac{8}{11}$

i) $\frac{15}{▨} = -\frac{3}{2}$

j) $(▨) : (+3) = -\frac{10}{3}$

6. Classifique como verdadeira (V) ou falsa (F) cada uma das seguintes sentenças:

a) $(-15) : (-6) = \frac{5}{2}$

b) $\frac{3}{10}$ é um número racional.

c) $(-15) : (+3) = 5$

d) $0{,}\overline{34}$ (0,343434...) é um número racional.

e) 702 é um número racional.

f) $(+12) : (-18) = -\frac{3}{2}$

7. Escreva na forma de fração irredutível cada um dos seguintes números racionais:

a) 0,31

b) −0,6

c) −0,125

d) −2,625

e) −1,5

f) −918,5

g) 31,47

h) 0,05

i) −0,55

j) 1,020

Os números racionais e a reta numérica

Já vimos que os números inteiros podem ser representados por pontos igualmente espaçados sobre uma reta:

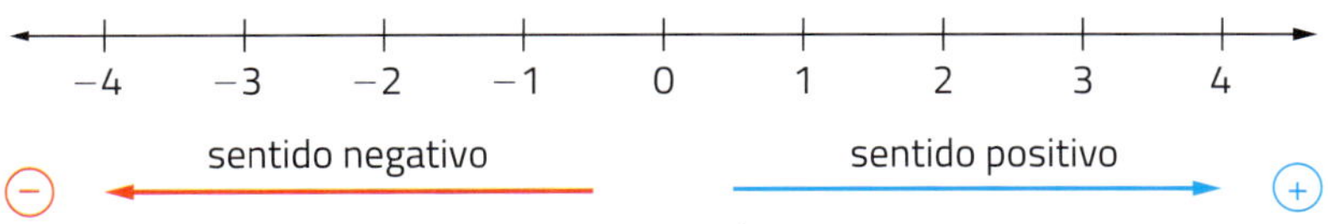

Ilustra Cartoon/Arquivo da editora

O segmento de reta com extremidades em 0 e 1 representa uma unidade. Então, se queremos representar o número racional $\frac{1}{2}$, marcamos um segmento de comprimento igual à metade da unidade, a partir de 0, para a direita. Assim:

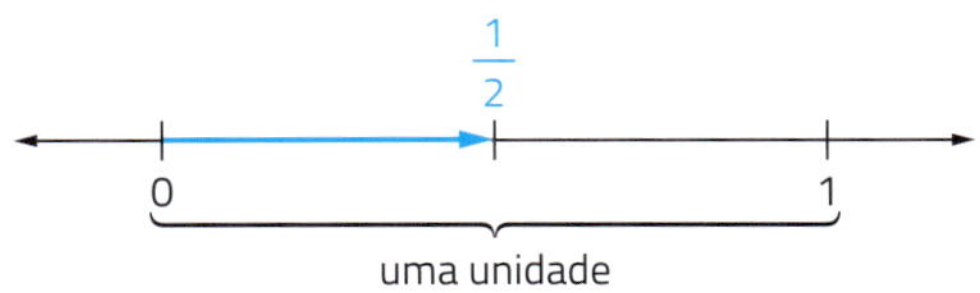

Veja, nos exemplos a seguir, a representação geométrica de alguns números racionais na reta numérica.

Para determinar, por exemplo, a representação geométrica do número racional $\frac{5}{2}$, que é maior que 1, podemos transformar a fração imprópria $\frac{5}{2}$ em número misto:

$$\frac{5}{2} = 2\frac{1}{2}$$

Em seguida, marcamos um segmento de comprimento igual a 2 unidades mais $\frac{1}{2}$ unidade, a partir de 0, para a direita.

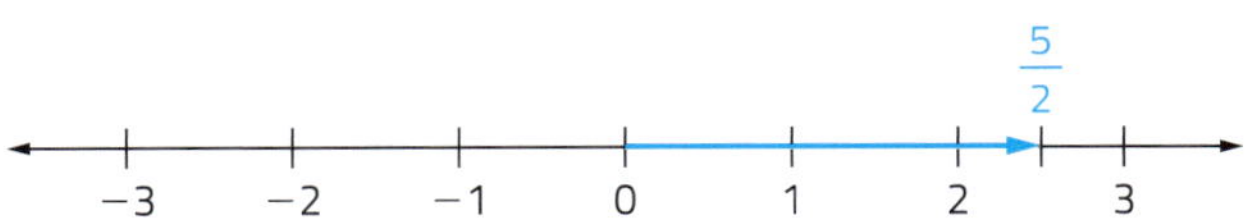

Outro exemplo:

Ilustra Cartoon/Arquivo da editora

Marcamos, a partir de 0, para a esquerda, um segmento de comprimento igual à metade da unidade:

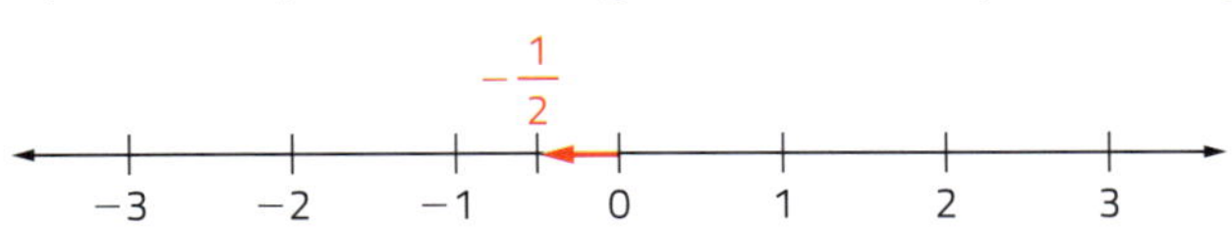

Veja, a seguir, a representação geométrica de mais alguns números racionais:

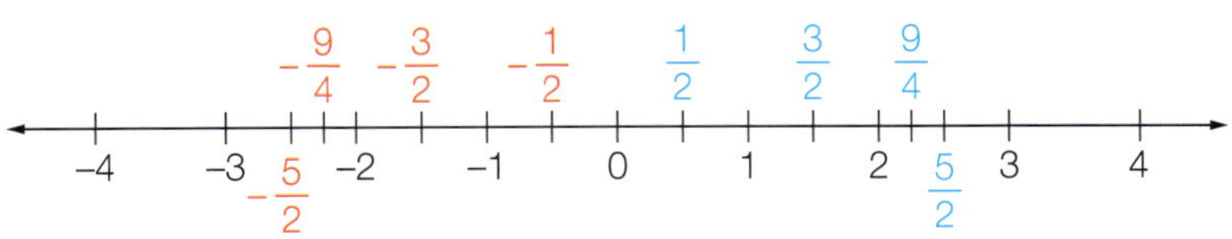

Observe, agora, a representação geométrica dos números $\frac{5}{2}$ e $-\frac{5}{2}$:

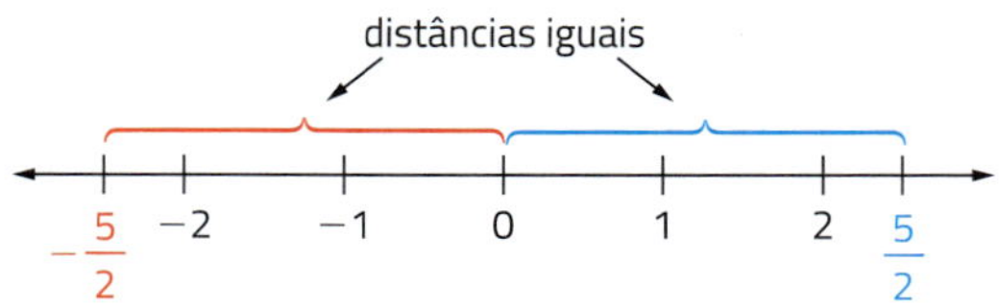

Veja que os dois pontos obtidos estão situados à mesma distância de 0, um à esquerda e o outro à direita de 0.

Dizemos que os números $\frac{5}{2}$ e $-\frac{5}{2}$ são **opostos** e a distância entre cada um deles e o 0 é chamada **valor absoluto** ou **módulo** desses números. Assim, $\frac{5}{2}$ é módulo ou valor absoluto de $+\frac{5}{2}$ e de $-\frac{5}{2}$.

Indicamos:

$\left|-\frac{5}{2}\right| = \frac{5}{2}$ (lê-se: "módulo de menos cinco meios é cinco meios.")

$\left|+\frac{5}{2}\right| = \frac{5}{2}$ (lê-se: "módulo de mais cinco meios é cinco meios.")

Veja outros exemplos:

- $\left|\frac{11}{5}\right| = \frac{11}{5}$
- $\left|-\frac{7}{3}\right| = \frac{7}{3}$
- $|0| = 0$

Todo número positivo é o valor absoluto dele mesmo e do seu oposto.

ATIVIDADES

8. Desenhe uma reta e, nela, localize:

- os pontos que representam os números inteiros de −5 a 5;
- os números racionais $+\frac{1}{2}$; $-\frac{3}{5}$; +1,5; −3,5; $+\frac{7}{10}$ e $-\frac{7}{10}$.

9. Determine o oposto de cada número.

a) $\frac{2}{7}$ **b)** −0,34 **c)** $-\frac{5}{3}$

10. Qual é o módulo de cada número abaixo?

a) $+\frac{7}{11}$ **b)** $-\frac{7}{11}$ **c)** $+\frac{5}{4}$

11. Dê o valor absoluto de cada número.

a) $\frac{21}{8}$ **b)** $-\frac{23}{7}$ **c)** $\frac{11}{23}$

12. Na figura abaixo, as marcas indicam a divisão do segmento $\overline{AB}$ em partes iguais. Que números estão representados pelas letras *A*, *B*, *C*, *D*, *E* e *F*?

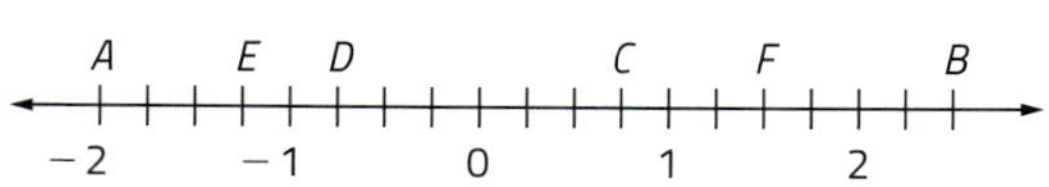

Comparação de números racionais

Vamos agora comparar números racionais. Leia as perguntas de Bruna e Pedro.

Ilustra Cartoon/Arquivo da editora

Temos $-\frac{5}{2} < 0$ e $0 < \frac{2}{3}$; então $-\frac{5}{2} < \frac{2}{3}$.

Portanto, $\frac{2}{3}$ é maior que $-\frac{5}{2}$.

Na reta numérica, os números estão dispostos em ordem crescente da esquerda para a direita.

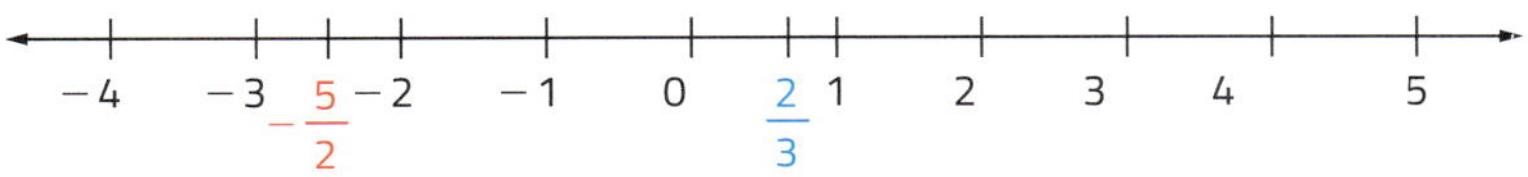

$\frac{2}{3}$ é representado à direita de $-\frac{5}{2}$, então, $\frac{2}{3} > -\frac{5}{2}$.

As frações $\frac{3}{7}$ e $\frac{5}{7}$ são positivas e têm o mesmo denominador (7). Nesse caso, a maior é aquela que tem o maior numerador, ou seja, $\frac{5}{7} > \frac{3}{7}$.

PARTICIPE

Pense e responda:

a) O que significa comparar dois números?

b) É possível comparar dois números racionais?

c) Compare $-\frac{7}{3}$ e $\frac{3}{4}$. O que podemos concluir? Por quê?

d) Agora compare -3 e $\frac{4}{5}$.

e) Entre um número positivo e outro negativo, qual é o maior?

Comparando dois números negativos

Recordemos que na comparação entre dois números inteiros negativos, o maior número é aquele que tem o valor absoluto menor.

Ilustra Cartoon/Arquivo da editora

Ambos são números racionais negativos. O maior é o que tem o menor valor absoluto.

Como $\frac{1}{3} < \frac{11}{3}$, concluímos que $-\frac{1}{3} > -\frac{11}{3}$.

Assim, o maior é $-\frac{1}{3}$.

Comparando frações de denominadores diferentes

Ilustra Cartoon/Arquivo da editora

Nesse caso, as frações têm denominadores diferentes. Para compará-las, podemos reduzi-las ao mesmo denominador.

Já estudamos que uma maneira de reduzir as frações ao mesmo denominador é calcular o mínimo múltiplo comum (mmc) dos denominadores e determinar as frações equivalentes a cada uma utilizando o mmc como denominador comum.

Como o mmc (4, 6) = 12, temos:

$$\frac{5}{4} \overset{\times 3}{\underset{\div 3}{=}} \frac{15}{12} \quad \text{e} \quad \frac{7}{6} \overset{\times 2}{\underset{\div 2}{=}} \frac{14}{12}$$

Comparando os numeradores, temos 15 > 14, então, $\frac{15}{12} > \frac{14}{12}$, portanto, $\frac{5}{4} > \frac{7}{6}$.

Concluímos, então, que $\frac{5}{4}$ é maior que $\frac{7}{6}$.

Outra maneira de fazer essa comparação é transformando as frações em numerais decimais.

Confira: $\frac{5}{4} = 1{,}25$ e $\frac{7}{6} = 1{,}1666...$

Como 1,25 > 1,1666..., temos $\frac{5}{4} > \frac{7}{6}$.

Veja outro exemplo:

Ilustra Cartoon/
Arquivo da editora

Como o mmc $(3, 5) = 15$, temos:

$$-\frac{11}{3} = -\frac{55}{15} \text{ e } -\frac{16}{5} = -\frac{48}{15}$$

Comparando os valores absolutos:

$$\frac{55}{15} > \frac{48}{15}$$

Então, $-\frac{55}{15} < -\frac{48}{15}$; portanto, $-\frac{11}{3} < -\frac{16}{5}$.

Assim, concluímos que $-\frac{16}{5}$ é maior que $-\frac{11}{3}$.

ATIVIDADES

13. Qual é maior:

a) $-\frac{3}{5}$ ou $\frac{7}{11}$?
b) $\frac{12}{7}$ ou $\frac{141}{7}$?
c) $-\frac{13}{9}$ ou $-\frac{19}{9}$?

14. Marco Antônio leu $\frac{5}{8}$ de um livro para uma prova de Língua Portuguesa. Pedro, até agora, leu $\frac{8}{15}$ do mesmo livro. Quem leu mais?

15. Determine qual fração é maior em cada item.

a) $\frac{3}{5}$ ou $\frac{2}{3}$

b) $\frac{4}{3}$ ou $\frac{13}{10}$

c) $\frac{13}{3}$ ou $\frac{13}{4}$ ou $\frac{21}{5}$

d) $\frac{8}{5}$ ou $\frac{9}{5}$ ou $\frac{7}{4}$

16. Milton deu algumas figurinhas para os netos Nuno, Nicole e Lara colarem em seus álbuns. Nuno pegou $\frac{7}{24}$ das figurinhas, Nicole pegou $\frac{3}{10}$ e Lara, $\frac{4}{15}$. Quem pegou menos figurinhas?

17. Escreva em ordem crescente estes números racionais:

$\frac{7}{2}$ $\quad \frac{7}{3}$ $\quad -\frac{5}{3}$ $\quad -\frac{5}{2}$ $\quad 0$ $\quad \frac{7}{4}$ $\quad -\frac{7}{2}$

18. Em cada item, compare as frações e substitua ////// por <, > ou =.

a) $\frac{1}{2}$ ////// $\frac{2}{4}$

b) $\frac{3}{5}$ ////// $\frac{7}{5}$

c) $+\frac{9}{7}$ ////// $\frac{5}{7}$

d) $\frac{2}{5}$ ////// $-\frac{4}{3}$

e) $-\frac{1}{10}$ ////// $-\frac{7}{10}$

f) $-\frac{1}{3}$ ////// 0

g) $-\frac{1}{3}$ ////// $-\frac{3}{9}$

h) $\frac{7}{4}$ ////// $\frac{7}{3}$

CAPÍTULO 11

Operações

Di Studio/Shutterstock

NA REAL

Foram vendidos muitos picolés?

Os parques de diversões são lugares de entretenimento que atraem pessoas em busca de aventura. A maioria desses estabelecimentos ganha dinheiro com a venda de ingressos e de alimentos para os visitantes.

Em determinado dia, um dos quiosques de sorvete foi abastecido com 420 picolés de sabores variados. Dessa quantidade, $\frac{2}{5}$ eram de morango, o sabor de sorvete mais vendido no parque. Como podemos determinar a quantidade de picolés de morango nesse quiosque?

Se ao final do dia tiver sido verificado que $\frac{1}{3}$ dos picolés de morango foi vendido, como podemos determinar quantos picolés de morango foram vendidos nesse dia? Justifique.

Na BNCC
EF07MA11
EF07MA12

Adição de números racionais

Sem pressa, com prudência

Quando Nelson viaja de carro do Rio de Janeiro a São Paulo, ele costuma fazer duas paradas: a primeira, ao ter completado $\frac{1}{3}$ do percurso, e a segunda, após ter percorrido mais $\frac{4}{9}$ da estrada.

Quanto Nelson percorre até a segunda parada? Que fração do percurso resta para ele chegar a São Paulo?

$$\frac{1}{3} + \frac{4}{9} = \frac{3+4}{9} = \frac{7}{9} \qquad \frac{9}{9} - \frac{7}{9} = \frac{9-7}{9} = \frac{2}{9}$$

Portanto, até a segunda parada Nelson percorre $\frac{7}{9}$ da estrada. Ficam faltando $\frac{2}{9}$ para ele chegar a São Paulo.

Leia a pergunta do professor de Matemática.

A adição de números racionais representados por frações pode ser realizada reduzindo as frações ao mesmo denominador positivo e adicionando os numeradores. Observe:

a) $\frac{2}{3} + \left(-\frac{5}{2}\right) = \frac{4}{6} + \frac{-15}{6} = \frac{4+(-15)}{6} = \frac{-11}{6} = -\frac{11}{6}$

b) $\left(-\frac{3}{4}\right) + \left(-\frac{1}{2}\right) = \frac{-3}{4} + \frac{-2}{4} = \frac{(-3)+(-2)}{4} = \frac{-5}{4} = -\frac{5}{4}$

c) $\left(-\frac{1}{3}\right) + \left(+\frac{3}{5}\right) = \frac{-5}{15} + \frac{9}{15} = \frac{(-5)+9}{15} = \frac{4}{15}$

Agora, leia a outra pergunta do professor de Matemática.

Para adicionar dois números racionais, que estão representados na forma decimal, procedemos assim:

- Se eles têm o mesmo sinal, adicionamos seus valores absolutos e damos o mesmo sinal à soma.

Exemplos

a) $(-1{,}2) + (-3{,}5) = -4{,}7$

$$\begin{array}{r} 1{,}\ 2 \\ +\ 3{,}\ 5 \\ \hline 4{,}\ 7 \end{array}$$

b) $(-1{,}5) + (-2{,}07) = -3{,}57$

$$\begin{array}{r} 1{,}\ 5\ 0 \\ +\ 2{,}\ 0\ 7 \\ \hline 3{,}\ 5\ 7 \end{array}$$

c) $(2{,}1) + (0{,}98) = 3{,}08$

$$\begin{array}{r} 2{,}\ 1\ 0 \\ +\ 0{,}\ 9\ 8 \\ \hline 3{,}\ 0\ 8 \end{array}$$

- Se eles têm sinais opostos, subtraímos o menor valor absoluto do maior e damos ao resultado o sinal do número racional que tem maior valor absoluto.

Exemplos

a) $(-1{,}7) + (2{,}05) = 0{,}35$

$$\begin{array}{r} 2{,}\ 0\ 5 \\ -\ 1{,}\ 7\ 0 \\ \hline 0{,}\ 3\ 5 \end{array}$$

b) $(4{,}37) + (-5{,}37) = -1$

$$\begin{array}{r} 5{,}\ 3\ 7 \\ -\ 4{,}\ 3\ 7 \\ \hline 1{,}\ 0\ 0 \end{array}$$

c) $(0{,}002) + (-1{,}9) = -1{,}898$

$$\begin{array}{r} 1{,}\ 9\ 0\ 0 \\ -\ 0{,}\ 0\ 0\ 2 \\ \hline 1{,}\ 8\ 9\ 8 \end{array}$$

ATIVIDADES

1. Qual é o resultado?

a) $\left(+\frac{3}{5}\right) + \left(-\frac{7}{5}\right)$

b) $\left(-\frac{3}{2}\right) + \left(+\frac{5}{7}\right)$

c) $(+0{,}3) + (-0{,}7)$

d) $\left(+\frac{4}{7}\right) + \left(-\frac{11}{7}\right) + \left(-\frac{19}{7}\right)$

e) $(-1{,}47) + (-2{,}5) + (-0{,}03)$

f) $(+0{,}01) + (-0{,}11) + (+1{,}11)$

2. Calcule e compare os resultados.

a) $\frac{10}{3} + \left(-\frac{3}{5}\right)$

b) $\left(-\frac{3}{5}\right) + \frac{10}{3}$

3. Calcule e compare os resultados.

a) $\left(\frac{1}{2} + \frac{2}{3}\right) + \left(-\frac{5}{4}\right)$

b) $\frac{1}{2} + \left[\frac{2}{3} + \left(-\frac{5}{4}\right)\right]$

c) $\frac{1}{2} + \left(-\frac{5}{4}\right) + \frac{2}{3}$

Observe que na segunda expressão usamos colchetes [ ] para associar duas parcelas.

4. Calcule as somas.

a) $\left(-\frac{2}{5}\right) + 0$

b) $\frac{2}{5} + 0$

c) $0 + \frac{2}{5}$

d) $0 + \left(-\frac{2}{5}\right)$

5. Adicione cada número racional ao seu oposto. O que você observa?

a) $\frac{3}{8}$

b) $-\frac{4}{7}$

c) $\frac{1}{5}$

d) $-\frac{7}{3}$

e) $0{,}75$

f) $-1{,}04$

Propriedades da adição

As atividades anteriores exemplificam as propriedades da adição.

Propriedade comutativa

Em uma adição de números racionais, a ordem das parcelas não altera o resultado (soma). (Veja a atividade **2**.)

Propriedade associativa

Em uma adição de três números racionais, associando as duas parcelas iniciais ou as duas finais, o resultado é o mesmo. (Veja a atividade **3**.)

Elemento neutro

A adição de zero a um número racional qualquer tem como soma este último; zero é uma parcela que não altera o resultado de uma adição. (Veja a atividade **4**.)

Oposto ou simétrico

Todo número racional tem um oposto, e a soma de um número racional a seu oposto é sempre zero. (Veja a atividade **5**.)

Subtração de números racionais

Assim como fazemos com números inteiros, a operação de subtração de números racionais pode ser realizada adicionando o primeiro número ao oposto do segundo. Acompanhe os exemplos a seguir.

Ilustra Cartoon/Arquivo da editora

a) $\left(+\frac{1}{2}\right) - \left(+\frac{2}{3}\right) = \left(+\frac{1}{2}\right) + \left(-\frac{2}{3}\right) = \frac{3}{6} + \left(-\frac{4}{6}\right) = -\frac{1}{6}$

b) $\left(+\frac{1}{2}\right) - \left(-\frac{1}{3}\right) = \left(+\frac{1}{2}\right) + \left(+\frac{1}{3}\right) = \frac{3}{6} + \frac{2}{6} = \frac{5}{6}$

c) $\left(-\frac{1}{3}\right) - \left(+\frac{5}{6}\right) = \left(-\frac{1}{3}\right) + \left(-\frac{5}{6}\right) = -\frac{2}{6} + \left(-\frac{5}{6}\right) = -\frac{7}{6}$

d) $(-0{,}4) - \left(-\frac{3}{5}\right) = \left(-\frac{4}{10}\right) - \left(-\frac{3}{5}\right) = \left(-\frac{4}{10}\right) + \left(+\frac{3}{5}\right) = -\frac{4}{10} + \frac{6}{10} = \frac{2}{10} = \frac{1}{5}$

e) $(-0{,}76) - (0{,}29) = (-0{,}76) + (-0{,}29) = -1{,}05$

Adição algébrica

É comum que na adição algébrica de números racionais as parcelas estejam sem os parênteses, por exemplo:

$$\frac{2}{3} - \frac{5}{4} - 0,7$$

Nesse caso, fica subentendido que devemos realizar a adição e que os sinais entre os números representam os sinais das parcelas:

$$\frac{2}{3} - \frac{5}{4} - 0,7 = \left(\frac{2}{3}\right) + \left(-\frac{5}{4}\right) + (-0,7)$$

ATIVIDADES

6. Paulo tinha uma jarra com $\frac{3}{4}$ de litro de água e encheu um copo de $\frac{1}{8}$ de litro com essa água. Quanto sobrou de água na jarra?

7. Qual é a diferença?

a) $\left(+\frac{4}{3}\right) - \left(+\frac{7}{4}\right)$

b) $\left(+\frac{11}{3}\right) - \left(-\frac{5}{6}\right)$

c) $(-0,47) - (-0,85)$

d) $\left(-\frac{7}{6}\right) - \left(+\frac{11}{9}\right)$

e) $\left(-\frac{7}{3}\right) - \left(-\frac{5}{2}\right)$

f) $(-6,41) - (+9,882)$

8. Calcule:

a) $\frac{1}{6} - \frac{5}{6}$

b) $-\frac{9}{8} + \frac{7}{8}$

c) $-\frac{3}{10} - \frac{7}{10}$

d) $-0,2 + 0,7 - 0,9 - 1,4$

e) $\left(-\frac{9}{5}\right) + \left(-\frac{5}{3}\right)$

f) $(+7,2) + (-2,41)$

g) $\left(-\frac{5}{11}\right) + \left(+\frac{7}{22}\right) + \left(-\frac{13}{4}\right)$

h) $(-1,47) + (-2,5) + (-0,03)$

9. Em 2019 foi realizada no Japão a Copa do Mundo de Voleibol Feminino.

Kazuhiro Nogi/AFP

Jogo entre Coreia do Sul e Brasil na Copa do Mundo de Voleibol Feminino, em 2019.

Descubra as três primeiras seleções classificadas nesse campeonato calculando o valor das expressões e comparando os resultados com os números do quadro.

Brasil	-2
Estados Unidos	$\frac{22}{105}$
Rússia	$-\frac{381}{140}$
China	2

a) 1º lugar: $-0,48 - 0,52 + 3$

b) 2º lugar: $\frac{2}{5} + \left(\frac{1}{7} - \frac{1}{3}\right)$

c) 3º lugar: $\left(-\frac{2}{5} + \frac{3}{7}\right) - \frac{11}{4}$

Multiplicação de números racionais

A partilha do chocolate

Lara, Nicole e Nuno dividiram entre eles uma barra de chocolate. Lara pegou $\frac{2}{5}$ da barra, Nicole pegou $\frac{2}{3}$ do que sobrou e o restante ficou para Nuno. Que fração da barra de chocolate Nicole pegou?

Como Lara pegou $\frac{2}{5}$ da barra, haviam sobrado $\frac{3}{5}$. Então, Nicole pegou $\frac{2}{3}$ de $\frac{3}{5}$ da barra, assim:

$$\frac{2}{3} \cdot \frac{3}{5} = \frac{2 \cdot 3}{3 \cdot 5} = \frac{2}{5}$$

Nicole pegou $\frac{2}{5}$ da barra.

Quanto da barra de chocolate ficou para Nuno?

$$\frac{5}{5} - \frac{2}{5} - \frac{2}{5} = \frac{5 - 2 - 2}{5} = \frac{1}{5}$$

Nuno ficou com $\frac{1}{5}$ da barra.

Para calcular a fração da barra que Nicole pegou, fizemos uma multiplicação de números racionais.

Leia a pergunta da professora.

A multiplicação de números racionais representados como frações pode ser realizada da seguinte maneira:

- Se os fatores tiverem sinais iguais, o produto fica com o sinal positivo (+); se os fatores tiverem sinais contrários, o produto fica com o sinal negativo (−).
- Multiplicamos os numeradores das frações, obtendo o numerador do produto.
- Multiplicamos os denominadores das frações, obtendo o denominador do produto.
- Quando for possível, simplificamos o resultado.

Observe os exemplos a seguir.

a) $\left(+\frac{4}{7}\right) \cdot \left(+\frac{5}{2}\right) = +\frac{4 \cdot 5}{7 \cdot 2} = \frac{20}{14} = \frac{10}{7}$

b) $\left(+\frac{4}{7}\right) \cdot \left(-\frac{5}{2}\right) = -\frac{4 \cdot 5}{7 \cdot 2} = -\frac{20}{14} = -\frac{10}{7}$

c) $\left(-\frac{6}{5}\right) \cdot \left(+\frac{10}{3}\right) = -\frac{6 \cdot 10}{5 \cdot 3} = -\frac{60}{15} = -4$

d) $\left(-\frac{2}{3}\right) \cdot \left(-\frac{5}{7}\right) = +\frac{2 \cdot 5}{3 \cdot 7} = \frac{10}{21}$

Agora, leia a outra pergunta da professora.

Ilustra Cartoon/Arquivo da editora

Para multiplicar um número racional por outro, quando ambos estão na forma decimal, basta multiplicar os seus valores absolutos e aplicar a regra de sinal da multiplicação (como vimos antes para frações).

Observe os exemplos a seguir.

a) $(-0{,}314) \cdot (-1{,}7) = +0{,}5338$

b) $(-0{,}314) \cdot (+1{,}7) = -0{,}5338$

c) $(+0{,}314) \cdot (-1{,}7) = -0{,}5338$

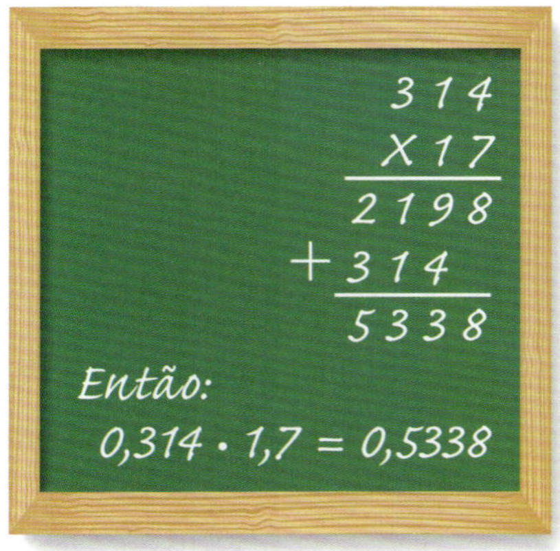

Banco de imagens/Arquivo da editora

ATIVIDADES

10. Qual é o produto?

a) $\left(+\frac{4}{5}\right) \cdot \left(-\frac{10}{3}\right)$

b) $\left(-\frac{6}{35}\right) \cdot \left(+\frac{25}{12}\right)$

c) $\left(-\frac{7}{2}\right) \cdot \left(-\frac{10}{21}\right)$

d) $\left(+\frac{3}{5}\right) \cdot \left(+\frac{15}{6}\right)$

11. Na compra de um aparelho celular, Natasha pagou uma entrada e mais 5 prestações iguais, cada uma no valor de $\frac{2}{15}$ do custo total. Que fração do custo total foi o valor da entrada?

arek_malang/Shutterstock

12. As meninas representam $\frac{4}{7}$ dos estudantes de uma sala de aula. Nessa sala de aula, $\frac{5}{8}$ das meninas praticam natação. Que fração dos estudantes da sala representam as meninas que não praticam natação?

13. Em uma festa havia sobre a mesa uma cesta de salgadinhos. Se metade deles fossem pães de queijo, três quintos dos restantes fossem esfirras e os demais, coxinhas, que fração de salgadinhos seriam coxinhas?

14. Calcule os produtos e depois compare os resultados.

a) $\frac{2}{3} \cdot \left(-\frac{5}{7}\right)$

b) $\left(-\frac{5}{7}\right) \cdot \frac{2}{3}$

15. Observe as frações a seguir.

- $+\frac{5}{11}$
- $-\frac{2}{9}$
- $-\frac{22}{7}$
- $-\frac{2}{5}$

Indique duas dessas frações cujo produto seja igual a:

a) $-\frac{10}{7}$

b) $+\frac{4}{45}$

c) $+\frac{44}{35}$

d) $-\frac{10}{99}$

e) $+\frac{44}{63}$

f) $-\frac{2}{11}$

16. Em cada item, determine o produto. Depois, compare os resultados.

a) $\left(\frac{1}{2} \cdot \frac{2}{3}\right) \cdot \left(-\frac{5}{4}\right)$

b) $\frac{1}{2} \cdot \left[\frac{2}{3} \cdot \left(-\frac{5}{4}\right)\right]$

c) $\left[\frac{1}{2} \cdot \left(-\frac{5}{4}\right)\right] \cdot \frac{2}{3}$

d) $\left[\left(-\frac{5}{4}\right) \cdot \frac{2}{3}\right] \cdot \frac{1}{2}$

17. Calcule os produtos.

a) $\left(-\frac{3}{7}\right) \cdot 1$

b) $\frac{3}{7} \cdot 1$

c) $1 \cdot \frac{3}{7}$

d) $1 \cdot \left(-\frac{3}{7}\right)$

18. Considere o número racional $\frac{3}{7}$. O número $\frac{7}{3}$ é o inverso de $\frac{3}{7}$. Determine o produto do número $\frac{3}{7}$ pelo seu inverso.

19. Dado o número racional $-\frac{8}{5}$ e seu inverso, $-\frac{5}{8}$, determine o produto do número $-\frac{8}{5}$ pelo seu inverso.

20. Determine o valor das expressões e, depois, compare os resultados obtidos.

a) $\left(-\frac{3}{5}\right) \cdot \left(\frac{2}{3} + \frac{5}{4}\right)$

b) $\left(-\frac{3}{5}\right) \cdot \frac{2}{3} + \left(-\frac{3}{5}\right) \cdot \frac{5}{4}$

Propriedades da multiplicação

As atividades anteriores exemplificam as propriedades da multiplicação.

Propriedade comutativa

Em uma multiplicação de números racionais, a ordem dos fatores não altera o resultado (produto). (Veja a atividade **14**.)

Elemento neutro

O número 1 multiplicado por um número racional qualquer dá como produto este último; 1 é um fator que não altera o resultado de uma multiplicação. (Veja a atividade **17**.)

Propriedade associativa

Em uma multiplicação de três números racionais, associando os dois primeiros fatores ou os dois últimos, o resultado é o mesmo. (Veja a atividade **16**.)

Propriedade distributiva

O produto de um número racional por uma adição de números racionais é igual à soma dos produtos resultantes da multiplicação entre o primeiro número racional e cada uma das parcelas. (Veja a atividade **20**.)

Inverso ou recíproco

Todo número racional não nulo tem um inverso, e o produto de um número racional pelo seu inverso é sempre 1. (Veja as atividades **18** e **19**.)

ATIVIDADES

21. Escreva o inverso de cada número.

a) $\frac{2}{3}$ **c)** 3 **e)** $-\frac{3}{4}$ **g)** -2

b) $\frac{11}{7}$ **d)** $\frac{1}{5}$ **f)** 0 **h)** $-\frac{1}{9}$

22. Calcule o resultado de cada expressão.

a) $1 + \left(-\frac{2}{3}\right) \cdot \left(-\frac{6}{5}\right)$

b) $-2 - \frac{2}{3} \cdot \left(\frac{5}{7} - \frac{8}{7}\right)$

c) $-2 + \left(-\frac{77}{26}\right) \cdot \left(+\frac{65}{132}\right)$

d) $\frac{2}{5} + \left(-\frac{7}{2}\right) \cdot \left(-\frac{4}{15}\right)$

e) $\left(-\frac{2}{3}\right) \cdot \left(+\frac{5}{11}\right) - \frac{32}{33}$

23. De uma jarra com 1,5 litro de suco foram retirados 5 copos de 0,125 litro cada um. Quanto sobrou de suco na jarra?

24. Em quantas das expressões a seguir o resultado é um número inteiro?

I. $\frac{1}{5} \cdot \left(-\frac{10}{3}\right) + \frac{2}{7} \cdot \left(-\frac{35}{6}\right)$

II. $3 \cdot \left(-\frac{1}{3}\right) + 4 \cdot \left(-\frac{5}{2}\right)$

III. $\left(-\frac{1}{5}\right) \cdot (+0{,}9) - \left(-\frac{10}{7}\right) \cdot (0{,}07)$

IV. $(-1) \cdot \left[\frac{1}{2} - \left(-\frac{1}{5}\right) \cdot \left(-\frac{3}{2}\right)\right] + \left(-\frac{2}{7}\right) \cdot (-0{,}7)$

V. $(-1{,}2) \cdot (-2{,}7 + 1{,}4) + 4{,}3 \cdot (1 - 2{,}4)$

25. Elabore um problema que possa ser resolvido empregando adição, subtração e multiplicação de números racionais. Depois, peça a um colega que resolva o problema que você elaborou enquanto você resolve o que ele elaborou.

NA OLIMPÍADA

Cuidado com o suco

(Obmep) Joãozinho derrubou suco em seu caderno e quatro algarismos da sentença que ele estava escrevendo ficaram borrados.

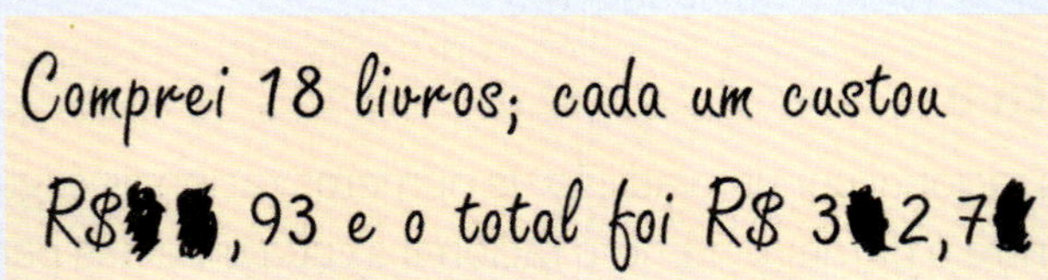

Reprodução/Obmep, 2013.

Qual é a soma dos algarismos borrados?

a) 10 **b)** 11 **c)** 12 **d)** 13 **e)** 14

Divisão de números racionais

Quantas garrafas?

Um barril contém 120 litros de vinho, que serão armazenados em garrafas com capacidade de $\frac{3}{4}$ de litro cada uma. Quantas garrafas serão necessárias para armazenar todo o vinho?

Estúdio Mil/Arquivo da editora

Devemos dividir 120 por $\frac{3}{4}$.

Recordemos que dividir por uma fração (não nula) é o mesmo que multiplicar pelo inverso dela. Então:

$$120 : \frac{3}{4} = 120 \cdot \frac{4}{3} = \frac{120 \cdot 4}{3} = 160$$

Serão necessárias 160 garrafas.

A operação de divisão de números racionais deve ser realizada multiplicando o primeiro número pelo inverso do segundo. Veja alguns exemplos a seguir.

a) $\left(-\frac{1}{4}\right) : \left(-\frac{2}{3}\right) = \left(-\frac{1}{4}\right) \cdot \left(-\frac{3}{2}\right) = \frac{3}{8}$

b) $\left(+\frac{7}{5}\right) : \left(-\frac{5}{3}\right) = \left(+\frac{7}{5}\right) \cdot \left(-\frac{3}{5}\right) = -\frac{21}{25}$

c) $\left(-\frac{5}{2}\right) : (-3) = \left(-\frac{5}{2}\right) \cdot \left(-\frac{1}{3}\right) = \frac{5}{6}$

d) $(-0{,}4) : \left(-\frac{3}{5}\right) = \left(-\frac{4}{10}\right) : \left(-\frac{3}{5}\right) = \left(-\frac{4}{10}\right) \cdot \left(-\frac{5}{3}\right) = \frac{20}{30} = \frac{2}{3}$

O quociente entre dois números racionais também pode ser representado por uma fração em que o numerador e o denominador sejam frações.

Leia a pergunta do professor.

$$\frac{\frac{2}{7}}{\frac{5}{8}} = \frac{2}{7} : \frac{5}{8} = \frac{2}{7} \cdot \frac{8}{5} = \frac{16}{35}$$

Veja outro exemplo:

$$\frac{1}{\frac{2}{3}} = 1 : \frac{2}{3} = 1 \cdot \frac{3}{2} = \frac{3}{2}$$

Ilustrações: Ilustra Cartoon/Arquivo da editora

Para dividir um número racional por outro, quando ambos estão na forma decimal, basta dividir seus valores absolutos e aplicar a regra de sinal da divisão, que é a mesma da multiplicação.

Ilustra Cartoon/Arquivo da editora

Exemplos

a) $(-1{,}42) : (+0{,}20) = -7{,}1$

b) $(-1{,}42) : (-0{,}20) = +7{,}1$

c) $(+1{,}42) : (-0{,}20) = -7{,}1$

$$\begin{array}{r|l} 1{,}42 & 0{,}20 \\ \cline{2-2} 020 & 7{,}1 \\ 0 & \end{array}$$

NA OLIMPÍADA

Os pontos de uma régua

(Obmep) José dividiu um segmento de reta em seis partes iguais. Ele observou que os pontos das extremidades do segmento correspondem às marcas de 5 cm e 8 cm de sua régua. Qual dos pontos corresponde à marca de 6 cm da régua?

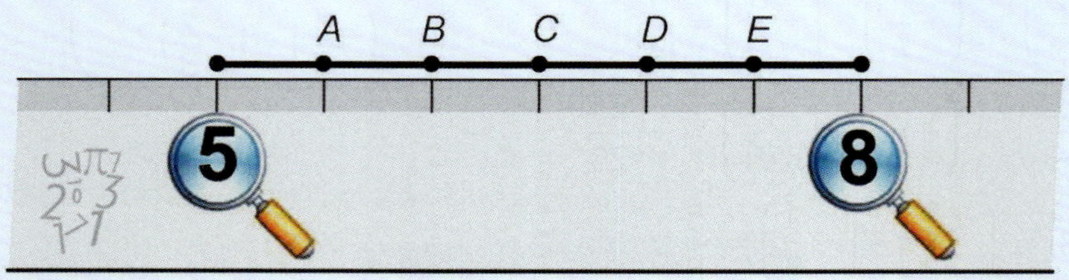

Reprodução/Obmep, 2016.

a) *A* **b)** *B* **c)** *C* **d)** *D* **e)** *E*

ATIVIDADES

26. Um garrafão contém 4,5 litros de água. Quantas garrafinhas de 375 mililitros podemos encher com a água do garrafão?

27. Qual é o quociente?

a) $\left(+\frac{3}{5}\right) : \left(-\frac{3}{2}\right)$

b) $\left(-\frac{2}{7}\right) : \left(+\frac{11}{14}\right)$

c) $\left(-\frac{5}{14}\right) : \left(-\frac{10}{7}\right)$

d) $(+0{,}8) : (-0{,}02)$

e) $(-1{,}44) : (0{,}24)$

f) $(-0{,}36) : (-1{,}80)$

g) $(-9) : (-2)$

h) $6 : \left(-\frac{5}{7}\right)$

28. Determine o resultado de cada divisão.

a) $(-0,9) : \left(-\frac{3}{25}\right)$

b) $\left(+\frac{29}{42}\right) : \left(-\frac{87}{63}\right)$

c) $(-5) : \left(+\frac{1}{7}\right)$

d) $\left(-\frac{34}{33}\right) : \left(-\frac{51}{220}\right)$

e) $\left(-\frac{27}{65}\right) : \left(+\frac{81}{91}\right)$

f) $(-2,1) : (-2,8)$

g) $(+8) : \left(+\frac{4}{5}\right)$

29. Determine as razões:

a) entre as medidas de comprimento dos segmentos $\overline{AP}$ e $\overline{AB}$ da figura;

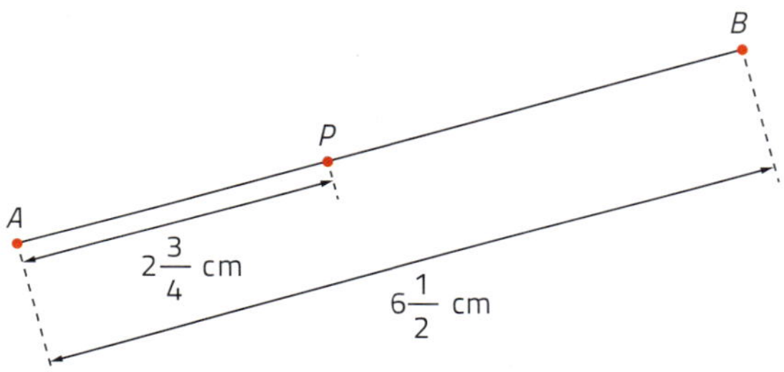

Banco de imagens/Arquivo da editora

b) entre as medidas de capacidade do copo e do balde.

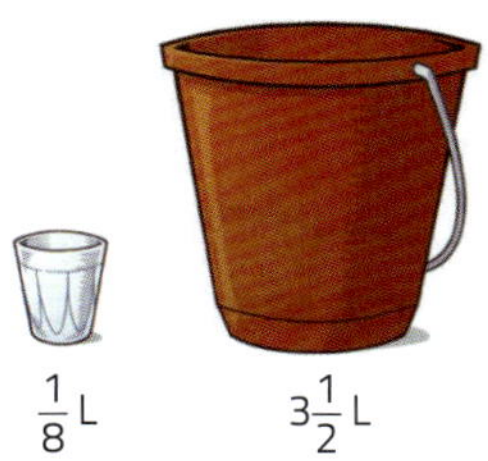

Tiago Donizete Leme/Arquivo da editora

30. Que fração de uma panela de pressão de $5\frac{1}{4}$ litros é preenchida com 3 canecas de água, se a capacidade da caneca é de $\frac{4}{5}$ litro?

31. Calcule:

a) $\dfrac{\frac{14}{15}}{-\frac{7}{5}}$

b) $\dfrac{1}{-\frac{11}{7}}$

c) $\dfrac{-2}{-\frac{20}{9}}$

d) $\dfrac{\frac{1}{2}-\frac{1}{3}}{\frac{5}{6}}$

e) $\dfrac{\frac{2}{3}+\frac{5}{3}}{\frac{7}{12}}$

f) $\dfrac{\frac{1}{2}+\frac{1}{3}}{\frac{1}{4}+\frac{1}{5}}$

32. Determine o quociente em cada item.

a) $(-0,81) : (+0,27)$

b) $(+2,048) : (-8,192)$

c) $\left(-\frac{11}{40}\right) : 2$

d) $\left(+\frac{9}{25}\right) : (-3)$

e) $(-3,5) : \left(+\frac{7}{100}\right)$

f) $(+3,14) : \left(+\frac{2}{3}\right)$

33. Calcule o resultado de cada expressão.

a) $\frac{2}{5} + \left(-\frac{2}{7}\right) : \left(\frac{5}{14}\right)$

b) $\left(-\frac{1}{5}\right) : \left(-\frac{1}{7}\right) - \left(-\frac{2}{11}\right) : \left(\frac{4}{5}\right)$

c) $3 \cdot \left(-\frac{2}{7}\right) : \left(-\frac{9}{11}\right) : (-3)$

d) $\left[2 - \left(-\frac{5}{2}\right) : \left(\frac{11}{4}\right)\right] \cdot \left(-\frac{11}{4}\right)$

34. Elabore um problema que possa ser resolvido utilizando os seguintes dados: 3 225 litros de suco de uva; caixinhas de 0,375 litro; garrafas de 1 litro.

NA MÍDIA

Produção de café no Brasil alcançou novo recorde

Tong_stocker/Shutterstock

[...]

A produção de café no Brasil em 2020 alcançou novo recorde. De acordo com o quarto levantamento da safra de café da Companhia Nacional de Abastecimento (Conab), a produção totalizou 63,08 milhões de sacas de 60 quilos, superando em 2,3% o recorde anterior registrado em 2018.

Nos anos pares, a produção recebe a influência da chamada bienalidade positiva – quando a planta tem maior produtividade do que a do ano anterior, marcado pela sua necessidade de recompor a força produtiva –, o que explica o bom resultado de 2020. Mas, desde 2016, os resultados desses anos vêm crescendo e marcando novos recordes de produção. É prova de ganhos de eficiência.

Em parte, os bons resultados alcançados pela cafeicultura brasileira vêm do aumento da área plantada. Mas os registros da Conab mostram contínua evolução da produtividade, sobretudo nos anos mais favoráveis à cultura, desde 2014. [...]

Ilja Generalov/Shutterstock

Há fortíssima concentração da produção na Região Sudeste. Ela produziu [**I**] milhões de sacas, o que corresponde a 87,5% da produção nacional, com produtividade de 33,32 sacas por hectare, pouco acima da média nacional do café arábica.

No Sudeste, o Estado de Minas Gerais é, disparadamente, o maior produtor. Sua produção de 34,64 milhões de sacas responde por [**II**] de toda a safra brasileira. [...]

Quanto à receita auferida pelos cafeicultores em 2020, o valor foi de R$ 35 bilhões, 43% maior do que de 2019.

MAIS produtiva, cafeicultura bate mais um recorde. *Estadão*, 3 fev. 2021. Disponível em: https://opiniao.estadao.com.br/noticias/editorial-economico,mais-produtiva-cafeicultura-bate-mais-um-recorde,70003603446. Acesso em: 16 abr. 2021.

1. Dê três exemplos de números inteiros e três de números racionais não inteiros que aparecem na notícia.
2. Quais são os dois motivos citados na notícia para o aumento da produção de café no país?
3. Que número deve ser escrito em (I)? Use a calculadora e indique o número inteiro mais próximo.
4. Que taxa percentual deve ser escrita em (II)? Use a calculadora e escreva a resposta com uma casa decimal.
5. A receita auferida pelos cafeicultores em 2019 foi maior ou menor do que R$ 20 bilhões?

UNIDADE 5

Potenciação e radiciação

NESTA UNIDADE VOCÊ VAI

- Calcular potências de expoentes inteiros.
- Conhecer as propriedades das potências.
- Efetuar operações com potências.
- Conhecer o conceito de raiz quadrada aritmética.

CAPÍTULOS

CAPÍTULO 12

Potência de expoente inteiro

sattahipbeach/Shutterstock

NA REAL

Quanto tempo vai demorar?

Luana quer economizar dinheiro para participar de um passeio a um parque aquático que custa R$ 128,00. Para atingir essa meta, ela se propôs um desafio: economizar a cada semana o dobro do valor que conseguiu juntar na semana anterior. Por exemplo, se na primeira semana ela tiver guardado R$ 2,00, na semana seguinte ela deve dobrar essa quantia, ou seja, precisa economizar R$ 4,00.

Imaginando que Luana tenha economizado R$ 2,00 na primeira semana, em quantas semanas ela vai ter dinheiro suficiente para pagar o passeio ao parque aquático?

Potenciação

Mais de 4 milhões

— Qual é o maior número que podemos representar escrevendo três algarismos 2 e nenhum sinal? — perguntou a professora.

Ricardo respondeu rapidamente, sem pensar:

— É 222.

Mas Adriana lembrou-se da potenciação e escreveu algumas potências:

Banco de Imagens/Arquivo da editora

Você também se lembra dessa operação? A potência é um produto de fatores iguais à base. A quantidade de fatores é indicada pelo expoente. Veja como Adriana fez:

expoente

$$22^2 = 22 \cdot 22 = 484$$

base

$$2^{22} = 2^{10} \cdot 2^{10} \cdot 2^2 = 1\,024 \cdot 1\,024 \cdot 4$$

10 + 10 + 2 = 22 (22 fatores)

$$2^{2^2} = 2^{2 \cdot 2} = 2^4 = 2 \cdot 2 \cdot 2 \cdot 2 = 16$$

Ilustra Cartoon/Arquivo da editora

Mesmo sem calcular até o fim, Adriana percebeu que o maior dos números é 2^{22}, que resulta em mais de 4 milhões.

PARTICIPE

Vamos recordar o cálculo da potência de expoente natural (0, 1, 2, 3, 4, ...).

a) Na potência $(-2)^5$, qual é a base?

b) E o expoente?

c) $(-2)^5$ indica qual multiplicação? Qual é o resultado dessa multiplicação?

d) $(-10)^4$ indica qual multiplicação? Qual é o resultado dessa multiplicação?

e) $\left(\frac{1}{2}\right)^6$ indica qual multiplicação? Qual é o resultado dessa multiplicação?

f) Quanto é $(0{,}56)^2$?

g) Quanto é $(0{,}8)^1$?

h) E $\left(-\frac{3}{4}\right)^1$?

i) Qual é o valor de uma potência de expoente 1?

j) Em uma potência, a base é diferente de 0 e o expoente é igual a 0. Qual é o valor dessa potência?

k) Quanto é 5^0?

l) E $(-2{,}7)^0$?

m) Quanto é 4^4?

n) Qual número é maior: 4^{44} ou $4^{(4^4)}$? Por quê?

ATIVIDADES

1. Em cada cartão está escrita uma potência.

$(+11)^3$	$\left(-\frac{5^2}{9}\right)$	$(0{,}5)^3$	$(-7)^3$	$(-2)^{10}$
$(-6)^2$	$\left(-\frac{1}{4}\right)^3$	$(+7)^2$	$(+3)^0$	$\left(-\frac{6121}{500}\right)^0$
$(-1)^5$	$(-0{,}54)^0$	$(-7)^2$	$(-11)^2$	$\left(-\frac{5}{27}\right)^1$
$\left(+\frac{2}{3}\right)^3$	$(61{,}37)^1$	$(+4)^3$	$(-2)^6$	$\left(-\frac{15}{7}\right)^2$
$\left(+\frac{3}{7}\right)^1$	$(-2{,}1)^2$	$(-4)^3$	$(+2)^{10}$	$\left(-\frac{3}{10}\right)^3$

a) Separe as potências que têm expoente 0 ou 1 e indique o valor de cada uma delas.
b) Separe as que têm a base elevada ao quadrado e calcule-as.
c) Separe também as que têm a base elevada ao cubo e calcule-as.
d) Calcule as demais potências.

2. Calcule as potências de cada grupo abaixo:

Grupo I: $\left(-\frac{2}{3}\right)^3$ $\left(-\frac{2}{3}\right)^4$ $\left(-\frac{3}{5}\right)^2$ $\left(\frac{4}{7}\right)^3$

Grupo II: $(0{,}2)^3$ $(0{,}17)^2$ $(-0{,}3)^4$ $(-4{,}2)^3$

Grupo III: $\left(-\frac{9}{11}\right)^1$ $\left(-\frac{9}{11}\right)^0$ $(0{,}1234)^1$ $(12{,}34)^0$

Grupo IV: $(-1)^0$ $(-1)^1$ $(-1)^2$ $(-1)^3$ $(-1)^4$ $(-1)^5$ $(-1)^{59}$ $(-1)^{172}$

3. Resolva:
a) Se a base for um número negativo, qual será o sinal da potência?
b) Calcule $(0{,}4)^3$. Quanto é $(-0{,}4)^3$?
c) Calcule $(0{,}2)^4$. Quanto é $(-0{,}2)^4$?

4. Determine o valor de:
a) $(-9)^0$
b) $(-9)^1$
c) $(+1)^9$
d) $(-1)^9$
e) $(-1)^{10}$
f) $(-10)^1$

Observe que:
$(-3)^2 = (-3)(-3) = +9$
$-3^2 = -(3 \cdot 3) = -9$

5. Indique o valor de:

a) $(-5)^2$

b) -5^2

c) $(-9)^2$

d) -9^2

6. Calcule:

a) $(-10)^3$

b) -10^3

c) $(-10)^4$

d) -10^4

7. Neste diagrama de números, em cada item há uma potência de base 10. Qual é o expoente de cada uma?

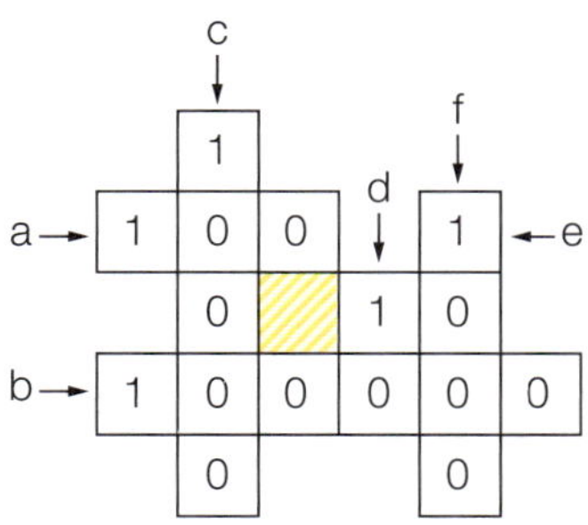

Ilustra Cartoon/Arquivo da editora

8. Indique e calcule o quadrado e o cubo de cada número:

a) $+2$

b) $+20$

c) $+200$

d) -5

e) -50

f) -500

9. Se $(-6)^6 = 46\,656$, quanto é $(-6)^7$? E $(-6)^5$?

10. Quantas potências de base 0,8 e expoente natural são maiores que 0,5?

11. Quais potências de base 0,5 e expoente natural são maiores que um décimo?

12. Qual é o resultado?

a) $5 \cdot 2^5 + 4 \cdot 2^4 + 3 \cdot 2^3 + 2 \cdot 2^2 + 1 \cdot 2^1 + 0 \cdot 20$

b) $2^6 + 2 \cdot 2^5 + 4 \cdot 2^4 + 8 \cdot 2^3 + 16 \cdot 2^2 + 32 \cdot 2^1 + 64 \cdot 2^0$

13. Qual é o maior número que podemos escrever com dois 5 e nenhum outro sinal?

14. Qual é o valor de cada expressão?

a) $3 \cdot \left(-\frac{2}{3}\right)^2 - 5 \cdot \left(\frac{4}{3}\right)^2$

b) $(0{,}5)^3 - 2(0{,}4)^3 + 3(0{,}3)^2 - 4(0{,}2)^2$

c) $\left(-\frac{2}{5}\right) \cdot \left[\left(\frac{2}{4}\right) \cdot \left(-\frac{2}{3}\right)^2 + 3\right]$

d) $5 \cdot \left(-\frac{2}{3}\right)^3 + 4 \cdot \left(-\frac{2}{3}\right)^2 + 6 \cdot \left(-\frac{2}{3}\right) + 1$

e) $\left(-\frac{2}{9}\right)^2 \cdot \left(\frac{1}{3}\right)^2 + \left(-\frac{2}{3}\right)^2 : \left(\frac{7}{9}\right)$

f) $(0{,}1)^3 - (0{,}1)^2 + (0{,}1)^1 - (0{,}1)^0$

Propriedades da potenciação

Multiplicando potências de mesma base

Que potência tem o mesmo resultado que $10^4 \cdot 10^3$? E que $(-7)^2 \cdot (-7)$?

Podemos proceder assim:

- $10^4 \cdot 10^3 = \underbrace{10 \cdot 10 \cdot 10 \cdot 10}_{\text{4 fatores}} \cdot \underbrace{10 \cdot 10 \cdot 10}_{\text{3 fatores}} = 10^7$ (4 fatores + 3 fatores → 7 fatores)
- $(-7)^2 \cdot (-7) = \underbrace{(-7) \cdot (-7)}_{\text{2 fatores}} \cdot \underbrace{(-7)}_{\text{1 fator}} = (-7)^3$ (2 fatores + 1 fator → 3 fatores)

Um produto de potências de mesma base pode ser representado por uma só potência em que a base seja a mesma dos fatores e o expoente seja a soma dos expoentes dos fatores. Reveja:

- $10^4 \cdot 10^3 = 10^{4+3} = 10^7$
- $(-7)^2(-7) = (-7)^2 \cdot (-7)^1 = (-7)^{2+1} = (-7)^3$

Esses exemplos ajudam a compreender a seguinte propriedade:

O **produto de potências de mesma base** é igual à potência que se obtém conservando-se a base e adicionando-se os expoentes.

ATIVIDADES

15. Reduza a uma só potência:

a) $3^5 \cdot 3^4$

b) $(-8)^3 \cdot (-8)^2 \cdot (-8)$

c) $\left(\frac{2}{5}\right)^0 \cdot \left(\frac{2}{5}\right)^4 \cdot \left(\frac{2}{5}\right)^8$

16. Indique o expoente que deve ser colocado no lugar de cada ////////.

a) $(0,5) \cdot (0,5)^3 \cdot (0,5)^5 \cdot (0,5)^7 = (0,5)^{////////}$

b) $(-11)^4 \cdot (-11)^5 \cdot (-11)^{////////} = (-11)^{11}$

Dividindo potências de mesma base

Que potência tem o mesmo resultado que $10^5 : 10^3$? E que $\frac{(-5)^8}{(-5)^5}$?

Temos:

- $10^5 : 10^3 = \frac{10^5}{10^3} = \frac{\overbrace{\cancel{10} \cdot \cancel{10} \cdot \cancel{10} \cdot 10 \cdot 10}^{5 \text{ fatores}}}{\underbrace{\cancel{10} \cdot \cancel{10} \cdot \cancel{10}}_{3 \text{ fatores}}} = \overbrace{10 \cdot 10}^{2 \text{ fatores}} = 10^2$

- $\frac{(-5)^8}{(-5)^5} = \frac{\overbrace{\cancel{(-5)}\cancel{(-5)}\cancel{(-5)}\cancel{(-5)}\cancel{(-5)}(-5)(-5)(-5)}^{8 \text{ fatores}}}{\underbrace{\cancel{(-5)}\cancel{(-5)}\cancel{(-5)}\cancel{(-5)}\cancel{(-5)}}_{5 \text{ fatores}}} = \overbrace{(-5)(-5)(-5)}^{3 \text{ fatores}} = (-5)^3$

O quociente de potências de mesma base pode ser escrito na forma de potência. Na potência resultante, a base é a mesma das potências dadas, e o expoente é a diferença entre os expoentes dessas potências. Reveja:

- $10^5 : 10^3 = 10^{5-3} = 10^2$
- $\frac{(-5)^8}{(-5)^5} = (-5)^{8-5} = (-5)^3$

Esses exemplos ajudam a compreender a seguinte propriedade:

O **quociente de potências de mesma base** é igual à potência que se obtém conservando-se a base e subtraindo-se os expoentes.

ATIVIDADES

17. Reduza a uma só potência:

a) $5^6 : 5^2$

b) $(-4)^{12} : (-4)^5$

c) $\left(\frac{1}{2}\right)^4 : \left(\frac{1}{2}\right)$

d) $\frac{(-0,5)^{10}}{(-0,5)^9}$

e) $\frac{7^8}{7}$

18. Complete as expressões, substituindo //////// pelo expoente que torna a igualdade verdadeira:

a) $(2,25)^5 : (2,25) = (2,25)^{////////}$

b) $(-6)^{////////} : (-6)^2 = (-6)^2$

c) $\left(\frac{3}{8}\right)^9 : \left(\frac{3}{8}\right)^{////////} = \left(\frac{3}{8}\right)^3$

19. Aplique as propriedades das potências e reduza a uma só potência:

a) $\left(\frac{3}{4}\right)^5 \cdot \left(\frac{3}{4}\right)^2 : \left(\frac{3}{4}\right)^4$

b) $\left(\frac{1}{2}\right)^5 \cdot \left(\frac{1}{2}\right)^3 \cdot \left(\frac{1}{2}\right)^8 : \left(\frac{1}{2}\right)^9$

Potência de uma potência

Que potência equivale ao cubo de 2^{10}?

$$(2^{10})^3 = 2^{10} \cdot 2^{10} \cdot 2^{10} = 2^{10+10+10} = 2^{3 \cdot 10} = 2^{30}$$

Que potência equivale ao quadrado de $(-1{,}33)^7$?

$$((-1{,}33)^7)^2 = (-1{,}33)^7 \cdot (-1{,}33)^7 = (-1{,}33)^{7+7} = (-1{,}33)^{2 \cdot 7} = (-1{,}33)^{14}$$

Quando elevamos uma potência a um expoente, o resultado equivale a uma potência com a mesma base e expoente igual ao produto dos expoentes. Reveja:

- $(2^{10})^3 = 2^{10 \cdot 3} = 2^{30}$
- $((-1{,}33)^7)^2 = (-1{,}33)^{2 \cdot 7} = (-1{,}33)^{14}$

Esses exemplos ajudam a compreender a seguinte propriedade:

A **potência de uma potência** é igual à potência que se obtém conservando-se a base e multiplicando-se os expoentes.

Observação importante:

Quando escrevemos 10^{3^2} (sem usar parênteses), fica convencionado que se trata de 10 elevado ao expoente 3^2. Logo, 10^{3^2} é o mesmo que $10^{(3^2)}$. Como $3^2 = 3 \cdot 3 = 9$, temos:

$10^{3^2} = 10^{(3^2)} = 10^9$

Já $(10^3)^2$ é o quadrado de 10^3 e vale a propriedade da potência de potência:

$(10^3)^2 = 10^{3 \cdot 2} = 10^6$

Potência de expoente zero

Por que convencionamos que toda potência de expoente 0, com base diferente de 0, dá 1? De acordo com as propriedades estudadas, temos:

$$\left(\frac{3}{7}\right)^5 : \left(\frac{3}{7}\right)^5 = \left(\frac{3}{7}\right)^{5-5} = \left(\frac{3}{7}\right)^0$$

Sabemos que um número dividido por ele mesmo resulta em 1:

$$\left(\frac{3}{7}\right)^5 : \left(\frac{3}{7}\right)^5 = 1$$

Para que a propriedade seja válida, devemos ter $\left(\frac{3}{7}\right)^0 = 1$.

Veja este outro exemplo:

$$\left(-\frac{1}{2}\right)^3 \cdot \left(-\frac{1}{2}\right)^0 = \left(-\frac{1}{2}\right)^{3+0} = \left(-\frac{1}{2}\right)^3$$

Como multiplicamos $\left(-\frac{1}{2}\right)^3$ por $\left(-\frac{1}{2}\right)^0$ e o resultado é o próprio $\left(-\frac{1}{2}\right)^3$, então:

$$\left(-\frac{1}{2}\right)^0 = 1$$

As propriedades estudadas são válidas para qualquer expoente natural, inclusive para o expoente 0.

ATIVIDADES

20. Complete as igualdades, calculando o expoente que deve substituir cada ///////:

a) $(10^2)^2 = 10^{///////}$

b) $\left[\left(-\frac{4}{3}\right)^3\right]^2 = \left(-\frac{4}{3}\right)^{///////}$

c) $(2^4)^5 = 2^{///////}$

21. Reduza a uma só potência aplicando as propriedades estudadas.

a) $\left[\left(\frac{1}{7}\right)^5\right]^3 \cdot \left(\frac{1}{7}\right)^2$

b) $(-3)^3 \cdot ((-3)^4)^2 : (-3)$

c) $\dfrac{(2^2)^3(2^4)^5}{(2^6)^4}$

22. Descubra o número que deve ser colocado no lugar de ///////, com o auxílio das propriedades da potenciação:

a) $6^4 \cdot 6^5 : (6^3)^3 = 6^{///////}$

b) $((-2)^8)^{10} : ((-2)^8 \cdot (-2)^{10}) = (-2)^{///////}$

23. Calcule, aplicando as propriedades das potências:

a) $(-4)^8 : (-4)^5$

b) $(-1)^{12} : (-1)$

c) $((+10)^2)^2$

d) $((-10)^3)^2$

24. Você é o juiz de uma gincana na sua turma. Em uma das provas, cartazes com informações corretas valem 10 pontos e cartazes com informações erradas valem -5 pontos.

Com quantos pontos ficará o estudante que apresentar os cartazes abaixo? (Se for necessário, calcule as expressões antes de atribuir as notas.)

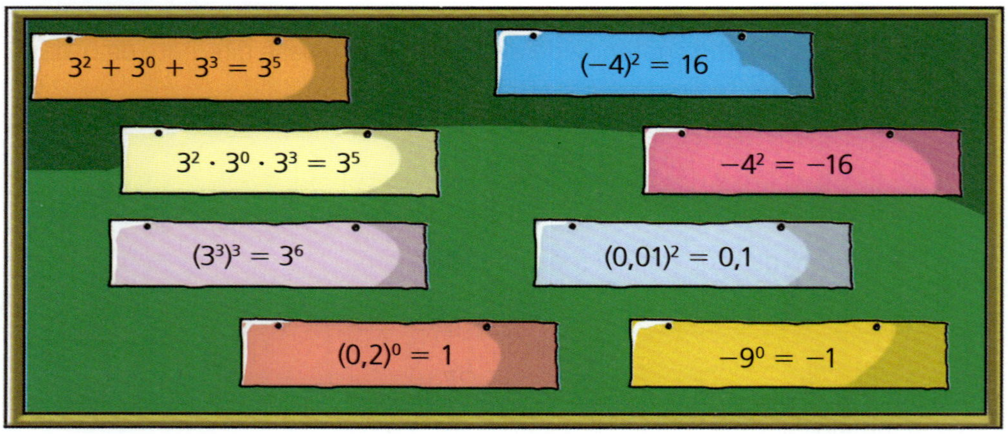

Banco de imagens/Arquivo da editora

25. Leia a observação na propriedade da potência de potência (página 163) e responda: Qual é o expoente que deve ser colocado no lugar de cada ///////?

a) $2^{5^2} = 2^{///////}$

b) $(2^5)^2 = 2^{///////}$

c) $\left(-\frac{1}{3}\right)^{2^3} = \left(-\frac{1}{3}\right)^{///////}$

d) $\left[\left(-\frac{1}{3}\right)^2\right]^3 = \left(-\frac{1}{3}\right)^{///////}$

26. Veja os números que Hélio escreveu usando três algarismos 5 e nenhum outro sinal:

- 555
- 55^5
- 5^{55}
- 5^{5^5}

Qual deles é o maior?

Potências de base 10

PARTICIPE

As potências de base 10 apresentam uma regularidade importante.

a) Quanto é 10^1, 10^2 e 10^3?

b) Essas potências se escrevem com o algarismo 1 seguido de zeros. Compare a quantidade de zeros em cada uma com o respectivo expoente.

c) Agora calcule 10^4 e 10^5 e faça a comparação do expoente com a quantidade de zeros que sucedem o algarismo 1 na potência.

d) A potência 10^0 é igual ao número formado pelo algarismo 1 seguido de quantos zeros?

e) Quanto é 10^8?

f) Que palavra deve ser escrita no lugar de ▨ para completar a sentença abaixo?
"Uma potência de base 10 e expoente natural é o número que se escreve com o algarismo 1 seguido de tantos zeros quanto for o ▨".

ATIVIDADES

27. Escreva como potência de base 10:

a) um mil

b) um milhão

c) um bilhão

d) um trilhão

28. Qual expoente deve substituir cada ▨?

a) $(+10)^{\square} = 1\,000$ **b)** $(-10)^{\square} = 10\,000$ **c)** $10^{\square} = 10\,000\,000$

29. Descubra qual é o número que deve substituir o ▨:

a) $\left(-\frac{1}{2}\right)^{\square} = \frac{1}{4}$ **b)** $\left(\frac{2}{3}\right)^{\square} = \frac{8}{27}$ **c)** $\left(-\frac{3}{4}\right)^{\square} = 1$

30. Para obter os resultados indicados, qual número deve ser colocado no lugar de cada ▨? (Cuidado: Pode haver uma resposta, duas ou nenhuma.)

a) $(\square)^2 = 25$

b) $(\square)^2 = 64$

c) $(\square)^3 = 64$

d) $(\square)^3 = -\frac{1}{8}$

e) $(\square)^2 = -4$

f) $(\square)^2 = \frac{9}{100}$

31. Como $2^{10} = 1\,024$, em alguns cálculos aproximados de números muito grandes usamos 2^{10} com o valor de aproximadamente mil (escrevemos $2^{10} \cong 10^3$). Que potências de base 2 são aproximadamente iguais aos números abaixo?

a) um milhão

b) um trilhão

32. As Copas do Mundo de Futebol masculino começaram em 1930 e aconteceram de 4 em 4 anos, exceto nos anos 1942 e 1946, por causa da Segunda Guerra Mundial. O Brasil foi pentacampeão na Copa em 2002. Em que ano foi realizada a Copa que ocorreu na Suíça? E a dos Estados Unidos, quando o Brasil foi tetracampeão?

Descubra calculando as expressões a seguir.

Suíça: $7^2 - (2 \cdot 5 + 1)^0 + (2^6 + (-3)^4 - (2^1 - 6^0)) : ((-2)^4 - (-2)^3)$

Estados Unidos: $(2^3)^2 + 3^{7 - 2 \cdot 3} - (-3)^7 : 9^2$

Damien Meyer/AFP

Jogo da seleção brasileira de futebol contra a seleção da Turquia na Copa de 2002.

33. Calcule as expressões:

a) $7 + 3^2 - 2 \cdot 4^2$

b) $-5^2 + 2 \cdot 5^1 - 3 \cdot (-5)^0$

c) $2^5 - 2^4 - 2^3 - 2^2 - 2^1 - 2^0$

d) $(-1)^3 + (-1)^2 + 3(-1)^1 - 5(-1)^0$

e) $-3 + 4^2 : (-8) + 16 : (+2)^2$

f) $2^2 \cdot (-3)^1 + (-5)^2 \cdot 7^0$

34. Calcule as expressões:

a) $\left[\frac{2}{3} + 3 \cdot \left(-\frac{2}{9}\right)\right]^2$

b) $\left[\left(-\frac{1}{2}\right) \cdot \left(-\frac{1}{3}\right) + \frac{1}{3}\right]^3 : \left(-\frac{7}{2}\right)$

c) $\left(\frac{1}{3}\right)^5 \cdot \left(\frac{1}{3}\right)^8 : \left(\frac{1}{3}\right)^{11}$

d) $\left(\frac{2}{3}\right)^2 + \left(\frac{4}{3}\right)^2$

Potências de expoente negativo

Para manter a regularidade

Ilustra Cartoon/Arquivo da editora

Observe as potências de base 5 e os expoentes aumentando de 1 em 1:

5^0	5^1	5^2	5^3	5^4
↓	↓	↓	↓	↓
1	5	25	125	625

$\cdot 5 \quad \cdot 5 \quad \cdot 5 \quad \cdot 5$

Aumentando os expoentes de 1 em 1, as potências vão sendo multiplicadas por 5. Em seguida, viriam:

- $5^5 = 625 \cdot 5 = 3\,125$
- $5^6 = 3\,125 \cdot 5 = 15\,625$

No sentido inverso, isto é, diminuindo os expoentes de 1 em 1, as potências vão sendo divididas por 5:

5^{-2}	5^{-1}	5^0	5^1	5^2	5^3	5^4
↓	↓	↓	↓	↓	↓	↓
?	?	1	5	25	125	625

$: 5 \quad : 5 \quad : 5 \quad : 5$

As potências seguintes são 5^{-1} e 5^{-2}. Para manter a regularidade observada, devemos ter:

- $5^{-1} = 1 : 5 = \frac{1}{5}$
- $5^{-2} = \left(\frac{1}{5}\right) : 5 = \frac{1}{5} \cdot \frac{1}{5} = \frac{1}{25}$

Potências de expoente negativo podem surgir quando dividimos potências de mesma base e aplicamos a propriedade já conhecida: conservar a base e subtrair os expoentes.

Por exemplo:

- $\frac{5^0}{5^1} = 5^{0-1} = 5^{-1}$
- $\frac{5^0}{5^2} = 5^{0-2} = 5^{-2}$

Para que essa propriedade continue valendo, devemos ter:

- $5^{-1} = \frac{5^0}{5^1} = \frac{1}{5}$
- $5^{-2} = \frac{5^0}{5^2} = \frac{1}{25}$

Esses exemplos confirmam o raciocínio anterior e mostram como calcular potências de expoente negativo:

- $5^{-3} = \frac{5^0}{5^3} = \frac{1}{5^3}$
- $5^{-4} = \frac{5^0}{5^4} = \frac{1}{5^4}$

Uma **potência de base não nula e expoente negativo** é igual ao inverso da potência que se obtém conservando-se a base e trocando-se o sinal do expoente.

Confira mais alguns exemplos:

- $2^{-3} = \frac{1}{2^3} = \frac{1}{8}$
- $2^{-6} = \frac{1}{2^6} = \frac{1}{64}$
- $(-10)^{-5} = \frac{1}{(-10)^5} = \frac{1}{-100\,000} = -0{,}00001$
- $(-10)^{-2} = \frac{1}{(-10)^2} = \frac{1}{100} = 0{,}01$
- $\left(\frac{2}{5}\right)^{-2} = \frac{1}{\left(\frac{2}{5}\right)^2} = \frac{1}{\frac{4}{25}} = \frac{25}{4}$
- $\left(-\frac{1}{3}\right)^{-4} = \frac{1}{\left(-\frac{1}{3}\right)^4} = \frac{1}{+\frac{1}{81}} = 81$

ATIVIDADES

35. Qual é o valor da potência? Complete os quadros.

a)

Potência	2^4	2^3	2^2	2^1	2^0	2^{-1}	2^{-2}	2^{-3}	2^{-4}
Valor	//////	//////	//////	//////	//////	//////	//////	//////	//////

b)

Potência	10^4	10^3	10^2	10^1	10^0	10^{-1}	10^{-2}	10^{-3}	10^{-4}	10^{-5}
Valor	//////	//////	//////	//////	//////	//////	//////	//////	//////	//////

36. Calcule:

a) 4^{-1}

b) 4^{-2}

c) $(-2)^{-1}$

d) $(-2)^{-2}$

e) 1^{-11}

f) $(-1)^{-20}$

g) 10^{-3}

h) $(-20)^{-2}$

37. Calcule as potências:

a) 2^{-5}

b) $(-11)^{-2}$

c) $(-2)^{-3}$

d) 3^{-1}

e) $(10)^{-2}$

f) $(-5)^{-2}$

38. Qual é o valor da expressão abaixo?

$$10^2 + 10^1 + 10^0 + 10^{-1} + 10^{-2}$$

39. Veja como escrevemos **um décimo** como potência de base 10:

$$0,1 = \frac{1}{10} = \frac{1}{10^1} = 10^{-1}$$

Agora, escreva como potência de base 10:

a) um centésimo.

b) um milésimo.

c) 0,00001.

d) 0,000000001.

40. As potências de base 10 e expoentes inteiros negativos também apresentam uma regularidade quando escritas como numerais decimais. Qual é essa regularidade?

Outro modo de calcular

Conforme vimos, o cálculo da potência $\left(\frac{3}{10}\right)^{-2}$ é efetuado da seguinte maneira:

$$\left(\frac{3}{10}\right)^{-2} = \frac{1}{\left(\frac{3}{10}\right)^2} = \frac{1}{\left(\frac{9}{100}\right)} = \frac{100}{9}$$

Como $\frac{100}{9} = \left(\frac{10}{3}\right)^2$, podemos escrever que:

$$\left(\frac{3}{10}\right)^{-2} = \left(\frac{10}{3}\right)^2 = \frac{100}{9}$$

invertemos a base e trocamos o sinal do expoente

Veja outro exemplo:

$$\left(-\frac{1}{5}\right)^{-3} = \frac{1}{\left(-\frac{1}{5}\right)^3} = \frac{1}{\left(-\frac{1}{125}\right)} = -125$$

Como $-125 = (-5)^3$, temos:

$$\left(-\frac{1}{5}\right)^{-3} = (-5)^3 = -125$$

invertemos a base e trocamos o sinal do expoente

> Uma potência de base não nula e expoente negativo é igual à potência que se obtém invertendo a base e trocando o sinal do expoente.

ATIVIDADES

41. Calcule:

a) $\left(\frac{1}{2}\right)^{-5}$

b) $\left(\frac{3}{5}\right)^{-2}$

c) $\left(\frac{8}{3}\right)^{-1}$

d) $\left(-\frac{1}{3}\right)^{-2}$

e) $\left(-\frac{2}{5}\right)^{-2}$

f) $\left(-\frac{1}{10}\right)^{-3}$

g) $\left(+\frac{2}{5}\right)^{-3}$

h) $\left(-\frac{3}{7}\right)^{-2}$

42. Transforme o decimal em fração e calcule:

a) $(0,5)^{-6}$

b) $(-0,25)^{-3}$

c) $(-0,1)^{-1}$

d) $(-1,5)^{-2}$

43. Calcule o valor de cada potência.

a) $(0,2)^{-1}$

b) $(0,3)^{-2}$

c) $(-0,4)^{-1}$

d) $(-0,25)^{-3}$

44. Calcule as potências.

a) $(0,0371)^0$

b) $(-0,2)^2$

c) $(-1,7)^{-2}$

d) $\left(-\frac{1}{3}\right)^{-2}$

e) $(-3)^{-4}$

f) $(4,3)^3$

g) $(-2,7)^4$

h) $(-5,5)^{-3}$

i) $(-5,2172)^1$

j) $(-9,1)^{-1}$

k) $(0,5)^{-2}$

i) $(0,75)^{-1}$

45. Observe $\frac{1}{2^3} = 2^{-3}$. Agora escreva na forma de potência com expoente negativo.

a) $\frac{1}{(+3)^7}$

b) $\frac{1}{5^3}$

c) $\frac{1}{7}$

d) $\frac{1}{(-2)^5}$

e) $\frac{1}{2}$

f) $\frac{1}{2^2}$

g) $\frac{1}{(-3)^2}$

h) $\frac{1}{(-3)^3}$

46. Que número deve ser colocado no lugar de $\square$?

a) $\left(\frac{1}{3}\right)^{\square} = 9$

b) $(-2)^{\square} = \frac{1}{16}$

c) $5^{\square} = \frac{1}{5}$

d) $\frac{1}{10\,000} = 10^{\square}$

e) $\frac{1}{625} = 5^{\square}$

f) $(-9,1)^{\square} = -\frac{10}{91}$

Potência de expoente inteiro

Já conhecemos os números inteiros:

..., −4, −3, −2, −1, 0, 1, 2, 3, 4, ...

E também os números racionais. Veja exemplos de números racionais:

- $\frac{1}{2}$
- 0,4
- 1 243
- 3,715
- $-\frac{2}{3}$
- −1,333...
- $-\frac{16}{2}$

Com o conhecimento das potências de expoente negativo, já sabemos calcular todas as potências de bases racionais, não nulas e de expoentes inteiros.

As propriedades da potenciação, que estudamos para potências de expoente natural, são válidas para potências de expoente inteiro qualquer. Por exemplo:

$$10^{-3} \cdot 10^5 = \frac{1}{1000} \cdot 100\,000 = 100 \text{ e } 10^{(-3)+5} = 10^2 = 100; \text{ logo } 10^{-3} \cdot 10^5 = 10^{(-3)+5}$$

As propriedades das potências de expoente natural valem também para as potências de expoente inteiro.

ATIVIDADES

47. Aplicando as propriedades das potências, reduza a uma só potência:

a) $\left(\frac{1}{5}\right)^2 \cdot \left(\frac{1}{5}\right)^{-5} \cdot \left(\frac{1}{5}\right)^{-1}$

b) $\left(\frac{2}{3}\right)^{-2} : \left(\frac{2}{3}\right)^{-5}$

c) $\left[\left(-\frac{3}{4}\right)^5\right]^{-2}$

d) $(-6)^{13} \cdot (-6)^{-4} : (-6)^6$

e) $(2^{-2})^6 \cdot (2^{-3})^{-1}$

f) $2^{2^3} \cdot 2^{3^2}$

48. Descubra, com o auxílio das propriedades das potências, qual é o número correto para colocar no lugar de $\square$.

a) $\left[\left(\frac{2}{5}\right)^3\right]^{-1} = \left(\frac{2}{5}\right)^{\square}$

b) $\left[\left(-\frac{4}{3}\right)^{-2}\right]^{-3} = \left(-\frac{4}{3}\right)^{\square}$

c) $\left[\left(\frac{1}{2}\right)^2\right]^3 \cdot \left(\frac{1}{2}\right)^5 = \left(\frac{1}{2}\right)^{\square}$

d) $\left(\frac{7}{10}\right)^{10} : \left(\frac{7}{11}\right)^{-2} = \left(\frac{7}{11}\right)^{\square}$

e) $\left[\left(\frac{1}{2}\right)^2\right]^3 : \left(\frac{1}{2}\right)^{-4} = \left(\frac{1}{2}\right)^{\square} = 2^{\square}$

f) $11^{-10} : (11^{-3})^3 = 11^{\square} = \frac{1}{11^{\square}}$

g) $\left[\left(\frac{1}{3}\right)^{-3}\right]^{-2} \cdot \left(\frac{1}{3}\right)^{-5} = \left(\frac{1}{3}\right)^{\square} = 3^{\square}$

h) $(2^5)^2 : (2^{-5})^{-2} = 2^{\square}$

49. O Brasil foi campeão mundial de futebol pela primeira vez em 1958, na Suécia. A partida final, Brasil × Suécia, foi emocionante para os brasileiros. Descubra o placar dessa partida calculando as expressões:

Brasil	Suécia
$\left[-\frac{44}{15} - \left(-\frac{20}{3}\right)\left(-\frac{7}{5}\right) + \frac{11}{3} \cdot \left(\frac{-7}{5}\right) \cdot (-2)\right]$	$\left[2 \cdot \left(-\frac{3}{4}\right) - 5 \cdot \left(-\frac{3}{4}\right) - \frac{9}{8}\right]^{-1} : \left[\frac{2}{3}(5^{-1})\right]$

CAPÍTULO 13

Raiz quadrada aritmética

Horta no quintal de uma residência.

AHatmaker/Shutterstock

NA REAL

Quanto mede?

Para manter hábitos alimentares mais saudáveis é importante priorizar o consumo de alimentos naturais ou minimamente processados.

Buscando adotar hábitos mais saudáveis, Felipe decidiu construir uma horta no quintal da casa dele. Para isso, ele vai destinar um espaço de formato quadrado com 12,25 m^2 de área.

Para cercar a horta, Felipe comprou quatro pedaços de madeira com a mesma medida. Que cálculo ele fez para determinar a medida do comprimento de cada pedaço de madeira para que a horta tenha 12,25 m^2 de área?

Quadrados perfeitos

A coreografia dos estudantes

Nas comemorações do aniversário do colégio, o professor de Educação Física organizou uma apresentação dos seus 250 estudantes. Na apresentação de uma coreografia, os estudantes se posicionaram em fileiras, formando três quadrados: um de 25, outro de 81 e o último de 144 estudantes. Em cada quadrado, a quantidade de fileiras era igual à quantidade de estudantes por fileira.

- Quantos estudantes participaram dessa coreografia?
- Cada quadrado tinha quantas fileiras? Cada fileira tinha quantos estudantes?

Ilustra Cartoon/Arquivo da editora

A quantidade de estudantes que participaram da coreografia é: $25 + 81 + 144 = 250$

Vamos responder às outras perguntas. Sabemos que, multiplicando a quantidade de fileiras pela quantidade de estudantes por fileira, o resultado é o total de estudantes que formavam o quadrado. Então, precisamos descobrir os números que, multiplicados por eles mesmos, resultem em 25, 81 e 144.

O quadrado de 25 estudantes foi formado por 5 fileiras de 5 estudantes, porque $25 = 5 \cdot 5 = 5^2$.

O quadrado de 81 estudantes foi formado por 9 fileiras de 9 estudantes, porque $81 = 9 \cdot 9 = 9^2$.

Agora, responda:

O quadrado de 144 estudantes foi formado por quantas fileiras? Cada fileira tinha quantos estudantes? Por quê?

Vamos analisar outra situação: As figuras a seguir representam números inteiros quadrados perfeitos. Se um número inteiro for o quadrado de outro número inteiro, dizemos que ele é um quadrado perfeito.

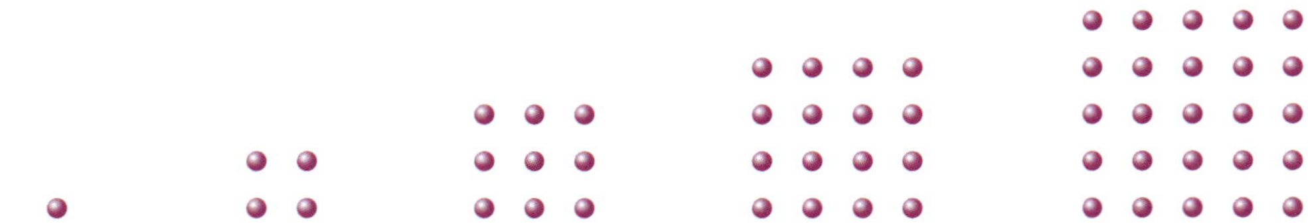

1 4 9 16 25

$1 = 1^2$ $4 = 2^2$ $9 = 3^2$ $16 = 4^2$ $25 = 5^2$

Vamos estender o conceito de quadrado perfeito considerando os racionais.

Dizemos que um número racional é um quadrado perfeito quando ele é o quadrado de outro número racional.

Por exemplo:

$\frac{1}{4} = \left(\frac{1}{2}\right)^2$ $\quad\quad$ $0,36 = (0,6)^2$ $\quad\quad$ $2,25 = (1,5)^2$

Os números quadrados perfeitos podem ser relacionados às áreas de quadrados. Observe as figuras:

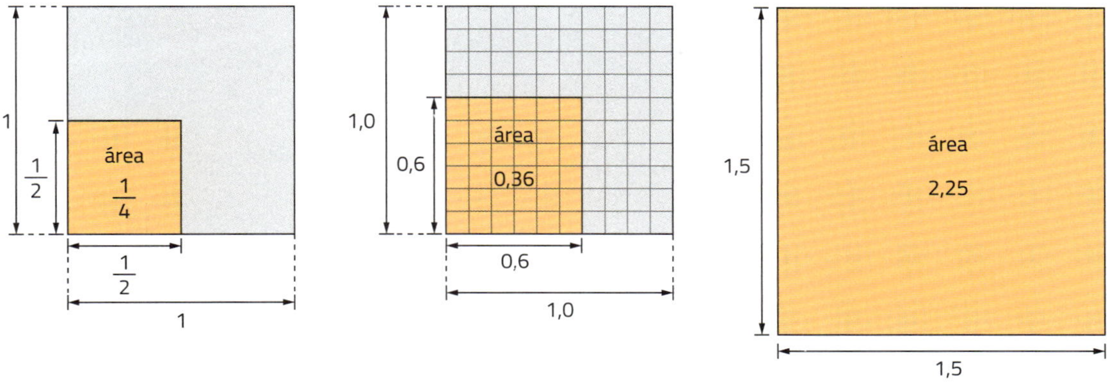

Banco de imagens/Arquivo da editora

Raiz quadrada

Ilustra Cartoon/Arquivo da editora

Leia a pergunta de Sandra.

Existem dois números cujo quadrado é 25: o 5 e o −5. Veja os cálculos abaixo.

$5^2 = 5 \cdot 5 = 25$

$(-5)^2 = (-5) \cdot (-5) = 25$

O número positivo 5 é chamado **raiz quadrada aritmética** de 25. Indicamos:

$$\sqrt{25} = 5$$

Lê-se: "raiz quadrada de vinte e cinco".

Um número inteiro ou racional positivo quadrado perfeito é o quadrado de dois números: um positivo e um negativo. O número positivo é denominado **raiz quadrada aritmética** do quadrado perfeito dado.

Por exemplo:

- $\sqrt{1} = 1$
- $\sqrt{4} = 2$
- $\sqrt{9} = 3$
- $\sqrt{16} = 4$
- $\sqrt{25} = 5$
- $\sqrt{\frac{1}{4}} = \frac{1}{2}$
- $\sqrt{0,36} = 0,6$
- $\sqrt{2,25} = 1,5$

Raiz quadrada aritmética de um quadrado perfeito positivo é o número positivo cujo quadrado é igual ao número dado.

Outros exemplos:

Banco de imagens/Arquivo da editora

- $\sqrt{81} = 9$, porque 9 é um número positivo e $9^2 = 81$.
- $\sqrt{144} = 12$, porque 12 é um número positivo e $12^2 = 144$.
- $\sqrt{\frac{9}{16}} = \frac{3}{4}$, porque $\frac{3}{4}$ é um número positivo e $\left(\frac{3}{4}\right)^2 = \frac{9}{16}$.
- $\sqrt{1,21} = 1,1$, porque 1,1 é um número positivo e $(1,1)^2 = 1,21$.

O número zero também é um quadrado perfeito, porque $0^2 = 0$.
Nesse caso, $\sqrt{0}$ representa o único número cujo quadrado é zero, ou seja: $\sqrt{0} = 0$

ATIVIDADES

1. Quantos centímetros mede o lado de cada quadrado representado abaixo?

a)

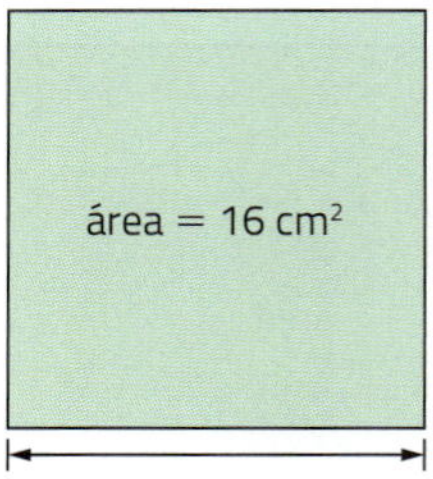

b)

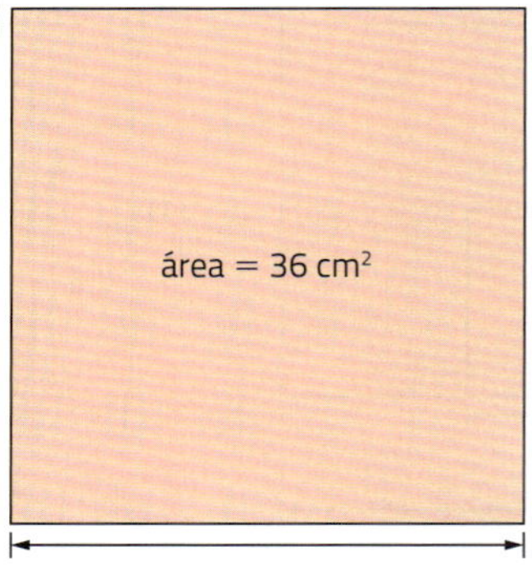

Banco de imagens/Arquivo da editora

2. Determine a raiz quadrada indicada em cada item.

a) $\sqrt{100}$ **b)** $\sqrt{64}$ **c)** $\sqrt{225}$

3. Complete as sentenças substituindo cada ▒▒▒ pelo número correto.

a) $\left(\frac{2}{7}\right)^2 =$ ▒▒▒ e $\sqrt{\frac{4}{49}} =$ ▒▒▒.

b) $\left(\frac{1}{5}\right)^2 =$ ▒▒▒ e $\sqrt{▒▒▒} = \frac{1}{5}$.

4. Determine:

a) $\sqrt{\frac{9}{49}}$ **b)** $\sqrt{\frac{1}{81}}$ **c)** $\sqrt{\frac{16}{25}}$

5. Complete as sentenças substituindo cada ▒▒▒ pelo número correto.

a) $(2,1)^2 =$ ▒▒▒ e $\sqrt{4,41} =$ ▒▒▒.

b) $(0,3)^2 =$ ▒▒▒ e $\sqrt{▒▒▒} = 0,3$.

6. Copie e complete os quadros a seguir.

a)

Um inteiro termina em	1	2	3	4	5	6	7	8	9	0
Seu quadrado termina em	▒▒▒	▒▒▒	▒▒▒	▒▒▒	▒▒▒	▒▒▒	▒▒▒	▒▒▒	▒▒▒	▒▒▒

b)

Um inteiro quadrado perfeito termina em	0	1	4	5	6	9
Sua raiz quadrada termina em	▒▒▒	▒▒▒	▒▒▒	▒▒▒	▒▒▒	▒▒▒

7. Quanto mede o lado de cada quadrado representado abaixo?

a)

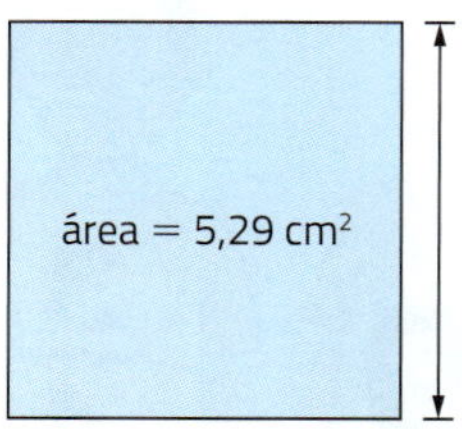

b)

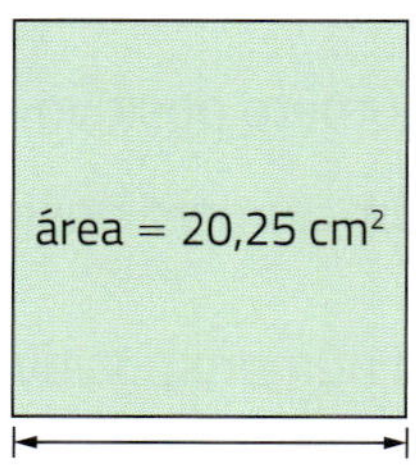

Banco de imagens/Arquivo da editora

8. Determine as raízes quadradas indicadas abaixo.

a) $\sqrt{\frac{4}{81}}$ **c)** $\sqrt{0,25}$ **e)** $\sqrt{1,69}$

b) $\sqrt{1,44}$ **d)** $\sqrt{6,25}$ **f)** $\sqrt{10,24}$

9. Veja esta curiosidade sobre os quadrados dos números terminados em 5:

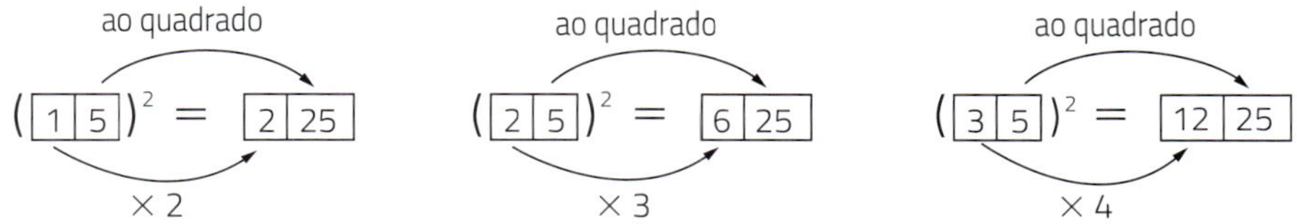

a) Calcule 45^2 e complete o esquema.

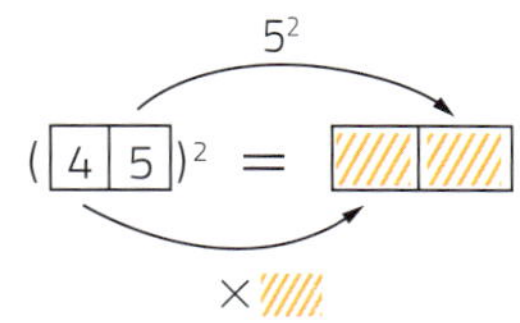

b) Complete ______ para descrever como podemos calcular o quadrado de um número natural terminado em 5.

1º) Retiramos o último algarismo (5) e multiplicamos o número que sobra pelo seu ______.

2º) Escrevemos o número ______ à direita do produto calculado.

c) Calcule mentalmente: 55^2, 65^2, 85^2 e 105^2.

d) Calcule mentalmente: $\sqrt{5\,625}$, $\sqrt{9\,025}$, $\sqrt{90{,}25}$ e $\sqrt{42{,}25}$.

10. Determine o valor de:

a) $\sqrt{900}$

b) $\sqrt{100}$

c) $\sqrt{400}$

d) $\sqrt{1\,225}$

e) $\sqrt{1\,600}$

f) $\sqrt{6\,400}$

11. O piso de uma cozinha quadrada será recoberto com lajotas quadradas de 40 centímetros de lado. A área da cozinha é 12,96 m².

a) Quais são as medidas das dimensões da cozinha?

b) Quantas lajotas serão necessárias?

12. Um artista calcula o preço de suas telas de acordo com a área pintada: R$ 10,00 por decímetro quadrado. A moldura, de qualquer tamanho, vale R$ 100,00. Uma tela quadrada, emoldurada, está sendo vendida por R$ 740,00. A moldura tem 10 cm de largura (ou seja, 1 dm).

Pressmaster/Shutterstock

a) Quais são as medidas das dimensões da tela sem a moldura?

b) Qual é o perímetro externo da moldura?

13. Calcule o valor de cada expressão:

a) $3 \cdot \sqrt{4} + 2 \cdot \sqrt{16}$

b) $1 - 5 \cdot \sqrt{9} + 2^2$

c) $9^0 - \sqrt{9}$

d) $3\sqrt{64} - \sqrt{36} - 4 \cdot 5^0$

14. Calcule o valor de:

a) $3\sqrt{81} - 2 \cdot \left(\dfrac{1}{3}\right)^2$

b) $4 \cdot \sqrt{\dfrac{1}{4}} + 5 \cdot \sqrt{\dfrac{1}{25}}$

c) $3 \cdot \sqrt{0{,}25} - 2 \cdot \sqrt{0{,}04} + 0{,}2 \cdot (-0{,}3)$

d) $\dfrac{2}{5} \cdot \sqrt{0{,}81} + \dfrac{3}{7} \cdot \sqrt{0{,}49}$

e) $\sqrt{\dfrac{1}{4}} - \sqrt{\dfrac{1}{9}} \cdot \sqrt{\dfrac{9}{16}} + \sqrt{\dfrac{49}{25}} : \sqrt{\dfrac{36}{25}}$

f) $7 \cdot \sqrt{2{,}25} + \sqrt{0{,}25} - 10 \cdot (-1{,}33)$

IMC

As tabelas abaixo indicam o Índice de Massa Corporal (IMC), que serve de base para identificar se uma pessoa tem sobrepeso, é obesa ou está abaixo do peso adequado para ela. Como é usual na linguagem cotidiana, a palavra "peso" é usada aqui com o sentido de "massa".

Tabela de IMC infantil indica se a criança está ou não com o peso adequado

Meninas			
Idade	**Normal**	**Sobrepeso**	**Obesidade**
6	14,3	mais de 16,1	mais de 17,4
7	14,9	mais de 17,1	mais de 18,9
8	15,6	mais de 18,1	mais de 20,3
9	16,3	mais de 19,1	mais de 21,7
10	17	mais de 20,1	mais de 23,2
11	17,6	mais de 21,1	mais de 24,5
12	18,3	mais de 22,1	mais de 25,9
13	18,9	mais de 23	mais de 27,7
14	19,3	mais de 23,8	mais de 27,9
15	19,6	mais de 24,2	mais de 28,8

Meninos			
Idade	**Normal**	**Sobrepeso**	**Obesidade**
6	14,5	mais de 16,6	mais de 18
7	15	mais de 17,3	mais de 19,1
8	15,6	mais de 16,7	mais de 20,3
9	16,1	mais de 18,8	mais de 21,4
10	16,7	mais de 19,6	mais de 22,5
11	17,2	mais de 20,3	mais de 23,7
12	17,8	mais de 21,1	mais de 24,8
13	18,5	mais de 21,9	mais de 25,9
14	19,2	mais de 22,7	mais de 26,9
15	19,9	mais de 23,6	mais de 27,7

Fonte: www.calculoimc.com.br/imc-infantil/. Acesso em: 26 abr. 2021.

Para calcular o IMC, divida o "peso" (em quilogramas) pela altura (em metros) ao quadrado.

Exemplo

"peso" = 40 kg altura = 1,25 m $\text{IMC} = \dfrac{40}{(1{,}25)^2} = 25{,}6$

Para jovens e adultos, considera-se que há sobrepeso para IMC de 25 a 30 e obesidade para IMC superior a 30.

1. Calcule o seu IMC e procure na tabela em que situação você está, de acordo com a idade que tem. Caso esteja com sobrepeso ou obesidade, converse com os responsáveis por você sobre o assunto.

$$\text{IMC} = \frac{\text{"peso"}}{(\text{altura})^2}$$

2. No exemplo apresentado, é possível saber se a criança tem sobrepeso ou é obesa? Por quê?

Expliquei ao endocrinologista como eu calculava o IMC fazendo duas divisões: É só dividir o "peso" pela altura e, em seguida, dividir o resultado novamente pela altura. Ele estava acostumado a calcular o quadrado da altura e, depois, dividir o "peso" pelo resultado obtido.

3. Usando uma calculadora, calcule o IMC de uma menina de 12 anos, que "pesa" 42 kg e tem 1,48 m de altura, pelos dois modos explicados. Qual deles você acha mais fácil com o uso da calculadora?

4. Explique por que esses dois modos de calcular o IMC apresentam o mesmo resultado.

5. Pesquise: O que é um endocrinologista?

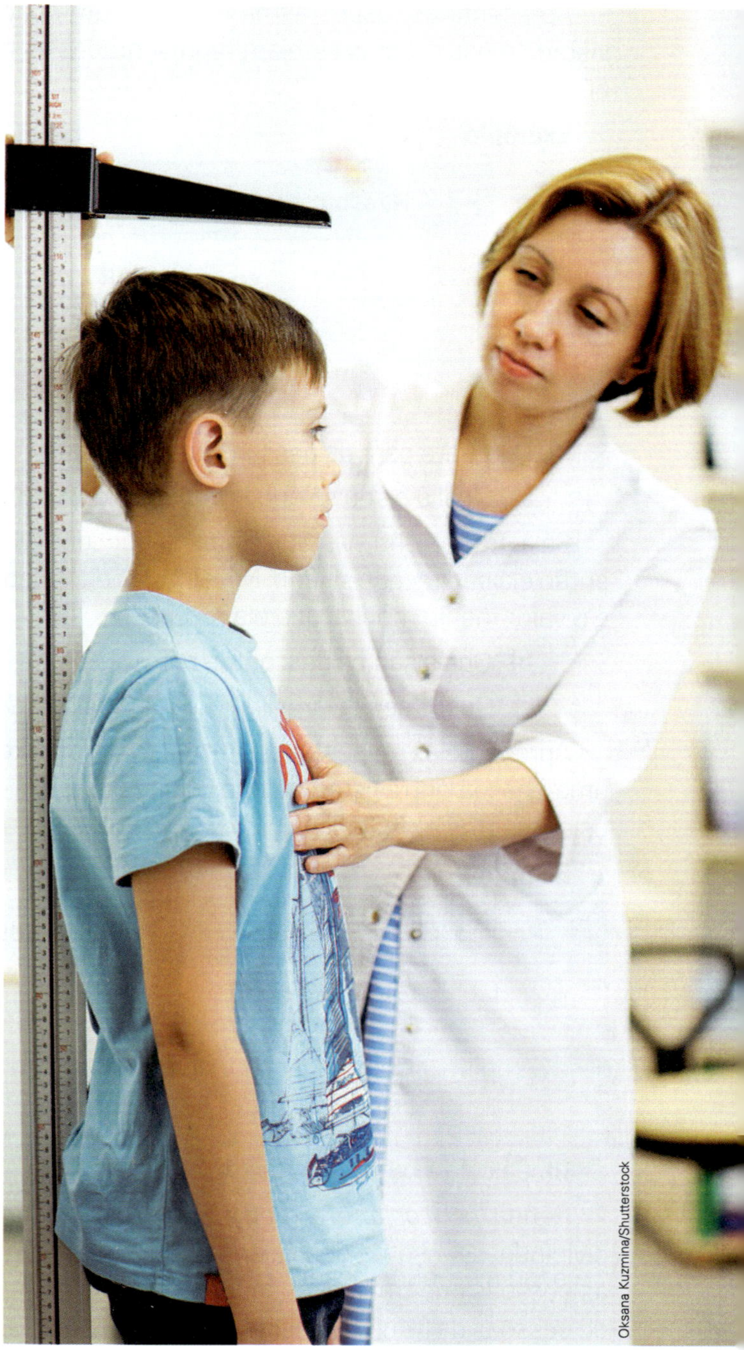

Médica medindo a altura do paciente.

Oksana Kuzmina/Shutterstock

EDUCAÇÃO FINANCEIRA

Qual é a renda por pessoa?

Em família geralmente é assim: alguns trabalham fora, outros estudam, mas todos cuidam da casa e daquilo que é de interesse geral. O dinheiro que uma pessoa recebe é chamado de renda. Fazendo as atividades a seguir, você aprenderá a calcular a renda da sua família e quanto representa esse valor por pessoa.

I. Pergunte para cada pessoa da sua família que trabalha fora:

a) "Quantas horas por dia você fica fora de casa para trabalhar?"

b) "Quantas horas você gasta para ir ao trabalho? E para voltar para casa?"

Apresente as respostas na forma de um quadro em que cada linha represente uma pessoa entrevistada e nas colunas estejam representadas as horas. Para não identificar as pessoas, indique-as com números: 1, 2, 3, ...

Exemplo

Pessoa	Horas fora de casa	Horas gastas em trânsito	Horas de trabalho
1	8	1	7
2	10	2	8
3	11	2	9

II. Pergunte para as pessoas entrevistadas:

a) "Qual é o seu salário bruto (ou ordenado)?"

Se a pessoa entrevistada trabalha por conta própria, é profissional liberal ou empresário, então ela não recebe salário. Nesse caso, ela recebe honorários ou pró-labore. Pergunte qual é o valor médio mensal que ela recebe.

b) "Quais são os descontos mensais em seu salário bruto?"

c) "Qual é seu salário líquido (salário bruto subtraindo os descontos)?"

Apresente as respostas na forma de um quadro em que cada linha represente uma pessoa entrevistada e nas colunas estejam representados o salário bruto, os descontos e o salário líquido.

Exemplo

Pessoa	Salário bruto	Descontos	Salário líquido
1	2 000	400	1 600
2	1 500	250	1 250
3	1 200	220	980

III. Calcule a renda *per capita* de sua família.

Renda *per capita* é a média aritmética obtida dividindo-se a soma dos salários brutos de todas as pessoas que trabalham na família pelo número de pessoas da família, incluindo adultos e crianças.

IV. Pesquise qual é a renda *per capita* média no estado em que você vive.

V. Pesquise qual é a renda *per capita* média na região em que fica o estado em que você mora.

VI. Pesquise qual é a renda *per capita* média no Brasil.

Forme um grupo com três colegas e façam o que se pede:

1. Cada estudante do grupo deve pesquisar com seus responsáveis ou amigos a renda de mais duas famílias. Depois, apresentem ao grupo os resultados de sua família e das outras duas famílias pesquisadas.

2. Estabeleçam a média das rendas *per capita* das famílias pesquisadas pelos estudantes do grupo.

3. Pesquisem: Qual é a renda *per capita* máxima para ter direito ao Bolsa Família?

kentoh/Shutterstock

UNIDADE 6

Áreas e transformações

NESTA UNIDADE VOCÊ VAI

- Construir triângulos e circunferências usando régua e compasso.
- Reconhecer a condição de existência de um triângulo e classificá-lo quanto às medidas dos lados e quanto às medidas dos ângulos internos.
- Determinar a soma das medidas dos ângulos internos e dos ângulos externos de um polígono regular.
- Resolver e elaborar problemas que envolvam a área de figuras geométricas e o volume de blocos retangulares.
- Identificar os principais elementos de uma circunferência.
- Reconhecer e representar figuras obtidas por simetrias de translação, rotação e reflexão.

CAPÍTULOS

CAPÍTULO 14

Distâncias e áreas

Avenida 9 de julho, Buenos Aires, Argentina.

Nick Photoworld/Shutterstock

NA REAL

Qual é a distância?

A avenida 9 de julho em Buenos Aires, na Argentina, além de ser um dos pontos turísticos da cidade, é considerada pelos argentinos a avenida mais larga do mundo com 140 m de largura. Ela tem esse nome em homenagem ao dia em que o país foi proclamado independente, em 9 de julho de 1816.

Imagine um trecho dessa avenida em que as calçadas lembrem retas paralelas, como poderíamos medir a distância entre elas?

Na BNCC
EF07MA29

Recordando áreas

Você deve se lembrar de um assunto visto no 6º ano: a área da região limitada por um retângulo (para simplificar a linguagem vamos chamar de área de um retângulo). No exemplo abaixo, a área do retângulo de 4 cm de base e 3 cm de altura é igual a $(4 \cdot 3)\ cm^2$, ou seja, $12\ cm^2$.

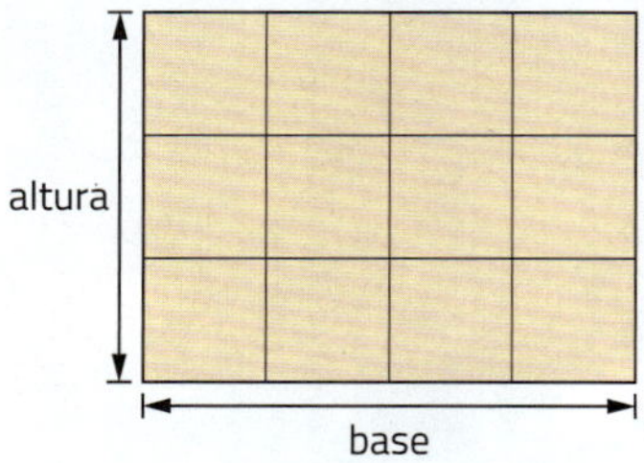

Banco de imagens/Arquivo da editora

Para qualquer retângulo, a área é igual ao produto da medida da base pela medida da altura.

$$\text{área}_{\text{retângulo}} = \text{base} \cdot \text{altura}$$

Um quadrado com 4 cm de lado também é um retângulo de 4 cm de base e 4 cm de altura; portanto, a área desse quadrado é igual a $(4 \cdot 4)\ cm^2$, ou seja, $16\ cm^2$.

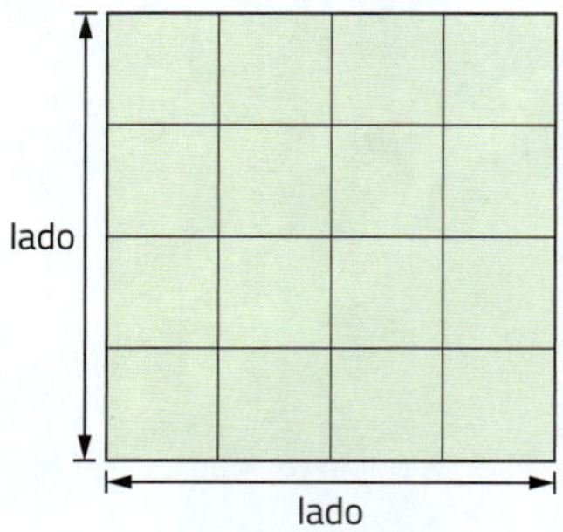

Banco de imagens/Arquivo da editora

Para qualquer quadrado, a área é igual ao produto da medida do lado pela medida do lado.

$$\text{área}_{\text{quadrado}} = \text{lado} \cdot \text{lado}$$

PARTICIPE

Abaixo estão uma manchete de jornal, a foto de uma placa indicativa de distâncias e outra que mostra a aplicação de piso em uma sala.

Estado do Pará tem mais de 100 km² de área desmatada

Cesar Diniz/Pulsar Imagens

Placa da rodovia MS-157 em Maracaju, Mato Grosso do Sul.

-lvinst-/iStock

Aplicação de piso retangular.

a) Para calcular a distância entre uma cidade e outra, qual é a unidade de medida mais adequada?

b) Qual é a unidade de medida utilizada para calcular a extensão de um território?

c) Que unidade de medida é utilizada para indicar a área da superfície ocupada pelo piso da sala?

d) E a unidade de medida utilizada para indicar o comprimento do rodapé dessa sala?

Figuras equivalentes

Dizemos que duas figuras planas são equivalentes quando têm áreas iguais. Por exemplo, um retângulo de 4 cm de base e 1 cm de altura é equivalente a um quadrado de 2 cm de lado, porque eles têm áreas iguais (4 cm²).

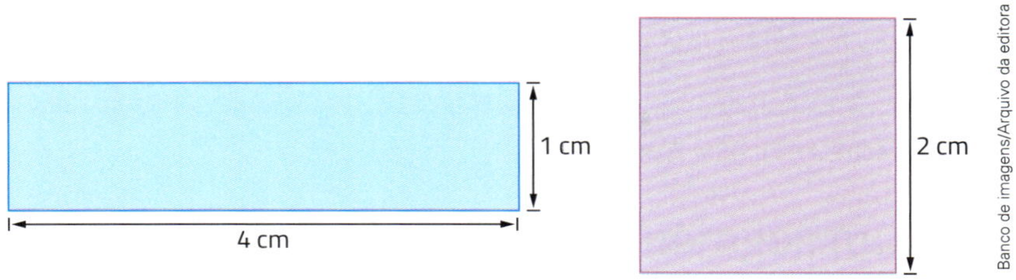

Agora, pense e responda: Qual é a medida do lado de um quadrado cuja área equivale à de um retângulo com 9 cm de base e 4 cm de altura?

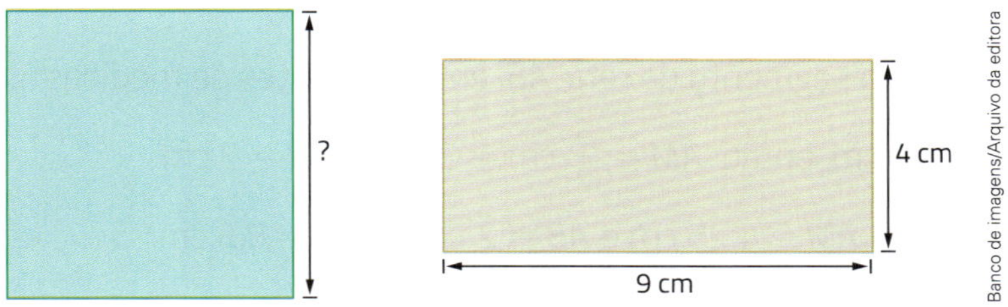

Áreas de outros polígonos

Para calcular a área da superfície limitada por outros polígonos, como:

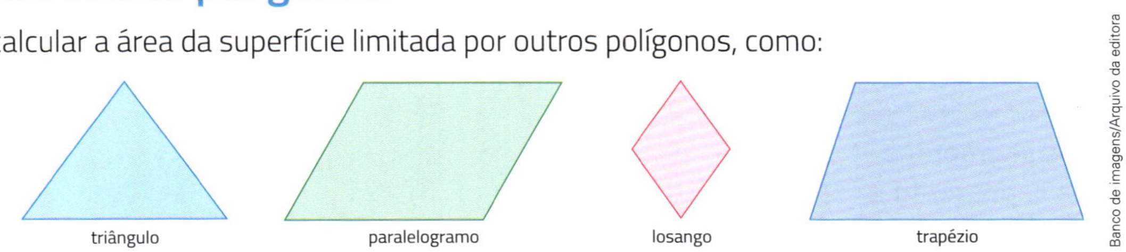

precisamos aprender a medir algumas distâncias.

Distância entre dois pontos

Observe a figura ao lado. Qual é o caminho mais curto entre a menina e a casa?

Se considerarmos dois pontos, A e B, sempre é possível considerar mais de um caminho para ir de um ponto ao outro.

Veja as trajetórias c_1, c_2, c_3 e c_4 ao lado.

Cada linha que liga A com B tem um comprimento. Qual é o caminho mais curto para ir de A até B?

O caminho mais curto para ir de A até B é o segmento de reta $\overline{AB}$. Sua medida é chamada **distância** entre os pontos A e B.

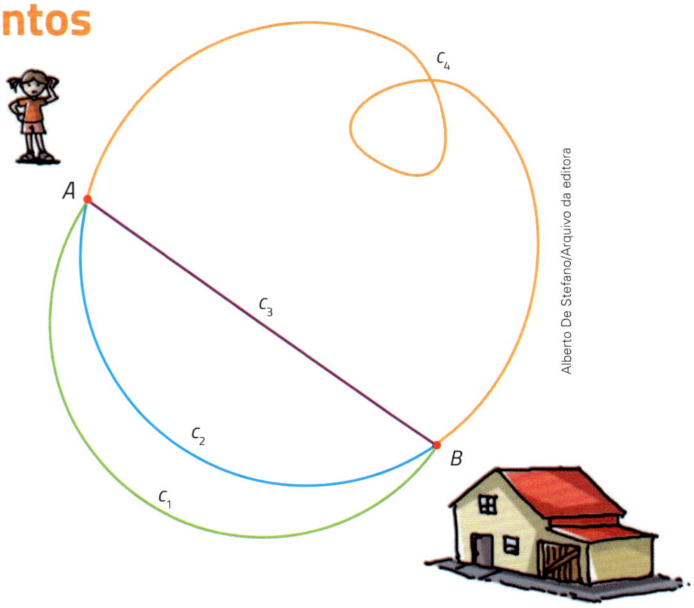

Nesse caso, para medir a distância entre dois pontos, A e B, traçamos o segmento de reta $\overline{AB}$ e medimos o comprimento com uma régua graduada.

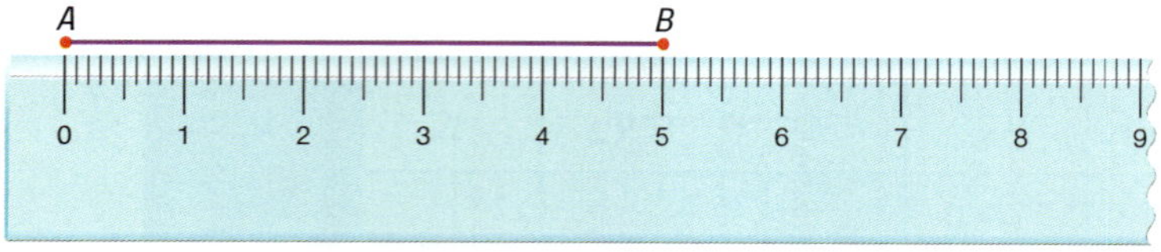

Banco de imagens/Arquivo da editora

(distância entre A e B): $AB = 5$ cm

Indicamos a medida do segmento de reta $\overline{AB}$ por AB.

Ponto médio de um segmento

O ponto M pertencente a um segmento de reta $\overline{AB}$, igualmente distante de A e B, é chamado **ponto médio** de $\overline{AB}$.

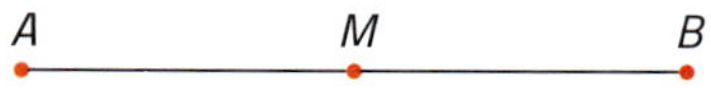

O ponto médio M divide o segmento de reta $\overline{AB}$ em duas partes de medidas iguais: $AM = MB = \dfrac{AB}{2}$.

Por exemplo, se $AB = 6$ cm, então: $AM = \dfrac{6}{2}$ cm $= 3$ cm e $MB = 3$ cm.

Se $MB = 4{,}25$ cm, então: $AM = 4{,}25$ cm e $AB = 2 \cdot 4{,}25$ cm $= 8{,}5$ cm.

Distância entre um ponto e uma reta

Agora, considere um ponto P e uma reta r. Se tomarmos em r vários pontos, A, B, C, D, E, etc., cada um deles estará a certa distância de P, como mostra a figura.

Ilustra Cartoon/Arquivo da editora

Observe os segmentos de reta $\overline{PA}$, $\overline{PB}$, $\overline{PC}$, $\overline{PD}$ e $\overline{PE}$, por exemplo. Cada um desses segmentos de reta tem um comprimento. Qual é o menor dos segmentos de reta que ligam P a um ponto da reta r?

O menor dos segmentos de reta que ligam P a um ponto de r é o segmento de reta $\overline{PC}$, já que a reta $\overleftrightarrow{PC}$ é perpendicular à reta r. A medida do segmento de reta $\overline{PC}$ é chamada **distância** entre o ponto P e a reta r.

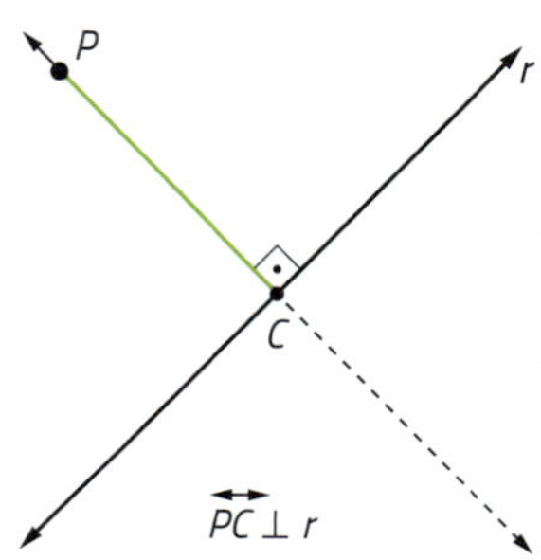

Banco de imagens/Arquivo da editora

Distância entre duas retas paralelas

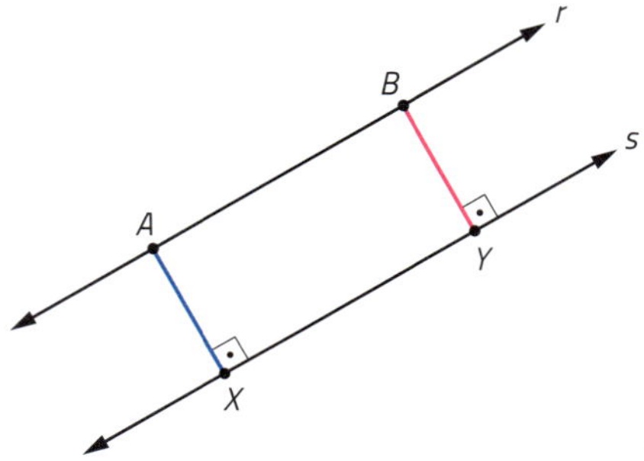

Banco de imagens/Arquivo da editora

Vamos pensar em duas retas paralelas, *r* e *s*. Se tomarmos em *r* dois pontos quaisquer, *A* e *B*, como ilustrado ao lado, notaremos que a distância entre *A* e *s* (medida do segmento de reta $\overline{AX}$) é igual à distância entre *B* e *s* (medida do segmento de reta $\overline{BY}$).

$$AX = BY$$

A medida de $\overline{AX}$ (ou de $\overline{BY}$) é a distância entre as retas *r* e *s*.

Como medir a distância entre duas retas paralelas

Para medir a distância entre duas retas paralelas, *r* e *s*, procedemos da seguinte forma:

1º) Marcamos um ponto *A* qualquer em *r* e traçamos por *A* a reta perpendicular a *r* e a *s*.

2º) Marcamos o ponto *X*, interseção da perpendicular com a reta *s*. Medimos a distância *AX* com a régua.

Cristina Xavier/Arquivo da editora

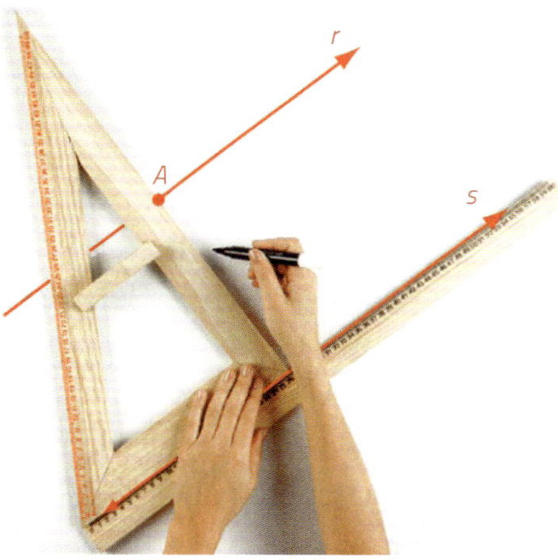

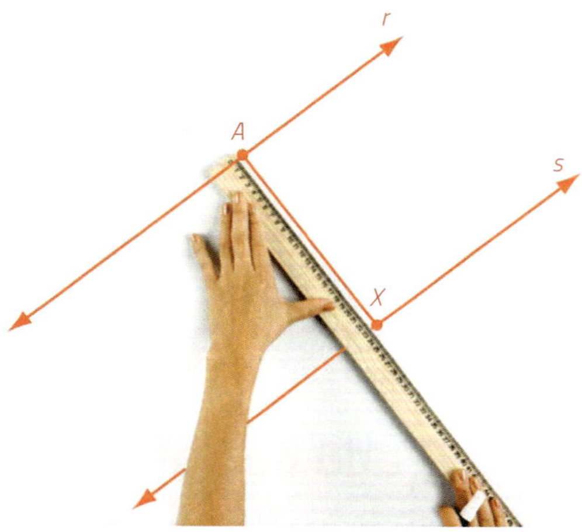

Cristina Xavier/Arquivo da editora

Convém observar que o processo de medida sempre nos dá um valor aproximado do valor real. Por exemplo, quando medimos um segmento com a régua e obtemos 2 cm, não é possível garantir que esse é o valor exato — poderia ser, por exemplo, 2,001 cm, ou 1,99 cm, ou 1,999 cm, etc. Em todas as atividades deste capítulo, nas quais solicitamos que sejam feitas medições, devem ser respondidas as medidas mais precisas possíveis com os instrumentos utilizados.

ATIVIDADES

1. Meça as distâncias entre *P* e os pontos *A*, *B*, *C*, *D* e *E*:

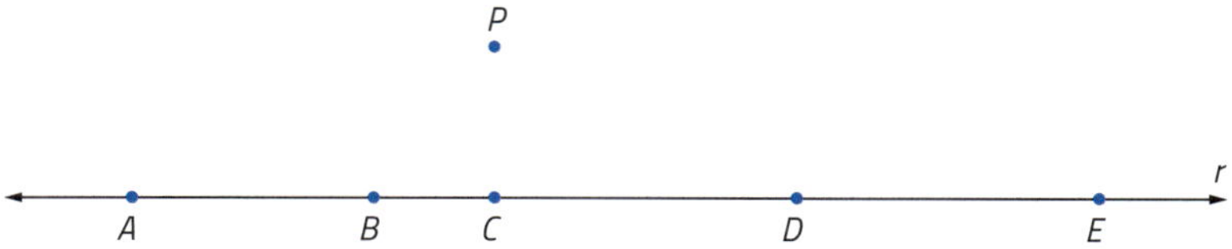

2. Na figura abaixo, representamos os pontos colineares *P*, *A*, *M* e *B*. Se *M* é o ponto médio de $\overline{AB}$, $PA = 4$ cm e $PB = 7$ cm, qual é a distância entre *P* e *M*?

3. Meça a distância entre o ponto B e a reta $\overleftrightarrow{AC}$ nas seguintes figuras:

a)

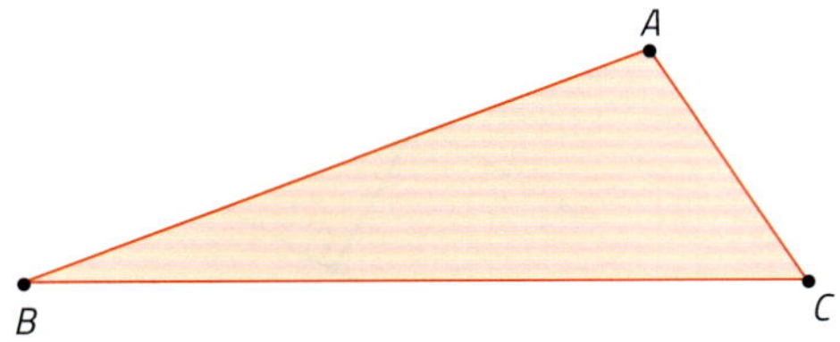

b)

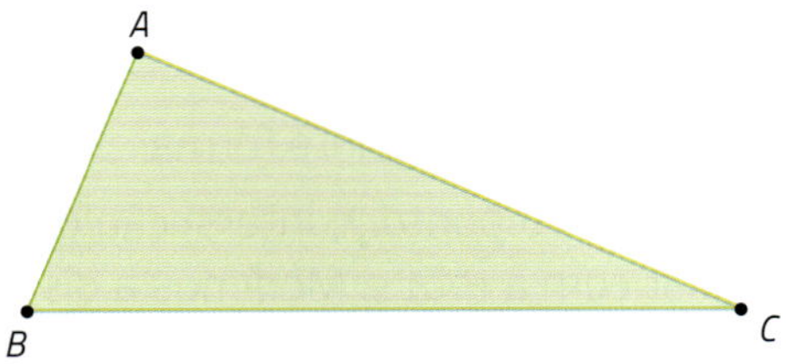

4. A altura de um trapézio é a distância entre suas bases (paralelas). Meça a altura dos seguintes trapézios:

a)

b)

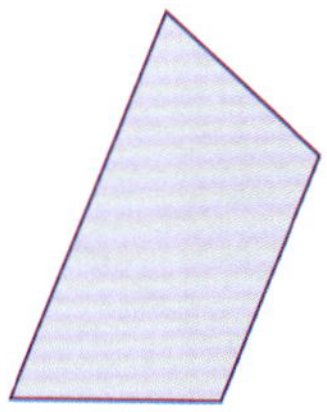

5. Sabendo que a altura de um paralelogramo é a distância entre dois lados paralelos, meça a menor altura dos seguintes paralelogramos:

a)

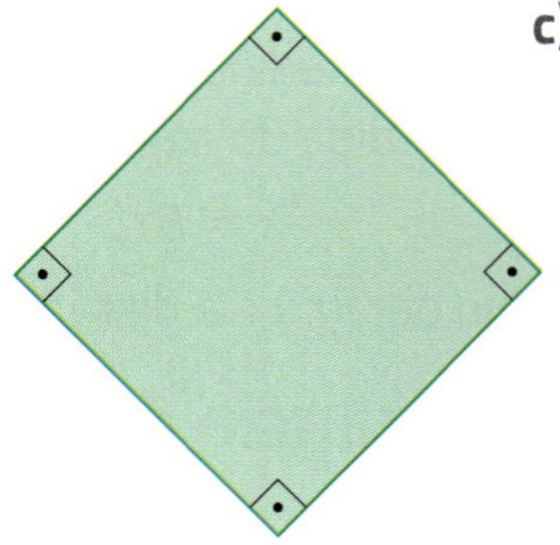

c)

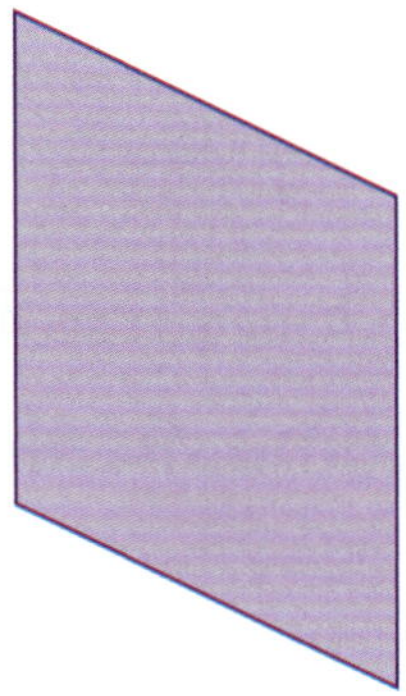

b)

O traçado da paralela

Veja como traçar uma reta paralela à reta r passando pelo ponto P dado:

1º) Alinhamos o esquadro com a reta.

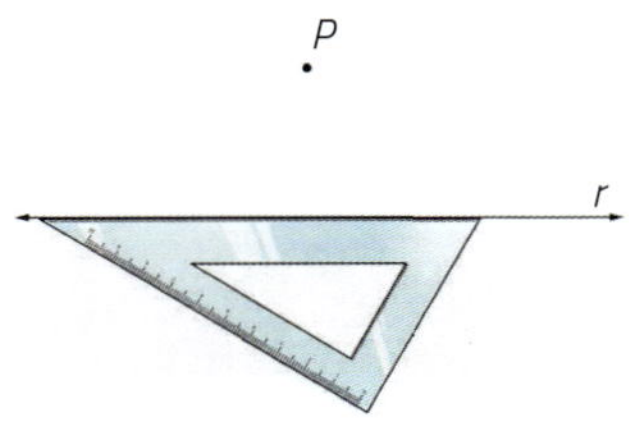

2º) Posicionamos a régua como mostrado na imagem abaixo.

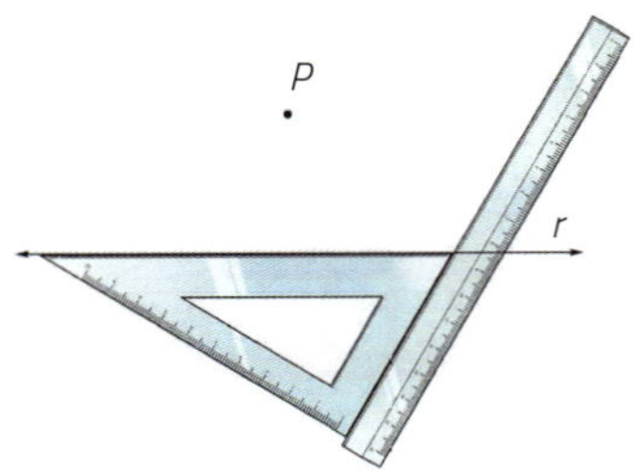

3º) Mantendo a régua imóvel, deslizamos o esquadro até chegar ao ponto P.

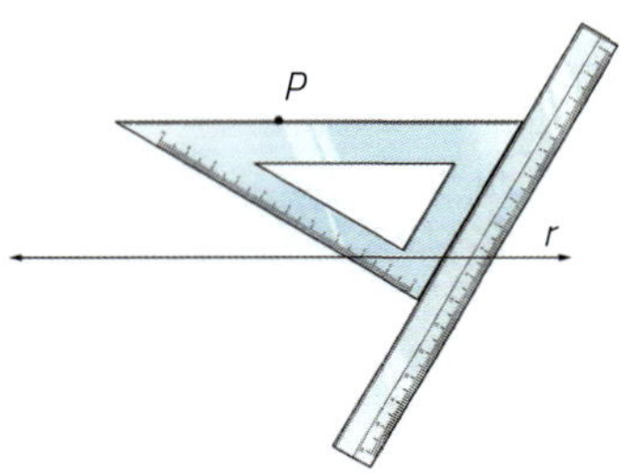

4º) Traçamos a reta paralela a r que contém o ponto P.

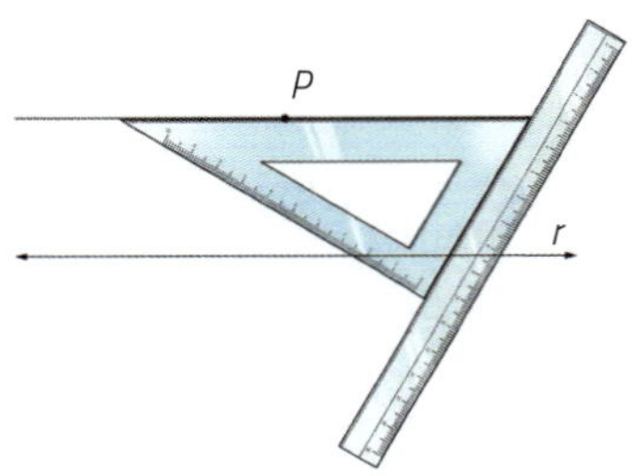

Ilustrações: Banco de imagens/Arquivo da editora

ATIVIDADES

6. Construa um triângulo *ABC*. Depois, usando régua e esquadro, trace a reta paralela ao lado $\overline{AB}$ passando pelo vértice *C*.

PARTICIPE

I. Leonardo é dono de um sítio e cercou uma região retangular de 25 m por 20 m para plantar hortaliças.

Ilustrações: Estúdio Mil/Arquivo da editora

Plantação de hortaliças no sítio de Leonardo.

a) Que operação você deve fazer para calcular a área dessa região?

b) Qual é a área dessa região?

II. Joaquim, amigo de Leonardo, também cercou uma região do terreno para plantar hortaliças. Veja a imagem abaixo.

Plantação de hortaliças no sítio de Joaquim.

a) O que diferencia uma região da outra?

b) Você acha possível calcular a área da região cercada por Joaquim usando o mesmo procedimento utilizado para calcular a área da região cercada por Leonardo? Justifique sua resposta.

CAPÍTULO

15 Triângulo, polígonos e áreas

Nick Photoworld/Shutterstock

Ponte Astoria-Megler entre os estados de Oregon e Washington no rio Columbia, Estados Unidos.

NA REAL

Como evitar deformações?

Ao observar a fotografia da Ponte Astoria-Megler, que fica nos Estados Unidos, é possível perceber quais partes da estrutura dessa ponte lembram o formato de uma figura geométrica plana.

É comum que arquitetos e engenheiros utilizem estruturas como a apresentada na fotografia acima, para impedir que as construções sofram deformações.

As estruturas abaixo foram construídas com varetas e tachinhas e têm o formato parecido com o de algumas figuras geométricas planas.

Ericson Guilherme Luciano/Arquivo da editora

Imagine como cada uma dessas estruturas se comportaria se você empurrasse as tachinhas em diferentes direções. Qual delas você acredita que seja rígida e não sofra deformações? Justifique sua resposta.

Na BNCC
EF07MA24
EF07MA25
EF07MA26
EF07MA27
EF07MA28
EF07MA30
EF07MA31
EF07MA32

Recordando triângulos

No 6º ano, estudamos os triângulos, um polígono fechado, formado por três segmentos de reta consecutivos e não colineares.

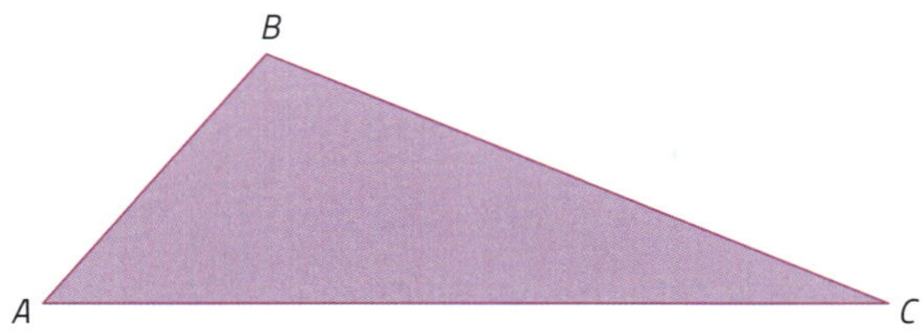

Ilustrações: Banco de imagens/ Arquivo da editora

Principais elementos de um triângulo

Na figura abaixo, destacamos alguns elementos de um triângulo *ABC*.

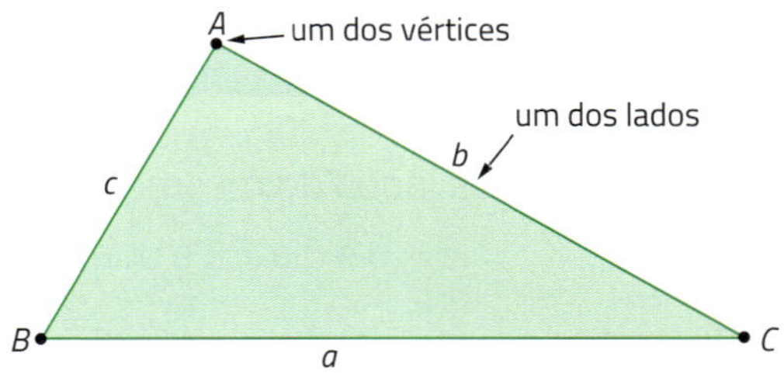

Vértices: *A*, *B* e *C*.

Lados: *a*, *b* e *c*.

Classificação dos triângulos quanto às medidas dos lados

Os triângulos podem ser classificados, de acordo com as medidas dos lados, em:

- **Triângulo equilátero** é aquele em que os três lados são congruentes.

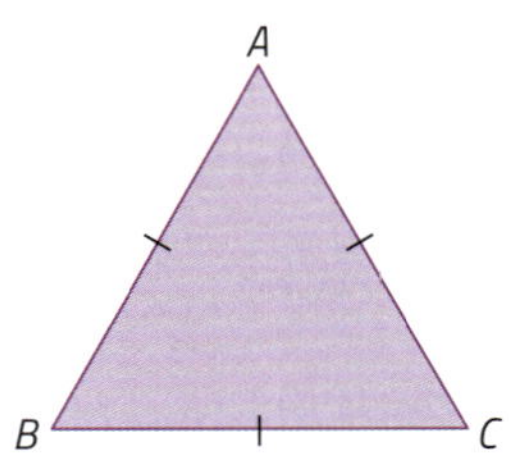

$\triangle ABC$ equilátero
$\overline{AB} \equiv \overline{AC} \equiv \overline{BC}$

- **Triângulo isósceles** é aquele em que pelo menos dois lados são congruentes.

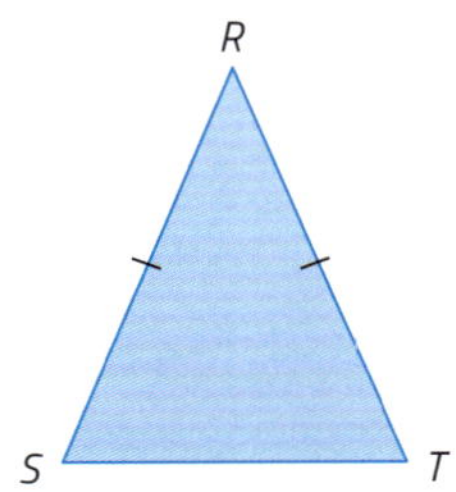

$\triangle RST$ isósceles
$\overline{RS} \equiv \overline{RT}$
$\overline{ST}$ é a base do triângulo

- **Triângulo escaleno** é aquele em que os três lados não são congruentes.

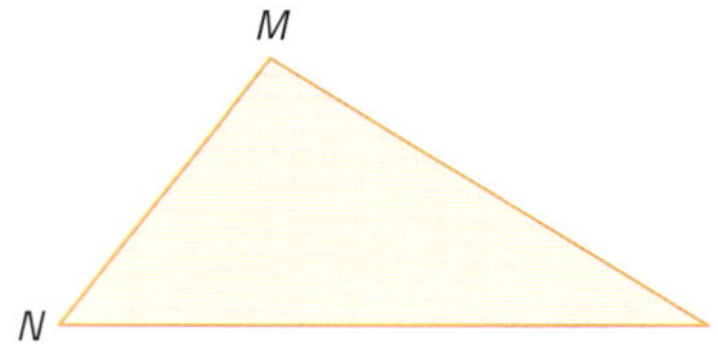

Ilustrações: Banco de imagens/ Arquivo da editora

$\triangle MNP$ escaleno

Exemplos

a) O triângulo representado a seguir tem três lados de diferentes medidas de comprimento, então ele é classificado como escaleno.

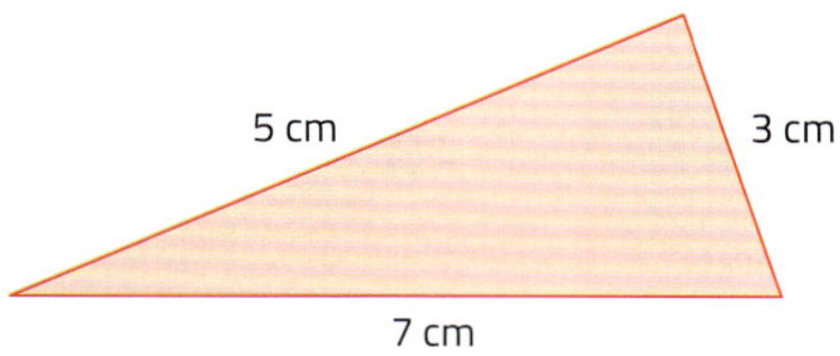

- O perímetro desse triângulo é:
- 7 cm + 5 cm + 3 cm = 15 cm

b) O triângulo representado a seguir tem dois lados de mesma medida de comprimento, então ele é classificado como isósceles.

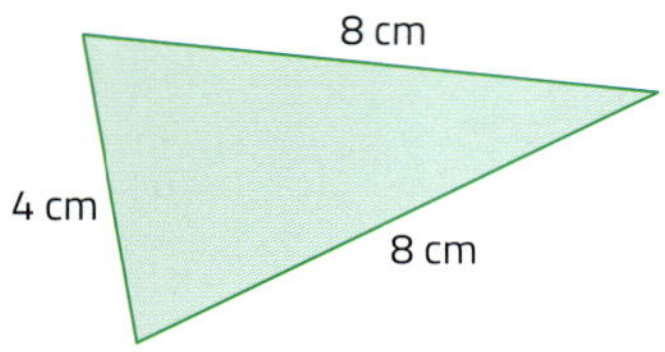

- O perímetro desse triângulo é:
- 8 cm + 8 cm + 4 cm = 20 cm

c) O triângulo representado a seguir tem três lados de mesma medida de comprimento, então ele é classificado como equilátero.

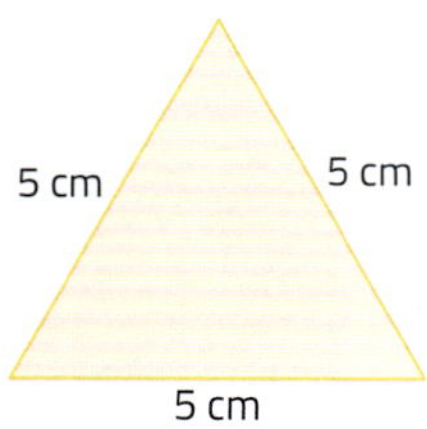

- O perímetro desse triângulo é:
- 5 cm + 5 cm + 5 cm = 15 cm

O fluxograma abaixo mostra como classificar um triângulo quanto às medidas dos lados.

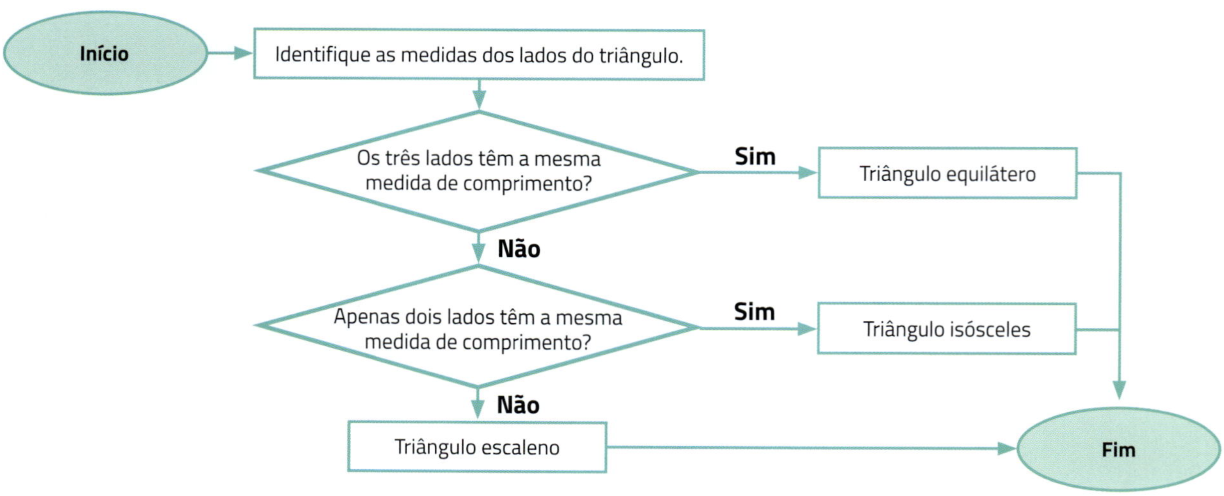

Construindo triângulos

Para construir um triângulo *ABC*, podemos utilizar uma régua e um compasso.

Neste exemplo, vamos construir um triângulo escaleno cujos lados medem 6 cm, 4 cm e 3 cm.

1º) Iniciamos a construção partindo do lado de maior comprimento. Para isso, traçamos um segmento de reta $\overline{BC}$ com 6 cm de comprimento.

2º) Com a ponta-seca no ponto *C* e abertura de 4 cm, traçamos um arco.

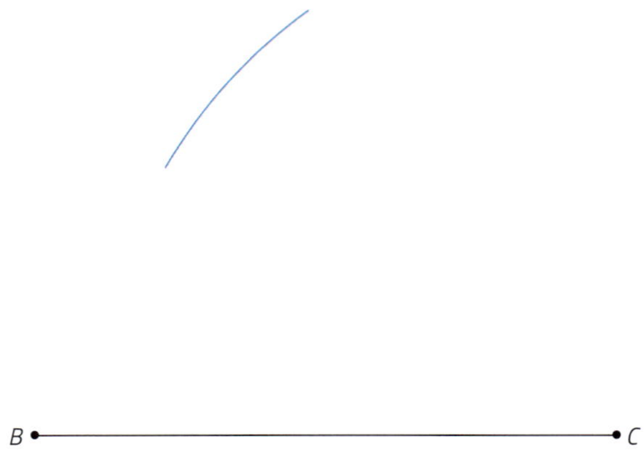

3º) Com a ponta-seca no ponto *B* e abertura de 3 cm, traçamos um arco que intersecta o arco anterior, obtendo o ponto *A*.

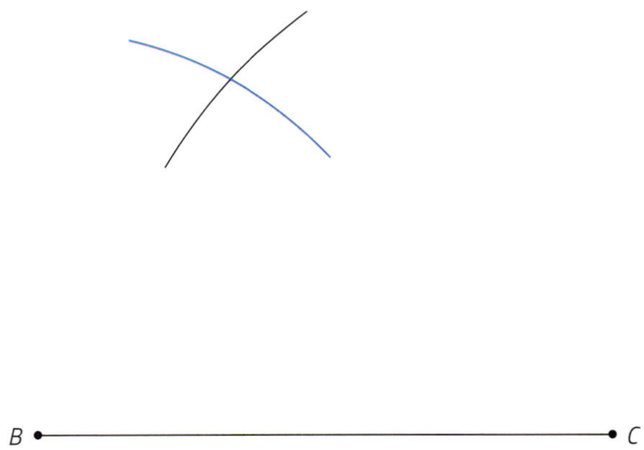

Ilustrações: Banco de imagens/Arquivo da editora

4º) Ligamos *A* a *B* e *A* a *C*, obtendo o triângulo escaleno *ABC*.

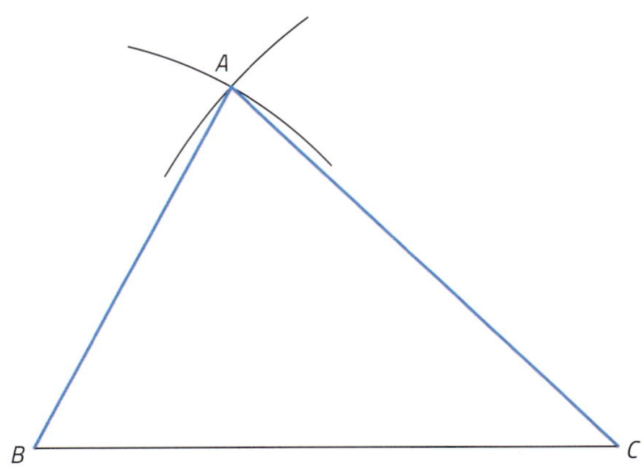

Desigualdade triangular

Se tentássemos construir um triângulo de lados medindo $a = 6$ cm, $b = 3$ cm e $c = 2$ cm, obteríamos a figura ao lado. Os arcos não se cruzam.

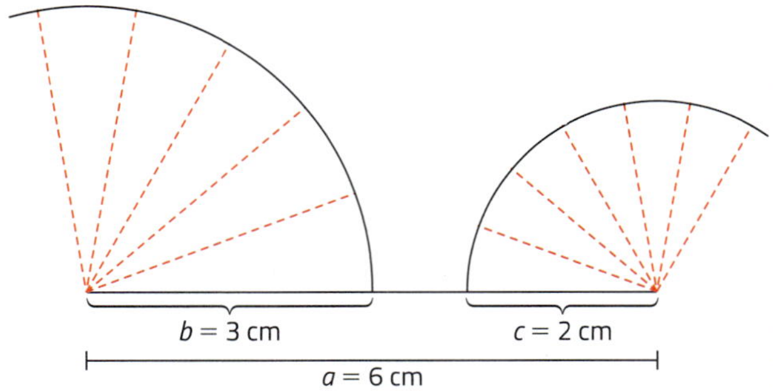

Ilustrações: Banco de imagens/Arquivo da editora

Isso significa que **não existe** triângulo de lados medindo 6 cm, 3 cm e 2 cm.

Por que isso acontece? Esse fato é justificado pela propriedade a seguir:

> Em qualquer triângulo, a medida de cada lado é menor que a soma das medidas dos outros dois lados.

Então, dado um triângulo *ABC*, em que *a* é medida do lado $\overline{BC}$, *b* é medida do lado $\overline{AC}$ e *c* é medida do lado $\overline{AB}$, podemos escrever as seguintes relações:

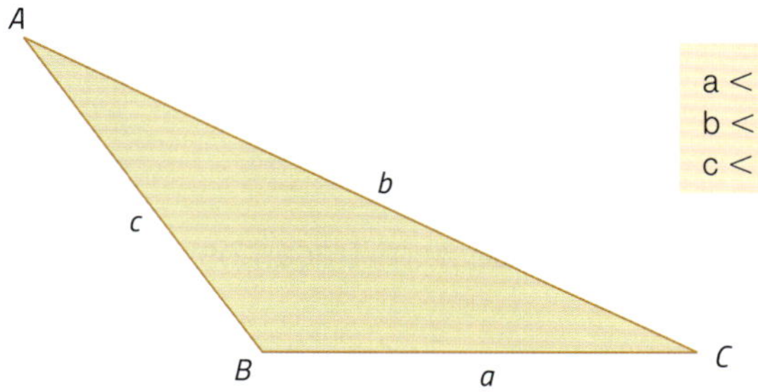

$a < b + c$
$b < a + c$
$c < a + b$

Portanto, podemos saber se existe ou não um triângulo de determinadas medidas comparando a maior delas com a soma das outras duas. O triângulo só existirá se a medida do lado maior for menor que a soma das medidas dos outros dois.

Exemplo

Vamos verificar se existe um triângulo de lados medindo 9,2 cm, 13,1 cm e 4,7 cm. Como a maior medida é 13,1 cm, vamos verificar a soma das outras duas medidas:

$$9{,}2 \text{ cm} + 4{,}7 \text{ cm} = 13{,}9 \text{ cm}$$

ATIVIDADES

1. Observe o triângulo representado abaixo e responda às perguntas.

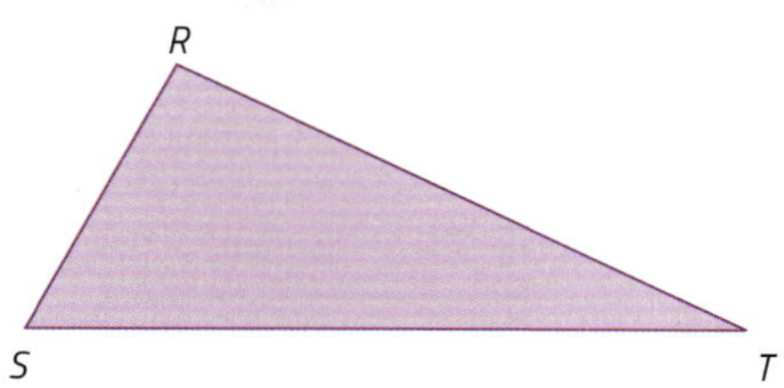

a) Quantos são os vértices? Quais são eles?

b) Quantos são os lados? Quais são eles?

c) Quantos são os ângulos? Quais são eles?

2. Faça um fluxograma para representar o passo a passo da construção de um triângulo qualquer. Reveja a construção apresentada anteriormente.

3. Usando régua e compasso, construa um triângulo equilátero com lados medindo 5 cm.

4. Descreva o passo a passo da construção de um triângulo equilátero.

5. Verifique se existe um triângulo com as seguintes medidas e justifique sua resposta:

a) 5 cm, 7 cm e 3 cm

b) 3 cm, 2 cm e 7 cm

c) 3 cm, 3 cm e 2 cm

d) 5 cm, 5 cm e 10 cm

e) 4 cm, 4 cm e 4 cm

f) 1 cm, 2 cm e 3 cm

6. Um triângulo é isósceles e dois de seus lados medem 4 cm e 6 cm. Que medidas pode ter o terceiro lado?

7. Os lados de um triângulo medem, em centímetros, 5, 3 e *x*. Quais são os possíveis valores numéricos de *x* para que o triângulo exista?

8. Os lados de um triângulo têm medidas expressas, em centímetros, por números inteiros. Se dois lados medem 4 cm e 9 cm, que medidas pode ter o terceiro lado?

9. Em um triângulo isósceles, a base mede 12 cm. Calcule as medidas dos outros dois lados, sabendo que o perímetro é igual a 40 cm.

10. O semiperímetro de um triângulo é 25 cm. Dois lados medem, respectivamente, 14,8 cm e 19,2 cm. Quanto mede o terceiro lado?

O semiperímetro corresponde à metade do perímetro.

11. O triângulo *ABC* é isósceles e $AB = AC$. Sabendo que $AB = 2x - 7$ e $AC = x + 5$, determine *x*.

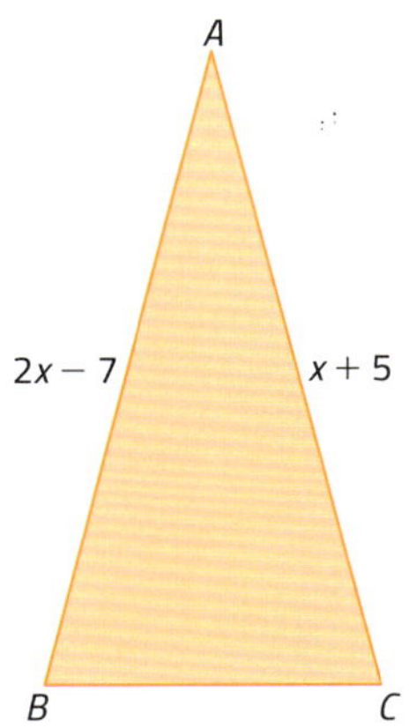

12. Determine *x*, *y* e a medida do lado do triângulo equilátero *ABC*, sabendo que: $AB = x + y$, $AC = x + 3$ e $BC = y + 4$.

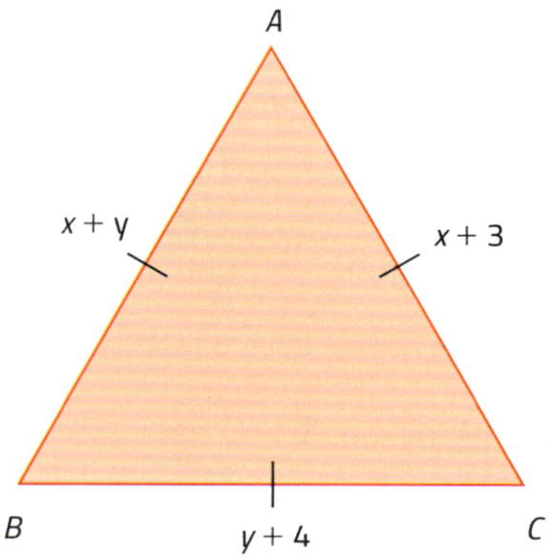

Ilustrações: Banco de imagens/Arquivo da editora

13. Em cada item, verifique se existe um triângulo com as medidas indicadas. Se o triângulo existir, calcule seu perímetro.

a) 5 cm, 4 cm e 3 cm.

b) 9 cm, 6 cm e 2 cm.

c) 1 cm, 3 cm e 2 cm.

14. O triângulo *ABC* é isósceles de base $\overline{BC}$. Sabendo que $AB = 3x - 10$, $BC = 2x + 4$ e $AC = x + 4$, calcule a medida de $\overline{BC}$.

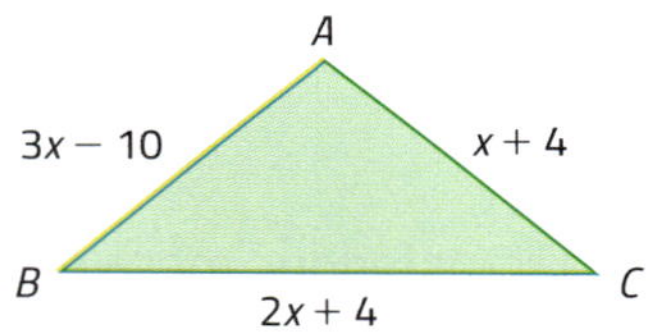

15. Determine a medida do maior lado do triângulo representado abaixo, sabendo que o perímetro é igual a 60 cm.

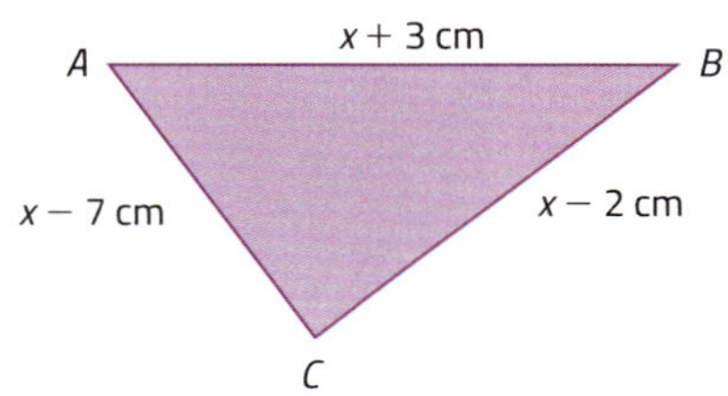

16. Dois lados de um triângulo medem, respectivamente, 8 cm e 21 cm. Sabendo que a medida, em centímetros, do terceiro lado é múltiplo de 6, quantos centímetros poderá medir esse lado?

PARTICIPE

Para saber qual resultado obtemos ao adicionar as medidas dos ângulos internos de um triângulo, vamos fazer três experimentos. Para isso, serão necessários os seguintes materiais:

- lápis de cor
- régua
- transferidor
- folhas de papel avulsas
- tesoura com pontas arredondadas

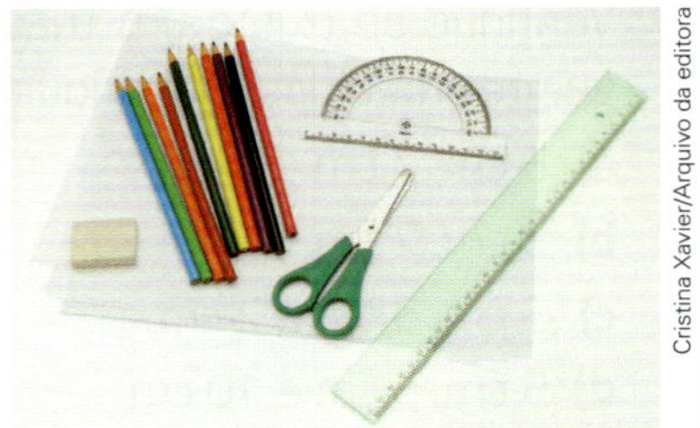
Cristina Xavier/Arquivo da editora

Separe lápis de cor, régua, transferidor, folhas de papel e tesoura para realizar o experimento.

Siga as orientações atentamente e anote suas conclusões.

Experimento 1

1º) Em uma folha avulsa, desenhe um triângulo (de preferência um triângulo escaleno).

2º) Com um transferidor, meça cada ângulo.

3º) Adicione as medidas encontradas.

Experimento 2

1º) Em uma folha avulsa, desenhe um triângulo, recorte-o e pinte cada ângulo de uma cor. Depois, recorte o triângulo em três pedaços, separando os três vértices, como mostram as imagens a seguir.

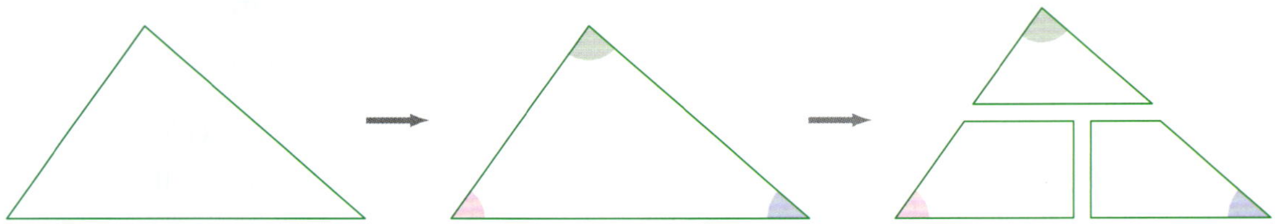

2º) Desloque os três pedaços e junte-os de modo a obter três ângulos adjacentes e consecutivos.

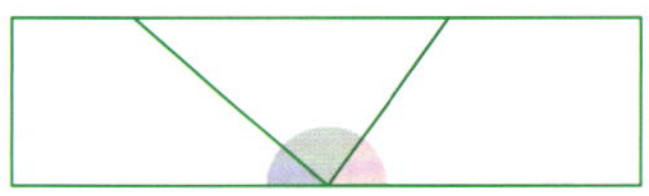

3º) Com o transferidor, meça o ângulo obtido com a junção dos três ângulos.

Experimento 3

1º) Em uma folha avulsa, desenhe um triângulo, pinte cada ângulo de uma cor e recorte o triângulo.

2º) Coloque o triângulo recortado sobre uma mesa com a face colorida voltada para baixo.

3º) Dobre como mostrado na imagem abaixo:

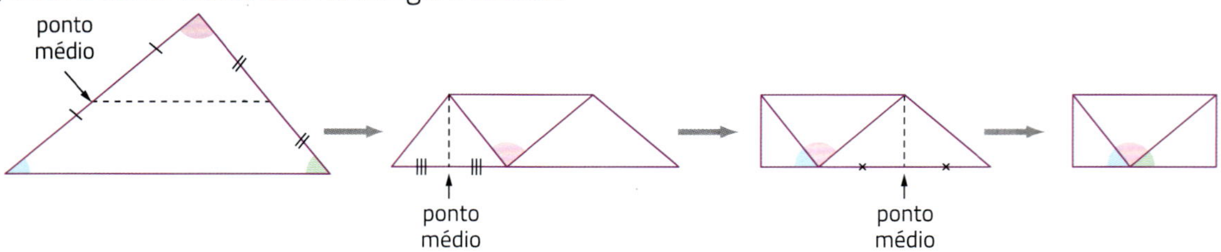

Ilustrações: Banco de imagens/Arquivo da editora

4º) Com o transferidor, meça o ângulo obtido.

a) Qual foi a medida obtida ao final do experimento 1?

b) A medida obtida ao final dos experimentos 2 e 3 é igual à obtida no experimento 1?

c) Depois de realizar os três experimentos a que conclusão você chegou?

Por meio de argumentos lógicos, provaremos que a soma das medidas dos ângulos internos de um triângulo é exatamente 180°. Veja a seguir.

Propriedade da soma dos ângulos internos de um triângulo

Vamos considerar um triângulo *ABC* e seus ângulos internos $\hat{A}$, $\hat{B}$ e $\hat{C}$.

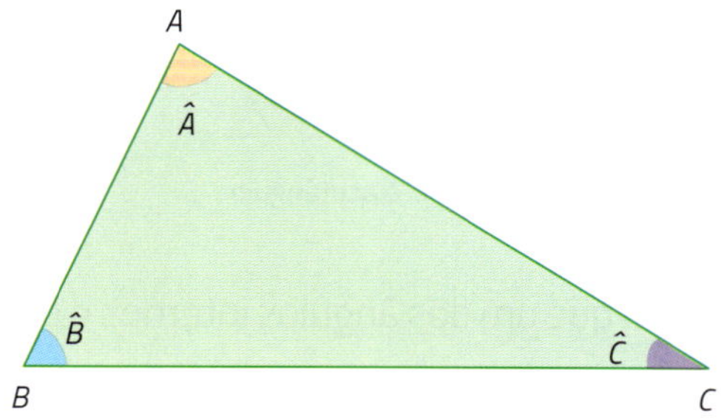

Ilustrações: Banco de imagens/Arquivo da editora

Pelo vértice *A*, vamos traçar uma reta *r* paralela ao lado $\overline{BC}$ e marcar os ângulos $\hat{1}$ e $\hat{2}$, como mostrado abaixo.

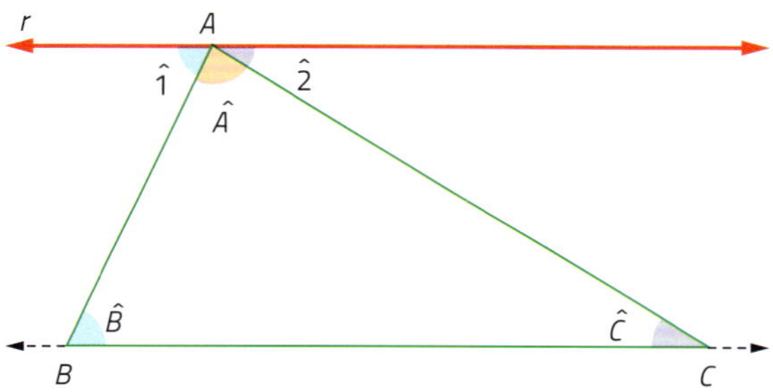

Do paralelismo de *r* e $\overleftrightarrow{BC}$, considerando a transversal $\overleftrightarrow{AB}$, decorre que:

$$\hat{1} \equiv \hat{B}$$

Do paralelismo de *r* e $\overleftrightarrow{BC}$, considerando a transversal $\overleftrightarrow{AC}$, decorre que:

$$\hat{2} \equiv \hat{C}$$

Substituindo $\hat{1}$ por $\hat{B}$ e $\hat{2}$ por $\hat{C}$ na figura, temos:

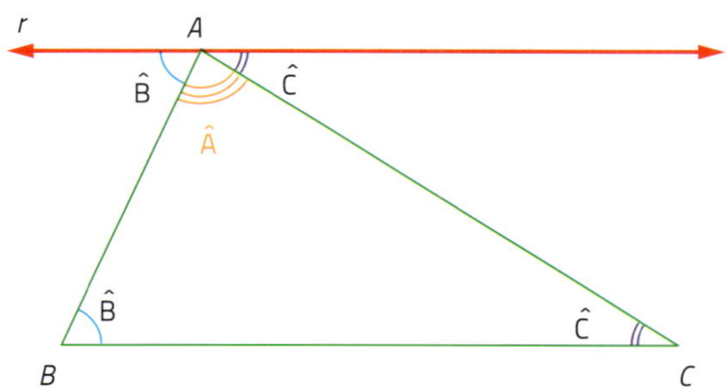

Adicionando as medidas dos ângulos que têm vértice em *A*, concluímos que:

$$\text{med}(\hat{A}) + \text{med}(\hat{B}) + \text{med}(\hat{C}) = 180° \text{ (ângulo raso)}$$

Esse resultado é resumido pela propriedade:

> A soma das medidas dos ângulos internos de um triângulo é 180°.

Classificação dos triângulos quanto às medidas dos ângulos internos

Os triângulos também podem ser classificados, de acordo com a medida dos ângulos internos, em:

- **Triângulo acutângulo** é aquele em que os três ângulos internos são agudos.

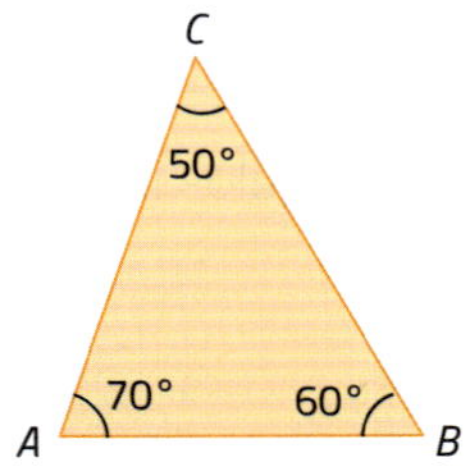

$\triangle ABC$ é acutângulo

- **Triângulo obtusângulo** é aquele em que um dos ângulos internos é obtuso e os outros dois são agudos.

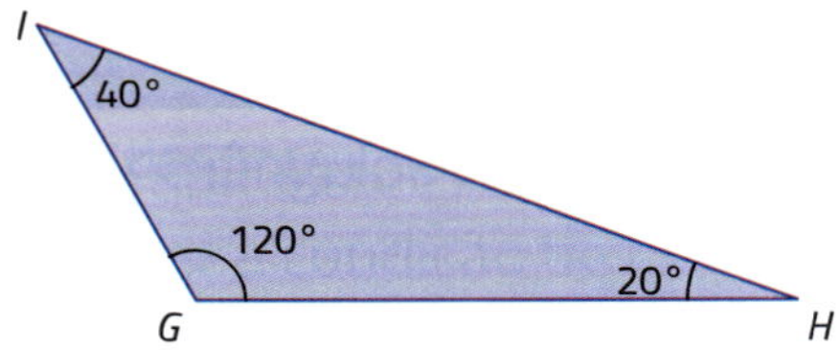

$\triangle GHI$ é obtusângulo

- **Triângulo retângulo** é aquele em que um dos ângulos internos é reto e os outros dois são agudos.

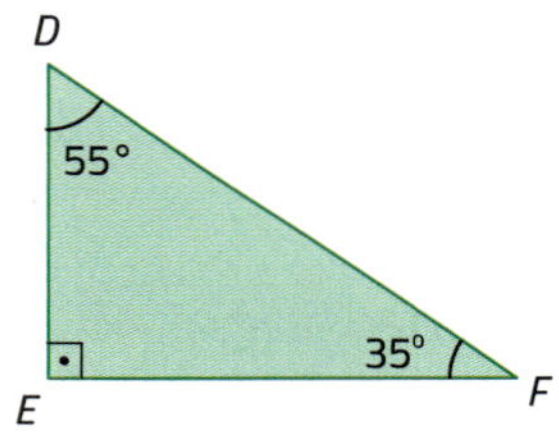

Ilustrações: Banco de imagens/ Arquivo da editora

$\triangle DEF$ é retângulo

O fluxograma abaixo mostra como classificar um triângulo quanto às medidas dos ângulos internos.

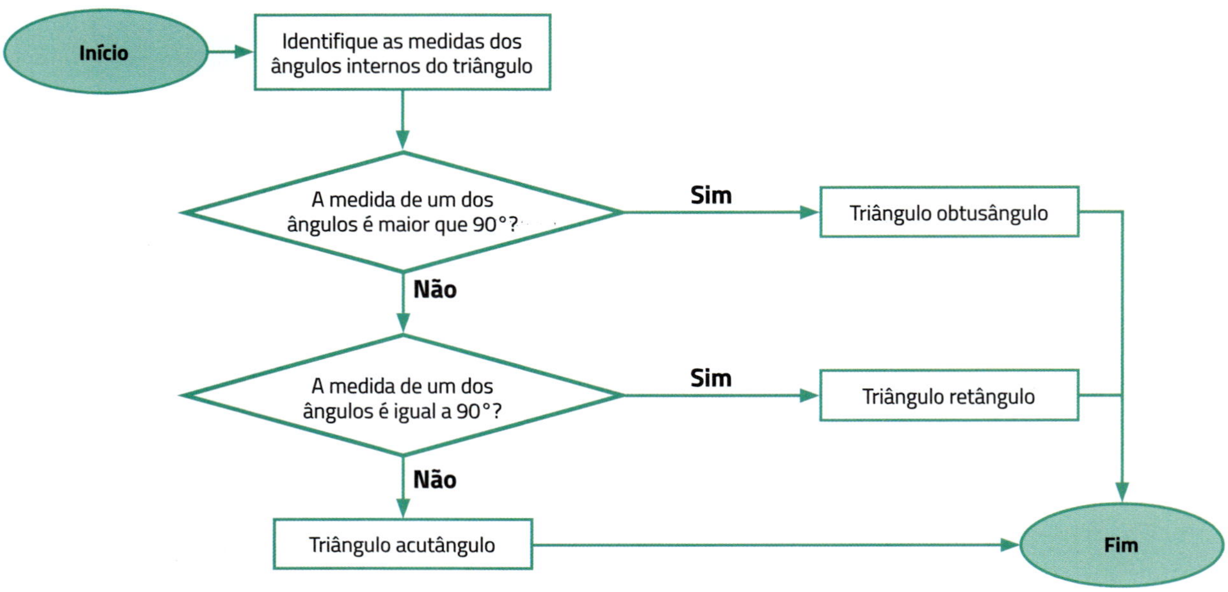

ATIVIDADES

17. Em cada item, calcule o valor de *x* e classifique o triângulo em relação aos ângulos.

a)

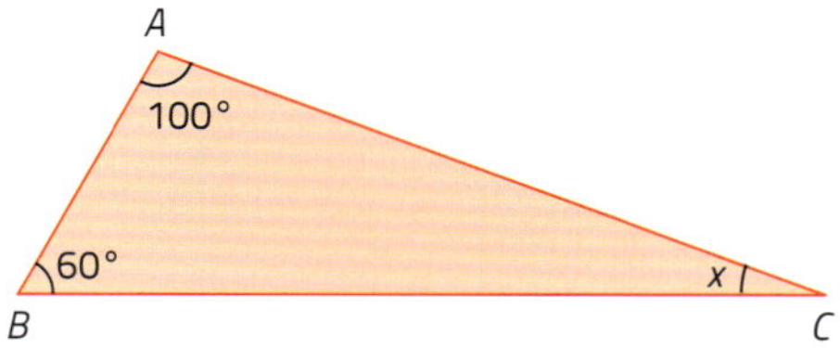

Ilustrações: Banco de imagens/Arquivo da editora

b)

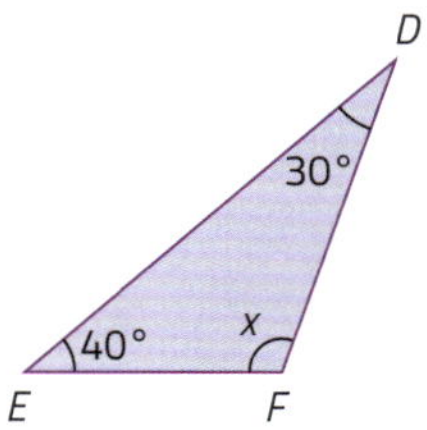

c)

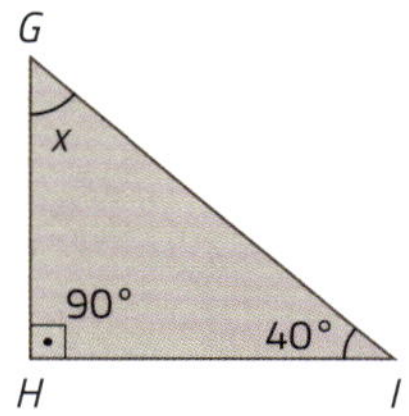

18. Dois ângulos de um triângulo medem, respectivamente, 45° e 57°. Esse triângulo é acutângulo, retângulo ou obtusângulo?

19. Um triângulo pode ter dois ângulos obtusos? E dois ângulos retos?

20. Em um triângulo retângulo:

a) os ângulos agudos são complementares ou suplementares?

b) se um dos ângulos agudos mede 45°, quanto mede o outro ângulo agudo?

c) se a medida de um dos ângulos agudos é o dobro da medida do outro, quanto medem esses ângulos?

21. Determine as medidas dos ângulos agudos de um triângulo retângulo em que:

a) um ângulo é o triplo do outro;

b) os ângulos agudos diferem em 15° 20'.

22. Um ângulo de um triângulo mede 80°. A diferença entre as medidas dos outros dois é 32°. Determine as medidas dos outros ângulos do triângulo.

23. Calcule as medidas dos ângulos $\hat{A}$, $\hat{B}$ e $\hat{C}$ de um triângulo, sabendo que $\hat{B}$ mede o triplo de $\hat{A}$ e que $\hat{C}$ mede o quíntuplo de $\hat{A}$.

Propriedade do ângulo externo de um triângulo

PARTICIPE

Vamos relacionar ângulos.

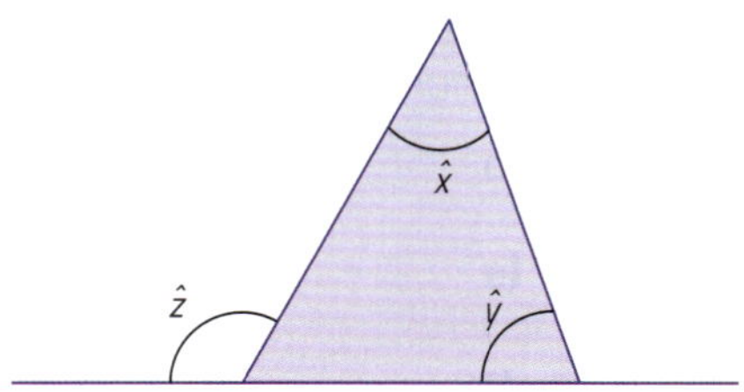

a) Usando o transferidor, meça os dois ângulos $\hat{x}$ e $\hat{y}$ do triângulo representado acima. Quais são suas medidas?

b) Meça em seguida o ângulo $\hat{z}$. Qual é sua medida?

c) Qual é a relação entre esses três ângulos?

Considere o triângulo *ABC* representado abaixo:

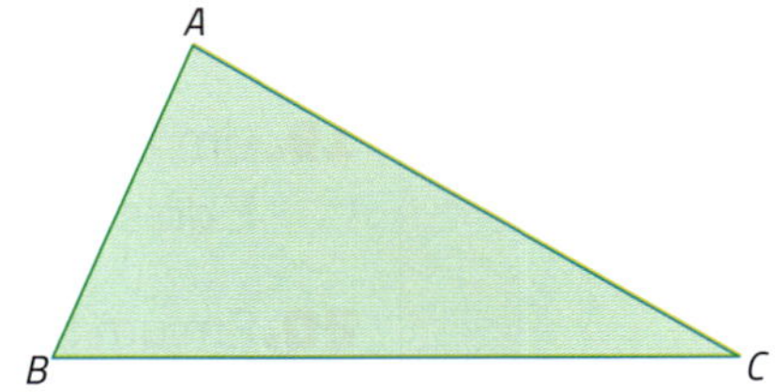

Ilustrações: Banco de imagens/ Arquivo da editora

Vamos prolongar o lado $\overline{BC}$ do triângulo *ABC* na extremidade *C* e tomar um ponto *X* no prolongamento, de modo que a semirreta $\overrightarrow{CX}$ seja oposta à semirreta $\overrightarrow{CB}$.

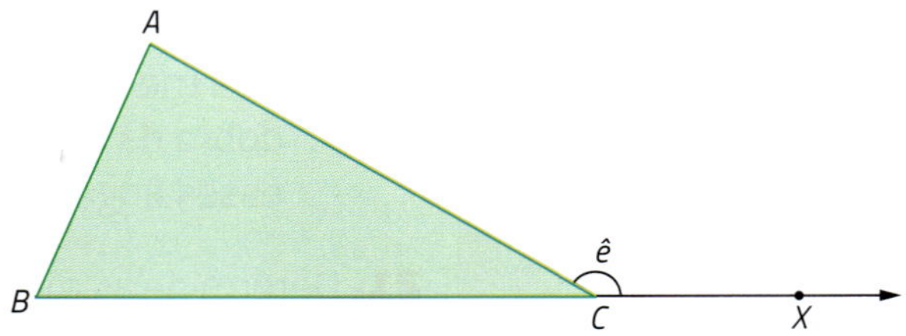

Dizemos que o ângulo $A\hat{C}X$ é um **ângulo externo** do triângulo *ABC*.

Observe que o ângulo externo $\hat{e} \equiv A\hat{C}X$ é adjacente ao ângulo $\hat{C}$ do triângulo. Mas os ângulos $\hat{A}$ e $\hat{B}$ não são adjacentes ao ângulo externo $\hat{e}$.

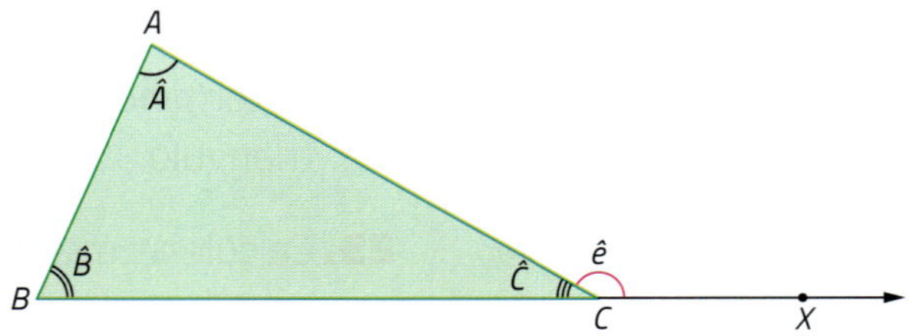

Observe, ainda, que:

med($\hat{e}$) + med($\hat{C}$) = 180° (pois $\hat{e}$ e $\hat{C}$ são adjacentes e suplementares)

med($\hat{A}$) + med($\hat{B}$) + med($\hat{C}$) = 180° (soma dos ângulos internos de um triângulo)

Então, temos:

med($\hat{e}$) = 180° − med($\hat{C}$) e med($\hat{A}$) + med($\hat{B}$) = 180° − med($\hat{C}$)

Logo, med($\hat{e}$) = med($\hat{A}$) + med($\hat{B}$).

Em todo triângulo, qualquer ângulo externo tem medida igual à soma das medidas dos dois ângulos internos não adjacentes a ele.

Exemplo

Qual é o valor de *x* e *y*?

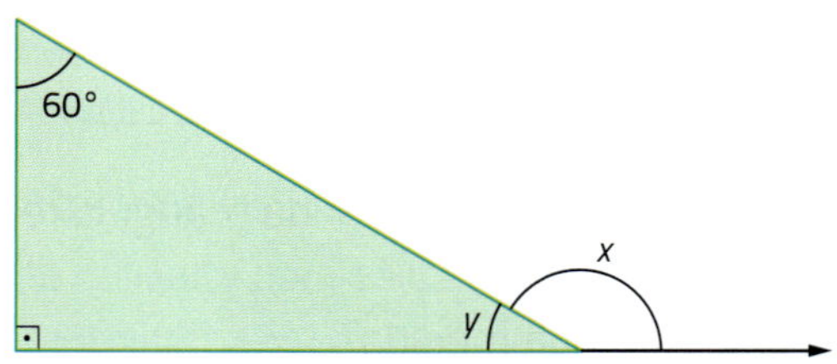

$x = 60° + 90° = 150°$ e $y = 180° - 150° = 30°$

Ou, então, $y = 90° - 60° = 30°$ e $x = 180° - 30° = 150°$

ATIVIDADES

24. Qual é o valor de x?

a)

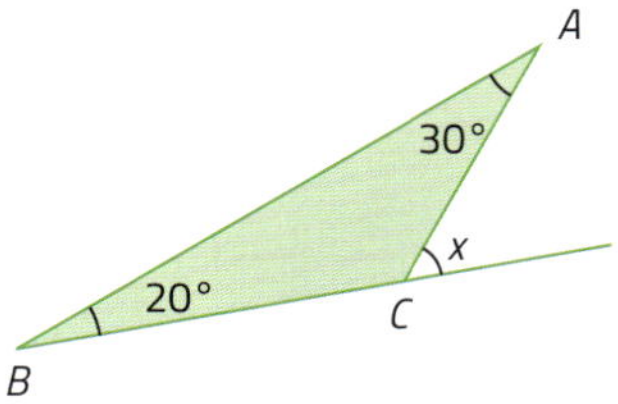

b)

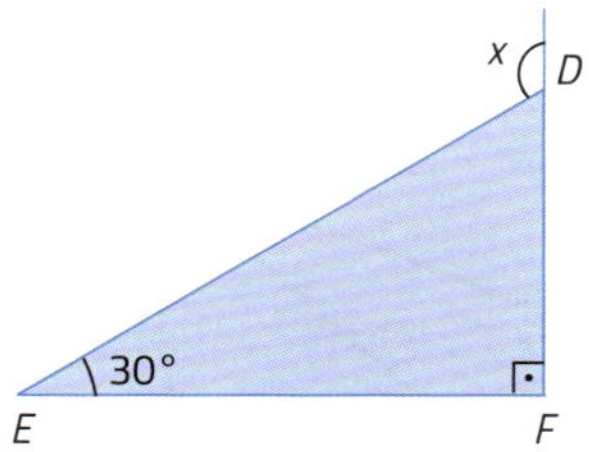

c)

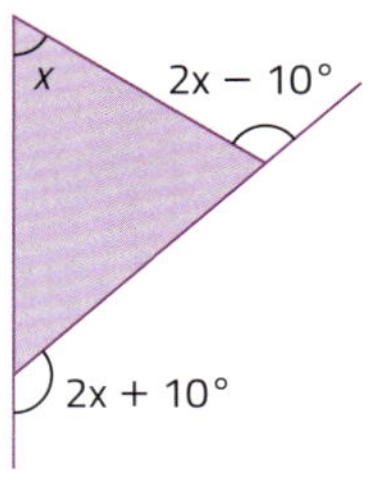

25. Determine os valores de x e y em cada item.

a)

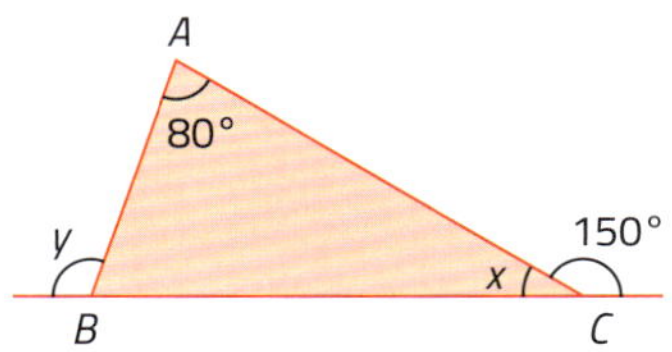

b)

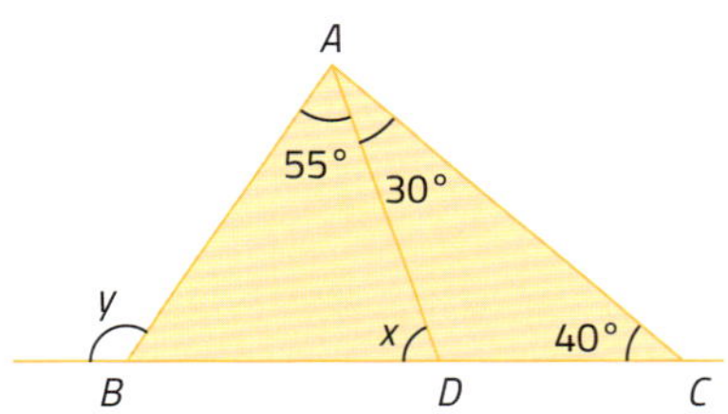

26. Calcule a soma $x + y + z$ nos seguintes casos:

a)

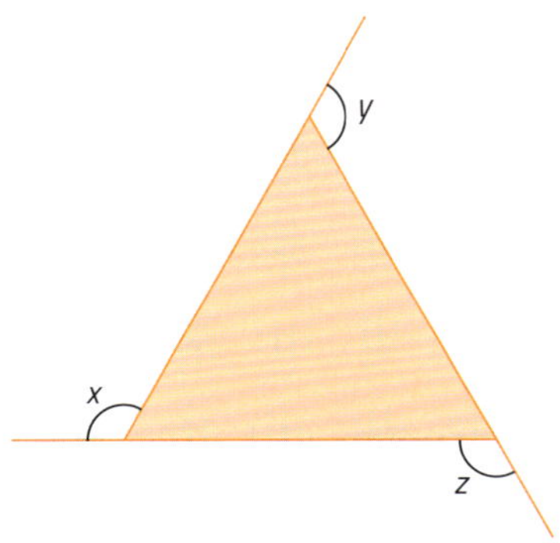

b)

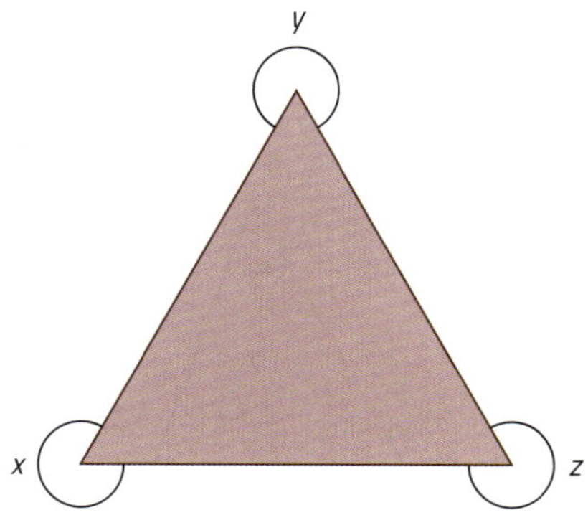

Ilustrações: Banco de imagens/Arquivo da editora

27. Sabendo que $r \parallel s$, calcule o valor de x.

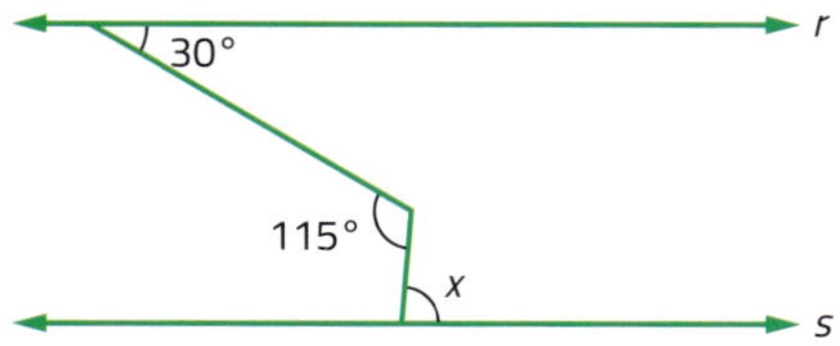

28. Na figura, r é paralela a s. Determine a soma $x + y$.

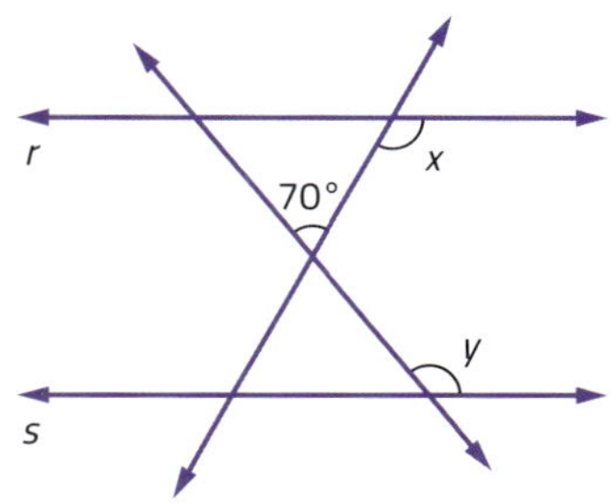

29. Na figura, as retas paralelas r e s são intersectadas pela transversal t. Determine a medida do ângulo $\hat{x}$ formado pelas bissetrizes m e n.

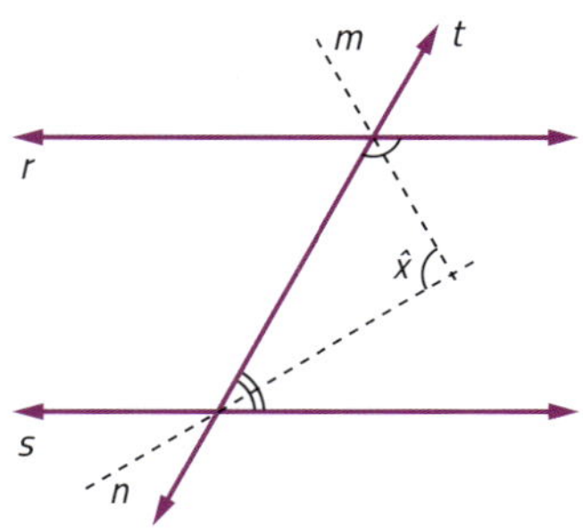

30. Pode-se dizer que existe um triângulo que seja:

a) acutângulo e isósceles?

b) obtusângulo e isósceles?

c) retângulo e isósceles?

31. O ângulo do vértice de um triângulo isósceles mede 67° 32' 52". Calcule as medidas dos ângulos adjacentes à base desse triângulo.

32. Sabendo que as retas *r* e *s* são paralelas, calcule os valores de *x*, *y* e *z*.

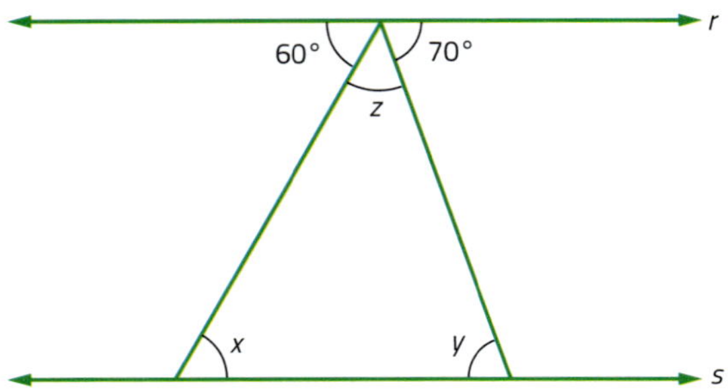

33. Determine a medida dos ângulos internos de um triângulo, sabendo que os ângulos externos medem, em graus, respectivamente: x, $x + 10°$ e $x - 10°$.

34. Sabendo que $r // s$, calcule os valores de *x* e *y*.

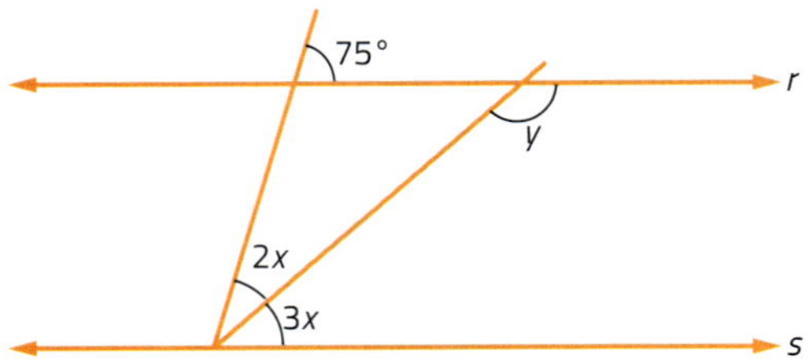

35. Calcule o valor de *x* na figura abaixo.

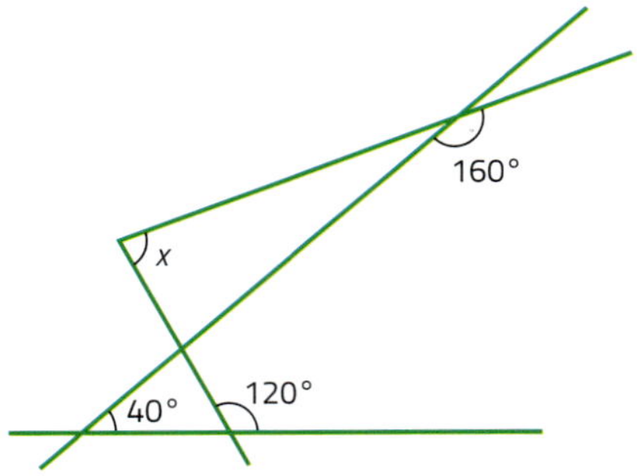

Polígonos

Polígono é uma linha poligonal fechada, podendo ser simples ou não simples, que possui uma região interna. Observe abaixo alguns polígonos.

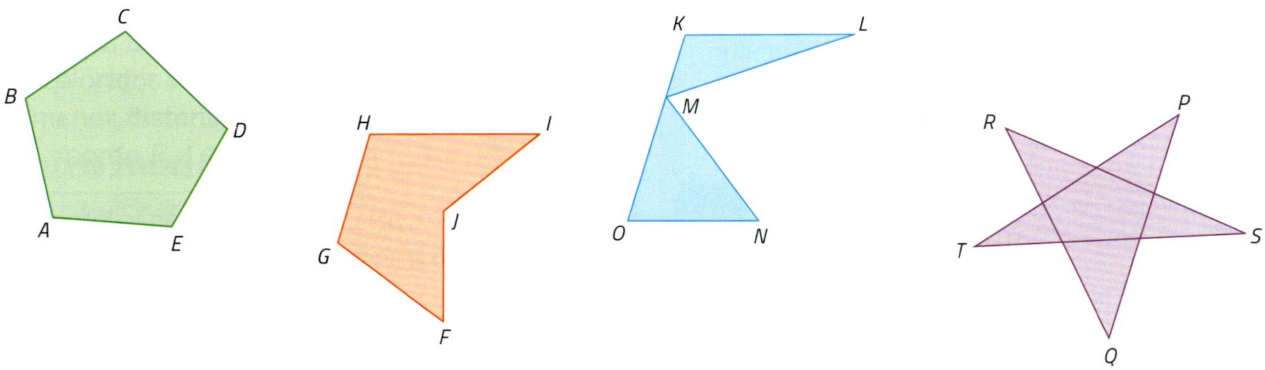

Ilustrações: Banco de imagens/Arquivo da editora

Um polígono é **simples** se quaisquer dois lados não consecutivos não têm ponto comum. Ao contrário, se existem dois lados não consecutivos que têm um ponto comum, então o polígono é chamado de **não simples**.

Portanto, dos exemplos acima:

- *ABCDE* e *FGHIJ* são polígonos simples;
- *KLMNO* e *PQRST* são polígonos não simples.

Polígonos convexos e polígonos côncavos

Um polígono simples pode ser côncavo ou convexo. Um polígono é **convexo** se a reta que contém qualquer um de seus lados deixa todos os demais lados no mesmo semiplano – isto é, em um dos dois semiplanos que ela determina.

Observe que o polígono *ABCDE*, representado abaixo, é convexo; ele está inteiramente contido no semiplano azul de cada figura a seguir.

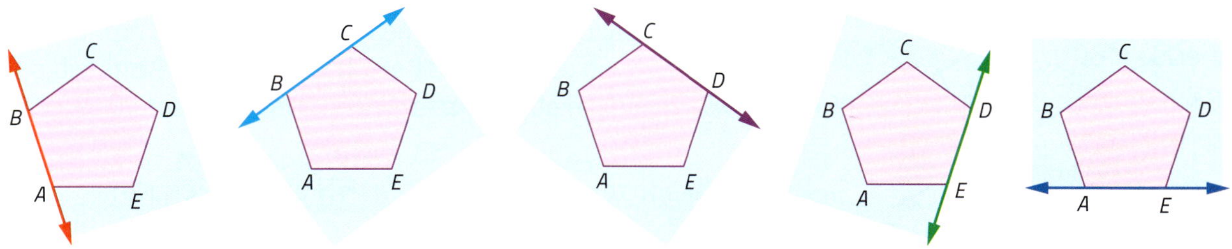

Ilustrações: Banco de imagens/Arquivo da editora

Já um polígono é **côncavo** se existe uma reta que contém um de seus lados e que deixa parte dos demais lados em um semiplano determinado por ela e parte em outro.

Observe, por exemplo, o polígono *FGHIJ*.

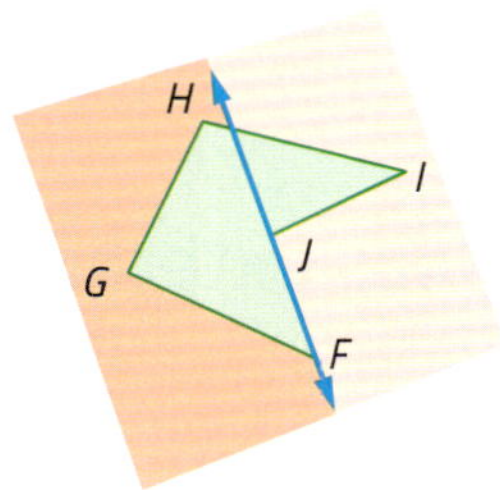

A reta $\overleftrightarrow{FJ}$ deixa parte dos lados em um semiplano e parte em outro, ou seja, o polígono está contido em dois semiplanos diferentes.

Neste momento, interessa-nos o estudo dos **polígonos convexos**.

Elementos de um polígono convexo

Na figura abaixo, destacamos alguns elementos de um polígono convexo.

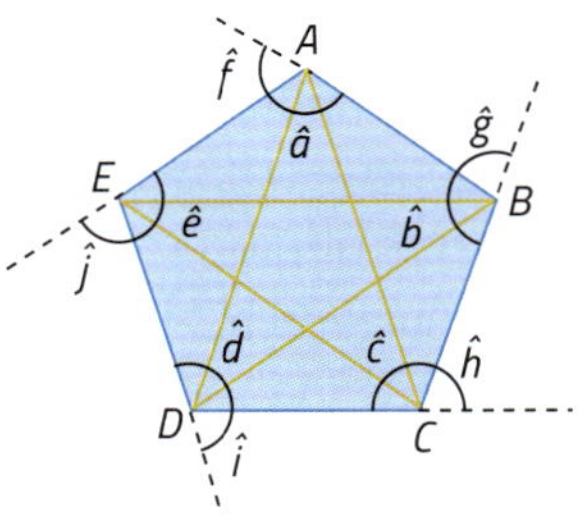

Lados: $\overline{AB}$, $\overline{BC}$, $\overline{CD}$, $\overline{DE}$, $\overline{EA}$.

Vértices: *A*, *B*, *C*, *D*, *E*.

Diagonais: $\overline{AC}$, $\overline{AD}$, $\overline{BD}$, $\overline{BE}$, $\overline{CE}$.

Ângulos internos: $\hat{a}$, $\hat{b}$, $\hat{c}$, $\hat{d}$, $\hat{e}$.

Ângulos externos: $\hat{f}$, $\hat{g}$, $\hat{h}$, $\hat{i}$, $\hat{j}$.

Polígonos regulares

Um polígono convexo é chamado de **polígono regular** quando tem todos os lados congruentes e todos os ângulos internos congruentes.

Sendo assim, um polígono regular é também equilátero e equiângulo. Observe abaixo um exemplo de polígono regular.

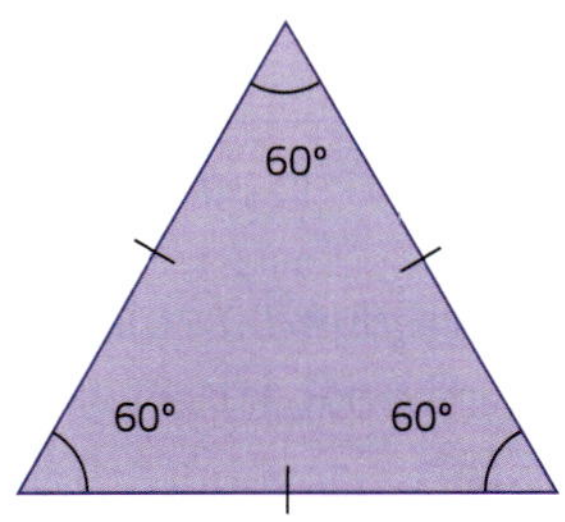

Triângulo regular ou triângulo equilátero.

Soma das medidas dos ângulos internos de um polígono regular

Para descobrirmos a soma das medidas dos ângulos internos de um polígono regular, podemos decompor o polígono em triângulos, já que a soma das medidas dos ângulos internos de um triângulo é conhecida (180°).

Decompomos o polígono regular em triângulos, traçando as diagonais que partem de um único vértice. Observe a seguir alguns exemplos.

- Quadrado:
  $2 \cdot 180° = 360°$

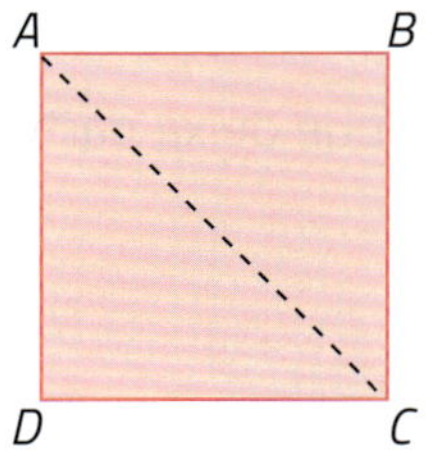

- Pentágono regular:
  $3 \cdot 180° = 540°$

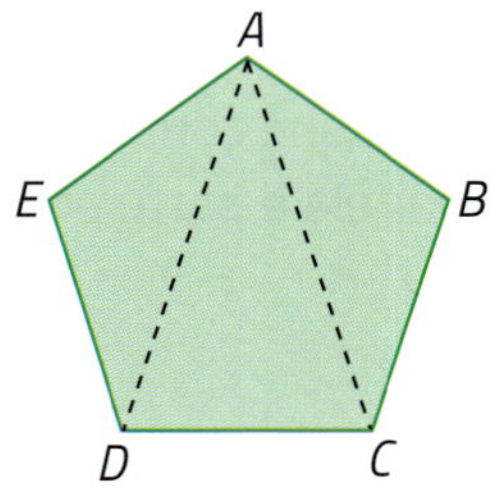

- Hexágono regular:
  $4 \cdot 180° = 720°$

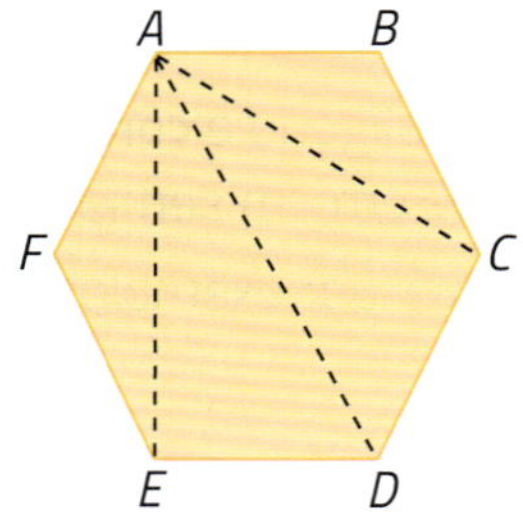

Soma das medidas dos ângulos externos de um polígono regular

Conhecida a medida do ângulo interno de um polígono regular, é possível determinar a soma das medidas dos ângulos externos, pois, como são polígonos regulares, os ângulos externos também são congruentes.

Observe o triângulo equilátero representado abaixo.

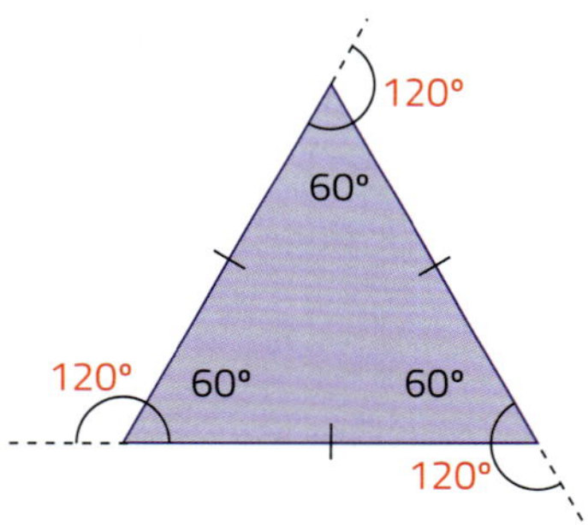

Ilustrações: Banco de imagens/Arquivo da editora

Como os três ângulos externos são congruentes, podemos concluir que a soma desses ângulos é igual a 360°. Observe agora o caso do quadrado.

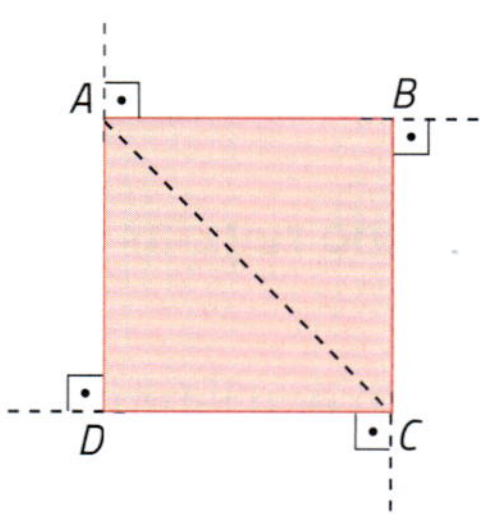

Como os quatro ângulos externos são congruentes, podemos concluir que a soma desses ângulos é igual a 360°.

Podemos observar nos polígonos regulares acima, que todos os ângulos internos são congruentes entre si, assim como os ângulos externos (equiângulo), e que todos os lados têm a mesma medida de comprimento (equilátero). Desse modo, em todo polígono regular, a quantidade de ângulos internos é igual à quantidade de lados e vértices. Já os ângulos externos serão todos congruentes e suplementares aos ângulos internos.

ATIVIDADES

36. Decomponha o octógono regular abaixo em triângulos. Depois, determine a soma das medidas dos ângulos internos desse polígono.

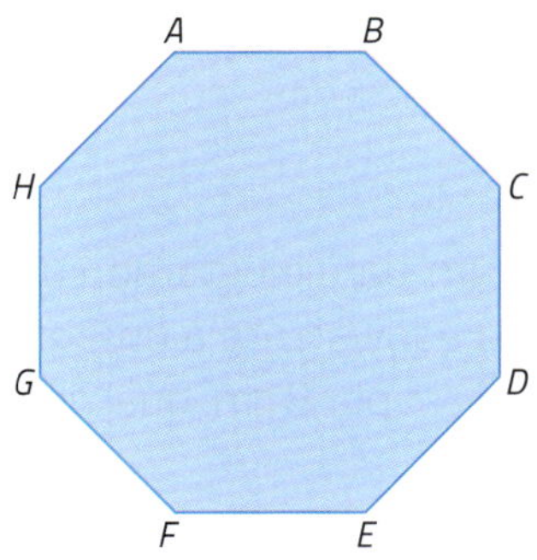

37. Decomponha o dodecágono regular abaixo em triângulos. Depois, determine a soma das medidas dos ângulos internos desse polígono.

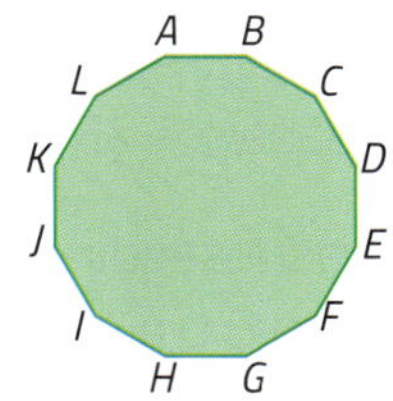

38. Usando régua e compasso, construa um quadrado de lado ℓ.

Calculando área de polígonos

Área do paralelogramo

Na figura ao lado temos o paralelogramo *ABCD* com o lado $\overline{AB}$ de 4 m e com a altura, relativa a esse lado, de 3 m. Consideramos o lado de medida conhecida como **base do paralelogramo** e a altura relativa a esse lado como **altura do paralelogramo**.

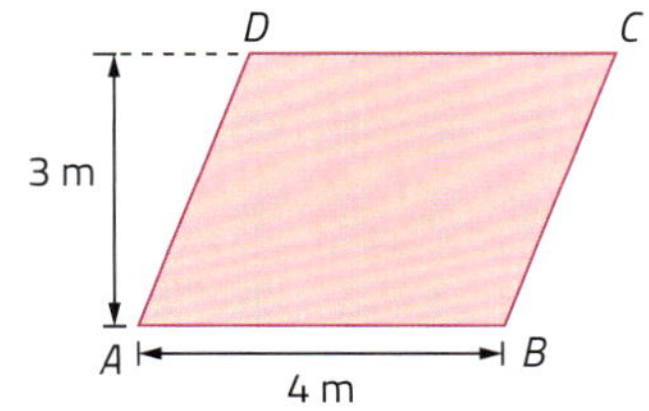

Para obter a área desse paralelogramo, vamos transformá-lo em um retângulo, "cortando" o triângulo *ADE* e deslocando-o para a posição *BCF*, como mostram as figuras a seguir.

Observe que a área do paralelogramo *ABCD* é igual à área do retângulo *EFCD*.

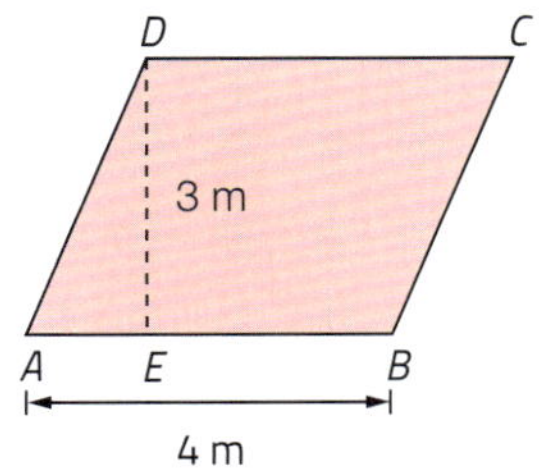

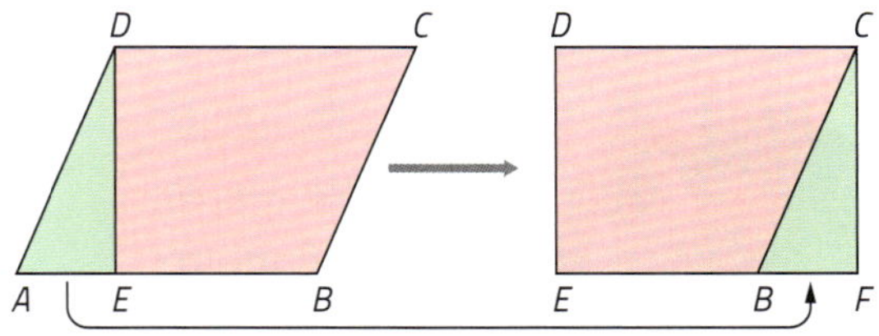

Ilustrações: Banco de imagens/Arquivo da editora

Comparando o paralelogramo *ABCD* e o retângulo *EFCD*, notamos que as bases têm a mesma medida (4 m), assim como as alturas também têm a mesma medida (3 m).

A área do retângulo *EFCD* é igual a:

$$(4 \cdot 3)\ m^2 = 12\ m^2$$

Essa também é a área do paralelogramo *ABCD*.

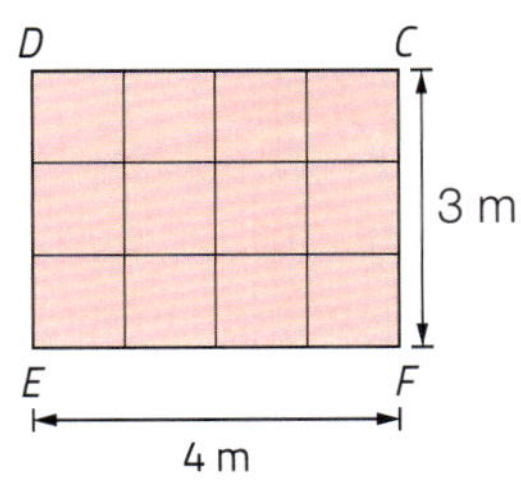

A **área do paralelogramo** é igual ao produto da medida da base pela medida da altura.

$$\text{área}_{\text{paralelogramo}} = \text{base} \cdot \text{altura}$$

ATIVIDADES

39. Calcule a área de um paralelogramo de base 8 cm e altura 5 cm.

40. Quanto mede o lado de um quadrado equivalente (de mesma área) a um paralelogramo com 20 cm de base e 1,25 cm de altura?

41. Quais das figuras a seguir são equivalentes a um quadrado com 8 cm de lado?

a) retângulo

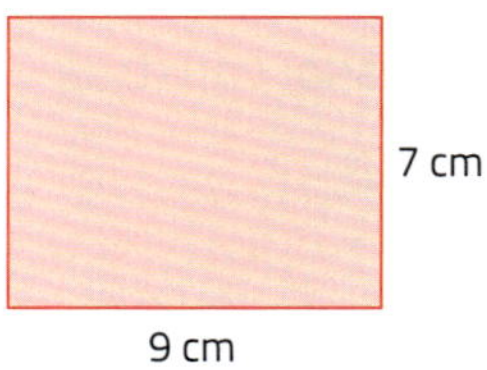

b) paralelogramo

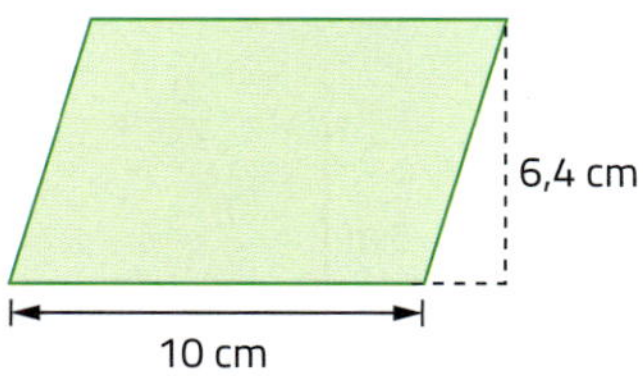

c) retângulo

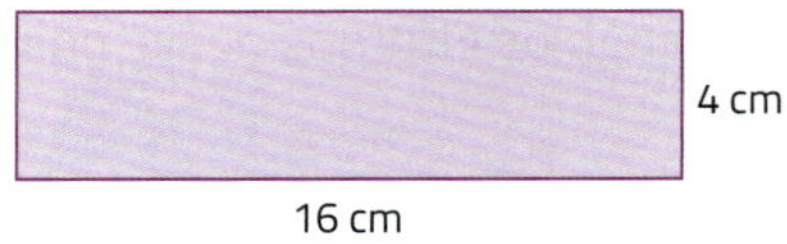

42. Para que um paralelogramo cuja base mede 12 cm seja equivalente a um retângulo de dimensões 6 cm por 8 cm, qual deve ser a altura dele?

43. Calcule a área do polígono representado a seguir.

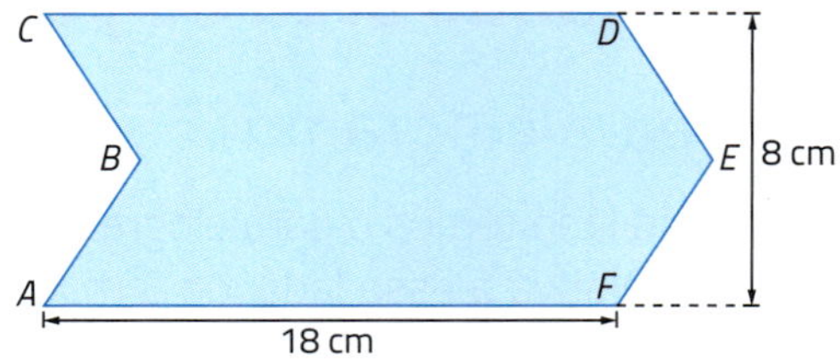

Considere: $\overleftrightarrow{AB} \parallel \overleftrightarrow{EF}$, $\overleftrightarrow{BC} \parallel \overleftrightarrow{DE}$ e $\overleftrightarrow{CD} \parallel \overleftrightarrow{AF}$.

Área do triângulo

Leia a dúvida de Marcos.

Ilustrações: Banco de imagens/Arquivo da editora

Em um triângulo *ABC*,

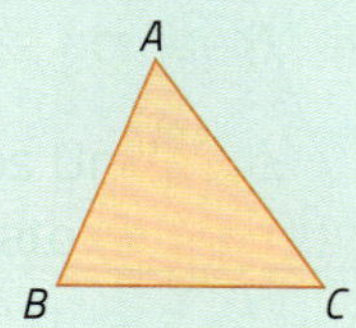

o vértice oposto:

- ao lado $\overline{BC}$ é *a*.
- ao lado $\overline{CA}$ é *b*.
- ao lado $\overline{AB}$ é *c*.

A figura ao lado representa um triângulo de 5 cm de base e 3 cm de altura.

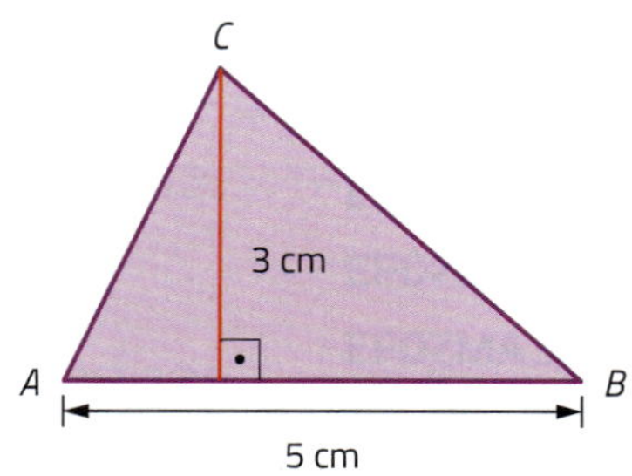

A base do triângulo é um dos seus lados. A altura relativa à base é a altura relativa ao vértice oposto a ela: é o segmento que tem como extremidades esse vértice e um ponto da reta que contém a base, formando ângulo reto com ela.

Agora, vamos construir pelo ponto *C* a reta *r* paralela ao lado $\overline{AB}$. Em seguida, vamos construir pelo ponto *B* a reta *s* paralela ao lado $\overline{AC}$.

As retas *r* e *s* se intersectam no ponto *D* e o quadrilátero *ABDC* é um paralelogramo.

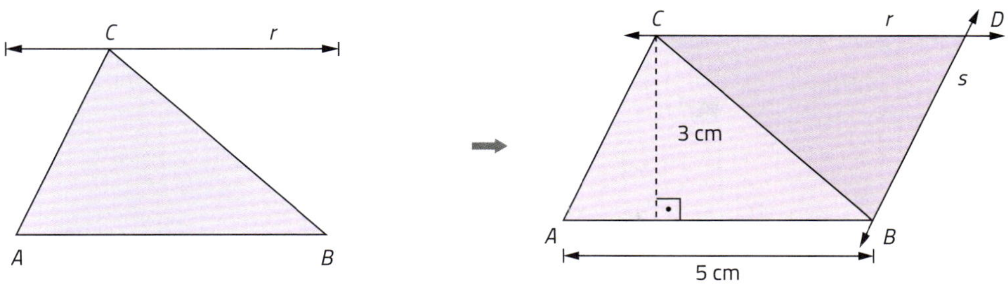

Ilustrações: Banco de imagens/Arquivo da editora

Comparando o triângulo *ABC* com o paralelogramo *ABDC*, notamos que as bases têm a mesma medida (5 cm), assim como as alturas também têm a mesma medida (3 cm).

A área do paralelogramo *ABDC* é igual a

$$(5 \cdot 3)\ \text{cm}^2 = 15\ \text{cm}^2$$

Como o paralelogramo *ABDC* é formado por dois triângulos equivalentes (*ABC* e *BCD*), a área de cada um deles corresponde à metade da área do paralelogramo. Assim, a área de cada triângulo é igual a:

$$\frac{5 \cdot 3}{2}\ \text{cm}^2 = \frac{15}{2} = 7{,}5\ \text{cm}^2$$

A **área do triângulo** é igual ao produto da medida da base pela medida da altura relativa a essa base, dividido por 2.

$$\text{área}_{\text{triângulo}} = \frac{\text{base} \cdot \text{altura}}{2}$$

ATIVIDADES

44. Faça as medições necessárias e calcule a área de cada polígono representado a seguir.

a)

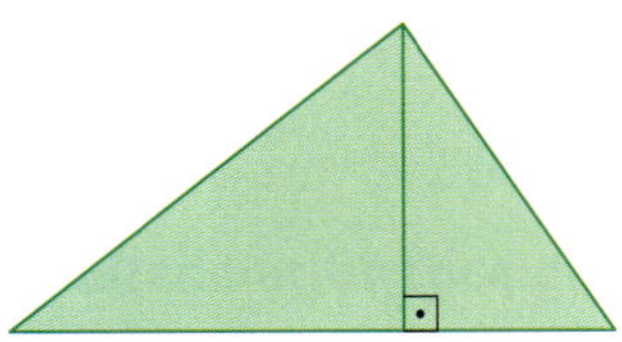

b)

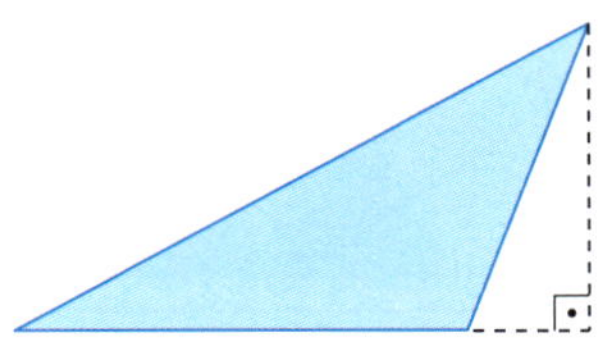

c)

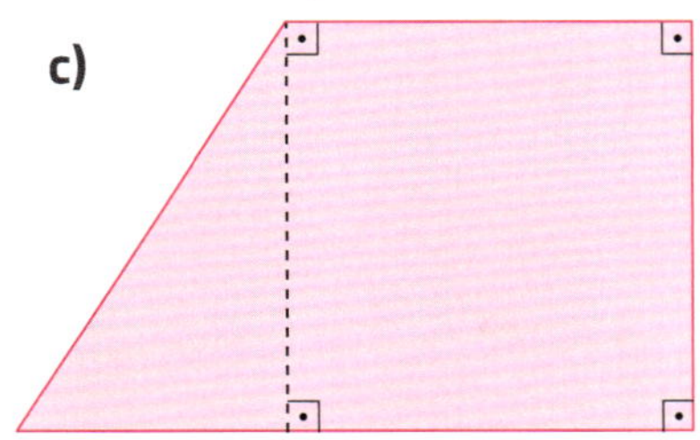

Para resolver as próximas atividades, considere as medidas indicadas nas ilustrações.

45. Calcule a área de cada um dos seguintes triângulos:

a)

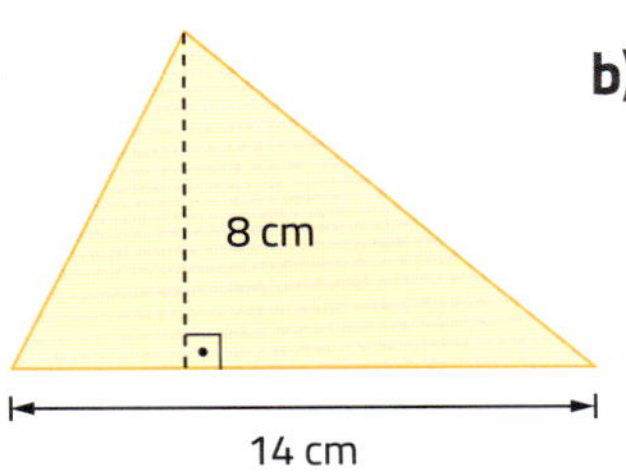

b)

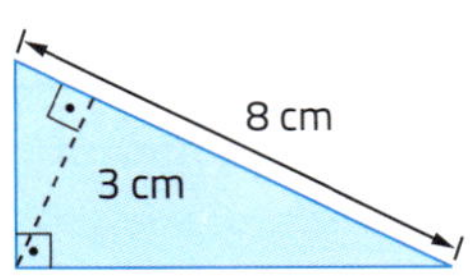

c)

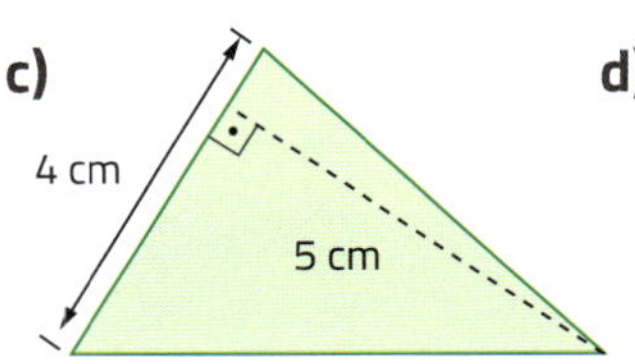

d)

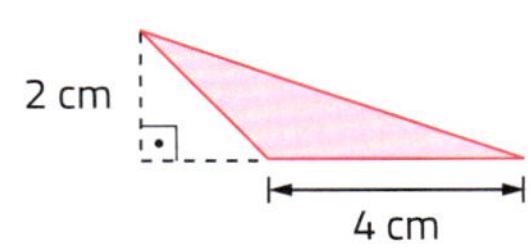

46. Calcule a área da região colorida em cada figura.

a)

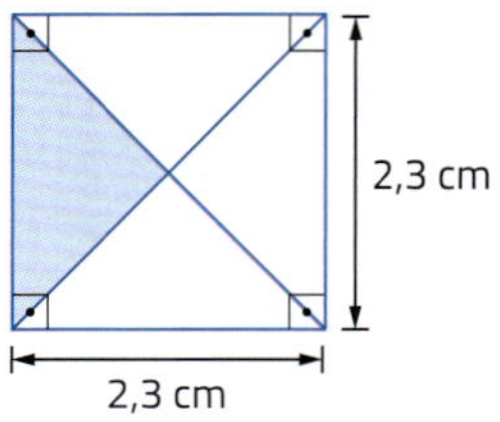

b)

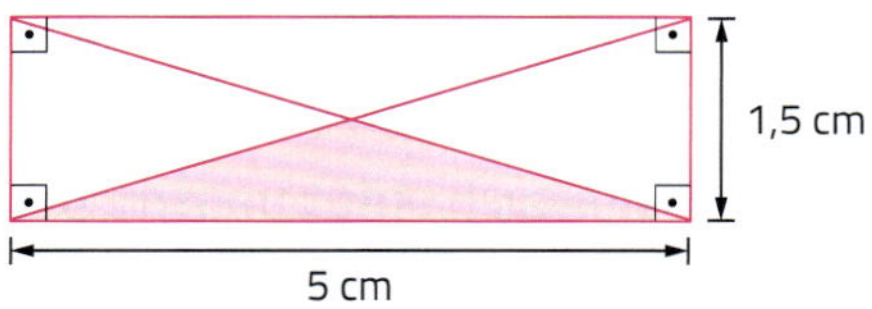

47. Calcule a área do terreno representado pela figura abaixo.

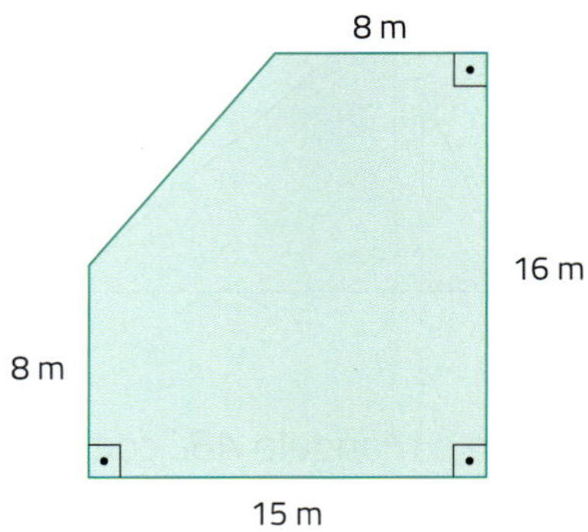

Ilustrações: Banco de imagens/Arquivo da editora

Área do losango

Ilustrações: Banco de imagens/Arquivo da editora

Vamos considerar um losango cuja diagonal maior mede 60 cm e a diagonal menor mede 40 cm.

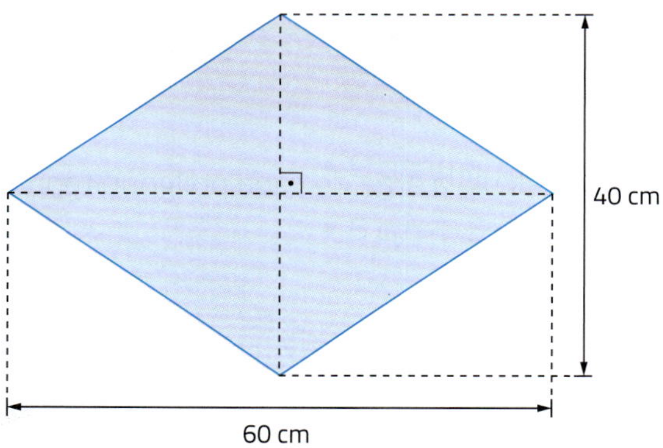

Usando as diagonais, podemos decompor o losango em quatro triângulos equivalentes. Observe:

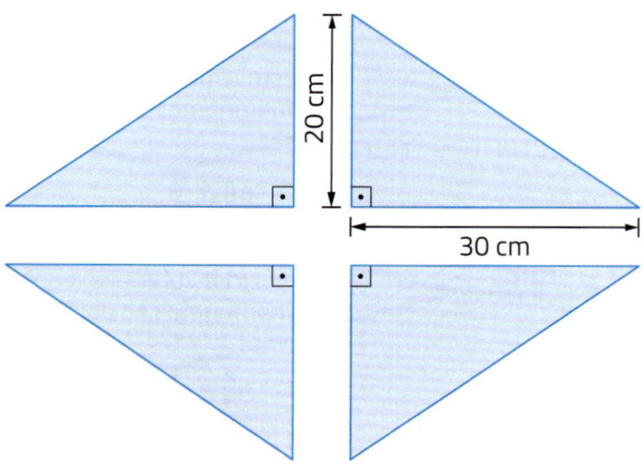

Cada um desses triângulos tem 30 cm (metade da diagonal maior) de base e 20 cm (metade da diagonal menor) de altura; portanto, a área de cada triângulo é igual a:

$$\frac{30 \cdot 20}{2} \text{ cm}^2 = 300 \text{ cm}^2$$

Como a área do losango é quatro vezes a área desse triângulo, temos:

$$\text{área}_{\text{losango}} = 4 \cdot \frac{30 \cdot 20}{2} \text{ cm}^2 = 4 \cdot 300 \text{ cm}^2 = 1\,200 \text{ cm}^2$$

Também podemos escrever:

diagonal maior → 60; diagonal menor → 40

$$\text{área}_{\text{losango}} = 4 \cdot \frac{30 \cdot 20}{2} \text{ cm}^2 = \frac{60 \cdot 40}{2} \text{ cm}^2 = 1\,200 \text{ cm}^2$$

A **área do losango** é igual à metade do produto das medidas das diagonais.

$$\text{área}_{\text{losango}} = \frac{\text{diagonal maior} \cdot \text{diagonal menor}}{2}$$

Área do trapézio

Veja o que Marta perguntou durante a aula de Geometria.

Ilustrações: Banco de imagens/Arquivo da editora

Considere um trapézio de 3 cm de altura, cuja base maior mede 6 cm e a base menor mede 4 cm:

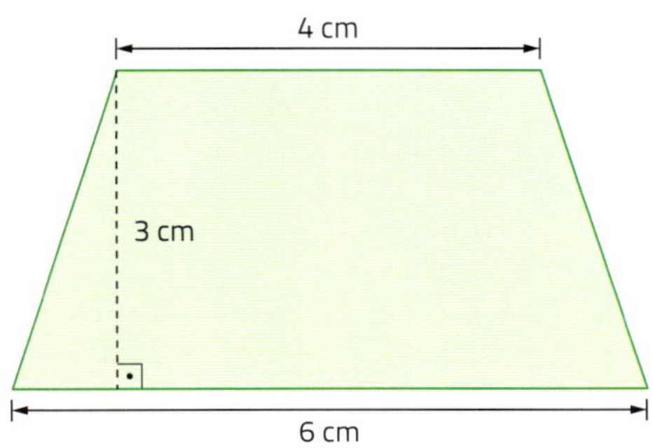

Note que podemos dividir o trapézio *ABCD* na diagonal $\overline{BD}$. Desse modo, obtemos dois triângulos.

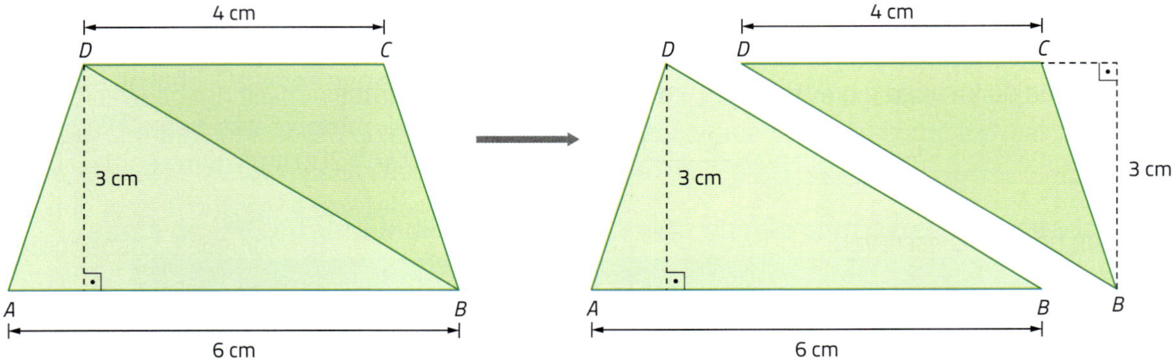

O triângulo *ABD* tem 6 cm de base e 3 cm de altura; então, a área dele é igual a $\frac{6 \cdot 3}{2}$ cm².

O triângulo *BCD* tem 4 cm de base e 3 cm de altura; então, a área dele é igual a $\frac{4 \cdot 3}{2}$ cm².

A área do trapézio é igual à soma das áreas dos dois triângulos. Assim, temos:

$$\text{área}_{\text{trapézio}} = \frac{6 \cdot 3}{2} + \frac{4 \cdot 3}{2}$$

Então, em centímetro quadrado, temos:

base maior → 6; base menor → 4; altura → 3

$$\text{área}_{\text{trapézio}} = \frac{(6 + 4)}{2} \cdot 3 = 15$$

A média aritmética de dois números é a soma deles dividida por 2.

Ilustrações: Banco de imagens/Arquivo da editora

A **área do trapézio** é igual à média aritmética das medidas das bases multiplicada pela medida da altura.

$$\text{área}_{\text{trapézio}} = \frac{(\text{base maior} + \text{base menor})}{2}$$

ATIVIDADES

48. Faça as medições necessárias e calcule a área de cada polígono representado a seguir.

a)

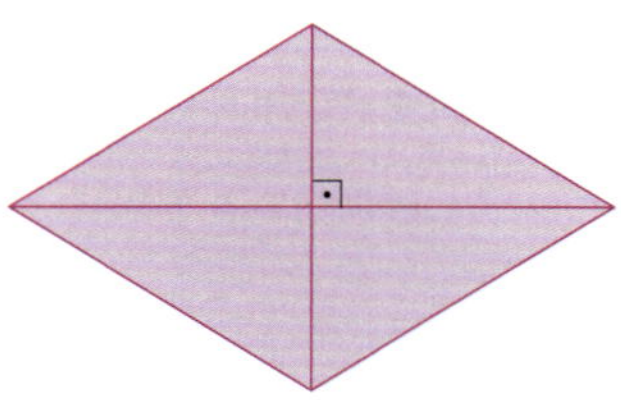

b)

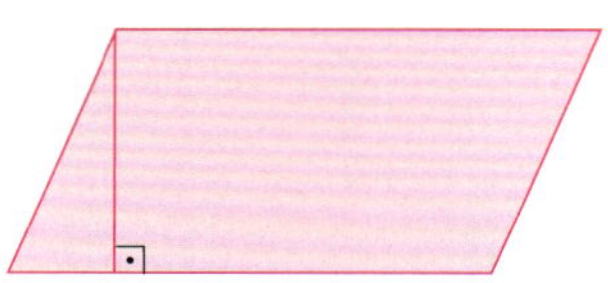

c)

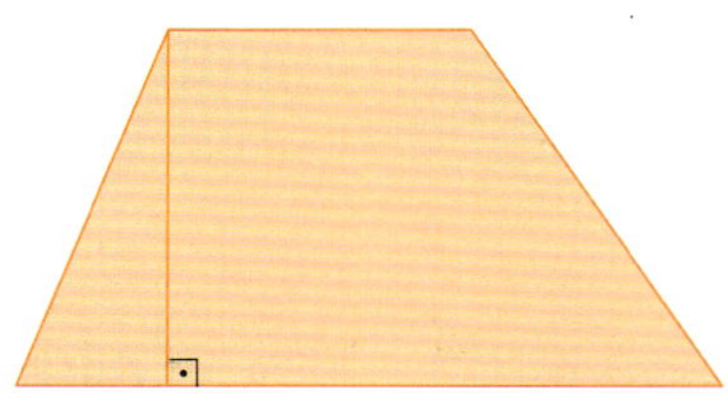

49. Calcule a área da região colorida em cada figura.

a)

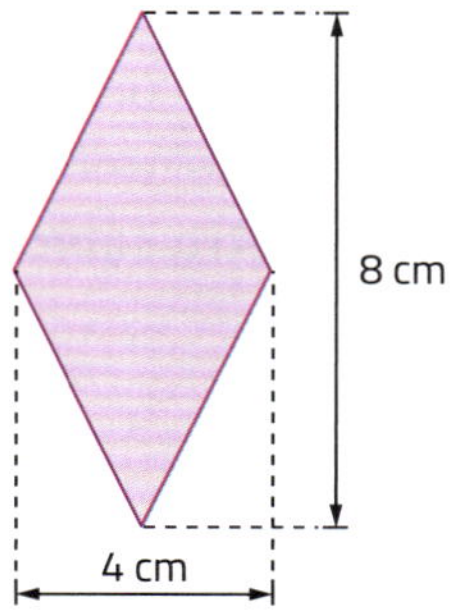

c)

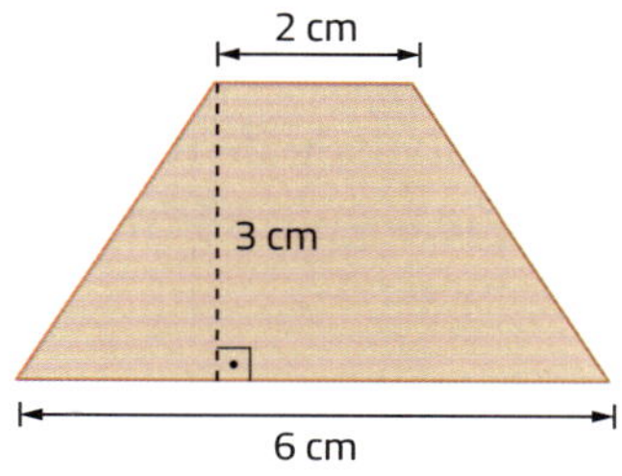

Ilustrações: Banco de imagens/Arquivo da editora

b)

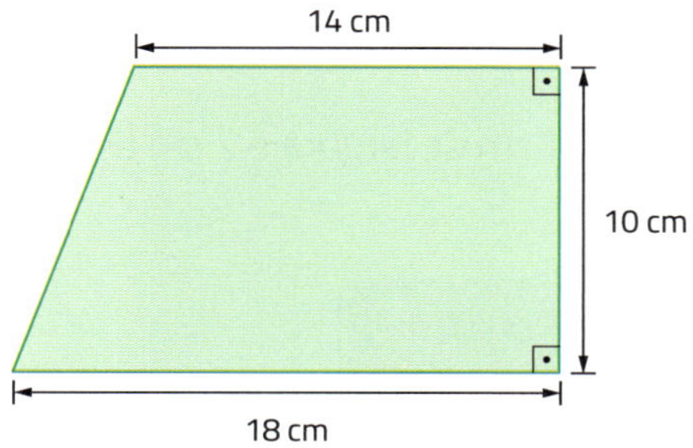

d)

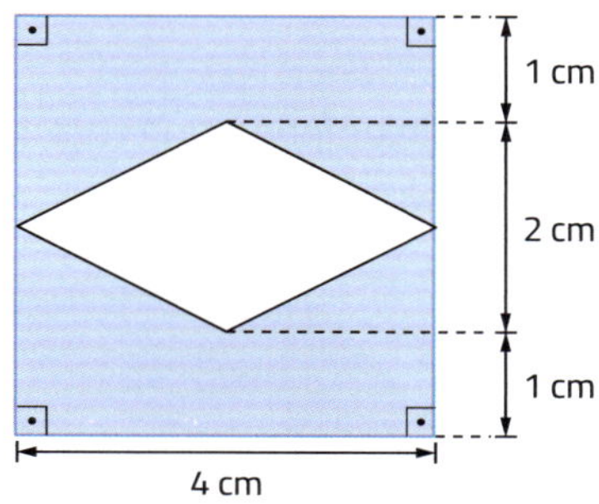

50. Elabore um problema que possa ser resolvido usando as operações abaixo.

$300\ m \cdot 200\ m = 60\ 000\ m^2$

$15\ m \cdot 50\ m = 750\ m^2$

$60\ 000\ m^2 : 750\ m^2 = 80$

NA OLIMPÍADA

Girando o dado

(Obmep) A soma dos números das faces opostas de um dado é sempre 7. O dado da figura é girado sucessivamente sobre o caminho indicado até parar na última posição, destacada em cinza. Nessa posição, qual é o número que está na face superior do dado?

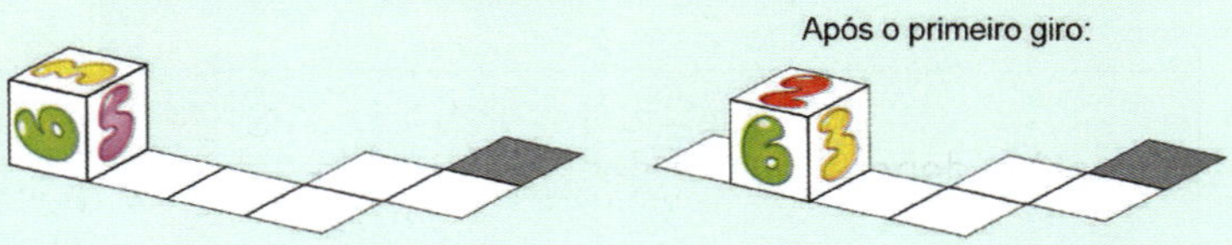

Reprodução/Obmep, 2016.

a) 1 **b)** 2 **c)** 3 **d)** 4 **e)** 5

As faces invisíveis

(Obmep) Zequinha tem três dados iguais com letras *O*, *P*, *Q*, *R*, *S* e *T* em suas faces. Ele juntou esses dados como na figura, de modo que as faces em contato tivessem a mesma letra. Qual é a letra na face oposta à que tem a letra *T*?

Reprodução/Obmep, 2017.

a) *S*
b) *R*
c) *Q*
d) *P*
e) *O*

Volume do paralelepípedo

O volume de um sólido pode ser obtido usando o volume de um sólido conhecido como unidade de medida. Por exemplo, a unidade de medida padronizada de volume corresponde ao volume de um cubo de 1 metro de aresta, que é igual a 1 m^3. Nomeamos essa unidade de medida de **metro cúbico** (**m^3**).

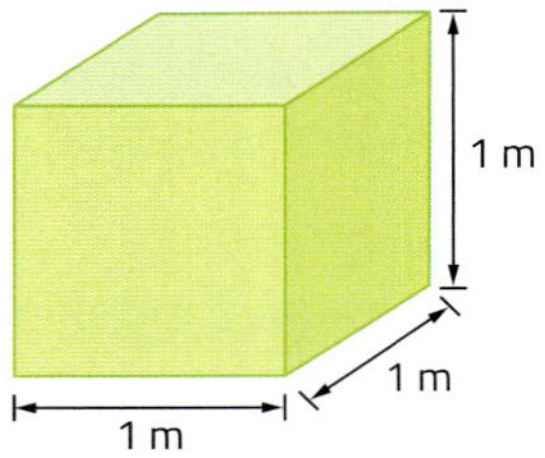

Considere um paralelepípedo que tem 4 cm de comprimento, 1 cm de largura e 2 cm de altura. Qual é o volume desse paralelepípedo?

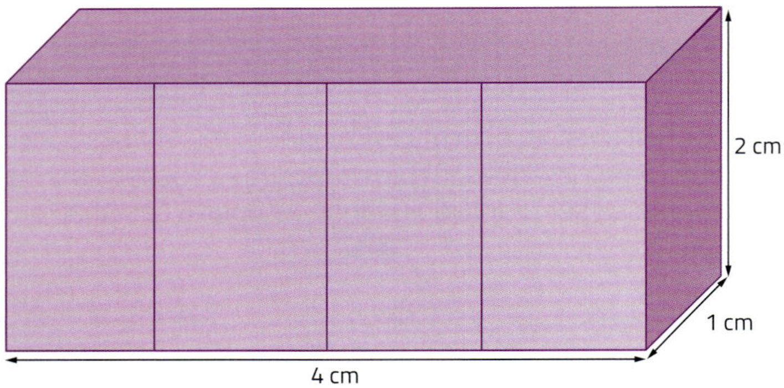

Ilustrações: Banco de imagens/Arquivo da editora

Para determinar o volume desse sólido, podemos dividir cada aresta de 2 cm em duas partes iguais, de modo que o paralelepípedo seja dividido em duas "fatias" iguais, cada uma com 1 cm de altura.

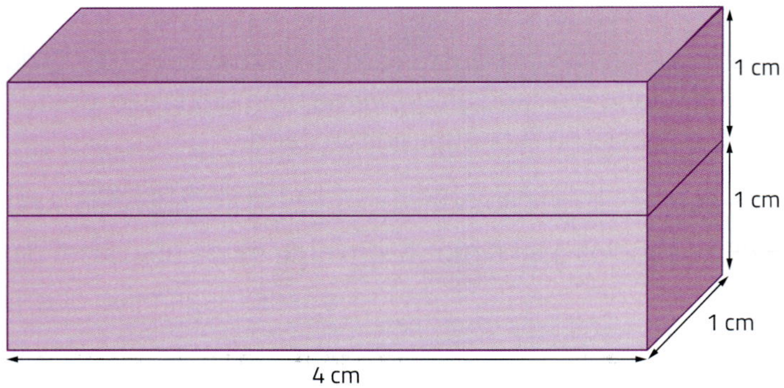

Observe que cada uma dessas "fatias" tem as seguintes dimensões: 4 cm, 1 cm e 1 cm.

Agora, vamos dividir cada aresta de 4 cm em quatro partes iguais.

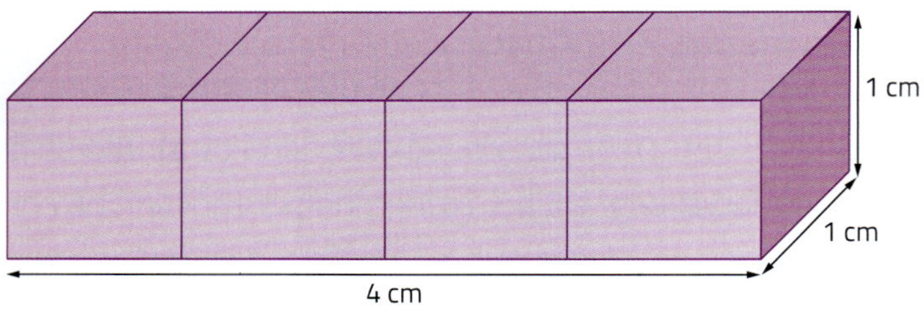

Assim, obtemos 4 cubos com volume igual a 1 cm^3. Portanto, o volume de cada "fatia" é igual a 4 cm^3.

Como o paralelepípedo pode ser decomposto em duas "fatias" de 4 cm^3, podemos concluir que o volume dele é dado por:

$$2 \cdot 4\ cm^3 = 8\ cm^3$$

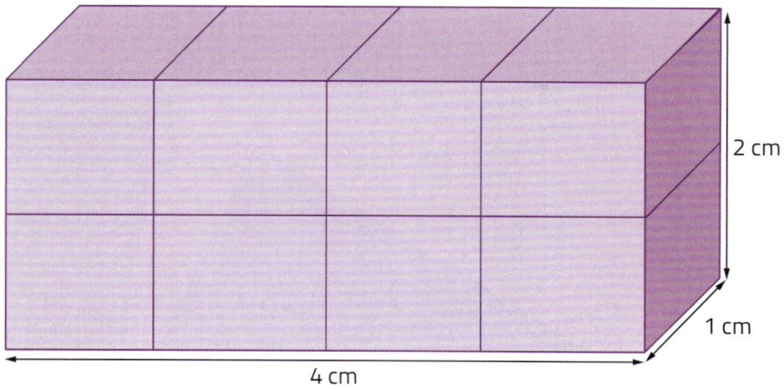

Ilustrações: Banco de imagens/Arquivo da editora

O **volume de um bloco retangular** (ou **paralelepípedo**) é igual ao produto das medidas de comprimento, largura e altura.

Relação entre volume e capacidade

Em algumas situações, é possível utilizar o conceito de capacidade para determinar o volume de um objeto. Como vimos no 6º ano, o **litro** (**L**) corresponde à capacidade de um cubo cuja aresta mede 1 dm. Desse modo, podemos concluir que:

$$1\ L = 1\ dm^3$$

studio BM/Shutterstock

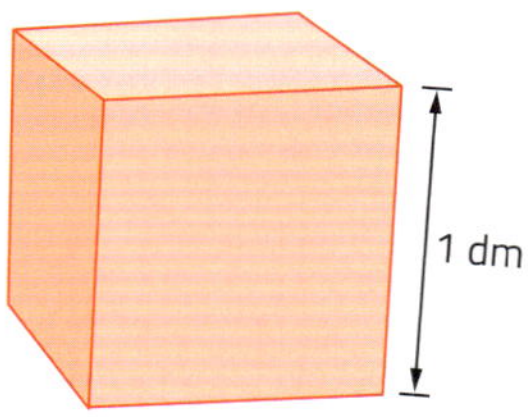

Outra unidade de medida de capacidade que estudamos é o **mililitro** (**mL**). Essa unidade está associada à capacidade de um cubo cuja aresta mede 1 cm. Desse modo, temos:

$$1\ mL = 1\ cm^3$$

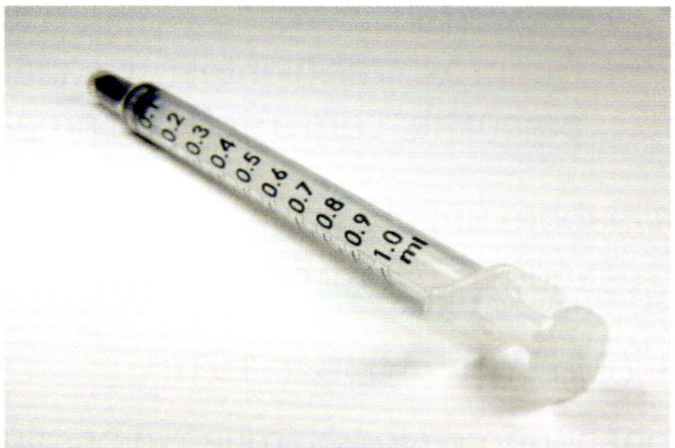

Panther Media GmbH/Alamy/Fotoarena

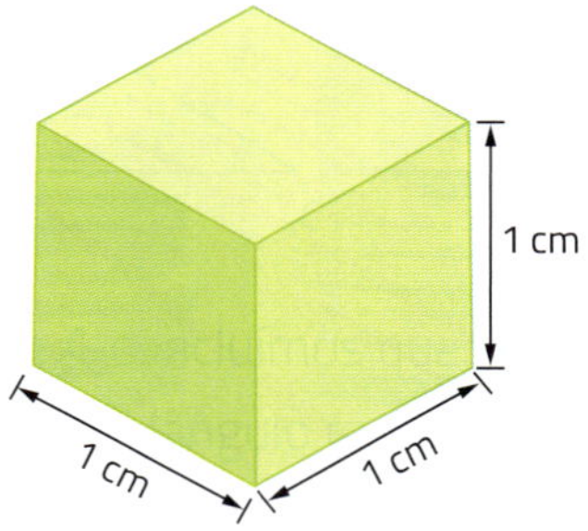

O mililitro costuma ser utilizado para indicar capacidades menores que 1 L. Por exemplo, para indicar a capacidade de instrumentos como seringas.

ATIVIDADES

51. Determine, em m³, o volume de cada paralelepípedo representado a seguir.

a)

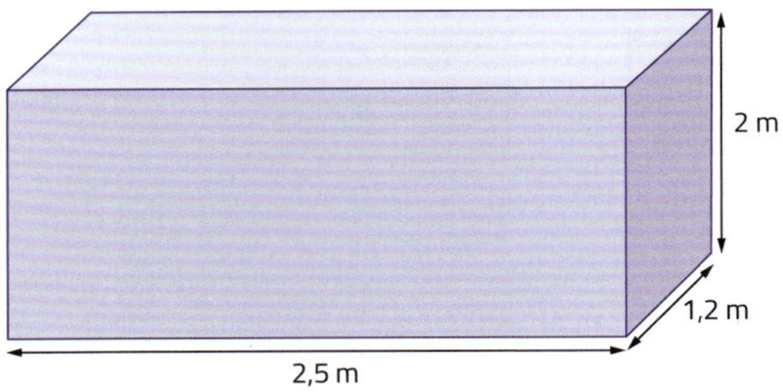

b)

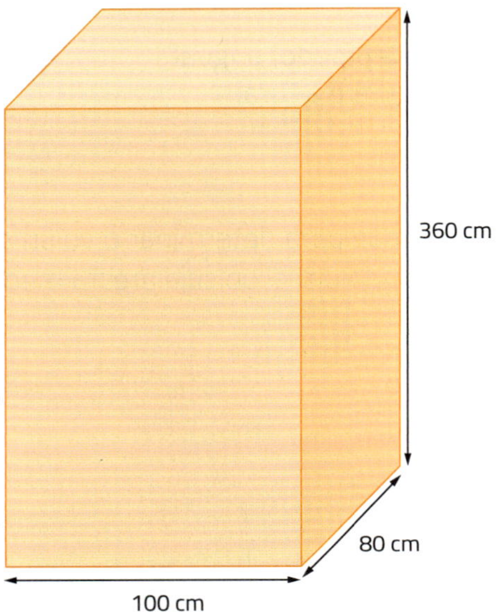

Ilustrações: Banco de imagens/Arquivo da editora

52. A piscina de um clube com formato de um paralelepípedo tem 20 m de comprimento, 5 m de largura e 1,8 m de profundidade. Determine, em metro cúbico, o volume de água necessário para encher essa piscina.

canbedone/Shutterstock

Piscina semiolímpica em um clube.

53. Para encher uma piscina de 1 m³, quantos baldes de 25 L serão necessários? Considere que 1 m³ equivale a 1 000 L.

As imagens desta página não estão representadas em proporção entre si.

Timmary/Shutterstock

54. Juliana estava fazendo gelatina. Ao consultar o modo de preparo no rótulo da embalagem, deparou com a seguinte informação:

- Dissolva o conteúdo desta embalagem em um recipiente com 250 mL de água morna.
- Após dissolver, acrescente 0,5 L de água fria e misture.
- Coloque na geladeira e aguarde por 3 horas.

New Africa/Shutterstock

Sabendo que Juliana usou recipientes com 150 mL de volume para armazenar a gelatina, responda:

a) Qual é o volume total de gelatina preparado? Indique a resposta em mililitro.

b) Quantos recipientes Juliana conseguiu preencher com a gelatina preparada?

55. Elabore um problema que possa ser resolvido usando as operações abaixo.

$2\ \text{m} \cdot 3\ \text{m} \cdot 2{,}5\ \text{m} = 15\ \text{m}^3$

$15\ \text{m}^3 = 15\,000\ \text{L}$

$15\,000\ \text{L} : 0{,}75\ \text{L} = 20\,000$

CAPÍTULO 16

Circunferência e seus elementos

Donatas Dabravolskas/Shutterstock

Roda-gigante Rio Star, localizada no Rio de Janeiro, Brasil.

NA REAL

Com que figura geométrica plana se parece?

A roda-gigante é um brinquedo presente em diversos parques de diversões de todo o mundo e é também uma das grandes atrações turísticas de várias cidades, pois possibilita aos turistas uma visão panorâmica da região onde é instalada.

No Brasil, em dezembro de 2019, foi inaugurada no Rio de Janeiro a Rio Star, a maior roda-gigante da América Latina com 88 m de altura. A Rio Star é composta de 54 cabines que comportam até 8 passageiros cada uma.

Observe com atenção a imagem acima e responda: O que podemos dizer sobre a distância de qualquer cabine ao ponto fixo no centro da roda-gigante?

Na BNCC
EF07MA22
EF07MA33

Circunferência

Na figura abaixo, os pontos *A*, *B*, *C*, *D*, *E*, *F* e *G* estão todos à distância de 2,5 cm do ponto *O*.

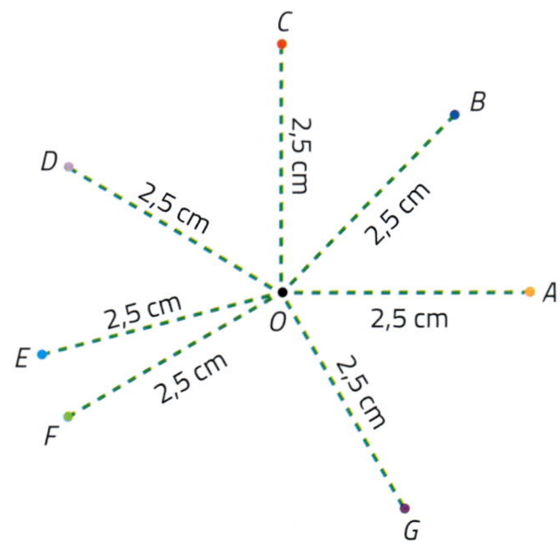

Ilustrações: Banco de imagens/Arquivo da editora

A figura formada por todos os pontos que estão a 2,5 cm do ponto *O* é uma curva chamada **circunferência**. O ponto *O* é o **centro** da circunferência. A distância de *O* até um ponto *P* da circunferência é chamada de **raio**.

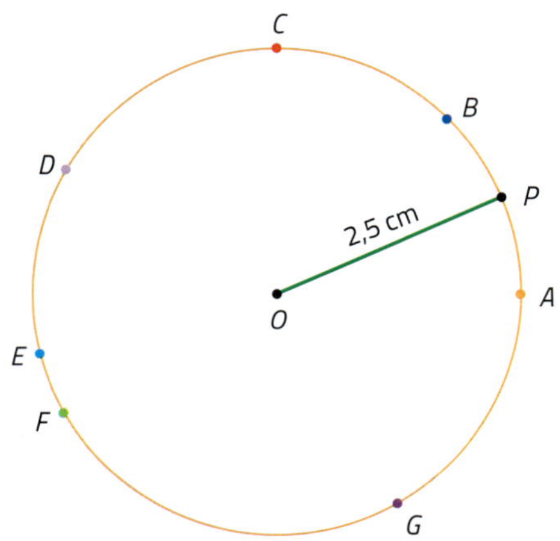

Circunferência é o conjunto de todos os pontos de um plano que estão a uma mesma distância de um ponto fixo desse plano.

Raio: uma distância especial

Para construir circunferências, utilizamos um instrumento chamado **compasso**, mostrado na foto abaixo.

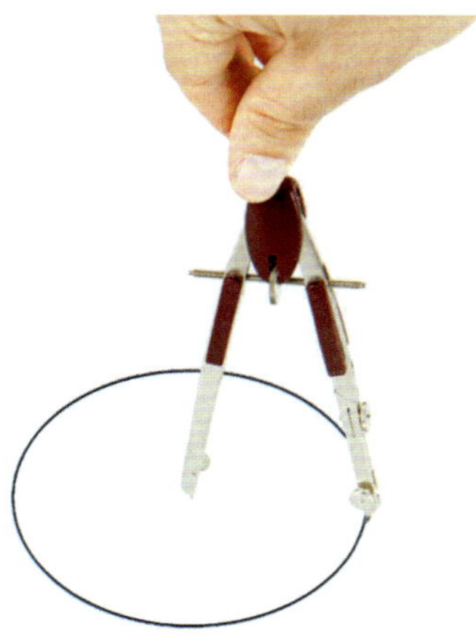

Antonio Gravante/Shutterstock

O compasso é um instrumento utilizado para desenhar circunferências.

Observe a circunferência de centro *O* representada abaixo.

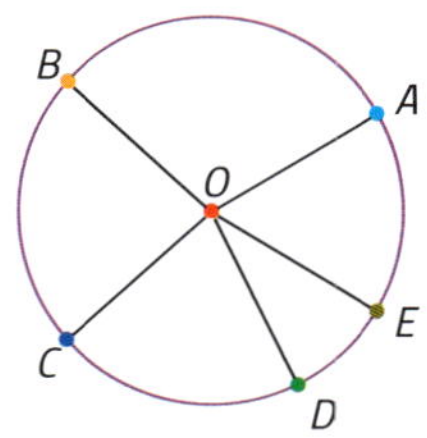

Circunferência de centro *O*.

O raio dessa circunferência mede 1,5 cm. Todos os pontos da circunferência (*A*, *B*, *C*, *D* e *E*, por exemplo) estão à distância de 1,5 cm do ponto *O*.

Todos os pontos do interior dessa circunferência (*F* e *G*, por exemplo) estão a uma distância menor que 1,5 cm do ponto *O*.

Os pontos da circunferência e os pontos do seu interior formam uma figura denominada **círculo**.

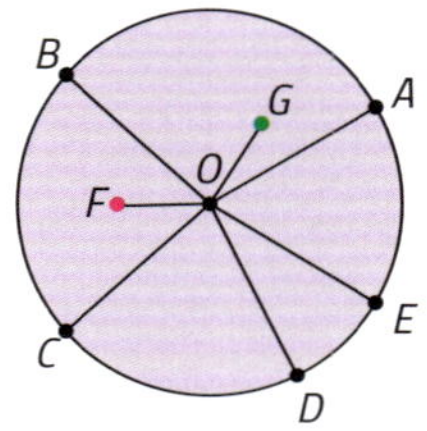

Círculo de centro *O*.

Diâmetro de uma circunferência

Um segmento de reta que tem as extremidades em uma circunferência e passa pelo centro dela é chamado **diâmetro** da circunferência.

Observe, abaixo, uma circunferência de centro *O*. O segmento $\overline{AB}$ é um diâmetro dessa circunferência; $\overline{PQ}$ é outro diâmetro. O centro *O* é ponto médio de $\overline{AB}$ e também de $\overline{PQ}$.

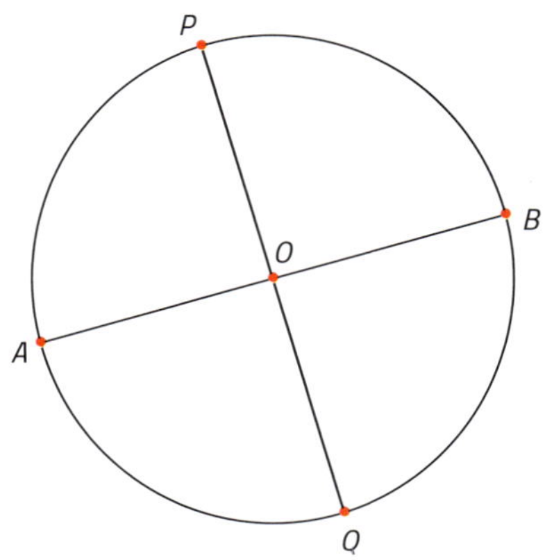

Ilustrações: Banco de imagens/Arquivo da editora

A medida de $\overline{AB}$, assim como a de $\overline{PQ}$, é o dobro da medida do raio da circunferência.

Por exemplo, se uma circunferência tem raio de 3,2 cm, então a medida de cada diâmetro é: $2 \cdot 3{,}2\ \text{cm} = 6{,}4\ \text{cm}$.

A medida do diâmetro de uma circunferência é o dobro da medida do raio.

Corda

Corda é um segmento que tem como extremidades dois pontos da circunferência. Na figura ao lado, $\overline{AB}$ e $\overline{CD}$ são exemplos de cordas.

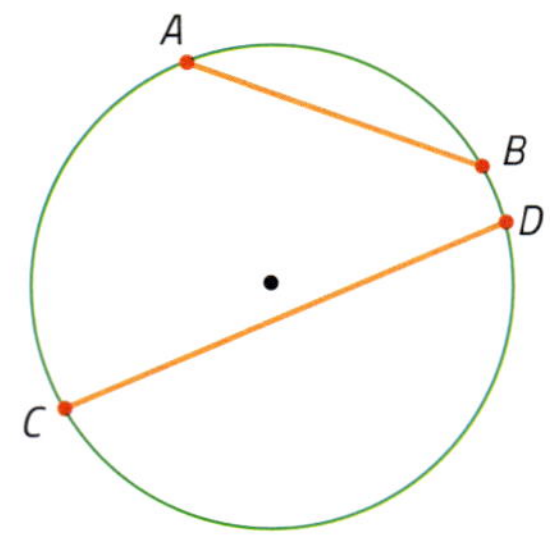

Ilustrações: Banco de imagens/Arquivo da editora

Construção de uma circunferência

Vamos construir uma circunferência utilizando o compasso com raio de 2,5 cm. Acompanhe:

1º) Usamos a régua para determinar a abertura do compasso: 2,5 cm.

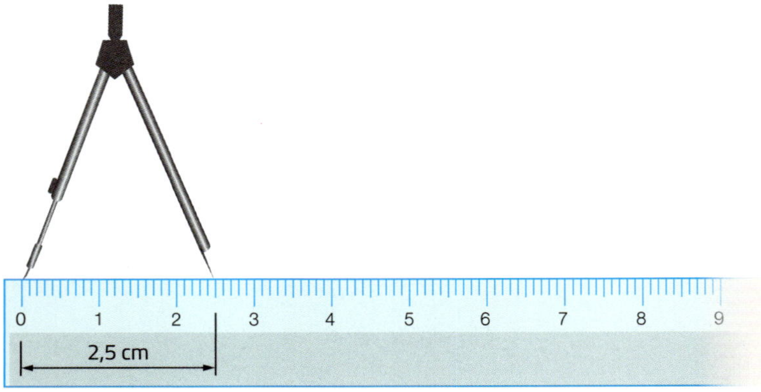

2º) Com a ponta-seca do compasso, marcamos o ponto *O*, centro da circunferência.

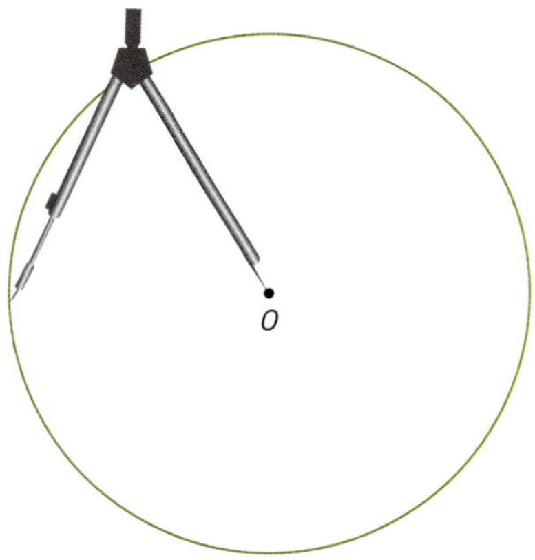

3º) Traçamos a circunferência de centro *O* e raio de 2,5 cm.

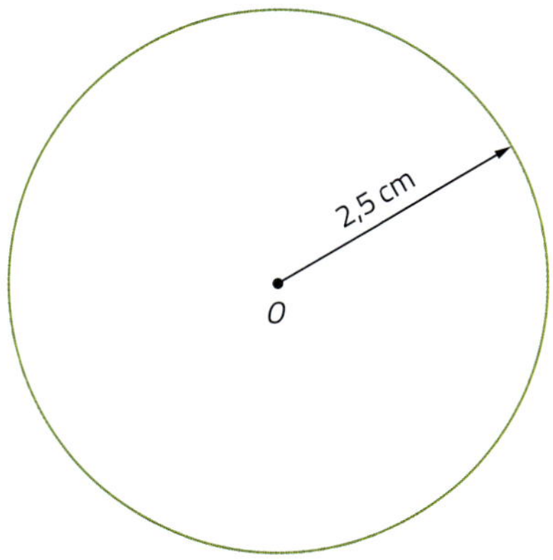

ATIVIDADES

1. Meça as distâncias entre *P* e os pontos *A*, *B*, *C*, *D* e *E* representados na figura.

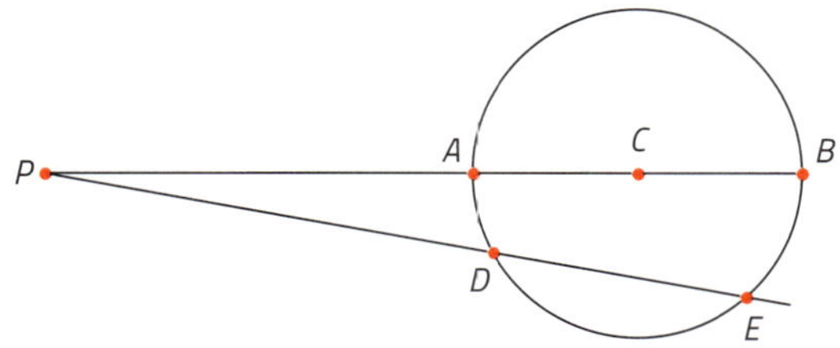

Ilustrações: Banco de imagens/ Arquivo da editora

Agora, responda: Sendo *C* o centro da circunferência, quanto mede o raio dessa circunferência?

2. Meça as distâncias entre *P* (centro da circunferência) e os pontos *A*, *B* e *C*.

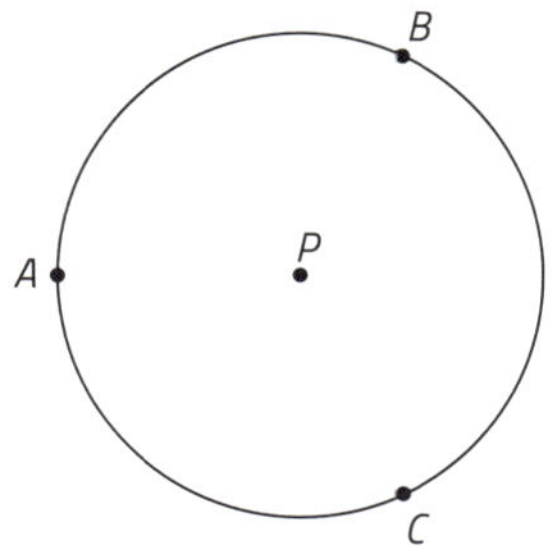

Agora, responda: Quanto mede o diâmetro dessa circunferência?

3. Em uma folha de papel, marque um ponto *O*. Com o auxílio de um compasso, desenhe as circunferências com centro *O* e raios de 2 cm, 4 cm e 5 cm.

4. Em uma folha de papel, marque um ponto *X*. Com um compasso, desenhe o conjunto dos pontos que estão a uma distância de 3 cm do ponto *X*. Em seguida, pinte a região formada pelos pontos que estão a menos de 3 cm do ponto *X*.

5. Desenhe um segmento $\overline{AB}$ com 60 mm de comprimento. Em seguida, represente o conjunto dos pontos que distam igualmente de *A* e de *B*.

6. Em uma folha, marque um ponto *O*. Depois, represente o conjunto dos pontos que estão à distância de 45 mm de *O*.

7. Observe a figura e responda às perguntas.

a) Quanto mede $\overline{OA}$?
b) Quanto mede $\overline{OB}$?
c) Quanto mede $\overline{OC}$?
d) Os pontos *A*, *B* e *C* distam 1,5 cm de que ponto?
e) Os pontos *A*, *B* e *C* pertencem a uma circunferência. Qual é o centro dessa circunferência? Quanto mede o raio dessa circunferência?

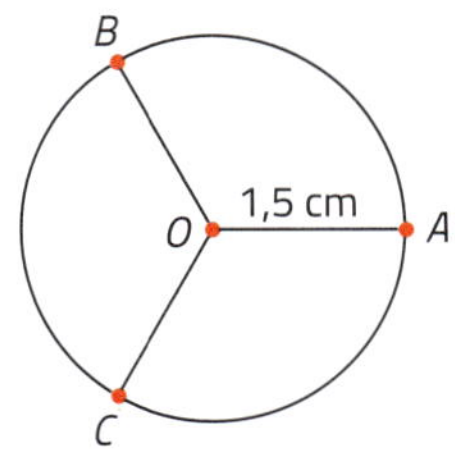

8. Dos segmentos representados na figura ao lado, indique os que são:

a) raios
b) cordas
c) diâmetro

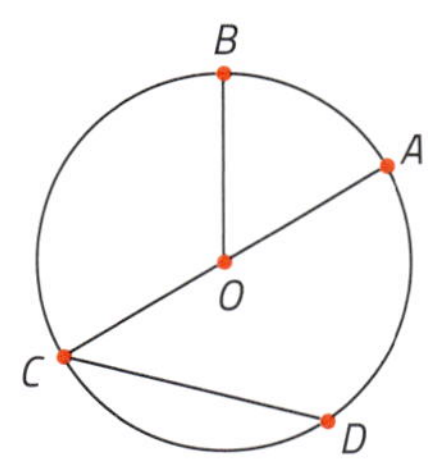

O número π

Usando a Geometria, podemos encontrar uma das mais importantes razões entre grandezas já descoberta na história da Matemática. Essa constante é representada pela letra grega π (lê-se: pi). Para iniciar, faça o experimento descrito a seguir.

PARTICIPE

Vamos determinar experimentalmente o valor de π. Para isso, vamos precisar de objetos redondos, como moedas, anéis, rodas, fundos de copos, jarras ou garrafas, transferidor circular e outros que conseguir. Também serão necessários linha de costura ou barbante, tesoura com pontas arredondadas, régua ou fita métrica.

Procedimento:

1º) Posicione cada objeto redondo sobre uma folha de papel e contorne a base de cada um deles, de modo a obter circunferências.

2º) Meça o diâmetro, em centímetros, de cada circunferência obtida.

3º) Registre as medidas de cada diâmetro em um quadro como o apresentado a seguir.

4º) Coloque a linha ou o barbante em torno dos objetos formando circunferências.

5º) Corte a linha ou o barbante do tamanho do contorno de cada objeto e meça o comprimento do fio com a régua ou com a fita métrica.

6º) Anote a medida desse comprimento, em centímetros, para cada objeto na coluna correta do quadro.

7º) Para completar o quadro, divida o comprimento do fio pelo diâmetro do respectivo objeto.

Objeto	Diâmetro d (cm)	Comprimento c do fio (cm)	Razão $\frac{c}{d}$
Moeda	//////////	//////////	//////////
Transferidor	//////////	//////////	//////////
⋮	//////////	//////////	//////////

- Compare as razões obtidas. Qual é a conclusão que você pode tirar do experimento realizado?

Comprimento da circunferência

No boxe "Participe" da página anterior, a medida *c* do comprimento da linha ou do barbante usado para contornar os objetos dá ideia do **comprimento da circunferência**.

Imagine que possamos cortar uma circunferência em um ponto e desenrolá-la formando um segmento de reta.

A esse segmento de reta chamamos **circunferência retificada**. O comprimento desse segmento de reta é chamado **comprimento da circunferência**.

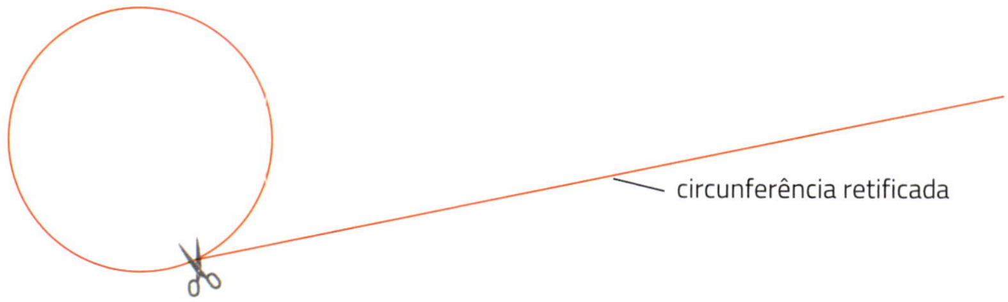

Banco de imagens/Arquivo da editora

Desde a Antiguidade, sabe-se que a razão entre o comprimento de uma circunferência e o seu diâmetro é uma constante de valor aproximadamente igual a 3,14. No "Participe" anterior, que valor você encontrou?

Ao longo da História, esse valor foi e ainda é bastante pesquisado, pois já se demonstrou tratar-se de um número com infinitas casas decimais que não é uma dízima periódica. Devido a esse fato, um matemático o representou por π, que corresponde à letra **p** do nosso alfabeto e é a primeira letra da palavra **perímetro** escrita em grego. O comprimento da circunferência também é chamado **perímetro da circunferência**. Assim, temos:

$\pi \cong 3,14$

(lê-se: pi é aproximadamente igual a 3,14)

A partir de $\frac{c}{d} = \pi$, podemos concluir que o comprimento *c* da circunferência e o diâmetro *d* dela se relacionam do seguinte modo:

$$c = \pi \cdot d$$

ATIVIDADES

9. Calcule o valor aproximado do comprimento de uma circunferência com diâmetro de:

a) 10 cm **b)** 4 cm

10. Calcule o valor aproximado do comprimento de uma circunferência cujo raio mede:

a) 2,5 cm **b)** 3,25 cm

11. Com um fio de barbante de 1,57 m de comprimento, é possível representar uma circunferência de que medida de diâmetro? Indique a maior medida que esse diâmetro poderia ter.

12. Leia os textos abaixo:

I. Um antigo livro chinês do ano 200 a.C. dizia: "Um campo circular tem circunferência de 30 pu e diâmetro de 10 pu.".

II. Marcus Vitruvius Pollio, arquiteto romano do século I a.C., escreveu: "O perímetro de uma roda de diâmetro 4 pés é $12\frac{1}{2}$ pés.".

Qual era o valor aproximado de π em cada texto?

13. Entre os anos 250 a.C. e 200 a.C., Arquimedes mostrou que "a circunferência de um círculo é maior do que três vezes seu diâmetro, e o excesso é menor do que a sétima parte do diâmetro, mas maior do que dez vezes sua septuagésima primeira parte". Dessa forma, entre quais números ele situou o número π?

Um pouco do número π na História

Há informações de que alguns povos já empregavam a razão entre o comprimento da circunferência e o seu diâmetro desde 2550 a.C., mais comumente aproximando-a para o valor 3. Por volta do século XVII a.C., os babilônios tinham uma estimativa do π:

$$\frac{25}{8} = 3\frac{1}{8} = 3{,}125$$

A mais antiga evidência do valor de π no Egito foi achada no papiro de Rhind, datado por volta de 1650 a.C.:

$$4\left(\frac{8}{9}\right)^2 = 3{,}16$$

Por volta do século III a.C. o grego Arquimedes de Siracusa deu um grande passo no cálculo do π. (Reveja a atividade 5.) A aproximação de Arquimedes, $\frac{22}{7}$ $\left(3\frac{1}{7}\right)$ para o número π, que na forma decimal é aproximadamente igual a 3,14, ainda hoje é usada em construções de desenho geométrico. Cerca de quatro séculos depois, outro grego, Ptolomeu, na obra *Almagesto*, chegou à fração $\frac{377}{120}$ $\left(3\frac{17}{120}\right)$, que na forma decimal é aproximadamente igual a 3,1416.

Os chineses também contribuíram na evolução do cálculo de π. Por volta do século V, Zu Chongzhi o calculou até a sexta casa decimal, demonstrando que $3{,}1415926 < \pi < 3{,}1415927$.

A letra grega π foi utilizada para designar a razão do comprimento da circunferência pelo seu diâmetro em 1707, pelo matemático galês William Jones, tendo sido popularizada a partir de 1737, pelo matemático suíço Leonhard Euler.

O cálculo mais preciso do π antes da invenção do computador foi feito por D. F. Ferguson, que calculou π com 620 dígitos em 1945 (em 1874, William Shanks calculou com 707 dígitos, mas somente 527 dígitos estavam corretos).

Depois da invenção do computador, ficou mais fácil calcular π. Em 1947, usando uma calculadora de mesa, Ferguson o calculou com 710 dígitos. Em 1999, Takahashi Kanada chegou a 206 158 430 000 dígitos.

Já em 2002, uma equipe da Universidade de Tóquio, novamente com a ajuda de um computador, o calculou com 1 241 100 000 000 dígitos. Hoje, já há cálculos de π com mais de 5 trilhões de casas decimais. Eis algumas: 3,14159265358979323846264338327950288419716 9...

Dia do π

O dia 14 de março é comemorado por fãs e entusiastas da Matemática como o dia do π. Veja algumas informações sobre essa data:

- A data foi criada em 1988 pelo físico Larry Shaw e chegou a ser reconhecida como Dia Nacional do "Pi" pela Câmara de Representantes dos Estados Unidos em 2009. A primeira festa em homenagem ao número foi realizada no museu Exploratorium de São Francisco, na Califórnia, onde Shaw trabalhava.

Disponível em: www.terra.com.br/noticias/ciencia/eua-comemoram-o-dia-do-pi-a-famosa-constante-matematica,420900beca2da310VgnCLD200000bbcceb0aRCRD.html. Acesso em: 21 jun. 2021.

- No Brasil, escrevemos a data como 14/3, mas nos Estados Unidos a escrita é inversa: 3/14. [...] o valor "3/14" se parece muito com o do Pi, a constante que utilizamos nos cálculos [...]. Por essa razão, no dia 14 de março é comemorado o Dia do Pi [...].

Disponível em: https://www.tecmundo.com.br/matematica/20701-feliz-dia-do-pi.htm. Acesso em: 21 jun. 2021.

NA MÍDIA

Obra de Tarsila do Amaral bate recorde de preço

[...]

O quadro "A Caipirinha", da artista plástica Tarsila do Amaral, foi leiloado nesta quinta-feira (17) por R$ 57,5 milhões e bateu o recorde de preço pago por uma obra em venda pública no Brasil, segundo a Bolsa de Arte de São Paulo.

O leilão da obra durou cerca de 15 minutos e tinha o lance mínimo de R$ 47,6 milhões. Após 19 lances, a obra foi vendida por R$ 57,5 milhões, estabelecendo um novo recorde para a arte brasileira. [...]

A caipirinha, de Tarsila do Amaral. Óleo sobre tela (60 cm × 81 cm), 1923.

[...]

Criada por Tarsila em 1923, quando ela morava com o poeta Oswald de Andrade em Paris, "A Caipirinha" pode ser considerada "a primeira obra realmente moderna do país", segundo o diretor da casa de leilões Bolsa de Arte de São Paulo, Jones Bergamin. [...]

Recordes de Tarsila do Amaral

Considerada um dos nomes centrais da pintura brasileira do século 20, Tarsila do Amaral (1886-1973) já tinha batido outros recordes no exterior. Em 1995, o empresário argentino Eduardo Costantini adquiriu o quadro "Abaporu" (1928) por US$ 1,3 milhão durante leilão em Nova York. [...]

Em 2019, o Museu de Arte Moderna de Nova York (MoMa) incorporou à sua coleção a obra "A Lua" (1928), da própria Tarsila, por um valor que pode ter chegado a US$ 20 milhões. [...]

Disponível em: https://g1.globo.com/sp/sao-paulo/noticia/2020/12/17/a-caipirinha-de-tarsila-do-amaral-e-leiloado-por-r-575-milhoes-maior-valor-ja-pago-por-uma-obra-brasileira.ghtml. Acesso em: 21 jun. 2021.

1. Que elementos geométricos você identifica na obra *A caipirinha*?
2. Em *A caipirinha*, Tarsila faz referência à sua infância vivida em uma fazenda em São Bernardo, no estado de São Paulo. Em qual cidade e em que ano ela pintou o quadro?
3. A tela de *A caipirinha* tem dimensões 60 cm × 81 cm e foi vendida, na época, por um preço equivalente a 10,5 milhões de dólares americanos, enquanto *A lua*, de 110 cm × 110 cm, foi vendida por 20 milhões de dólares americanos. De acordo com essas informações, o centímetro quadrado de qual dos quadros custava mais caro?

CAPÍTULO 17

Transformações no plano

saiko3p/Shutterstock

Taj Mahal, Agra, Índia.

NA REAL

É simétrico?

O Taj Mahal é uma grandiosa construção arquitetônica localizada em Agra, uma cidade próxima ao rio Yamuna, na Índia. Ele foi construído pelo imperador mongol Shah Jahan, em homenagem à falecida esposa Aryumand Banu Begam. O palácio demorou 22 anos para ser erguido e estima-se que cerca de 20 mil homens tenham trabalhado na obra.

Imagine uma linha vertical traçada no centro da construção mostrada na fotografia acima. Você nota alguma similaridade entre o lado esquerdo e o lado direito da fotografia dessa construção?

Na BNCC

EF07MA19

EF07MA20

EF07MA21

Sistema de coordenadas

Para representar pontos em um plano, traçamos duas retas numéricas perpendiculares, que chamamos **eixo das abscissas** e **eixo das ordenadas**.

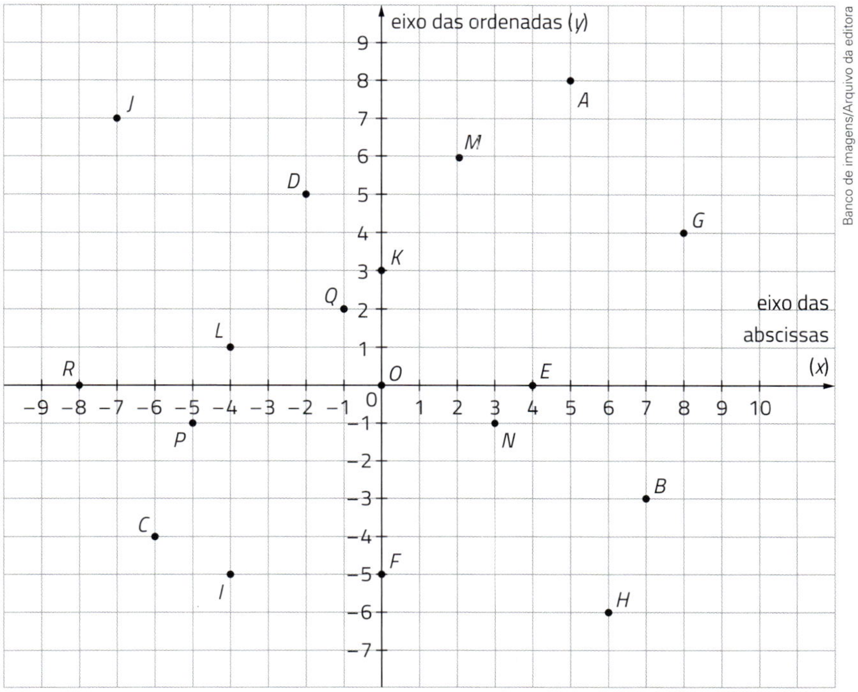

Figura 1.

Os eixos formam um **sistema de coordenadas**. Eles se cruzam em um ponto *O* que chamamos **origem**. Esse ponto corresponde a 0 em cada eixo.

Escolhemos uma unidade de comprimento (por exemplo, o centímetro) para marcar os números em ambos os eixos. No eixo das abscissas, os números aumentam da esquerda para a direita; no das ordenadas, de baixo para cima. Usualmente, o eixo das abscissas é representado pela letra *x*, e o das ordenadas, pela letra *y*.

Para representar por escrito a localização de um ponto, anotamos entre parênteses, separadas por vírgula (ou ponto e vírgula), primeiro a abscissa e depois a ordenada.

Por exemplo, na figura 1, o ponto *A* tem abscissa 5 e ordenada 8. O ponto *A* é o ponto de coordenadas (5, 8). Indicamos: *A* (5, 8). Veja outros exemplos:

- o ponto *B* tem abscissa 7 e ordenada −3. O ponto *B* é o ponto de coordenadas (7, −3). Indicamos: *B* (7, −3).
- o ponto *C* tem abscissa −6 e ordenada −4. O ponto *C* é o ponto de coordenadas (−6, −4). Indicamos: *C* (−6, −4).
- o ponto *D* tem abscissa −2 e ordenada 5. O ponto *D* é o ponto de coordenadas (−2, 5). Indicamos: *D* (−2, 5).
- o ponto *E* tem abscissa 4 e ordenada 0. O ponto *E* é o ponto de coordenadas (4, 0). Indicamos: *E* (4, 0).
- o ponto *F* tem abscissa 0 e ordenada −5. O ponto *F* é o ponto de coordenadas (0, −5). Indicamos: *F* (0, −5).
- a origem do sistema de coordenadas, ponto *O*, tem coordenadas (0, 0). Indicamos: *O* (0,0).

PARTICIPE

I. No sistema de coordenadas da figura a seguir, a abscissa do ponto *A* é 4 e a ordenada é 2. Assim, as coordenadas de *A* são (4, 2).

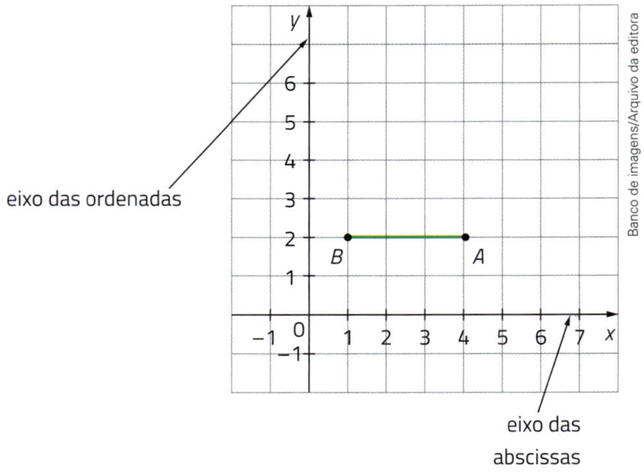

Responda:

a) Qual é a abscissa do ponto *B*?

b) Qual é a ordenada de *B*?

c) Quais são as coordenadas de *B*?

II. Se o segmento de reta $\overline{AB}$ for deslocado 2 unidades para a direita e 3 unidades para cima, quais serão as novas coordenadas:

a) do ponto *A*?

b) do ponto *B*?

III. Agora, imagine que, partindo de sua posição inicial, o segmento de reta $\overline{AB}$ foi rotacionado em torno do ponto *A* (que ficará fixo), no sentido horário. Quais serão as novas coordenadas do ponto *B* se:

a) a rotação for de um quarto de volta?

b) a rotação for de meia-volta?

c) a rotação for de três quartos de volta?

Conhecendo as coordenadas de um ponto, podemos localizá-lo em um sistema de coordenadas. Por exemplo:

- para localizar o ponto *P* (6, 4), partimos da origem, contamos 6 unidades para a direita (no eixo das abscissas) e, depois, 4 unidades para cima (paralelamente ao eixo das ordenadas). Observe a figura 2, ao lado.
- para localizar o ponto *Q* (−5, −2), partimos da origem, contamos 5 unidades para a esquerda (no eixo das abscissas) e 2 unidades para baixo (paralelamente ao eixo das ordenadas).
- para localizar o ponto *R* (0, 3), partimos da origem e contamos 3 unidades para cima sobre o eixo das ordenadas;
- para localizar o ponto *S* (8, 0), partindo da origem, contamos 8 unidades para a direita sobre o eixo das abscissas.

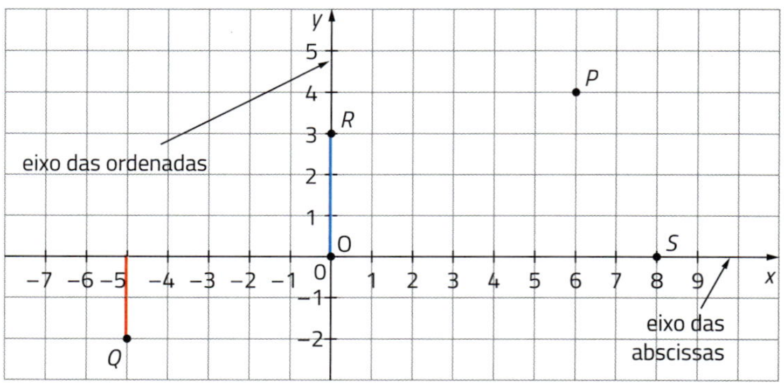

Figura 2.

ATIVIDADES

Nas atividades com malhas quadriculadas, considere como unidade de medida o lado de cada quadradinho.

1. Na figura 1, quais são as coordenadas dos pontos *G, H, I, J, K, L, M, N, P, Q* e *R*?

2. Na figura, quais são as coordenadas dos vértices do triângulo *ABC*?

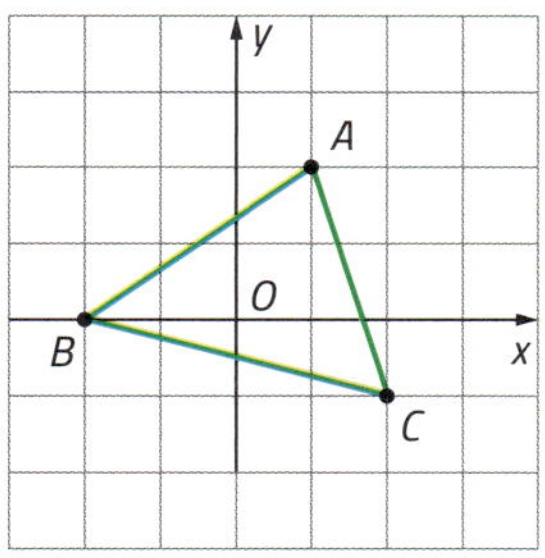

3. Quais são as coordenadas da origem de um sistema de coordenadas?

4. Observe o segmento de reta $\overline{AB}$ representado na figura abaixo. Ao multiplicarmos as coordenadas desse segmento de reta por 3, obtemos o segmento de reta $\overline{A'B'}$.

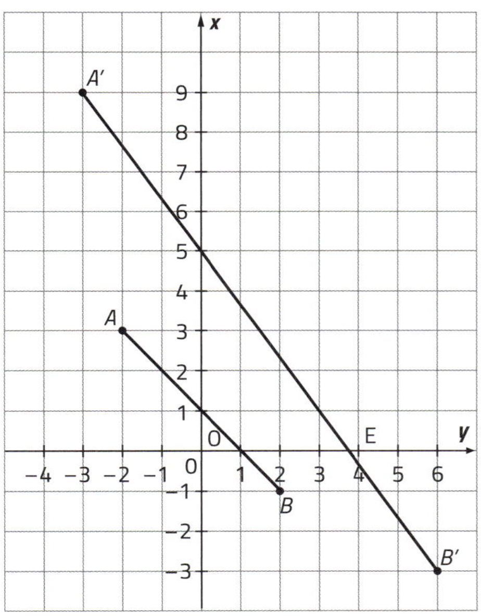

Utilize uma régua para medir o comprimento dos segmentos e compare as medidas obtidas. O que podemos afirmar em relação a essas medidas?

5. Em uma malha quadriculada, construa um sistema de coordenadas e desenhe o octógono de vértices *A* (6, 8), *B* (8, 2), *C* (6, −4), *D* (0, −6), *E* (−6, −4), *F* (−8, 2), *G* (−6, 8) e *H* (0, 10).

Depois, responda: dos pontos *P* (5, −1), *Q* (−9, 0), *R* (−1, 7), *S* (−5, 3) e *T* (7, 8), quais ficam na região interior do octógono desenhado?

6. Em um sistema de coordenadas, desenhe o quadrado que tem centro na origem e lados de 6 unidades paralelos aos eixos coordenados.

Quais são as coordenadas dos vértices desse quadrado?

7. Observe o triângulo *ABC* representado abaixo e faça o que se pede a seguir, em que *A* (1, 2), *B* (3, −1) e *C* (−2, −1).

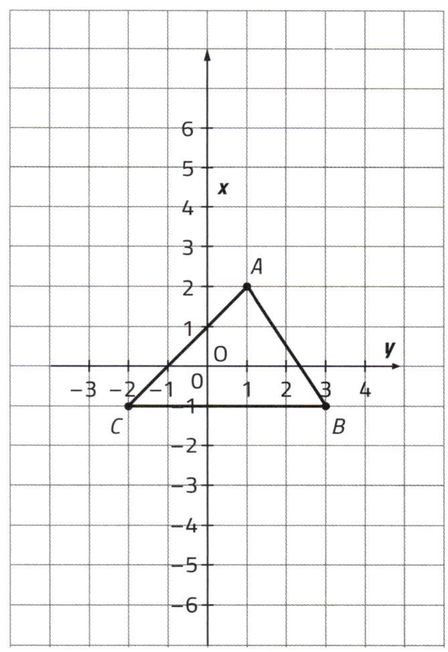

Ilustrações: Banco de imagens/Arquivo da editora

a) Determine os pontos *A'*, *B'* e *C'*, que se obtêm multiplicando as abscissas e as ordenadas dos pontos do triângulo *ABC* por 2.

b) Determine os pontos *A''*, *B''* e *C''*, que se obtêm multiplicando as abscissas e as ordenadas dos pontos do triângulo *ABC* por 3.

c) Desenhe os triângulos *A'B'C'* e *A''B''C''*. O que você observa comparando os triângulos *ABC*, *A'B'C'* e *A''B''C''*?

Simetrias

Simetria em relação a um ponto

Na figura abaixo, representamos um segmento de reta $\overline{AB}$ de 6 cm e marcamos o seu ponto médio *O*. Como *O* é o ponto médio de $\overline{AB}$, dizemos que:

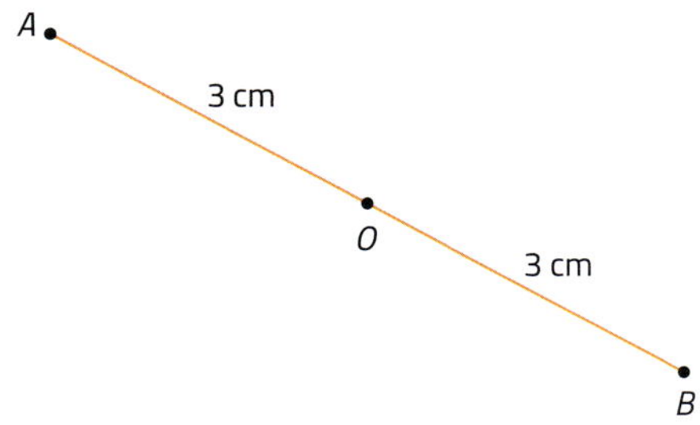

- o ponto *B* é o ponto simétrico de *A* em relação ao ponto *O*;
- o ponto *A* é o simétrico de *B* em relação a *O*.

Tiago Donizete Leme/Arquivo da editora

> O ponto simétrico de um ponto *P*, em relação a um ponto *M*, é o ponto *Q* pertencente à reta $\overleftrightarrow{PM}$, tal que *M* é o ponto médio de $\overline{PQ}$.
>
> 
>

ATIVIDADES

8. Desenhe dois pontos, *A* e *M*, com $AM = 4$ cm. Trace a reta $\overleftrightarrow{AM}$ e marque nela o ponto *B* simétrico de *A* em relação a *M*.

9. Na figura abaixo, o segmento de reta $\overline{AB}$ está dividido em quatro partes iguais pelos pontos *M*, *O* e *P*. Qual é o ponto simétrico:

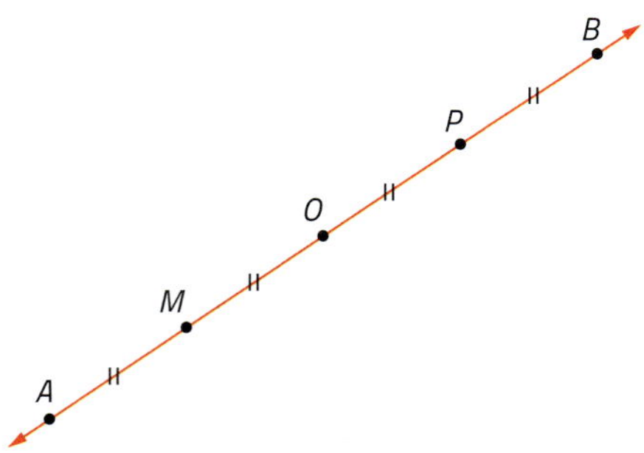

a) de *A* em relação a *M*?

b) de *A* em relação a *O*?

c) de *M* em relação a *O*?

d) de *B* em relação a *P*?

e) de *O* em relação a *M*?

10. No sistema de coordenadas abaixo estão representados os pontos *A*, *B*, *C*, *D* e a origem *O*. Determine as coordenadas do ponto simétrico:

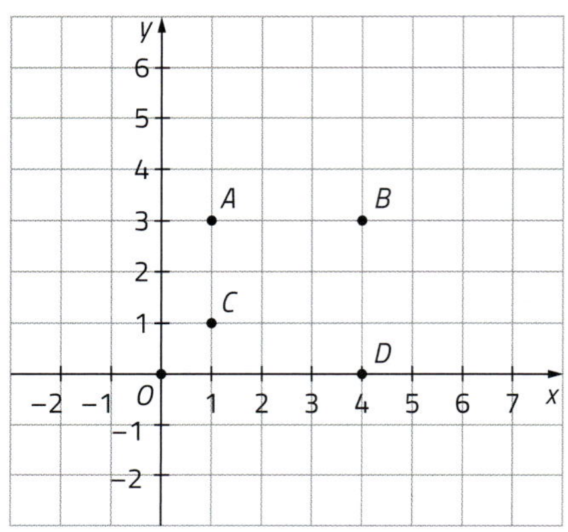

a) de *A* em relação a *B*.
b) de *A* em relação a *C*.
c) de *B* em relação a *A*.
d) de *C* em relação a *A*.
e) de *B* em relação a *D*.
f) de *D* em relação a *B*.
g) de *D* em relação a *O*.

11. Na atividade anterior, quais são as coordenadas:
a) do ponto *C* e de seu simétrico, *C'*, em relação à origem *O*?
b) do ponto *A* e de seu simétrico, A', em relação a *O*?
c) do ponto *B* e do seu simétrico, *B'*, em relação a *O*?

A letra *C'*, lê-se: cê linha.

Simetria em relação a uma reta

Na figura abaixo:

- representamos uma reta *r* e um ponto *A*;
- traçamos por *A* a reta perpendicular a *r*;
- marcamos *A'* na reta perpendicular, do lado oposto a *A* em relação a *r*, e à mesma distância de *A* a *r*.

O ponto *A'* é chamado ponto simétrico de *A* em relação à reta *r*.

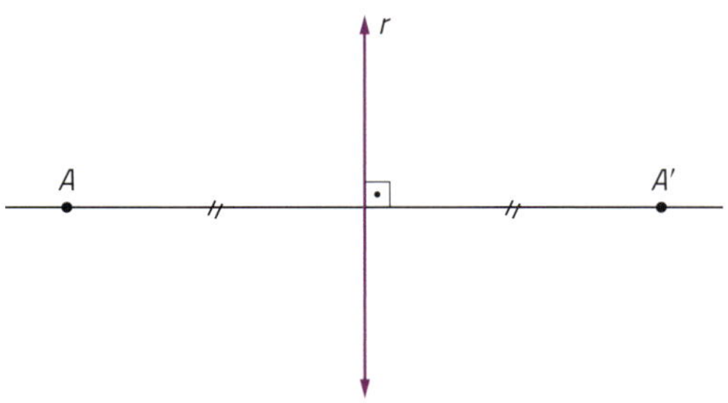

Tiago Donizete Leme/Arquivo da editora

ATIVIDADES

12. Desenhe uma reta *r* e um ponto *P* fora dela. Trace a reta *s* perpendicular a *r* passando por *P*. Marque em *s* o ponto *P'* simétrico de *P* em relação a *r*.

13. Observe a figura ao lado. Sabendo que todos os quadradinhos têm lados de mesma medida de comprimento, responda: qual é o ponto simétrico
a) de *A* em relação a *r*?
b) de *B* em relação a *s*?
c) de *C* em relação a *r*?
d) de *D* em relação a *s*?
e) de *E* em relação a *r*?
f) de *F* em relação a *s*?

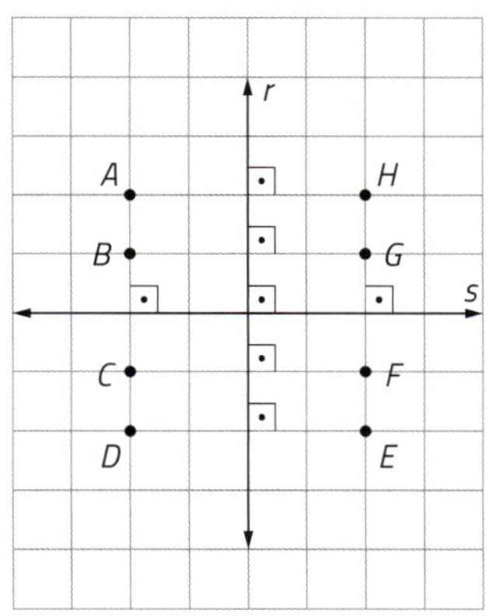

14. No sistema de coordenadas representado ao lado, quais são as coordenadas:

a) do ponto *A* e do seu simétrico, *A'*, em relação ao eixo das abscissas (eixo *x*)?

b) do ponto *B* e do seu simétrico, *B'*, em relação ao eixo das ordenadas (eixo *y*)?

c) do ponto *C* e do seu simétrico, *C'*, em relação ao eixo *x*?

d) do ponto *D* e do seu simétrico, *D'*, em relação ao eixo *y*?

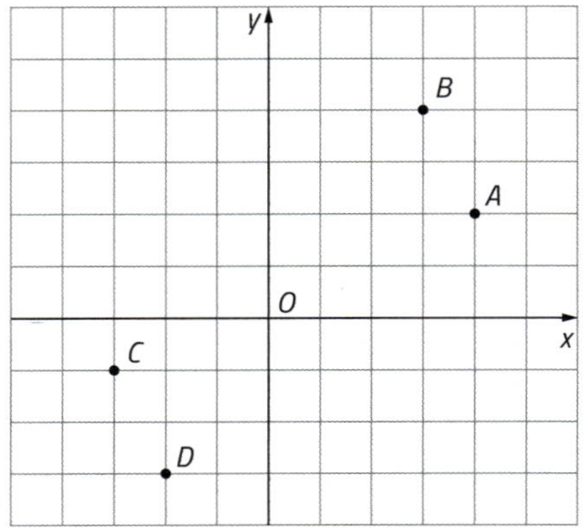

Ilustrações: Banco de imagens/Arquivo da editora

Reflexões

Reflexão em relação a um ponto

Observe as figuras a seguir.

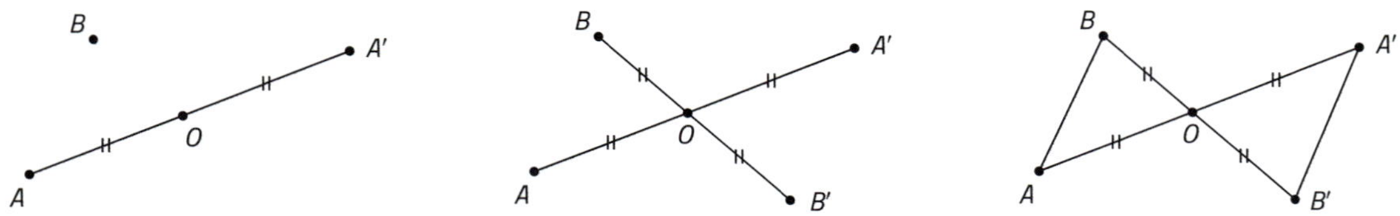

O ponto *A'* é o simétrico de *A* em relação a *O*. Dizemos que *A'* é o ponto que se obtém aplicando ao ponto *A* **uma reflexão em relação ao ponto** *O*.

O ponto *B'* é o ponto que se obtém aplicando a *B* a reflexão em relação ao ponto *O*.

O segmento de reta $\overline{A'B'}$ é o resultado da reflexão do segmento de reta $\overline{AB}$ em relação ao ponto *O*.

Fazer a reflexão de uma figura geométrica, em um ponto dado, é obter a figura formada pelos pontos simétricos dos pontos dessa figura em relação àquele ponto dado.

Reflexão em relação a uma reta

Observe as figuras abaixo.

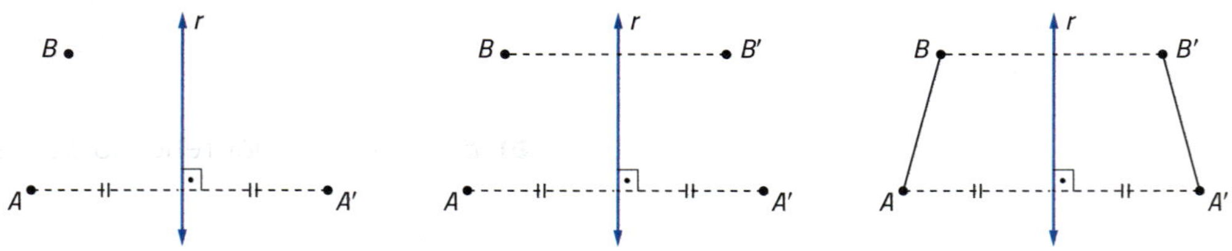

O ponto *A'* é o simétrico de *A* em relação à reta *r*. Dizemos que *A'* é o ponto que se obtém aplicando ao ponto *A* **uma reflexão em relação à reta** *r*.

O ponto *B'* é o que se obtém aplicando ao ponto *B* a reflexão em relação à reta *r*.

O segmento de reta $\overline{A'B'}$ é o resultado da reflexão do segmento de reta $\overline{AB}$ em relação à reta *r*.

Dobrando-se o papel exatamente na reta *r*, o ponto *A* vai coincidir com *A'*, *B* vai coincidir com *B'* e o segmento $\overline{AB}$ ficará sobre $\overline{A'B'}$.

Fazer a reflexão de uma figura geométrica, em uma reta dada, é obter a figura formada pelos pontos simétricos dos pontos dessa figura em relação àquela reta dada.

ATIVIDADES

15. Na mesma malha quadriculada, represente a reflexão do quadrilátero *ABEL*:

a) em relação ao ponto *O* (use a mesma letra com o sufixo linha para indicar o ponto refletido).

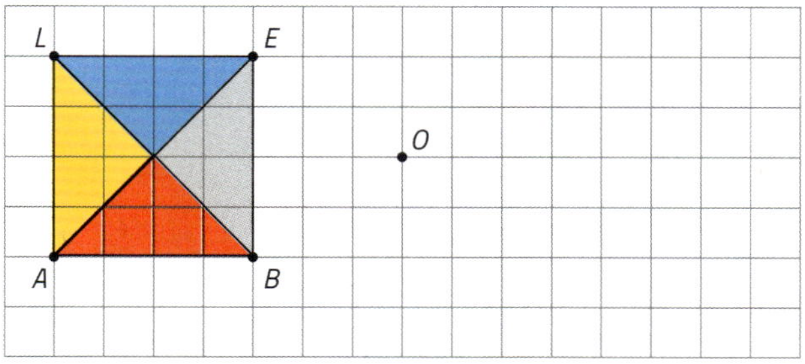

b) em relação à reta *r*.

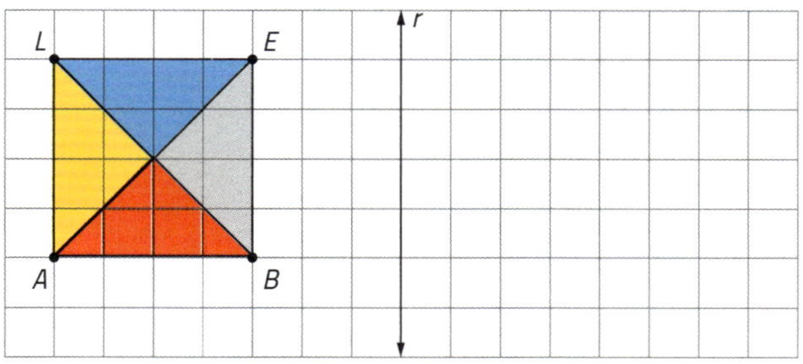

c) em relação ao ponto *P*.

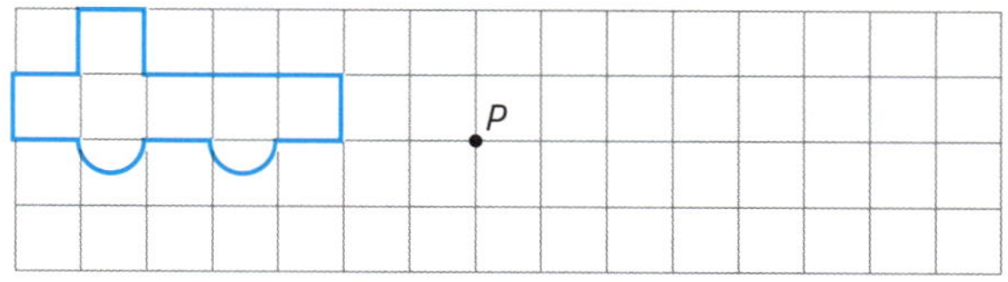

16. Represente as reflexões das figuras dadas:

a) em relação à reta *r*.

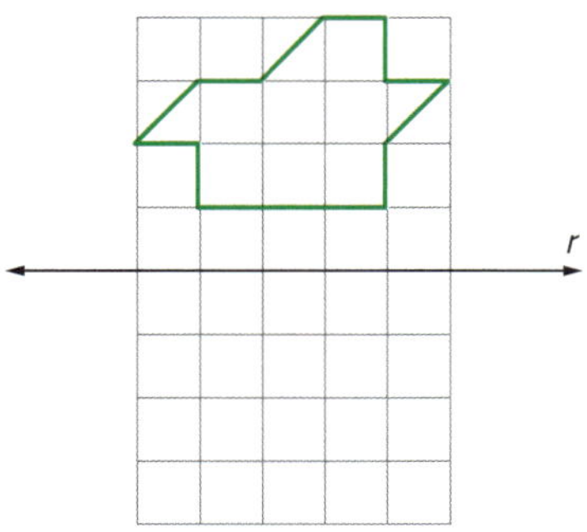

b) em relação à reta *s*.

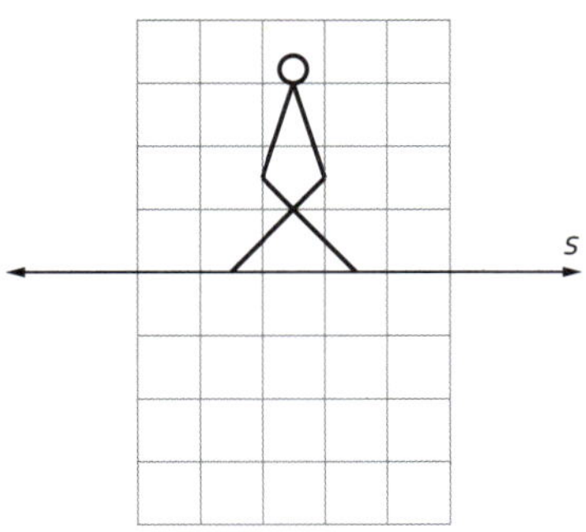

17. Desenhe os triângulos indicados no quadro, fazendo a reflexão do triângulo *EBA*, representado abaixo.

Triângulo	Reflexão em relação
E'B'A'	ao eixo *x*
E''B''A''	ao eixo *y*
E'''B'''A'''	à origem *O*

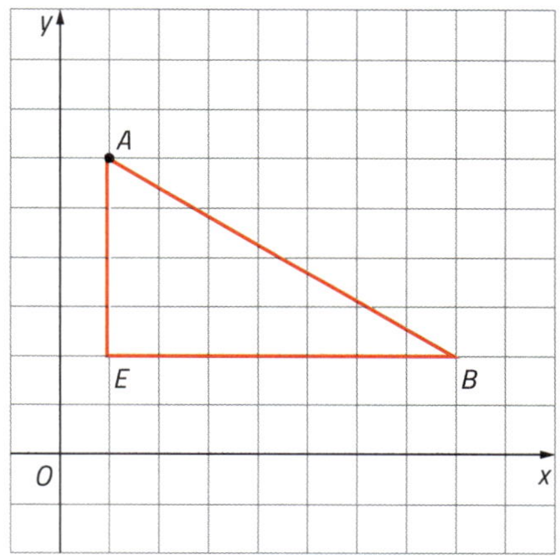

Ilustrações: Banco de imagens/Arquivo da editora

18. Considerando a atividade anterior, dê as coordenadas dos vértices:

a) *E* e *E'*, obtido por reflexão de *E* em relação ao eixo *x*.

b) *B* e *B'*, obtido por reflexão de *B* em relação ao eixo *x*.

c) *A* e *A'*, obtido por reflexão de *A* em relação ao eixo *x*.

d) Como transformamos as coordenadas do ponto *E* nas coordenadas do ponto *E'*? E as coordenadas de *B* nas de *B'*?

e) Como transformamos as coordenadas de um ponto nas coordenadas do ponto que se obtém por reflexão dele próprio no eixo *x*?

19. Considerando a atividade 17, dê as coordenadas dos vértices:

a) *E* e *E*", obtido por reflexão de *E* em relação ao eixo *y*.

b) *B* e *B*", obtido por reflexão de *B* em relação ao eixo *y*.

c) *A* e *A*", obtido por reflexão de *A* em relação ao eixo *y*.

d) Como transformamos as coordenadas de *E* nas coordenadas de *E*"? E as coordenadas de *B* nas de *B*"?

e) Como transformamos as coordenadas de um ponto nas coordenadas do ponto que se obtém por reflexão dele próprio em relação ao eixo *y*?

20. Ainda considerando a atividade 17, dê as coordenadas dos vértices:

a) *E* e *E*''', obtido por reflexão de *E* em relação à origem *O*.

b) *B* e *B*''', obtido por reflexão de *B* em relação à origem *O*.

c) *A* e *A*''', obtido por reflexão de *A* em relação à origem *O*.

d) Como transformamos as coordenadas de *E* nas coordenadas de *E*'''? E as coordenadas de *B* nas de *B*'''?

e) Como transformamos as coordenadas de um ponto nas coordenadas do ponto que se obtém por reflexão dele próprio na origem do sistema de coordenadas?

Translações

PARTICIPE

Desenhe a figura abaixo em uma malha quadriculada. Depois, faça o que se pede e responda às perguntas.

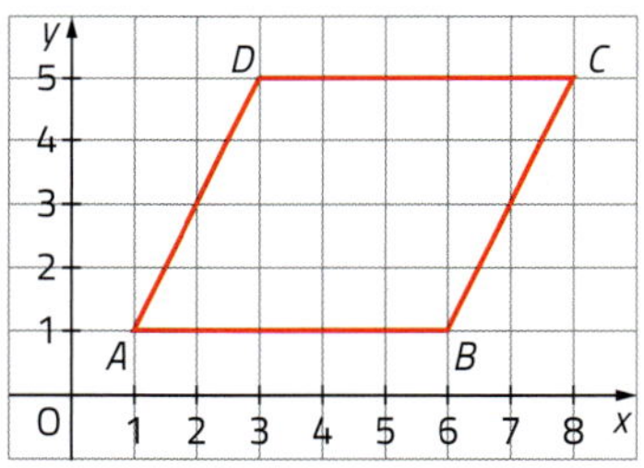

a) Escreva as coordenadas dos pontos *A*, *B*, *C* e *D*.

b) Calcule as ordenadas dos pontos *A*', *B*', *C*' e *D*' adicionando 9 unidades às abscissas dos pontos *A*, *B*, *C* e *D*, respectivamente, e mantendo as mesmas ordenadas.

c) Desenhe o paralelogramo *A*'*B*'*C*'*D*'.

d) Substitua ////////// na frase a seguir: O paralelogramo *A*'*B*'*C*'*D*' é obtido aplicando ao paralelogramo ABCD uma ////////// de 9 unidades para a //////////.

e) Agora, mantenha as abscissas e adicione 2 unidades às ordenadas dos pontos *A*, *B*, *C* e *D*. Chame os novos pontos de *A*", *B*", *C*" e *D*" e desenhe o paralelogramo *A*"*B*"*C*"*D*".

f) Descreva o que ocorreu ao paralelogramo *ABCD* para resultar *A*", *B*", *C*" e *D*".

Translação na direção horizontal

Quando adicionamos um mesmo número às abscissas dos pontos de uma figura geométrica, e mantemos as ordenadas, realizamos uma translação da figura na direção horizontal:

- se adicionamos um número positivo, a translação é para a direita;
- se adicionamos um número negativo, a translação é para a esquerda.

Por exemplo, adicionando 5 unidades às abscissas dos pontos de $\overline{AB}$, obtemos:

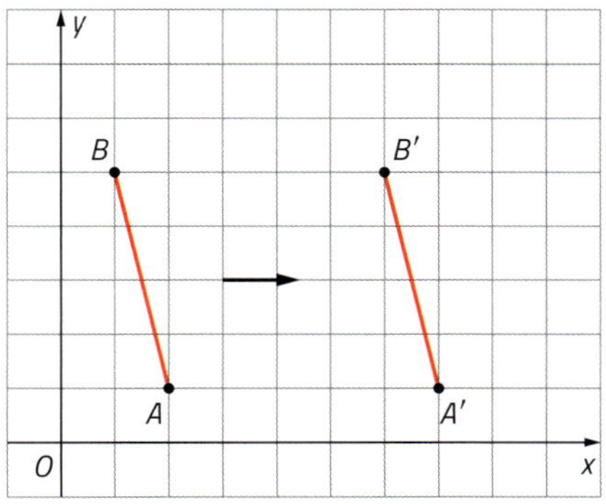

$A(2, 1) \rightarrow A'\ (2 + 5, 1) \rightarrow A'\ (7, 1)$

$B(1, 5) \rightarrow B'\ (1 + 5, 5) \rightarrow B'\ (6, 5)$

Adicionando -3 unidades às abscissas de $\overline{EF}$, obtemos:

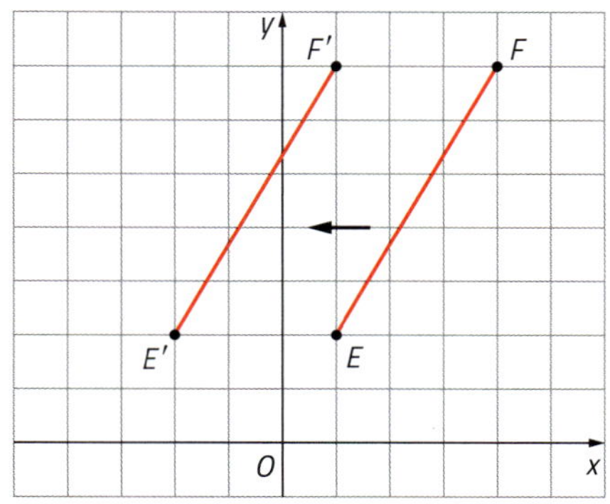

Ilustrações: Banco de imagens/Arquivo da editora

$E(1, 2) \rightarrow E'\ (1 - 3, 2) \rightarrow E'\ (-2, 2)$

$F(4, 7) \rightarrow F'\ (4 - 3, 7) \rightarrow E'\ (1, 7)$

Translação na direção vertical

Quando adicionamos um mesmo número às ordenadas dos pontos de uma figura geométrica, e mantemos as abscissas, realizamos uma translação dessa figura na direção vertical:

- se adicionamos um número positivo, a translação é para cima;
- se adicionamos um número negativo, a translação é para baixo.

Por exemplo, adicionando 5 unidades às ordenadas dos pontos do triângulo *ABC*, obtemos:

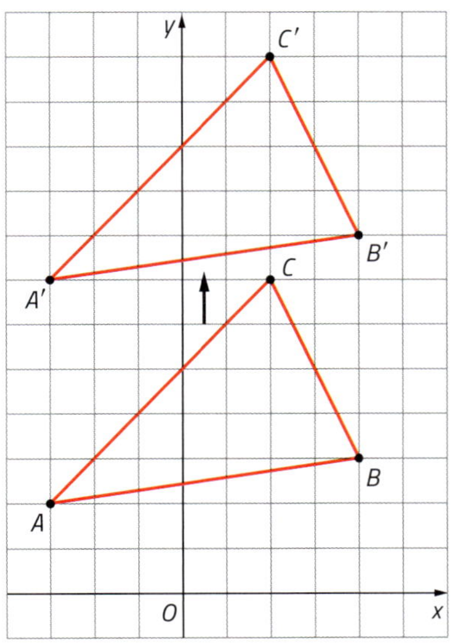

$A(-3, 2) \rightarrow A'\ (-3, 2 + 5) \rightarrow A'\ (-3, 7)$

$B(4, 3) \rightarrow B'\ (4, 3 + 5) \rightarrow B'\ (4, 8)$

$C(2, 7) \rightarrow C'\ (2, 7 + 5) \rightarrow C'\ (2, 12)$

Adicionando -6 unidades às ordenadas dos pontos do triângulo *EFG*, obtemos:

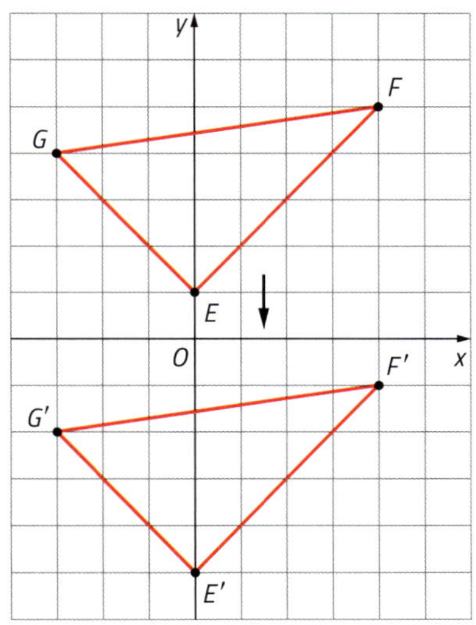

$E(0, 1) \rightarrow E'\ (0, 1 - 6) \rightarrow E'\ (0, -5)$

$F(4, 5) \rightarrow F'\ (4, 5 - 6) \rightarrow F'\ (4, -1)$

$G(-3, 4) \rightarrow G'\ (-3, 4 - 6) \rightarrow G'\ (-3, -2)$

Translação em uma direção inclinada

Quando adicionamos uma constante não nula, isto é, um mesmo número diferente de zero, às abscissas dos pontos de uma figura geométrica, e adicionamos outra constante não nula às ordenadas, realizamos uma translação dessa figura em uma direção inclinada relativamente aos eixos coordenados.

Por exemplo, adicionando 10 às abscissas e 5 às ordenadas dos pontos do trapézio *ABCD*, obtemos:

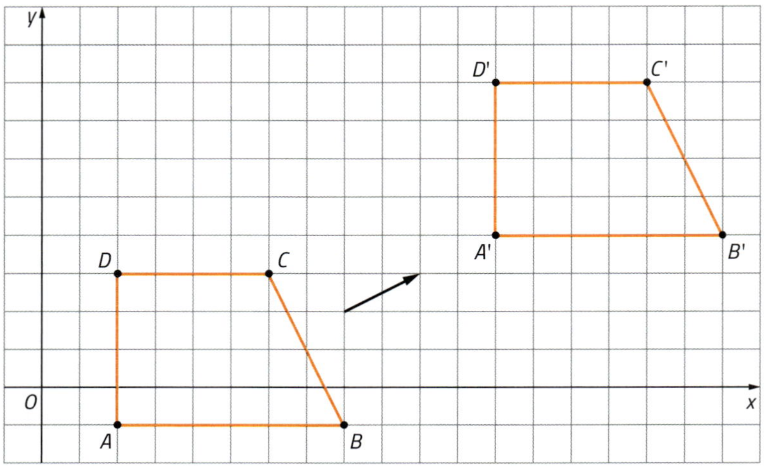

Ilustrações: Banco de imagens/Arquivo da editora

$A(2, -1) \rightarrow A'(2 + 10, -1 + 5) \rightarrow A'(12, 4)$ $\quad C(6, 3) \rightarrow C'(6 + 10, 3 + 5) \rightarrow C'(16, 8)$

$B(8, -1) \rightarrow B'(8 + 10, -1 + 5) \rightarrow B'(18, 4)$ $\quad D(2, 3) \rightarrow D'(2 + 10, 3 + 5) \rightarrow D'(12, 8)$

Aplicamos ao trapézio *ABCD* uma translação inclinada de forma a deslocar-se 10 unidades para a direita e 5 para cima.

Rotações

Observe a figura ao lado.

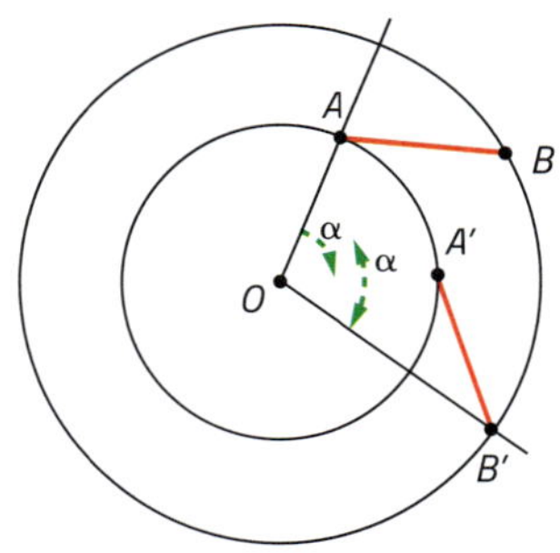

Os pontos *A* e *A'* estão na mesma circunferência *C* de centro *O*, os pontos *B* e *B'* estão na mesma circunferência *C'* de centro *O* e os ângulos $A\hat{O}A'$ e $B\hat{O}B'$ têm a mesma medida α (lê-se: alfa).

Nessa situação, dizemos que o ponto *A'* é obtido a partir de *A* por meio de uma rotação de centro *O* e ângulo α (no sentido horário). E também o ponto *B'* é obtido a partir de *B* por meio de uma rotação de centro *O* e ângulo α. Do mesmo modo, $\overline{A'B'}$ é obtido a partir de $\overline{AB}$ por meio de uma rotação de centro *O* e ângulo α.

$\overline{A'B'}$ é congruente a $\overline{AB}$.

Veja outros exemplos.

a) Na figura abaixo, o segmento $\overline{P'Q'}$ é obtido a partir do segmento $\overline{PQ}$ por meio de uma rotação de centro *O* e ângulo α.

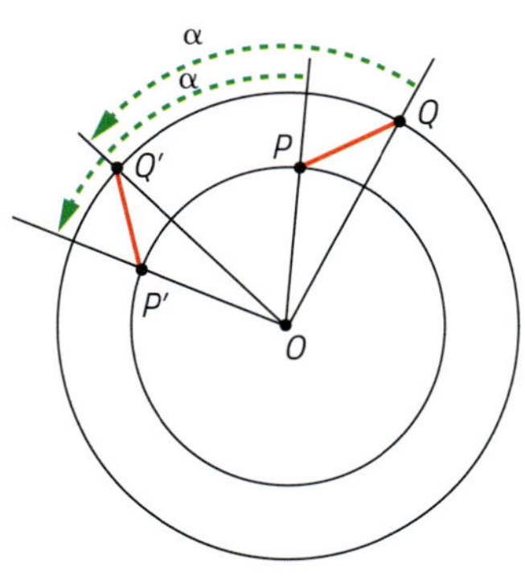

b) Na figura abaixo, o triângulo $A'B'C'$ é obtido a partir do triângulo ABC por meio da rotação de centro O e ângulo de 45° no sentido anti-horário.

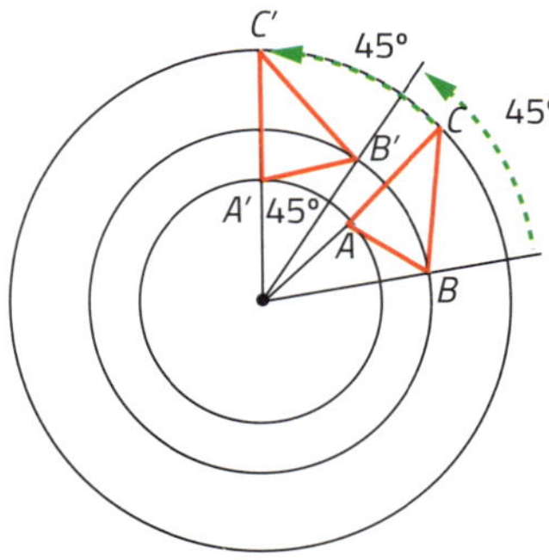

Ilustrações: Banco de imagens/Arquivo da editora

c) Na figura abaixo, o quadrado $A'B'C'D'$ é obtido a partir do quadrado $ABCD$ por meio da rotação de centro O e ângulo de 90° no sentido anti-horário.

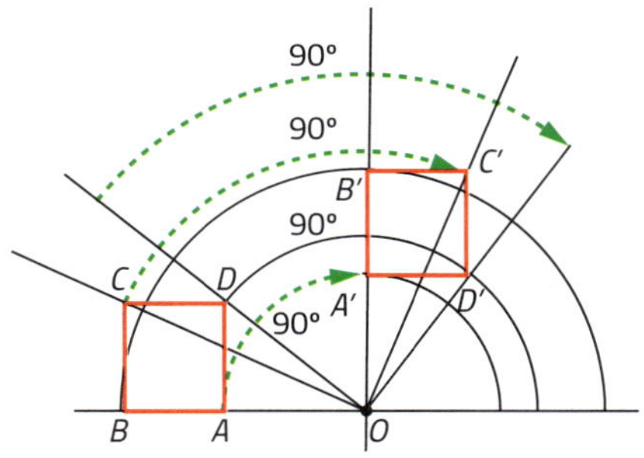

Podemos observar que a imagem de uma figura F por uma rotação de centro O e ângulo α qualquer, tanto no sentido horário quanto no sentido anti-horário, é uma figura F', congruente a F.

ATIVIDADES

Para as atividades **21** a **23**, desenhe um sistema de coordenadas e represente o pentágono de vértices $A(0, -2)$, $B(4, -2)$, $C(5, 1)$, $D(2, 4)$ e $E(-1, 1)$. Faça três cópias, em uma malha quadriculada, uma para cada atividade.

21. Desenhe o pentágono que se obtém adicionando 10 unidades às abscissas e 9 unidades às ordenadas dos pontos do pentágono *ABCDE*.

22. Desenhe o pentágono que se obtém adicionando −2 unidades às abscissas e 8 unidades às ordenadas dos pontos do pentágono *ABCDE*.

23. Desenhe o pentágono que se obtém adicionando 6 unidades às abscissas e −6 unidades às ordenadas dos pontos do pentágono *ABCDE*.

24. Desenhe em uma malha quadriculada um sistema de coordenadas e, depois, represente o retângulo de vértices $F(3, 2)$, $C(7, 2)$, $A(7, 4)$ e $E(3, 4)$. Supondo que a medida dos quadrados dessa malha seja 1 m, responda:

a) Qual é o perímetro desse retângulo?

b) Desenhe o retângulo $F'C'A'E'$ que se obtém adicionando −5 unidades às abscissas e −3 unidades às ordenadas dos pontos do retângulo *FCAE*.

c) Qual é o perímetro do retângulo $F'C'A'E'$?

d) Quando aplicamos uma translação a uma figura geométrica, ela muda de forma? E de tamanho?

25. O ponto P' é a imagem de $P(-3, 0)$ por uma rotação de 90° no sentido horário com centro em O (origem). Quais são as coordenadas de P'?

26. São dados dois pontos $A(3, 1)$ e $B(5, 2)$. O segmento de reta $\overline{A'B'}$ é a imagem de $\overline{AB}$ por uma rotação de 180° no sentido anti-horário com centro em O (origem). Quais são as coordenadas de A' e B'?

27. Um triângulo ABC tem vértice $A(2, 0)$, $B(5, 0)$ e $C(5, 3)$. Feita uma rotação do 90° de ABC em torno do ponto O (origem) no sentido anti-horário, obtém-se o triângulo $A'B'C'$. Quais são as coordenadas de A', B' e C'?

NA HISTÓRIA

A sabedoria geométrica das abelhas

Deve-se à civilização grega, no período que vai aproximadamente do ano 600 a.C. ao ano 200 d.C., a descoberta de que o ser humano, auxiliado muitas vezes pela observação e pela experimentação, é o guia supremo para a busca do conhecimento e da verdade. A própria Matemática, como a entendemos hoje, deu seus primeiros grandes passos nesse período, graças a um grupo de geniais matemáticos gregos, entre os quais destacamos: Eudoxo de Cnido (c. 408 a.C.-355 a.C.), Euclides (viveu em torno do ano 300 a.C.), Arquimedes de Siracusa (287 a.C.-212 a.C.) e Apolônio de Perga (viveu em torno do ano 190 a.C.).

Papus de Alexandria (que viveu em torno do ano 300 d.C.) também fez importantes contribuições à Matemática, as quais são consideradas o "canto de cisne da geometria grega". Além disso, ele escreveu um interessante prefácio para o Livro V de sua obra *Coleção Matemática*, no qual ele chamou a atenção, com muita elegância e bons argumentos, para a "sagacidade" das abelhas em uma importante e profunda questão matemática.

Em sua concepção, as abelhas produziam o mel para o consumo humano e não deixavam lacunas entre os favos para evitar desperdícios. Além do mais, construíam os favos de suas colmeias em formato hexagonal. De fato, como ele sabia, só há três possibilidades de juntar polígonos regulares do mesmo tipo, congruentes entre si, lado a lado, em um plano, sem deixar lacunas e sem sobreposições: com triângulos equiláteros, quadrados e hexágonos regulares (ver imagens abaixo). E, por extensão, os favos das colmeias deveriam ter formas correspondentes para poderem se juntar face a face, sem sobreposições e sem lacunas.

irin-k/Shutterstock

Afonkin_Y/Shutterstock

Pavimentação usando lajotas quadradas.

Diana Elfmarkova/Shutterstock

Pavimentação usando lajotas com formato de hexágonos regulares.

tete_escape/Shutterstock

Pavimentação usando lajotas com formato de triângulos equiláteros.

Mas por que as abelhas não constroem favos em formato triangular ou quadrado, da forma descrita, se também serviriam aos propósitos citados? Porque, como ele sabia: "Dados dois ou mais polígonos regulares de tipos distintos, mas com o mesmo perímetro, o que tiver maior número de lados engloba uma área maior".

Por exemplo, dados um triângulo equilátero, um quadrado e um hexágono regular, todos com perímetro igual a 60 cm, pode-se calcular que suas áreas são, respectivamente, 173,2 cm^2, 225 cm^2 e 259,8 cm^2, sendo as áreas do triângulo e do hexágono ligeiramente aproximadas.

Ou seja, por alguma forma de aptidão ou instinto, as abelhas "saberiam" que, das três opções, a de favos hexagonais, escolhida por elas, comporta mais mel.

Para avaliar o espírito de Papus, o último grande geômetra da Matemática grega clássica, ao fazer suas considerações sobre o assunto, vale reproduzir um de seus comentários no referido prefácio:

"Certamente, Deus concedeu aos homens o que de melhor e mais importante há, tanto no conhecimento em geral como no conhecimento matemático; mas concedeu também uma parte dessas coisas a alguns animais irracionais".

1. No texto, os nomes de vários matemáticos gregos vêm acompanhados dos nomes de suas cidades de origem, todas fora da Grécia. O que explica isso?
2. Os favos das colmeias de abelhas lembram o formato de qual figura geométrica plana? Por que esse formato é apropriado para a situação?
3. Papus sabia que os ângulos internos de um hexágono regular medem (em simbologia moderna 120° e que uma volta completa em torno de um ponto dá um total de 360°. Se você juntar em um mesmo plano dois hexágonos regulares, de modo que um lado de um deles coincida com um lado do outro, sem se sobreporem, quanto medirá o ângulo externo formado pelo lado de um e pelo lado do outro? Qual é a consequência disso?

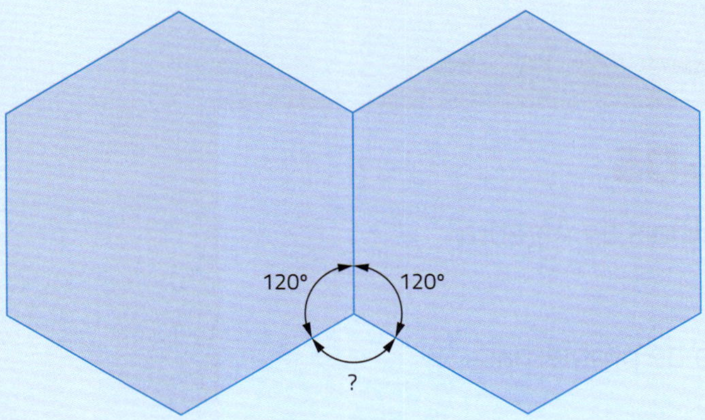

Banco de imagens/Arquivo da editora

4. Se você juntasse dois pentágonos regulares, tal como foi feito com os dois hexágonos na questão **3**, o que aconteceria com os ângulos em torno de uma extremidade de um lado comum, considerando as informações do texto?

UNIDADE 7

Noções de Álgebra

NESTA UNIDADE VOCÊ VAI

- Compreender a ideia de variável.
- Conhecer sequências recursivas e não recursivas.
- Utilizar a simbologia algébrica para expressar regularidades em sequências.
- Reconhecer quando duas expressões algébricas são equivalentes ou não.

CAPÍTULOS

CAPÍTULO 18

Noções iniciais de Álgebra

Patrick Jennings/Shutterstock

NA REAL

Como representar?

Uma agência de turismo organiza e vende pacotes de viagem. Para o final do próximo mês, a agência está organizando uma excursão para um hotel-fazenda. Serão vendidos, no máximo, 50 pacotes, pois é preciso respeitar a capacidade de passageiros do ônibus que será alugado.

Estima-se que a agência de turismo terá um custo total de R$ 4 500,00 com as despesas da excursão. Cada pacote individual será vendido por R$ 150,00.

Como você indicaria o cálculo que deve ser feito para obter o valor que vai sobrar para a agência de acordo com o número de pacotes que vender?

Na BNCC

EF07MA13
EF07MA14
EF07MA15
EF07MA16

Expressões contendo letras

Um enigma

Leia o que a professora disse para Ricardo.

Ilustra Cartoon/Arquivo da editora

Quantos anos tinha a professora quando se casou?

Esse enigma, assim como muitos problemas matemáticos, pode ser resolvido por meio de técnicas de cálculo desenvolvidas por pesquisadores em Matemática há vários séculos. Essas técnicas fazem parte da área denominada Álgebra, cujo estudo iniciamos agora. Após o estudo, você poderá resolver esse enigma na atividade 7 do capítulo 20.

Para resolver problemas com o uso de técnicas algébricas, precisamos aprender a representar matematicamente certas expressões. Veja alguns exemplos de como fazer isso:

Em língua portuguesa	Em símbolos matemáticos
o dobro de três	$2 \cdot 3$
o dobro de cinco	$2 \cdot 5$
o dobro de três sétimos	$2 \cdot \frac{3}{7}$
o dobro do oposto de dez	$2 \cdot (-10)$

Agora, usando símbolos matemáticos, vamos escrever: "o dobro de um número".

Se representarmos um número qualquer pela letra x, então a expressão dada poderá ser escrita simbolicamente assim:

$$2 \cdot x$$

ou simplesmente assim (omitindo o sinal da multiplicação):

$$2x$$

Nessa representação, x pode ser qualquer número $\left(3,\ 5,\ \frac{3}{7},\ -10,\ 0,\ 12, \text{etc.}\right)$.

Como pode representar diferentes números, x é chamado **variável** da expressão.

Podemos usar qualquer letra para ser a variável. "O dobro de um número" também pode ser simbolizado por:

- $2 \cdot n$
- $2 \cdot r$
- $2 \cdot a$
- $2 \cdot y$

Observe outros exemplos no quadro abaixo.

Em língua portuguesa	Em símbolos matemáticos
a metade de um número	$\frac{x}{2}$
um número acrescido de 2 unidades	$x + 2$
a soma da metade de um número com a quinta parte dele	$\frac{x}{2} + \frac{x}{5}$
a soma de dois números	$x + y$
o produto de dois números	$x \cdot y$ (ou xy)

Expressões como:

- $3 \cdot x$
- $x + 2$
- $\frac{x}{2} + \frac{x}{5}$
- $x + y$
- xy

são chamadas **expressões algébricas**. Elas são formadas de números, letras e sinais de operações.

ATIVIDADES

1. Copie e complete o quadro.

Em língua portuguesa	Em símbolos matemáticos
o triplo de um número	//////////
a soma de um número com três	//////////
o quádruplo de um número	//////////
a diferença entre um número e dois	//////////
o quadrado de um número	//////////

2. Observe o quadro, copie e termine de preenchê-lo.

Em língua portuguesa	Em símbolos matemáticos
a soma de cinco com o triplo de um número	//////////
//////////	$\frac{x}{5}$
//////////	$x + \frac{x}{3}$
a décima parte de um número	//////////
o produto de um número pela sua sétima parte	//////////
a diferença entre um número e seu quadrado	//////////

3. Copie e preencha o quadro.

Em língua portuguesa	Em símbolos matemáticos
//////////	$\frac{x}{3}$
//////////	$\frac{3}{4} \cdot x$
//////////	$x + \frac{x}{2}$
//////////	$x + y + z$
//////////	$x + x^2$

Valor numérico de uma expressão

Quando substituímos cada variável de uma expressão algébrica por um número e efetuamos as operações indicadas, o resultado é chamado **valor numérico** da expressão. Veja os exemplos:

- Substituindo x por 5 na expressão $2 \cdot x$, fica $2 \cdot 5$ e, efetuando a multiplicação, $2 \cdot 5 = 10$. Então, o valor numérico da expressão $2 \cdot x$ para $x = 5$ é 10.
- O valor numérico da expressão $\frac{x}{2} + \frac{x}{5}$ para $x = 10$ é: $\frac{10}{2} + \frac{10}{5} = 5 + 2 = 7$.
- O valor numérico da expressão $x + y$ para $x = 7$ e $y = 8$ é: $7 + 8 = 15$.

ATIVIDADES

4. Calcule o valor numérico da expressão $1 + 2x$, para $x = 7$.

5. Calcule os valores numéricos da expressão $3 \cdot x + 1$, sendo x o número indicado em cada item.

a) 0
b) -1
c) 2
d) -3
e) 7
f) -4

6. Calcule os valores numéricos da expressão $\frac{x + 2}{5}$ para x igual ao número dado em cada item.

a) 3
b) 4
c) 0
d) -2

7. Na imagem ao lado, a calculadora apresenta a tecla [√].

Digitando [4] e em seguida [√], o visor mostrará o resultado: 2.

Digitando [9] e em seguida [√], o visor mostrará o resultado: 3.

Digitando um número inteiro quadrado perfeito e, em seguida, a tecla [√], o que vai aparecer no visor? Representando o número digitado por n, como se representa o resultado que aparecerá no visor?

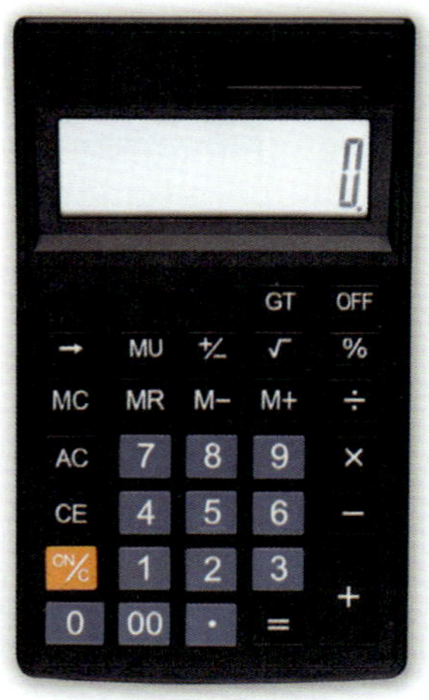

Paisit Teeraphatsakool/Shutterstock

8. Copie e preencha os quadros de valores numéricos. Faça os cálculos mentalmente.

a)

x	-4	-2	0	3	6	$\frac{1}{2}$
$3 \cdot x$						
$\frac{x}{2}$						
x^2						

b)

a	b	$a + b$	$a \cdot b$	$a^2 \cdot b$	$3a + b$
-1	3				
0	4				
1	5				

Expressões algébricas na Geometria

Para resolver as atividades a seguir, você vai utilizar noções de Álgebra e de Geometria.

ATIVIDADES

9. Representando por x a medida em graus de um ângulo, escreva simbolicamente as expressões para:

a) o dobro do ângulo;

b) o complemento do ângulo;

c) o suplemento do ângulo.

Banco de imagens/Arquivo da editora

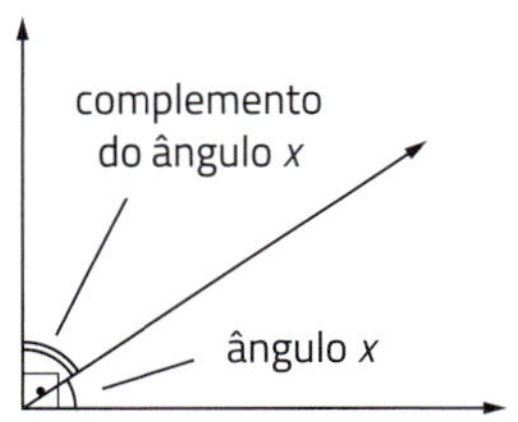

10. Determine a quarta parte do suplemento do ângulo:

a) de medida 80°;

b) de medida x.

11. Determine o suplemento do triplo do ângulo:

a) de medida 40°;

b) de medida x.

12. A medida em graus de um ângulo é x. Represente:

a) a metade do ângulo;

b) o complemento da metade do ângulo;

c) o dobro do ângulo;

d) o suplemento do dobro do ângulo.

13. Se x representa a medida de um ângulo, o que representam as expressões abaixo?

a) $\frac{3x}{4}$

b) $3(90° - x)$

14. Indicando por ℓ a medida do lado de um quadrado, dê as expressões que representam:

Banco de imagens/Arquivo da editora

a) o perímetro do quadrado;

b) a área do quadrado;

c) o quádruplo da área do quadrado.

15. Num retângulo, um lado mede 10 cm a mais que o outro. Representando por x a medida em centímetros do menor lado, dê as expressões que representam:

a) a medida (em centímetros) do maior lado;

b) o perímetro do retângulo;

c) a área do retângulo.

16. Dê a expressão que representa a área colorida de cada figura a seguir:

a) quadrado

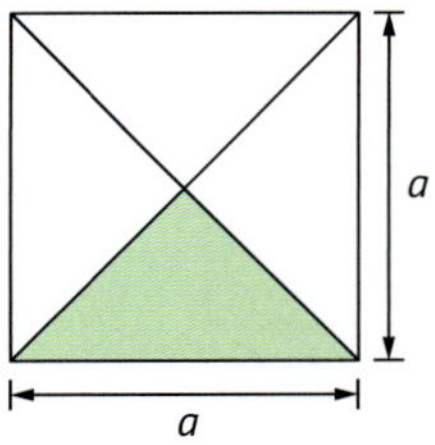

Ilustrações: Banco de imagens/Arquivo da editora

b) retângulo

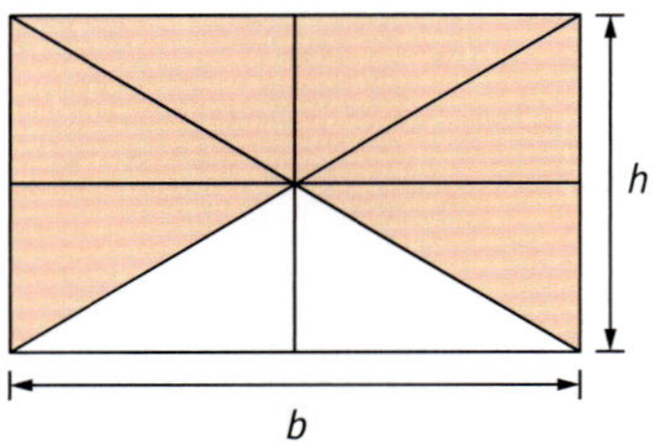

c) triângulo

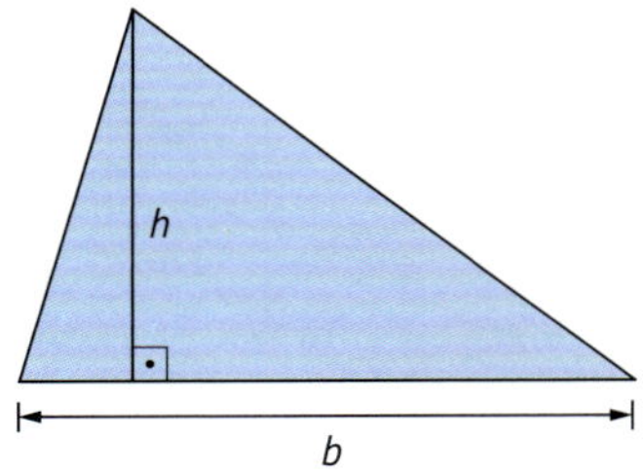

d) trapézio

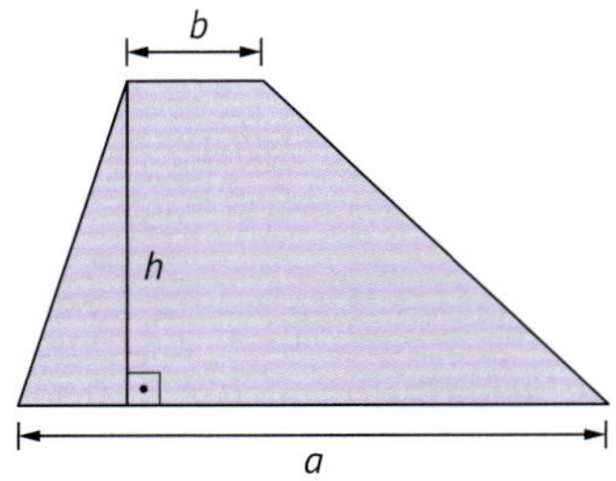

17. Um bloco retangular tem dimensões a, b e c, em centímetros.

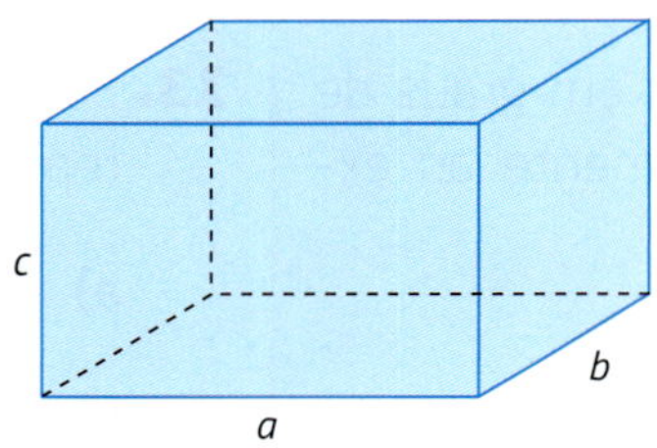

Banco de imagens/Arquivo da editora

a) O que representa a expressão algébrica $a \cdot b \cdot c$?

b) Calcule o valor dessa expressão para $a = 4$, $b = 1{,}8$ e $c = 2{,}5$.

Sucessões numéricas e expressões algébricas

Recordemos que os números naturais pares são:

$$0, 2, 4, 6, 8, 10, 12, 14, 16, ...$$

Os números pares são os múltiplos de 2:

$$2 \cdot 0; \quad 2 \cdot 1; \quad 2 \cdot 2; \quad 2 \cdot 3; \quad 2 \cdot 4; \quad 2 \cdot 5; \quad 2 \cdot 6; \quad 2 \cdot 7; \quad 2 \cdot 8; ...$$

Uma forma de representar um número par é:

$$2 \cdot n \text{ ou, apenas, } 2n$$

em que n representa um número natural.

Por exemplo,

- se $n = 0$, temos: $2n = 2 \cdot 0 = 0$.
- se $n = 1$, temos: $2n = 2 \cdot 1 = 2$.
- se $n = 2$, temos: $2n = 2 \cdot 2 = 4$.

Atribuindo a n os valores 0, 1, 2, 3, 4, ... sucessivamente, e anotando os resultados da expressão $2n$ também sucessivamente, formamos a **sucessão dos números pares**:

$$0, 2, 4, 6, 8, ...$$

ATIVIDADES

18. Escreva os cinco primeiros números e dê uma expressão algébrica que represente os números da sucessão dos:

a) naturais múltiplos de 3;

b) naturais múltiplos de 5.

Nas atividades **19** e **20**, n é uma variável que representa um número natural.

19. Qual é a sucessão de números naturais que são representados pela expressão:

a) $2n + 1$?

b) $3n + 1$?

20. Qual é a sucessão dos naturais representados por:

a) n^2?

b) $n(n + 1)$?

21. Júlio representou um número natural ímpar por $2n + 1$, enquanto Marcela preferiu escrever $2k - 1$.

a) Para que Júlio esteja correto, o que ele deve dizer sobre a variável n?

b) Para que Marcela esteja correta, o que ela deve dizer sobre a variável k?

22. Como se representam:

a) dois naturais consecutivos?

b) três naturais consecutivos?

O que são monômios?

Que operações aparecem nestas expressões algébricas?

$2x$ $\quad \frac{3}{4}a$ $\quad -5xy$ $\quad 10a^2$

Trata-se de multiplicação e potenciação. Podemos dizer que todas representam produtos. Nelas não há adições com variáveis, subtrações nem divisão por variável. Veja:

$2x = 2 \cdot x$ $\quad \frac{3}{4}a = \frac{3}{4} \cdot a$ $\quad -5xy = -5 \cdot x \cdot y$ $\quad 10a^2 = 10 \cdot a \cdot a$

Expressões como essas são chamadas **termos** ou **monômios**.

Em um monômio distinguimos duas partes:

- uma parte numérica (constante);
- uma parte literal (variável).

A parte numérica também é chamada **coeficiente** do monômio.

Monômio	Coeficiente
$2x$	2
$\frac{3}{4}a$	$\frac{3}{4}$
$-5xy$	-5
$10a^2$	10

Quando o termo tem coeficiente 1, indica-se apenas a parte literal.

Termo	Coeficiente
x	1
ab	1

Quando o coeficiente é -1, indica-se apenas a parte literal precedida do sinal $-$.

Termo	Coeficiente
$-p$	-1
$-xy$	-1

Atenção:

- Números (expressões numéricas) como 3, 10, $-\frac{5}{7}$, $\frac{9}{2}$ e 0 são monômios.
- O número **zero** é chamado monômio **nulo**.
- Qualquer monômio de coeficiente zero é nulo. Por exemplo, os monômios:

  - $0x$
  - $0xy$
  - $0b^4$

  são todos iguais a zero, pois:

  - $0x = 0$
  - $0xy = 0$
  - $0b^4 = 0$

ATIVIDADE

23. Determine o coeficiente de cada termo:

a) $9x$
b) $-2a$
c) $5m$
d) $\frac{3}{4}ab$
e) xy
f) $-ab$
g) 4
h) $\frac{x}{2}$

Termos semelhantes

Dois termos que têm partes literais iguais, ou que não têm parte literal, são denominados **termos semelhantes**.

São termos semelhantes, por exemplo:

- $6a$ e $-2a$
- $3x$ e $7x$
- $\frac{1}{2}ab$ e $-2ab$
- $-\frac{1}{4}$ e 3

Pelo conceito apresentado:

- $5x^2$ e $5x$ não são termos semelhantes. Você sabe dizer por quê? (Veja a atividade 25.)
- $-3xy$ e $4yx$ são termos semelhantes, porque $4yx = 4xy$, e $-3xy$ é semelhante a $4xy$.

Soma algébrica de termos semelhantes

Aplicando a propriedade distributiva da multiplicação em relação à adição, podemos adicionar monômios semelhantes.

Observe os exemplos:

- $3x + 7x = (3 + 7)x = 10x$
- $4a - 6a = (4 - 6)a = -2a$
- $2ab + \frac{3}{5}ab = \left(2 + \frac{3}{5}\right)ab = \frac{13}{5}ab$

Para adicionar termos semelhantes, adicionamos os coeficientes e conservamos a parte literal.

ATIVIDADES

24. Associe os termos semelhantes:

I $3x$ II $-4a$ III $\frac{3m}{10}$ IV $-x^2$ V $\frac{1}{4}$

A $10m$ B $5x$ C $-\frac{2}{3}a$ D $4x^2$ E $2ax$ F $-\sqrt{2}$

25. Verifique se estes termos são ou não monômios semelhantes e justifique sua resposta:

a) $2p$ e $3pq$

b) $-3xy$ e $\frac{xy}{2}$

c) $2ab - 7ba$

d) $5x^2$ e $5x$

e) $10r$ e $9r + 1$

26. Que termo da esquerda não tem semelhante na direita?

A a B $5m$ C $\frac{x}{2}$ D 5 E ax F x^2

I $-3m$ II -3 III $\frac{9}{2}ax$ IV $-a^2$ V $-a$ VI $5x$

27. Calcule a soma dos termos semelhantes em cada item:

a) $2x + 3x$

b) $6y - 4y + 5y$

c) $3a - 6a - a$

d) $2x + x - 3x$

e) $\frac{2}{5}m + \frac{3}{2}m$

f) $\frac{1}{2}ab - 3ab$

28. Calcule o perímetro de cada polígono. As medidas dos lados estão indicadas.

a)

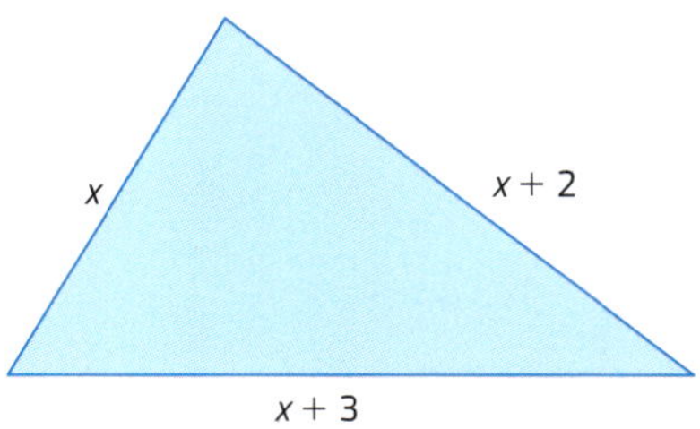

b)

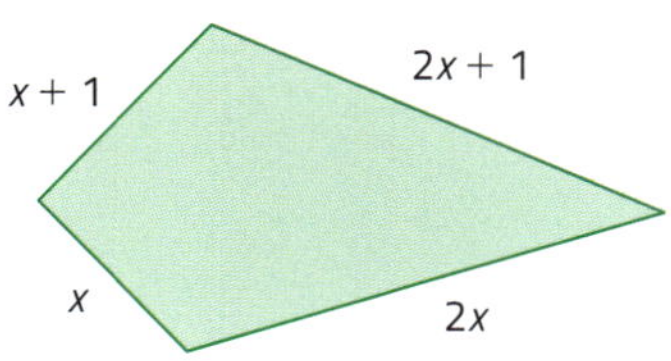

c)

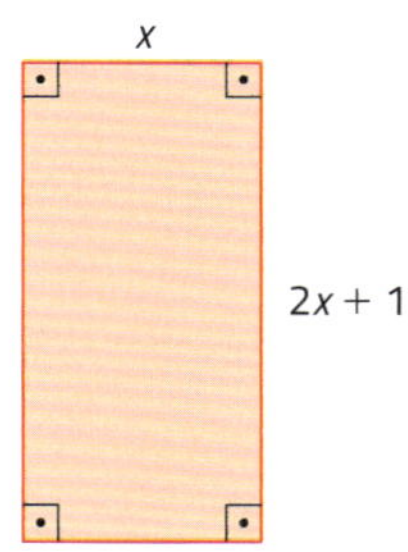

d)

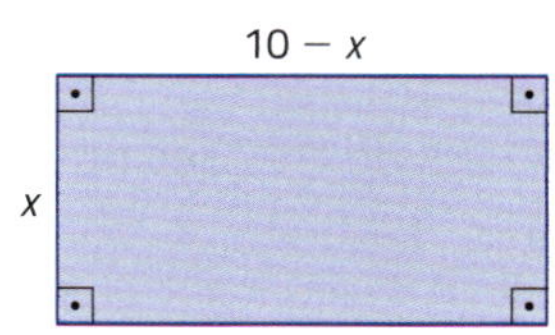

Ilustrações: Banco de imagens/Arquivo da editora

29. Calcule:

a) $7a + 4a - 6a$

b) $\frac{3}{2}y - 2y + \frac{7}{3}y$

c) $\frac{3}{5}x + x$

d) $8xy - 4xy + 4xy - 8xy$

e) $\frac{3}{7}x + \frac{41}{8}x$

f) $-x + \frac{2}{5}x$

g) $-3p - 7p + 18p$

h) $ab - 3ab + \frac{ab}{2}$

O que são polinômios?

Quantos termos têm estas expressões algébricas?

$3x$ → Essa expressão é um monômio. Tem 1 termo.

$3x + 7$

$\frac{1}{2}a + 2b - 3c - \frac{3}{5}$

Essas expressões são somas algébricas de monômios. Uma tem 2 termos, e a outra tem 4.

Essas expressões são denominadas **polinômios**.

Quando um polinômio apresenta termos semelhantes, eles podem ser adicionados, ficando reduzidos a um só termo.

Confira alguns exemplos:

- $4x + 5 + 3 - 2x$

  Adicionando os termos semelhantes, obtemos:

  $$(4x - 2x) + (5 + 3) = 2x + 8$$

- $3a - 2 + \frac{1}{2}a + \frac{3}{5}$

  $$\left(3a + \frac{1}{2}a\right) + \left(-2 + \frac{3}{5}\right) = \left(3 + \frac{1}{2}\right)a + \frac{-10 + 3}{5} = \frac{7}{2}a - \frac{7}{5}$$

- $3x - 2y - 1 - x - 7y + y$

  $(3x - x) + (-2y - 7y + y) + (-1) = 2x - 8y - 1$

Em um polinômio, dois termos semelhantes com coeficientes opostos podem ser cancelados porque têm soma igual a zero. Por exemplo:

$$3x + \cancel{7x^2} - 1 - \cancel{7x^2} + 2x = (3x + 2x) - 1 = 5x - 1$$

Os polinômios formados por até três termos recebem nomes especiais.

1 termo → monômio
2 termos → binômio
3 termos → trinômio

mono: 1 **tri:** 3
bi: 2 **poli:** vários

Os polinômios com mais de três termos não têm nomes especiais.

Confira os exemplos:

$3x$ → monômio
$2x + 8$ → binômio
$2x - 8y - 1$ → trinômio
$4a + 3b + 2c + d + 1$ → polinômio

ATIVIDADES

30. Reduza os termos semelhantes de cada polinômio:

a) $7a + 3 - 2a + 5$

b) $3x + 7x - 5 + 2$

c) $2y - x - 1 + 3y + 2x + 1$

d) $4a + \frac{6b}{5} - 2 + \frac{3b}{10} + \frac{a}{3} - 1 - b$

e) $2a - 7 + 3a + 4 - 5a + 1 - 11a$

f) $2a - 3b + c - 4a + 2b - 5c - 3a - b + c$

g) $3x + 2y - 1 + 7x - 5y + 3 - 2x + y + 6$

31. Calcule o perímetro de cada trapézio:

a)

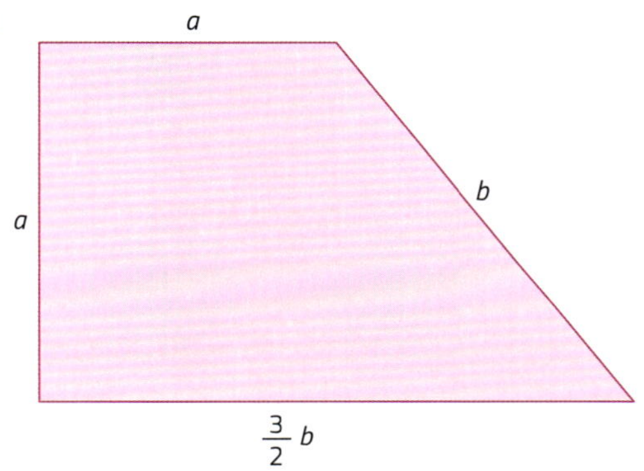

Ilustrações: Banco de imagens/Arquivo da editora

b)

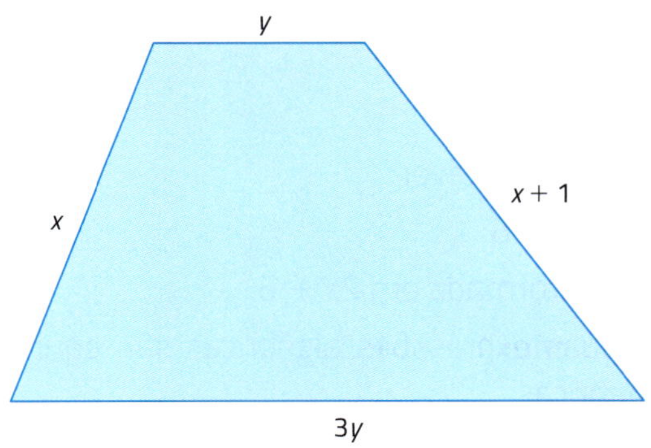

32. Agora, faça você a redução dos termos semelhantes:

a) $2x + 3y - 1 - 3y + x$

b) $a + 3x - 6a - 3x + 6a - 4$

c) $x^2 - 3x + 1 - x^2 + 5x - 1 + 3x + 7x - 6$

d) $3x - 3 + y - 3x + 2z + y - 2z + 3 - 2y$

33. Faça os cancelamentos e reduza os termos semelhantes:

a) $x^2 + 2x + 4 - x^2 + 2x - 4$

b) $3y - 7x - 1 + 7x + 3 + y - x - 3$

c) $a + 2ab + b - 2ab + c - b$

d) $a - b - 2a - 2b + 3 - a + 2b + 2a - 2b - 3$

Quantas dessas expressões resultam em binômios? E em trinômios?

34. Aplique a propriedade distributiva e calcule:

a) $2(a + 4)$

b) $5(2a - 1)$

c) $-4(2x - 3)$

d) $10(3a - 2b + 1)$

e) $3(x + 2) + 2(2x - 1) + 1$

f) $5(x + 2y - 1) - 3(2x - y + 1) - x + 2$

> Propriedade distributiva
>
> $a(b + c) = ab + ac.$

35. Calcule o perímetro e a área da figura. Ela é formada por quatro quadrados e um retângulo de dimensões *a* e *b*.

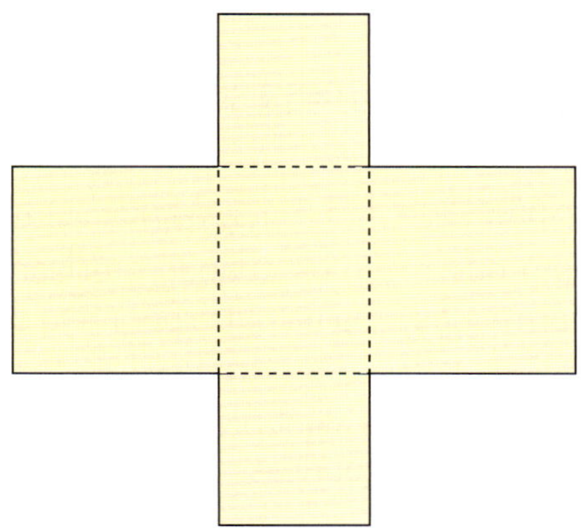

Banco de imagens/Arquivo da editora

36. Colocados em ordem crescente, que sucessão formam os números representados por $(2n + 1) + (2n - 1)$ em que *n* é um número natural qualquer?

Expressões algébricas equivalentes

Qual é o perímetro do retângulo da figura ao lado?

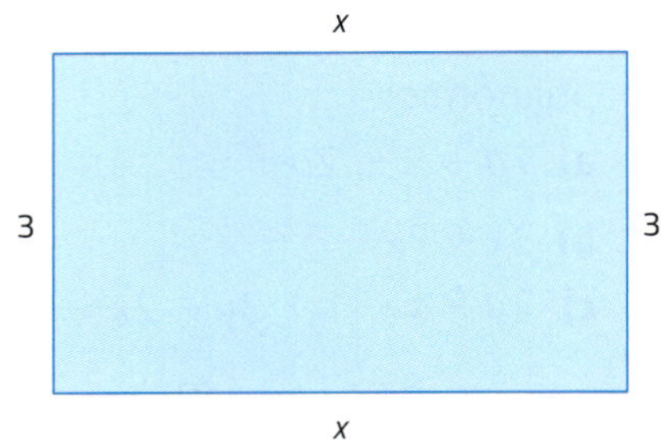

Banco de imagens/Arquivo da editora

O perímetro é igual à soma das medidas dos lados: $x + 3 + x + 3$.

Como o retângulo tem dois lados de medida x e dois lados de medida 3, também podemos escrever que o perímetro é igual a: $2 \cdot x + 2 \cdot 3$ ou $2x + 6$.

As duas expressões algébricas, $x + 3 + x + 3$ e $2x + 6$ representam a medida do perímetro do retângulo. Dessa forma, se for dado um valor numérico para x, os valores de cada expressão serão iguais, pois ambos representam a medida do perímetro.

Veja os exemplos:

	$x + 3 + x + 3 =$	$2x + 6 =$
Para $x = 1$	$1 + 3 + 1 + 3 = 8$	$2 \cdot 1 + 6 = 2 + 6 = 8$
Para $x = 5$	$5 + 3 + 5 + 3 = 16$	$2 \cdot 5 + 6 = 10 + 6 = 16$
Para $x = \frac{7}{2}$	$\frac{7}{2} + 3 + \frac{7}{2} + 3 = \frac{7 + 6 + 7 + 6}{2} = \frac{26}{2} = 13$	$2 \cdot \frac{7}{2} + 6 = 7 + 6 = 13$
Para $x = 10{,}15$	$10{,}15 + 3 + 10{,}15 + 3 = 26{,}30$	$2 \cdot 10{,}15 + 6 = 20{,}30 + 6 = 26{,}30$

Dizemos que $x + 3 + x + 3$ e $2x + 6$ são **expressões algébricas equivalentes**.

Duas expressões algébricas são equivalentes quando apresentam valores numéricos iguais para todos os valores atribuídos à variável (ou variáveis).

Como as expressões algébricas são equivalentes, podemos escrever:

$$x + 3 + x + 3 = 2x + 6$$

A expressão $x + 3 + x + 3$ pode ser algebricamente transformada em $2x + 6$.

É isto que fazemos quando precisamos provar que duas expressões algébricas são equivalentes: transformamos uma na outra por meio de operações algébricas.

Duas expressões algébricas são equivalentes quando podemos transformar uma na outra por meio de operações algébricas.

Por exemplo, na atividade 36, temos uma sucessão dos números representados pela expressão $(2n + 1) + (2n - 1)$, em que n representa um número natural. Uma expressão equivalente a essa e mais simples é $4n$, pois:

$$(2n + 1) + (2n - 1) = 2n + 1 + 2n - 1 = 4n$$

Logo, tal sucessão é a dos naturais múltiplos de 4.

Sequências

Vamos recordar a sequência dos números naturais primos:

$$(2, 3, 5, 7, 11, 13, 17, 19, 23, 29, 31, ...)$$

Algebricamente, costumamos representar os elementos (ou termos) de uma sequência por uma letra com um índice relativo à posição do elemento na sequência:

$(a_1, a_2, a_3, a_4, a_5, ..., a_{n-1}, a_n, ...)$ (leia: a um, a dois, a três, etc.)

a_1 é o primeiro termo, a_2 é o segundo termo, a_3 é o terceiro termo e assim por diante; a_n é o termo da posição *n* ou *n*-ésimo ou enésimo termo; a_{n-1} é o antecessor de a_n.

Na sequência acima, temos, por exemplo, $a_1 = 2$, $a_2 = 3$, $a_3 = 5$, $a_{10} = 29$.

PARTICIPE

I. Considere a sequência dos naturais primos e responda.

a) Quais são os valores de a_5 e a_8?

b) Qual é o valor de a_{12}?

c) Como se representa o sucessor de a_n?

II. *Matrioskas* são bonecas russas feitas de madeira que podem ser encaixadas umas dentro das outras. Considerando a sequência crescente de bonecas, e sabendo que a primeira possui 2 cm de altura, a segunda 4 cm, a terceira 6 cm e que a partir da segunda toda boneca tem altura igual à altura da anterior acrescida de 2 cm, responda.

RTimages/Shutterstock

a) Quais são as alturas das 8 primeiras bonecas?

b) Nessa sequência, a décima boneca terá qual altura?

c) Nessa sequência, sabendo o valor de a_{n-1}, qual é a fórmula para calcular o valor de a_n?

III. Sabendo que, em uma sequência em que $a_1 = 1$, $a_2 = 10$, $a_3 = 100$, e assim por diante, cada termo a partir do segundo é igual a 10 vezes o termo anterior, responda.

a) Qual é o sétimo termo (a_7)?

b) Qual é a fórmula para calcular a_n conhecendo o valor de a_{n-1}?

Fórmulas recursivas

Sequências como as dos itens **II** e **III** da seção "Participe" na página anterior podem ser apresentadas por **fórmulas recursivas**.

Dizemos que uma sequência é descrita algebricamente por meio de uma **fórmula recursiva** quando é dado o primeiro termo (ou mais termos iniciais) e uma relação que permite calcular os termos seguintes a partir dos valores de termos anteriores. Chamamos essa fórmula **lei de formação** da sequência.

Podemos escrever a lei de formação da sequência do item **II** da seguinte forma:
$a_1 = 2$ e $a_n = a_{n-1} + 2$, para $n > 1$.

Podemos escrever a lei de formação da sequência do item **III** da seguinte forma:
$a_1 = 1$ e $a_n = 10 \cdot a_{n-1}$, para $n > 1$.

ATIVIDADES

37. Observe a regularidade de cada sequência e copie-as escrevendo o próximo termo de cada uma delas.

a) (2, 5, 8, 11, 14, ...) **b)** (11, 22, 33, 44, 55, ...) **c)** (10, 5, 0, −5, −10, ...)

38. Escreva a lei de formação recursiva de cada sequência do exercício anterior, preenchendo as lacunas:

a) $a_1 =$ _____ e $a_n = a_{n-1} + 3$, para $n > 1$.

b) $a_1 = 11$ e $a_n =$ _____, para $n > 1$.

c) $a_1 =$ _____ e $a_n =$ _____, para $n > 1$.

39. Uma sequência histórica, chamada sequência de Fibonacci, apresenta o primeiro termo e o segundo iguais a 1. A partir do terceiro termo, cada termo é igual à soma dos dois anteriores.

a) Escreva os oito primeiros termos da sequência de Fibonacci.

b) Escreva a lei de formação da sequência de Fibonacci completando as lacunas: $a_1 =$ _____, $a_2 =$ _____ e $a_n =$ _____, para $n > 2$.

40. Observe a sequência de figuras feitas com palitos de fósforos e responda, de acordo com a regularidade da sequência, às questões a seguir.

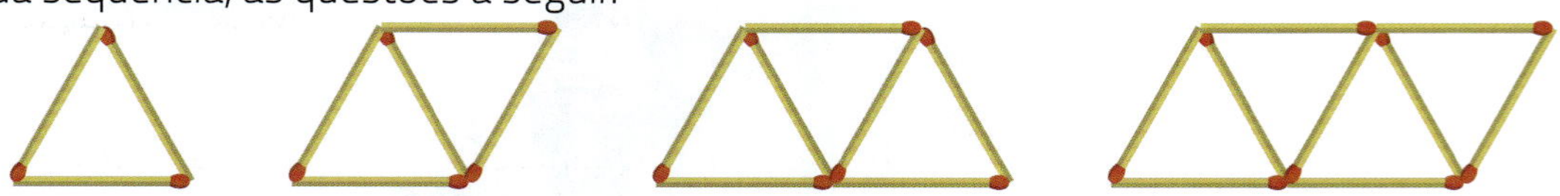

figura 1 figura 2 figura 3 figura 4

Ericson Guilherme Luciano/Arquivo da editora

a) Quantos triângulos terá a figura 5 da sequência?

b) Qual é a fórmula recursiva que dá o número de triângulos em cada figura da sequência?

c) Quantos palitos são necessários para formar a figura 5 da sequência?

d) Qual é a fórmula recursiva que dá o número de palitos em cada figura da sequência?

Fórmulas não recursivas

Na atividade 40, apresentamos uma sequência de figuras com palitos de fósforos. Os números de triângulos em cada figura formam a sequência numérica (1, 2, 3, 4, 5,...). Note que cada figura n é composta de n triângulos. Assim, nessa sequência numérica, temos $a_n = n$, para todo n.

Essa é uma **fórmula não recursiva** dessa sequência, pois podemos escrever o valor de qualquer termo sem precisar de termos anteriores. Por exemplo, $a_{10} = 10$.

Na sequência dos inteiros positivos quadrados perfeitos (1, 4, 9, 16, 25, 36, 49, ...), temos:

- o primeiro termo é 1^2;
- o segundo termo é 2^2;
- o terceiro é 3^2;
- o n-ésimo termo é n^2.

Portanto, podemos escrever a lei de formação dessa sequência utilizando uma fórmula não recursiva: $a_n = n^2$.

Podemos calcular, por exemplo, o vigésimo termo, sem precisar conhecer termos anteriores: $a_{20} = 20^2 = 400$.

Dizemos que uma sequência é descrita algebricamente por meio de uma fórmula não recursiva quando esta permite calcular cada termo sem precisar conhecer outros termos da sequência.

Sequências sem fórmulas algébricas

Existem sequências numéricas que não apresentam uma lei de formação algébrica. Elas não podem ser escritas de forma recursiva nem não recursiva.

Por exemplo, a sequência dos números naturais primos (2, 3, 5, 7, 11, 13, 17, 19, ...) é uma sequência que não apresenta uma lei de formação algébrica.

Não há fórmula algébrica para calcular todos os números primos. Uma sequência assim é descrita por uma propriedade comum a todos os seus elementos, se houver; nesse caso, são os números primos.

Outro exemplo: a sequência dos números de dias dos meses de um ano não bissexto é (31, 28, 31, 30, 31, 30, 31, 31, 30, 31, 30, 31).

E também há sequências que não apresentam nenhuma regularidade, dadas explicitamente indicando o valor de cada elemento.

ATIVIDADES

41. Na sequência $\left(\frac{1}{2}, \frac{2}{3}, \frac{3}{4}, \frac{4}{5}, \frac{5}{6}, \dots\right)$:

a) qual é o sexto termo?

b) qual é o décimo termo?

c) qual é o centésimo termo?

d) qual é a fórmula algébrica para calcular o termo a_n? É uma fórmula recursiva ou não recursiva?

42. Pesquise e responda: Qual é a sequência dos anos em que o Brasil foi campeão da Copa do Mundo de Futebol? Há regularidade nessa sequência?

43. Faça o que se pede.

a) Escreva a sequência dos números pares positivos.

b) Apresente uma lei de formação dessa sequência na forma recursiva e não recursiva.

44. Quantas bolinhas tem na figura n da sequência abaixo?

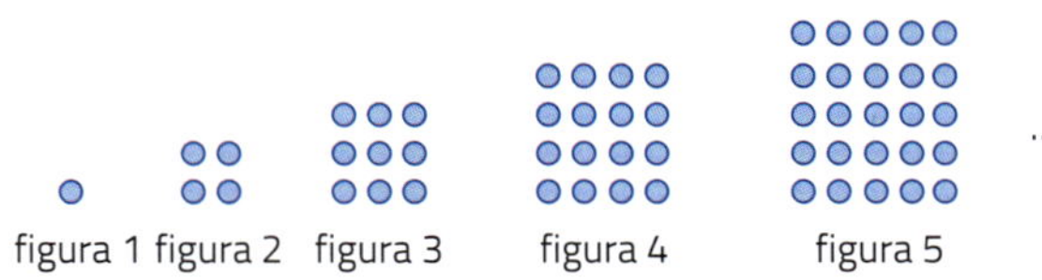

Banco de imagens/Arquivo da editora

45. Conservando a regularidade das figuras da sequência, quantas bolinhas tem na próxima figura?

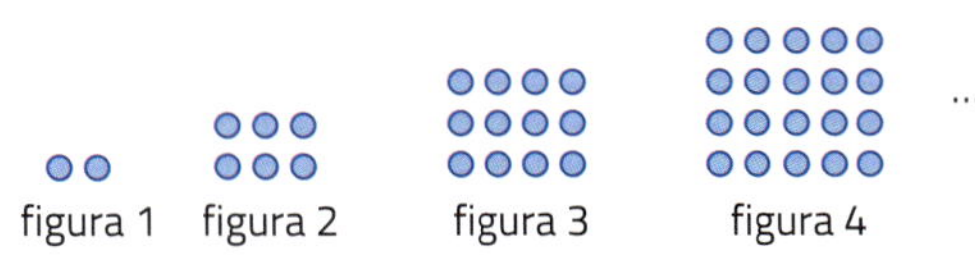

Banco de imagens/Arquivo da editora

46. Responda:

a) Quantas bolinhas tem na figura *n* do exercício anterior?

b) Os números de bolinhas em cada figura formam a sequência numérica (2, 6, 12, 20, ...). Escreva duas fórmulas algébricas equivalentes, não recursivas, para calcular o *n*-ésimo termo dessa sequência.

47. Forme uma sequência representada por uma fórmula recursiva e escreva seus cinco primeiros termos. Depois, troque com um colega para que ele escreva os próximos três termos da sequência que você criou e para que você escreva os próximos três termos da sequência que ele criou.

48. Escreva uma fórmula não recursiva para calcular o número de palitos (a_n) na figura *n* da atividade 40.

NA OLIMPÍADA

Quantas partidas eles disputaram?

(Obmep) Lúcia e Antônio disputaram várias partidas de um jogo no qual cada um começa com 5 pontos. Em cada partida, o vencedor ganha dois pontos e o derrotado perde 1 ponto, não havendo empates. Ao final, Lúcia ficou com dez pontos e Antônio ganhou exatamente três partidas. Quantas partidas eles disputaram ao todo?

a) 6 **b)** 7 **c)** 8 **d)** 9 **e)** 10

Desligue o celular

(Obmep) Durante a aula, dois celulares tocaram ao mesmo tempo. A professora logo perguntou aos alunos: "De quem são os celulares que tocaram?". Guto disse: "O meu não tocou", Carlos disse: "O meu tocou" e Bernardo disse: "O de Guto não tocou". Sabe-se que um dos meninos disse a verdade e os outros dois mentiram. Qual das seguintes afirmativas é verdadeira?

Reprodução/Obmep, 2013.

a) O celular de Carlos tocou e o de Guto não tocou.
b) Bernardo mentiu.
c) Os celulares de Guto e Carlos não tocaram.
d) Carlos mentiu.
e) Guto falou a verdade.

Rodízio perfeito

(Obmep) Em uma competição, as partidas têm duração de 60 minutos, e cada time tem sempre 5 jogadores em campo. Em determinada partida, um time inscreveu 8 atletas e foram feitas várias substituições de modo que cada um deles jogou a mesma quantidade de tempo. Quanto tempo cada um deles jogou nessa partida?

a) 27 minutos e 30 segundos
b) 30 minutos
c) 37 minutos e 30 segundos
d) 40 minutos
e) 42 minutos e 30 segundos

Reprodução/Obmep, 2017.

CAPÍTULO

19 Equações

Ann Ronan Picture Library/Photo12/AFP

NA REAL

Como saber qual é a massa?

As balanças, inventadas há milhares de anos, estão presentes em diversas situações do nosso dia a dia. Elas são usadas em supermercados, feiras, consultórios, indústrias, etc.

Ao longo dos anos, as balanças evoluíram em relação à precisão. Hoje em dia, existem diversos tipos delas, um para cada finalidade. O tipo de balança mais comum, desde a Antiguidade, é a "balança de pratos".

Observe na ilustração ao lado três etapas de uma medição usando esse tipo de balança.

De acordo com a ilustração, é possível determinar a massa da penca de bananas? Como você faria para determinar essa medida?

Ilustra Cartoon/Arquivo da editora

Equações

Um caminho para descobrir um número desconhecido

Em problemas de Matemática nos quais se quer calcular um número desconhecido, podemos proceder assim:

1º) Escolher uma letra para representar o número desconhecido.

2º) Escrever uma sentença matemática que seja a tradução simbólica do problema em estudo. Veja um exemplo:

Ilustra Cartoon/Arquivo da editora

Se chamarmos de x o número de balas que o professor tem na mão, o problema proposto pode ser traduzido pela seguinte sentença:

$$3 \cdot x + 5 = 11$$

A sentença $3 \cdot x + 5 = 11$ expressa uma igualdade e contém uma letra que representa um número desconhecido **(incógnita)**. Sentenças assim são chamadas de **equações**.

incógnita: aquilo que é desconhecido e que se procura saber.

Você vai resolver esse problema um pouco mais adiante.

PARTICIPE

I. Antigamente, no Egito, a incógnita era chamada de *aha*, palavra que pode ser traduzida como "monte" ou "quantidade". Em nosso texto sobre equações na seção "Na História", no capítulo 21, consta o primeiro problema com *aha* do papiro de Rhind (1750 a.C.): "A soma de *aha* com a sua sétima parte é 19".

a) Pesquise na internet quem foi Rhind.

b) Representando *aha* por x, transforme o problema do papiro de Rhind em uma equação.

II. Agora, leia os seguintes problemas e responda às perguntas:

a) Helena e Patrícia são gêmeas. A soma de suas idades é 46 anos.
Representando por x a idade de cada uma, qual é a equação que representa essa afirmação?

b) Um número adicionado à sua quinta parte resulta em 12.
Representando o número desconhecido por x, qual é a equação que representa essa afirmação?

c) O problema abaixo pode ser transformado em uma equação:

Ilustra Cartoon/Arquivo da editora

d) Escreva uma equação que expresse em símbolos o seguinte problema: A soma de três números inteiros consecutivos é 108.

Equação é uma sentença matemática que contém uma ou mais incógnitas e é expressa por uma igualdade.

Toda equação é composta de uma expressão colocada à esquerda do sinal de igual (=) e de outra, à direita desse sinal. Essas expressões são denominadas **membros** da equação.

$$\underbrace{3x + 5}_{1^{\underline{o}}\text{ membro}} = \underbrace{11}_{2^{\underline{o}}\text{ membro}}$$

A figura abaixo ilustra essa equação. Considerando que em cada saquinho há x balas e que a massa do plástico dos saquinhos é desprezível, os dois pratos da balança ficam em equilíbrio quando estão com massas de balas iguais.

Ilustra Cartoon/Arquivo da editora

ATIVIDADE

1. Identifique quais são o primeiro e o segundo membros da equação:

$$3x + 1 = 2x - 3$$

Agora, elabore um problema que possa ser resolvido por essa equação.

Raiz de uma equação

Na equação $3 \cdot x + 5 = 11$, vamos substituir x por alguns números:

- para $x = 0$, temos: $3 \cdot 0 + 5 = 11$ (falso);
- para $x = 1$, temos: $3 \cdot 1 + 5 = 11$ (falso);
- para $x = \frac{5}{3}$, temos: $3 \cdot \frac{5}{3} + 5 = 11$ (falso);
- para $x = 2$, temos: $3 \cdot 2 + 5 = 11$ (verdadeiro).

O número 2, colocado no lugar da incógnita x, transforma a equação $3 \cdot x + 5 = 11$ numa sentença numérica verdadeira: $3 \cdot 2 + 5 = 11$. Por esse motivo, 2 é raiz da equação.

Um número é **raiz** (ou **solução**) de uma equação quando, colocado no lugar da incógnita, transforma a equação em uma sentença verdadeira.

Veja outros exemplos:

- 8 é raiz da equação $x + 1 = 9$, porque $8 + 1 = 9$ é uma sentença verdadeira.
- -4 é raiz da equação $3 - 2x = 11$, porque $3 - 2(-4) = 11$ é uma sentença verdadeira.

Como podemos verificar se 3 é raiz de $2x + 1 = 4 + x$?

Primeiro, substituímos a variável pelo número dado:

$$2 \cdot 3 + 1 = 4 + 3$$

Depois, calculamos o valor de cada membro:

$$6 + 1 = 4 + 3$$

e verificamos se a sentença resultante é verdadeira:

$$7 = 7$$

Como obtemos uma sentença verdadeira, concluímos que 3 é raiz da equação $2x + 1 = 4 + x$.

Veja outro exemplo:

$$\frac{2x - 1}{2} + \frac{3x + 1}{3} = \frac{5x - 3}{6}$$

Substituindo x por 2, fica:

$$\frac{2 \cdot 2 - 1}{2} + \frac{3 \cdot 2 + 1}{3} = \frac{5 \cdot 2 - 3}{6}$$

$$\frac{4 - 1}{2} + \frac{6 + 1}{3} = \frac{10 - 3}{6}$$

$$\frac{3}{2} + \frac{7}{3} = \frac{7}{6}$$

$$\frac{9 + 14}{6} = \frac{7}{6} \Rightarrow \frac{23}{6} = \frac{7}{6} \text{ (falso)}$$

Ilustra Cartoon/Arquivo da editora

Nesse caso, concluímos que 2 não é raiz da equação dada.

ATIVIDADES

2. Faça os cálculos e responda:

a) O número 2 é raiz da equação $3x + 7 = 2(x + 4) + 1$?

b) O número 0 é raiz da equação $5(2x - 1) + 7(2 + 3x) = -3(x - 3)$?

c) O número 5 é raiz da equação $2(x + 1) = 3(2x + 1) - 7(x - 2)$?

3. Dados os números 0, -1 e -2, qual deles é raiz da equação $1 - 3x = 7$?

4. O número -2 é raiz de quais equações?

a) $x + 4 = 6 + 2x$

b) $5x + 1 = 4x$

c) $2(x + 2) = 3(4 + 2x)$

d) $x - 2 = 5x - 10$

Como se determina a raiz?

PARTICIPE

Nas figuras ao lado, os pratos das balanças estão em equilíbrio.

a) Quantas  são necessárias para equilibrar um ?

b) Na equação $x + 2 = 5$, quanto vale x?

c) Quantas  são necessárias para equilibrar um ?

d) Qual é a raiz da equação $2x = 8$?

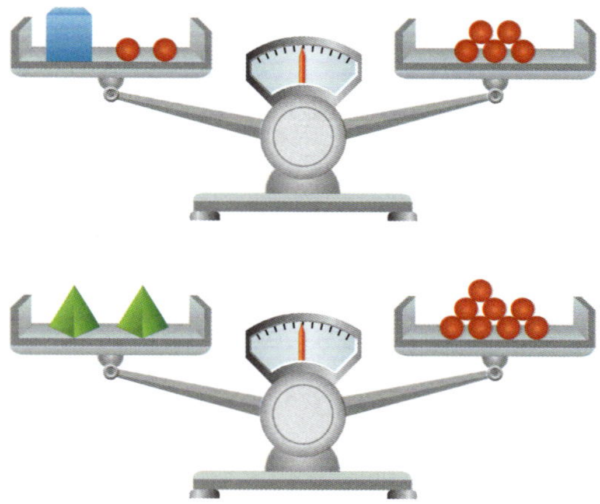

Ericson Guilherme Luciano/Arquivo da editora

A seguir, veja algumas maneiras de resolver uma equação.

Desfazendo a adição

Como podemos encontrar a raiz da equação $x + \frac{3}{5} = \frac{7}{2}$?

Para "desfazer" a adição realizada com x, subtraímos $\frac{3}{5}$ dos dois membros:

$$x + \frac{3}{5} - \frac{3}{5} = \frac{7}{2} - \frac{3}{5}$$

$$x = \frac{7}{2} - \frac{3}{5}$$

$$x = \frac{35 - 6}{10}$$

$$x = \frac{29}{10}$$

A raiz é $\frac{29}{10}$.

Conferindo: $\frac{29}{10} + \frac{3}{5} = \frac{29 + 6}{10} = \frac{35}{10} = \frac{7}{2}$ (verdadeiro).

Desfazendo a subtração

Subtraindo 132 de um número, obtemos 44. Que número é esse?

Sendo x o número desconhecido, temos:

$$x - 132 = 44$$

Para "desfazer" a subtração realizada com x, adicionamos 132 aos dois membros da equação:

$$x - 132 + 132 = 44 + 132$$
$$x = 44 + 132$$
$$x = 176$$

O número é 176.

Conferindo: $176 - 132 = 44$ (verdadeiro).

Desfazendo a multiplicação

Como resolver a equação $7 \cdot x = 4{,}9$?

Para "desfazer" a multiplicação realizada com x, devemos dividir os dois membros por 7.

$$\frac{2 \cdot x}{7} = \frac{4{,}9}{7}$$
$$x = \frac{4{,}9}{7}$$
$$x = 0{,}7$$

A raiz é 0,7.

Conferindo: $7 \cdot 0{,}7 = 4{,}9$ (verdadeiro).

Desfazendo a divisão

Que número devemos dividir por 45 para obter o quociente 8?

Sendo x o número pedido, temos: $\frac{x}{45} = 8$.

Para "desfazer" a divisão realizada com x, multiplicamos os dois membros da equação por 45:

$$\frac{x}{45} \cdot 45 = 8 \cdot 45$$
$$x = 8 \cdot 45$$
$$x = 360$$

O número é 360.

Conferindo: $\frac{360}{45} = 8$ (verdadeiro).

Resolver uma equação significa determinar sua raiz (ou raízes). Você pode sempre conferir se resolveu a equação corretamente. É só verificar se sua resposta satisfaz a equação dada.

Operações elementares sobre equação

Nos exemplos anteriores, para determinar a raiz, adicionamos ou multiplicamos um mesmo número aos dois membros da equação. (Recorde que subtrair é o mesmo que adicionar o oposto, e dividir é o mesmo que multiplicar pelo inverso.) Ao fazer isso, realizamos uma operação conhecida como **operação elementar sobre a equação**.

Resumindo, podemos realizar dois tipos de operações elementares sobre a equação:

- Adicionar um mesmo número aos dois membros da equação.
- Multiplicar por um mesmo número, diferente de zero, os dois membros da equação.

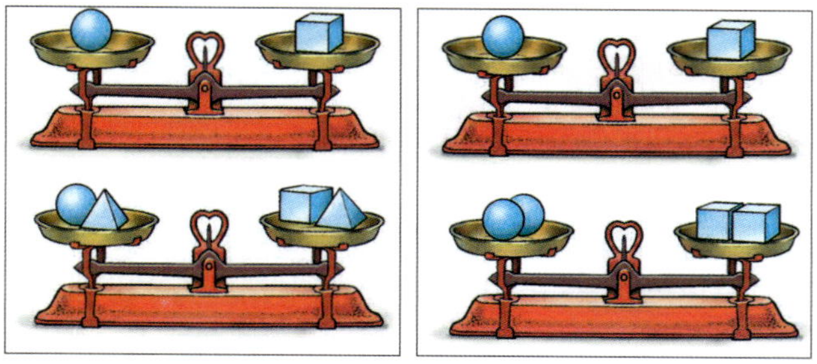

Banco de imagens/Arquivo da editora

As figuras ao lado ilustram os dois tipos de operações elementares sobre equações.

ATIVIDADES

5. Utilize equações para resolver os problemas a seguir.

a) Que número devemos adicionar a $-\frac{7}{3}$ para obter resultado igual a 1?

b) Quanto devemos subtrair de 13,5 para obter 6,25?

6. Resolva as seguintes equações:

a) $x + 5 = 0$

b) $x + 4 = -3$

c) $x - 2 = -3$

d) $7 = x + 1$

e) $0 = x + 7$

f) $-\frac{1}{3} = x + 2$

7. Transforme numa equação e resolva.

Que número adicionado a $\frac{5}{6}$ dá o mesmo resultado que $-\frac{1}{4}$ adicionado a $\frac{2}{3}$?

8. Escreva as equações e calcule *x* e *y* na figura:

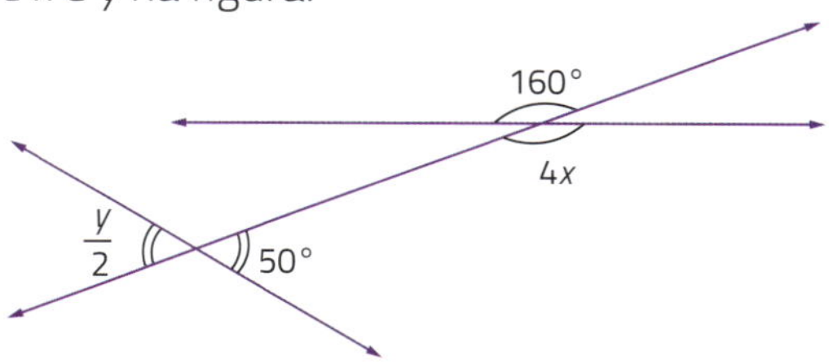

Banco de imagens/Arquivo da editora

9. Resolva as equações.

a) $7x = 28$

b) $\frac{x}{8} = 2$

c) $\frac{3x}{4} = 5$

d) $-4x = 11$

e) $-7x = -15$

f) $-\frac{7}{2}x = 8$

10. Escreva as equações e calcule *x* em cada figura.

a)

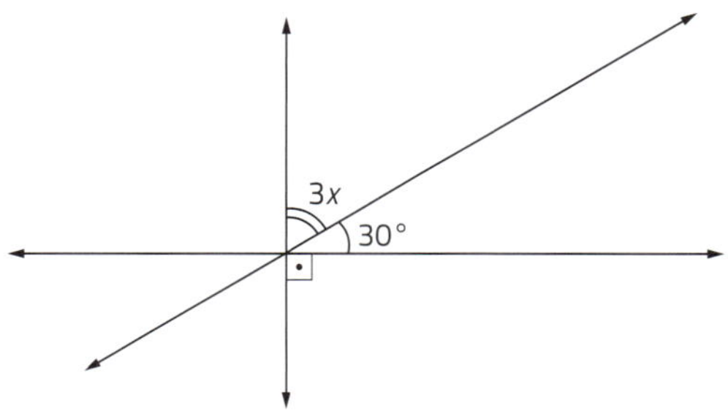

Banco de imagens/Arquivo da editora

b)

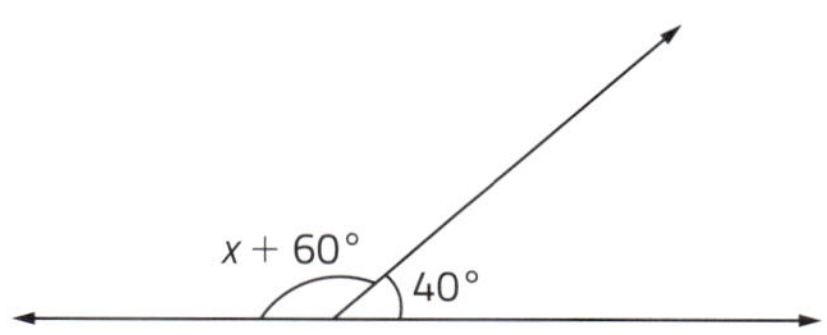

Banco de imagens/Arquivo da editora

Isolando a incógnita

PARTICIPE

Resolva fazendo cálculos mentalmente.

Os pratos da balança representada a seguir estão em equilíbrio.

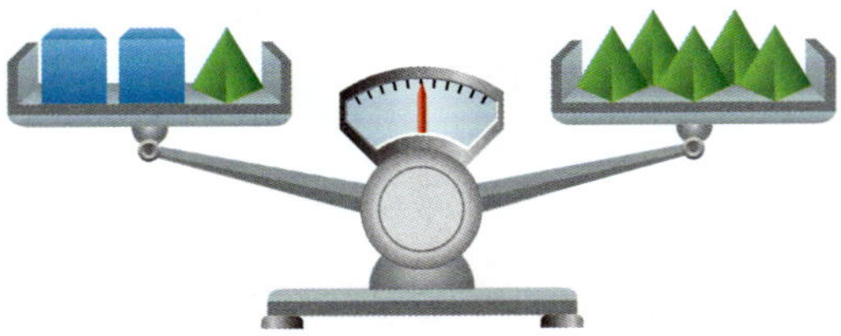

Ericson Guilherme Luciano/ Arquivo da editora

a) Um  vale quantos ?

b) Explique, por escrito, o seu raciocínio.

c) Escreva a equação que corresponde ao problema anterior, substituindo cada ////////// por um número de modo que a igualdade se torne verdadeira.

//////////  + //////////  = ////////// 

d) No seu raciocínio para calcular , o que você fez primeiro?

e) Como ficou a equação depois do primeiro passo?

f) Os  ficaram em um membro da equação e os  ficaram em outro?

Quando vamos resolver uma equação, procuramos isolar a incógnita em um dos membros. Vejamos, passo a passo, por meio de exemplos, como fazer isso:

Vamos resolver a equação $3x - 1 = 14$.

- 1º passo: Adicionar 1 aos dois membros da equação. O objetivo é isolar, no primeiro membro, o termo que apresenta a incógnita ($3x$) e, no segundo, os termos sem incógnita:

$$3x - 1 = 14$$
$$3x - 1 + 1 = 14 + 1$$
$$3x = 15$$

- 2º passo: Multiplicar os dois membros por $\frac{1}{3}$ (o inverso de 3, que é o coeficiente de x). O objetivo é isolar x no primeiro membro.

$$3x = 15$$
$$3x \cdot \frac{1}{3} = 15 \cdot \frac{1}{3}$$
$$x = \frac{15}{3}$$
$$x = 5$$

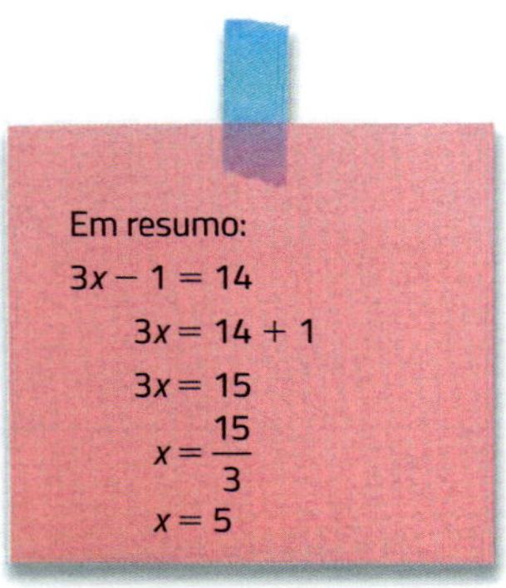

dayeong lee/Shutterstock

A raiz da equação $3x - 1 = 14$ é 5.

Conferindo: $3 \cdot 5 - 1 = 14$ (verdadeiro).

Qual é a raiz da equação $4x + 7 = x - 8$?

- 1º passo: Adicionar -7 aos dois membros da equação. O objetivo é isolar os termos sem incógnita no segundo membro.

$$4x + 7 = x - 8$$
$$4x = x - 8 - 7$$
$$4x = x - 15$$

- 2º passo: Adicionar $-x$ aos dois membros. O objetivo é isolar no primeiro membro os termos que apresentam a incógnita.

$$4x = x - 15$$
$$4x - x = x - 15 - x$$
$$3x = -15$$

- 3º passo: Multiplicar os dois membros por $\frac{1}{3}$.

$$3x = -15$$
$$\frac{1}{3} \cdot 3x = \frac{1}{3} \cdot (-15)$$
$$x = -\frac{15}{3}$$
$$x = -5$$

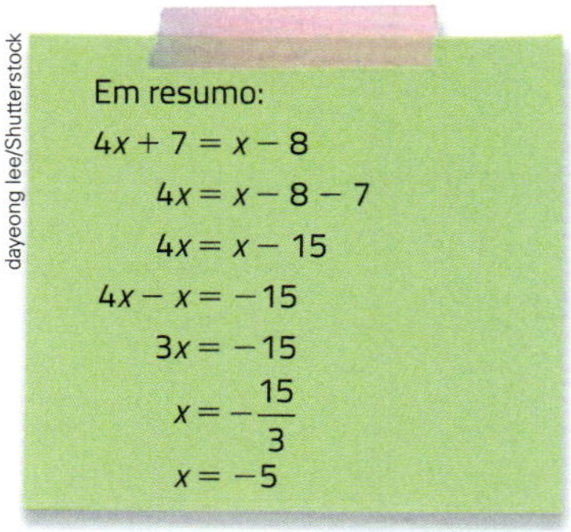

dayeong lee/Shutterstock

A raiz da equação $4x + 7 = x - 8$ é -5.

Conferindo:

$$4(-5) + 7 = (-5) - 8$$
$$-13 = -13 \text{ (verdadeiro)}$$

ATIVIDADES

11. Resolva o problema apresentado na abertura deste capítulo:

Quantas balas havia na mão do professor?

12. A soma do dobro de um número com 6 é igual a 12. Transforme o problema em uma equação e calcule o número desconhecido.

13. Determine a raiz de cada equação:

a) $x - 3 = 1$
b) $2x - 3 = 17$
c) $-2x - 2 = -5$
d) $3x - 1 = 0$
e) $5 - 2x = -17$
f) $1 - x = -1$

14. Considere que os pratos das balanças estão em equilíbrio e resolva mentalmente:

a) Um [pirâmide] vale quantas [bolinha]?

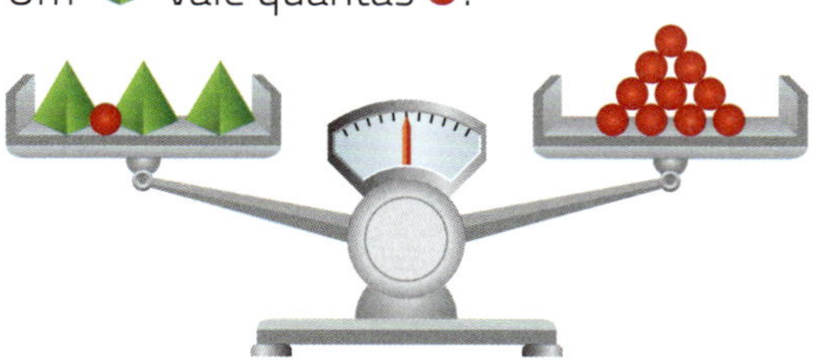

Ericson Guilherme Luciano/Arquivo da editora

b) Um [hexágono] vale quantas [bolinha]?

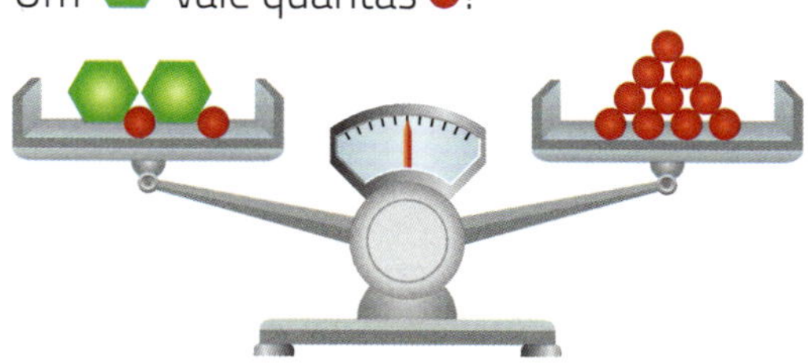

Ericson Guilherme Luciano/Arquivo da editora

15. Transforme o problema em uma equação e resolva-a.

O dobro da medida de um ângulo é igual ao suplemento desse ângulo. Quanto mede o ângulo?

16. Resolva as equações:

a) $2x + 11 = x$
b) $3x + 1 = 2x$
c) $1 + 2x = 3 - 5x$
d) $5x - 1 = 2 - x$

17. Determine a raiz de cada equação.

a) $1 - 3x = 17 - 4x$
b) $3 - 2x = 17 - 4x$
c) $x - 1 = 7 - 2x$
d) $x + 1 + 2x = 1 - 3x$
e) $5 + 3y = -1 + 4y$
f) $-15 - 11x = -9 - 3x$
g) $1 - 2y = 7y + 8$
h) $1045 - x = 729 - 3x$

18. Nas figuras, qual é o valor de x?

a)

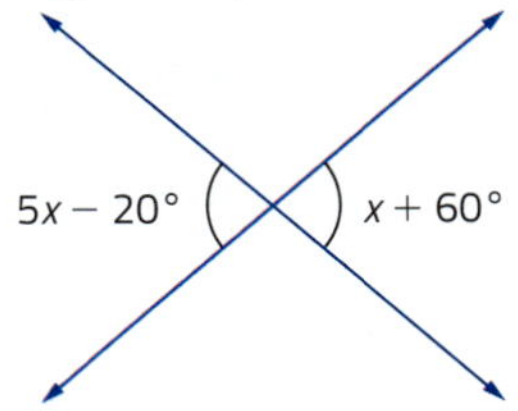

Banco de imagens/Arquivo da editora

b)

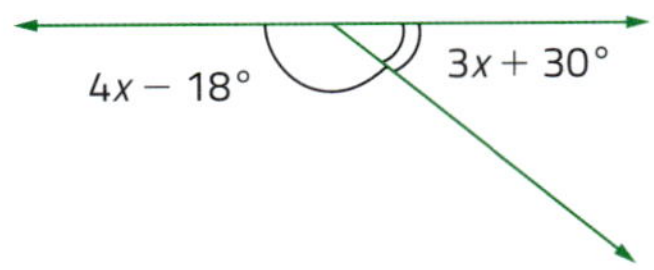

Banco de imagens/Arquivo da editora

19. Elabore um problema que seja resolvido com as operações abaixo.

$$x + 2x + 3x + 35 = 173$$
$$x + 2x + 3x = 173 - 35$$
$$6x = 138$$
$$x = \frac{138}{6}$$
$$x = 23$$

Eliminando parênteses

Vamos resolver a equação $3(x + 1) + 2(2x - 3) = 5(x - 1) + 8$.

- 1º passo: Eliminar os parênteses da equação, utilizando a propriedade distributiva da multiplicação.

$$3(x + 1) + 2(2x - 3) = 5(x - 1) + 8$$
$$3x + 3 + 4x - 6 = 5x - 5 + 8$$
$$7x - 3 = 5x + 3$$

- 2º passo: Deixar todos os termos sem incógnita no mesmo membro. Vamos deixar no segundo membro:

$$7x - 3 = 5x + 3$$
$$7x - 3 + 3 = 5x + 3 + 3$$
$$7x = 5x + 6$$

- 3º passo: Deixar os termos que contêm a incógnita isolados em um membro. Em nosso exemplo, vamos deixar no primeiro membro:

$$7x = 5x + 6$$
$$7x - 5x = 5x + 6 - 5x$$
$$2x = 6$$

- 4º passo: Multiplicar os dois membros por $\frac{1}{2}$ (o inverso do coeficiente de x).

$$2x = 6$$
$$\frac{1}{2} \cdot 2x = \frac{1}{2} \cdot 6$$
$$x = 3$$

Grapgraphic49/Shutterstock

Em resumo:
$3(x + 1) + 2(2x - 3) = 5(x - 1) + 8$
$3x + 3 - 4x - 6 = 5x - 5 + 8$
$7x - 3 = 5x + 3$
$7x = 5x + 6$
$7x - 5x = 3 + 3$
$2x = 6$
$x = \frac{6}{2}$
$x = 3$

A raiz da equação é 3.

Conferindo:

$$3(3 + 1) + 2(2 \cdot 3 - 3) = 5(3 - 1) + 8$$
$$3 \cdot 4 + 2 \cdot 3 = 5 \cdot 2 + 8$$
$$12 + 6 = 10 + 8$$
$$18 = 18 \text{ (verdadeiro)}$$

ATIVIDADES

20. Resolva a equação $n + (n + 1) + (n + 2) = 108$, obtida no item **IId** da seção "Participe" da página 255.

21. Determine a raiz de cada equação:

a) $3(x + 3) - 1 = 2$

b) $3(x + 2) = 2(x - 7)$

c) $3(x + 2) - 2(x + 3) + 6 = 0$

d) $6x + 3(x + 1) - 7 = 2(2x - 1) - 4(1 - x)$

22. Na figura abaixo, os três lados do triângulo são congruentes entre si e os seis lados do hexágono também. Cada lado do triângulo mede 4 cm a mais do que cada lado do hexágono. O perímetro do triângulo mede 4,5 cm a mais do que o do hexágono. Quanto mede o lado de cada polígono?

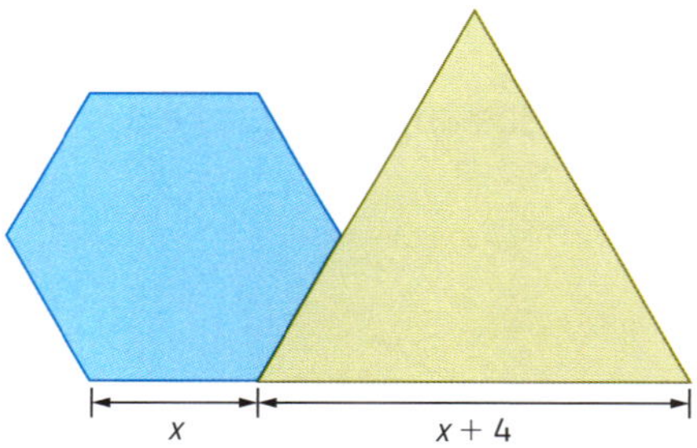

Banco de imagens/Arquivo da editora

23. Responda às questões a seguir a respeito desta figura.

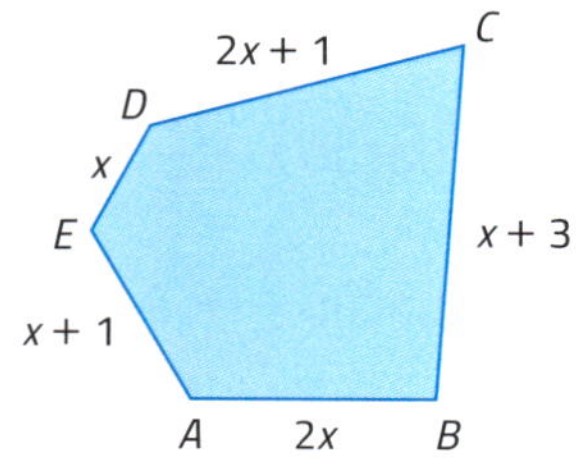

Banco de imagens/Arquivo da editora

a) Qual é a expressão algébrica que representa o perímetro do pentágono *ABCDE*? As medidas são dadas em centímetros.

b) Se x for igual a 1,5 cm, qual é o valor do perímetro?

c) Se o perímetro é 27,4 cm, quanto mede o lado *DE*?

24. O perímetro do quadrilátero abaixo é 11 cm. Quanto mede o maior lado do quadrilátero?

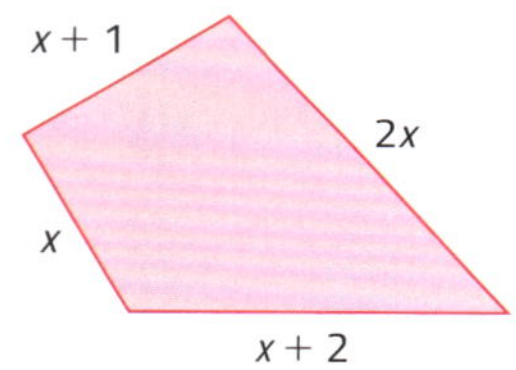

Banco de imagens/Arquivo da editora

Figuras fora de escala.

Eliminando denominadores

Vamos resolver a equação $\frac{x+1}{3} + \frac{3x-1}{2} = \frac{2x+1}{4} - \frac{37}{12}$.

- 1º passo: Multiplicar os dois membros por um múltiplo comum dos denominadores. O objetivo é eliminar os denominadores.

$$\frac{x+1}{3} + \frac{3x-1}{2} = \frac{2x+1}{4} - \frac{37}{12}$$

Um múltiplo comum de 3, 2, 4 e 12 é 12. Então:

$$12 \cdot \frac{x+1}{3} + 12 \cdot \frac{3x-1}{2} = 12 \cdot \frac{2x+1}{4} - 12 \cdot \frac{37}{12}$$

$$4(x + 1) + 6(3x - 1) = 3(2x + 1) - 37$$

- 2º passo: Após eliminar os denominadores, prosseguimos a resolução:

$$4x + 4 + 18x - 6 = 6x + 3 - 37$$
$$22x - 2 = 6x - 34$$
$$22x = 6x - 34 + 2$$
$$22x - 6x = -32$$
$$16x = -32$$
$$x = -\frac{32}{16}$$
$$x = -2$$

A raiz da equação é -2.

Conferindo:

$$\frac{-2+1}{3} + \frac{3(-2)-1}{2} = \frac{2(-2)+1}{4} - \frac{37}{12}$$
$$-\frac{1}{3} - \frac{7}{2} = -\frac{3}{4} - \frac{37}{12}$$
$$-\frac{46}{12} = -\frac{46}{12} \text{ (verdadeiro)}$$

ATIVIDADES

25. Resolva as equações.

a) $\frac{x}{2} = \frac{5}{2}$ **b)** $\frac{2x}{3} = \frac{1}{2}$ **c)** $\frac{3x}{3} = \frac{1}{5}$ **d)** $\frac{x}{3} = -2$

26. Resolva a equação $x + \frac{x}{5} = 12$, obtida no item **IIb** da seção "Participe" da página 254.

27. Resolva a equação $\frac{x}{3} + 2 = x + 1$, obtida no item **IIc** da seção "Participe" da página 255.

28. Resolva a equação: $\frac{1}{2}(x - 2) + \frac{1}{3}(x + 4) = 0$.

29. Determine a raiz de cada equação:

a) $\frac{x - 1}{7} - \frac{x + 3}{4} = 1$ **b)** $\frac{x - 1}{2} + \frac{x + 1}{3} = \frac{2x + 3}{5}$

30. Escreva a equação e calcule quanto mede o ângulo em cada caso:

a) O suplemento da quarta parte do ângulo mede 140°.

b) Os três quintos do suplemento do ângulo medem 36°.

c) O suplemento do ângulo é o triplo do seu complemento.

31. Considerando a figura, calcule os valores de *x* e *y* e as medidas dos ângulos *a*, *b*, *r* e *s*.

Banco de imagens/Arquivo da editora

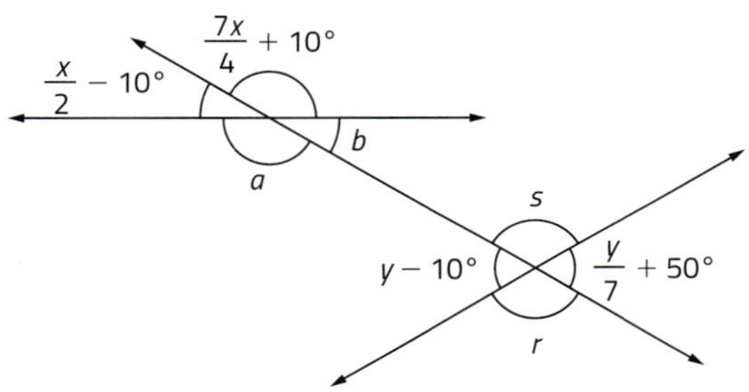

32. Resolva cada equação.

a) $\frac{1 - x}{2} = \frac{x + 1}{2} + x$

b) $\frac{m}{6} + \frac{m}{9} = \frac{1}{15} + \frac{m - \frac{1}{2}}{3}$

c) $\frac{3y + 1}{13} - \frac{2 - y}{2} = \frac{4y - 1}{5} - \frac{2y - 5}{3}$

d) $\frac{9x + 7}{4} + (1 - 7x) = \frac{2 + x}{9}$

33. Em cada equação determine o valor de *x*:

a) $\frac{2x - 1}{4} - \frac{x - 1}{3} = \frac{x + 1}{2} + \frac{3x + 1}{5}$ **b)** $\frac{x}{2} - \frac{x - 1}{3} + \frac{17}{12} = x + \frac{x + 7}{4}$

34. O trapézio abaixo tem altura 4 cm e tem área igual a 22 cm^2. Quantos centímetros mede cada base?

Banco de imagens/Arquivo da editora

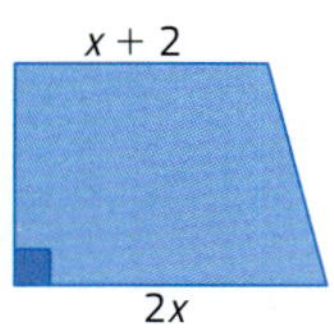

35. Elabore e resolva um problema referente a um retângulo e que possa ser resolvido a partir de uma equação.

NA MÍDIA

Crioterapia: entrar numa fria pode ser bom

Novidade nos EUA é câmara de nitrogênio que baixa a temperatura

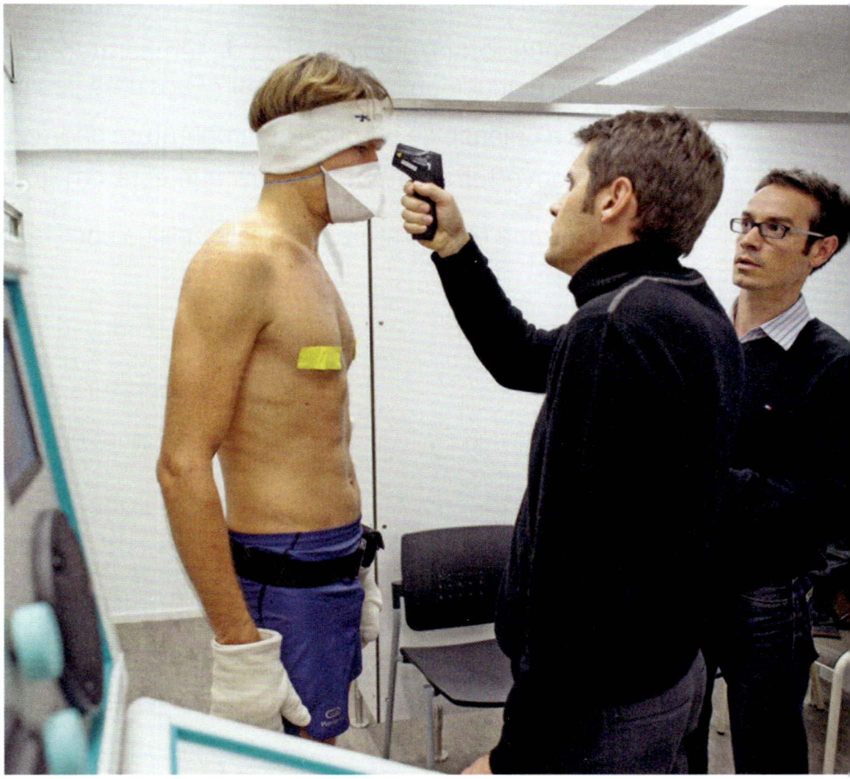

Patrice Latron/Look At Sciences/SPL/Fotoarena

Atleta é examinado para determinar os efeitos terapêuticos do frio na recuperação após exercício.

"Entrar em uma fria" pode ser um bom negócio para atletas de diferentes modalidades. É mais do que comum ver jogadores de futebol e lutadores de MMA entrarem em banheiras de gelo após apresentações. Esta técnica, conhecida como crioterapia, começou na década de 1970 e tem ganhado versões cada vez mais modernas, e sempre com objetivo de auxiliar na recuperação física após intensos exercícios.

"Chegou-se à conclusão de que em banheira de gelo o atleta deve ficar de 5 a 7 minutos. Com isso, ele tem uma remoção de ácido lático, que é o que causa fadiga na musculatura", explica o fisioterapeuta esportivo David Homsi.

A versão mais "hardcore" da imersão em gelo praticada em larga escala pelos clubes de futebol é uma câmara que utiliza nitrogênio para levar a temperatura a incríveis −150 °C. Para efeito de comparação, a temperatura mais baixa registrada na Terra foi de aproximadamente −95 °C, em 2010, na Antártida. Na chamada "crio-sauna", o atleta entra calçando apenas meias muito grossas e roupa de baixo, em uma câmara onde o nitrogênio líquido se transforma em vapor, abaixando rapidamente a temperatura local. Os participantes desta técnica ficam apenas por dois ou três minutos sob o frio intenso. O sofrimento curto aceleraria em até 48 horas a recuperação de músculos fragilizados por exercícios físicos intensos.

[...]

NO BRASIL

Por aqui, as câmaras de crioterapia ainda estão distantes. O mais popular é a tradicional banheira de gelo entre os atletas de alto rendimento. A novidade que está começando a entrar no País é um aparelho chamado Game Ready. Popular entre alguns atletas, como o jogador do Barcelona Lionel Messi, ele mistura baixas temperaturas com pressão.

"É uma bota que se coloca no membro anterior, ou no cotovelo, ou em alguma articulação. Ela causa uma compressão e um resfriamento. Quando se utiliza a compressão para retardar a fadiga muscular é a mesma história do gelo. Você aumenta a circulação sanguínea e tem uma maior remoção deste ácido lático. Uma técnica para fazer o atleta voltar antes a competir", afirma Homsi.

Disponível em: http://esportes.estadao.com.br/noticias/geral,crioterapia-utiliza-o- frio-para-ajudar-recuperacao-de-atletas,10000015072. Acesso em: 20 jun. 2021.

De acordo com o texto, responda:

1. A câmara que utiliza nitrogênio pode levar a temperatura a incríveis -150 °C. É correto afirmar que o número que registra essa temperatura pertence ao conjunto dos números naturais? Explique sua resposta.

2. A temperatura de -150 °C atingida na câmara de nitrogênio é mais alta ou mais baixa do que a temperatura de aproximadamente -95 °C registrada na Terra em 2010?

3. Você sabia que a unidade de medida de temperatura utilizada em países como os Estados Unidos é diferente da unidade utilizada no Brasil? Faça uma pesquisa e responda às questões a seguir.

a) Qual é a unidade de medida de temperatura padrão usada nos Estados Unidos?

b) Para converter uma temperatura que está em graus Celsius para graus Fahrenheit, temos de multiplicar a temperatura na escala Celsius por $\frac{9}{5}$ e depois adicionar 32. Observe esta equação:

$$TF = \frac{9}{5} \times TC + 32$$

TC: temperatura em graus Celsius.

TF: temperatura em graus Fahrenheit.

Agora é a sua vez!

I. A temperatura de fusão da água pura é de 0 °C. Isso significa que a 0 °C a água pura passa do estado sólido para o líquido. A temperatura de 0 °C corresponde a quantos graus Fahrenheit?

II. A temperatura de ebulição da água pura é de 100 °C. Isso significa que a 100 °C ela passa do estado líquido para o gasoso (é quando ela ferve). A temperatura de 100 °C corresponde a quantos graus Fahrenheit?

III. Confira a previsão do tempo de hoje e registre a temperatura máxima em graus Fahrenheit.

4. Na equação da questão anterior, mostramos como calcular a temperatura em graus Fahrenheit quando ela é dada em graus Celsius. Agora, a partir da equação da questão anterior, obtenha uma equação para calcular a temperatura em graus Celsius quando a temperatura é dada em graus Fahrenheit.

5. A temperatura mais alta já registrada no Brasil até o ano de 2020 foi de 112,6 °F, em Nova Maringá, Mato Grosso, nos dias 4 e 5 de novembro de 2020. A quantos graus Celsius corresponde essa temperatura?

6. Existe uma temperatura que, medida em graus Celsius ou em graus Fahrenheit, resulta no mesmo número? Se sim, qual é essa temperatura?

Macrovector/Shutterstock

CAPÍTULO 20

Resolução de problemas

Eugene Onischenko/Shutterstock

NA REAL

Quantas atletas jogarão pelos dois times?

Um clube de vôlei está fazendo testes com atletas para formar dois times para disputar o campeonato regional feminino sub-15 (para atletas com menos de 15 anos). Como os jogos desse campeonato ocorrerão em diversas etapas e os times de um mesmo clube não jogarão um contra o outro, o treinador pode escolher algumas atletas para jogar pelos dois times. As atletas selecionadas para jogar pelos dois times terão mais desgaste físico do que as demais e, por isso, precisarão participar de um programa de treinamento mais intenso, que as deixará mais bem preparadas.

Entre titulares e reservas, o time *A* foi formado por 12 jogadoras e o time *B* foi formado por 10 jogadoras. Sabendo que, ao todo, 17 atletas foram selecionadas para o campeonato, quantas atletas selecionadas jogarão pelos dois times?

Na BNCC
EF07MA18

Empregando equações

Muitos problemas de Matemática podem ser representados por equações do 1º grau com uma incógnita e resolvidos com as técnicas de cálculo já apresentadas.

Na resolução desses problemas, procure seguir estas orientações:

1 Ler atentamente o problema.
2 Estabelecer qual é a incógnita.
3 Observar a condição para a incógnita (se deve ser um número natural, ou inteiro, etc.).
4 Escrever uma equação, traduzindo os dados do problema em linguagem matemática.
5 Resolver a equação.
6 Verificar se a raiz encontrada obedece à condição da etapa 3.
7 Dar a resposta.

Problemas resolvidos

- O dobro da quantia que Jair possui adicionado a R$ 180,00 resulta em R$ 660,00. Quanto Jair possui?

Ilustra Cartoon/Arquivo da editora

Resolução

1 Leia atentamente o problema.
2 Estabeleça a incógnita, isto é, a quantia que Jair possui: x.
3 x pode ser número inteiro ou fracionário, mas deve ser positivo.
4 Escreva a equação: $2 \cdot x + 180 = 660$.
5 Resolva a equação:

$$2 \cdot x + 180 = 660$$
$$2x = 660 - 180$$
$$2x = 480$$
$$x = \frac{480}{2}$$
$$x = 240$$

6 240 é um número inteiro positivo, portanto satisfaz a condição da etapa 3.
7 Dar a resposta:

Resposta: Jair tem R$ 240,00.

Vamos conferir? O problema diz:

O dobro da quantia que Jair tem é: $2 \cdot 240{,}00 = 480{,}00$.

Adicionado a 180,00, resulta em 660,00. Temos: $480{,}00 + 180{,}00 = 660{,}00$ (verdadeiro).

- Tirando 7 anos da metade da idade de Clóvis, obtemos a idade de Roberta, que tem 13 anos. Qual é a idade de Clóvis?

Resolução

DGLimages/Shutterstock

1. Leia o problema com atenção.
2. A idade de Clóvis: x.
3. x deverá ser número positivo.
4. $\frac{x}{2} - 7 = 13$
5. $\frac{x}{2} - 7 = 13$

$2 \cdot \frac{x}{2} - 2 \cdot 7 = 2 \cdot 13$

$x - 14 = 26$

$x = 26 + 14$

$x = 40$

ou

5. $\frac{x}{2} - 7 = 13$

$\frac{x}{2} = 13 + 7$

$\frac{x}{2} = 20$

$2 \cdot \frac{x}{2} = 2 \cdot 20$

$x = 40$

6. 40 é positivo, então satisfaz a condição da etapa 3.
7. **Resposta**: Clóvis tem 40 anos.

Lembre-se: Você sempre pode conferir se a resposta está correta realizando com ela as operações descritas no problema.

A metade da idade de Clóvis é: 20 anos (40 anos : 2).

Tirando 7 anos, ficamos com 13 anos, que é a idade de Roberta.

- André afirmou que o quádruplo do número de suas figurinhas é igual à metade do número de figurinhas que ele possui mais 17. Quantas figurinhas tem André?

Resolução

Ilustra Cartoon/Arquivo da editora

1. Leia atentamente o problema.
2. Número de figurinhas de André: x.
3. x deverá ser número inteiro e positivo.
4. $4 \cdot x = \frac{x}{2} + 17$
5. $4 \cdot x = \frac{x}{2} + 17$

$2 \cdot 4x = 2 \cdot \frac{x}{2} + 2 \cdot 17$

$8x = x + 34$

$8x - x = 34$

$7x = 34$

$x = \frac{34}{7}$

6. $\frac{34}{7}$ não é inteiro, então não satisfaz a condição da etapa 3.
7. **Resposta**: O problema não tem solução. Isso significa que a situação proposta nunca poderá ocorrer.

ATIVIDADES

1. Para comprar um tênis que custa R$ 148,00, Marcelo necessita do dobro da quantia que possui e mais R$ 15,00. Quanto Marcelo possui?

2. Ao chegar da escola, Marco Antônio foi logo contando para a mãe: "Hoje medi minha altura; tenho 1 metro e 52 centímetros". "Essa é a metade da altura do papai mais 60 centímetros", respondeu Samantha, mãe de Marco Antônio.

Alberto De Stefano/arquivo da editora

Qual é a altura do pai do garoto?

3. Quando Nicole nasceu, em 2012, o pai dela, Ubiratan, tinha 34 anos de idade.

a) Num futuro aniversário da Nicole, Ubiratan terá o triplo da idade dela. Quantos anos Nicole estará completando nesse aniversário?

b) Em que ano isso ocorrerá?

4. Com o quádruplo do dinheiro que possui, Natasha conseguiria comprar um aparelho de som que custa R$ 774,00 e sobrariam R$ 48,00. Quanto Natasha possui?

5. Subtrair 3 anos do triplo da idade de Enzo é igual a adicionar 8 anos ao dobro da idade dele. Que idade Enzo tem?

6. Proponha o enunciado de um problema que possa ser resolvido por meio da equação $71 - 2x = 15$.

7. A professora disse a Ricardo: "Subtraindo 1 da idade que eu tinha quando me casei, dividindo o resultado por 4 e adicionando $\frac{1}{3}$ daquela idade, resulta no número de anos que você tem: 12". Quantos anos a professora de Ricardo tinha quando se casou?

8. Com metade do seu salário, Flávio compraria uma bicicleta por R$ 699,90 e ainda sobrariam R$ 160,10. Qual é o salário de Flávio?

9. Qual é o número racional cuja quarta parte adicionada a 7 é igual à sua metade menos 11?

10. Guilherme tem 15 anos, e Gustavo tem 12. Daqui a quantos anos a soma de suas idades será 61 anos?

11. A metade da distância de São Paulo (SP) a Belo Horizonte (MG) mais 15 km é igual à distância de São José dos Campos (SP) ao Rio de Janeiro (RJ), que é de 300 km. Qual é a distância de São Paulo a Belo Horizonte?

Banco de imagens/Arquivo da editora

Fonte: *Atlas geográfico escolar*. Rio de Janeiro: IBGE, 2012.

12. Com a terça parte dos alunos da classe de Celso é possível formar duas equipes de vôlei. Quantos alunos tem a classe de Celso?

13. Por falta de peças, uma montadora de automóveis produziu, neste mês, apenas 4 200 veículos, o que representa 80% da produção normal. Quantos carros essa fábrica costuma produzir por mês?

14. Marco, Maurício e Marcelo compraram uma sorveteria em sociedade. Marco participou com 33% do dinheiro, Maurício, com 35%, e Marcelo, com R$ 8 192,00. Qual foi o preço total da sorveteria?

15. Érica comprou 1,5 kg de linguiça e 2 kg de carne para fazer um churrasco, gastando ao todo R$ 160,00. Se o quilograma da carne era 325% a mais que o da linguiça, quanto ela gastaria se tivesse comprado 2 kg de linguiça e 1,5 kg de carne?

16. Proponha o enunciado de um problema que possa ser resolvido por meio da equação $\frac{x}{5} + 38 = 4x$.

NA OLIMPÍADA

O contorno do Rodrigo

(Obmep) Juntando, sem sobreposição, quatro ladrilhos retangulares de 10 cm por 45 cm e um ladrilho quadrado de lado 20 cm, Rodrigo montou a figura ao lado. Com uma caneta vermelha ele traçou o contorno da figura. Qual é o comprimento desse contorno?

Reprodução/Obmep, 2014.

a) 180 cm
b) 200 cm
c) 220 cm
d) 280 m
e) 300 cm

O muro dos dois irmãos

(Obmep) Os irmãos Luiz e Lúcio compraram um terreno cercado por um muro de 340 metros. Eles construíram um muro interno para dividir o terreno em duas partes. A parte de Luiz ficou cercada por um muro de 260 metros e a de Lúcio, por um muro de 240 metros. Qual é o comprimento do muro interno?

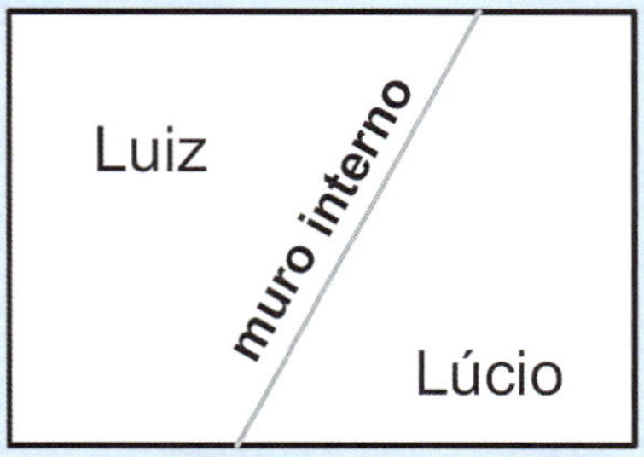

Reprodução/Obmep, 2014.

a) 80 m
b) 100 m
c) 160 m
d) 180 m
e) 200 m

Mais problemas resolvidos

- Fábio e Laís colheram 162 laranjas e querem reparti-las de modo que Laís fique com 10 a mais que Fábio. Quantas laranjas deve receber cada um?

Resolução

1. Leia atentamente o problema.
2. Número de laranjas que Fábio vai receber: x.
   Então, Laís vai receber: $x + 10$.
3. x deverá ser número inteiro e positivo.
4. $\underbrace{x}_{\text{Fábio}} + \underbrace{(x + 10)}_{\text{Laís}} = 162$
5. $x + (x + 10) = 162$
   $x + x + 10 = 162$
   $2x + 10 = 162$
   $2x = 162 - 10$
   $2x = 152$
   $x = \frac{152}{2}$
   $x = 76$

Ilustra Cartoon/Arquivo da editora

6 76 é inteiro e positivo, então satisfaz a condição da etapa 3.
Temos $x = 76$; logo, $x + 10 = 76 + 10 = 86$.

7 **Resposta**: Fábio vai receber 76 laranjas e Laís, 86.

Conferindo: São 162 laranjas ($76 + 86 = 162$) e Laís fica com 10 a mais que Fábio ($86 - 76 = 10$).
Observe que você pode resolver esse problema de outra forma:

2 $\begin{cases} \text{Número de laranjas que Laís vai receber: } x. \\ \text{Então, Fábio vai receber } x - 10. \end{cases}$

Nesse caso, a equação será: $x + (x - 10) = 162$; $x = 86$.
Laís deve receber 86 e Fábio, 76.

- Há 46 bolinhas de gude para serem repartidas entre Raul, Artur e Fernanda.

Raul deve receber 3 bolinhas a mais que Artur, e Artur, 2 bolinhas a mais que Fernanda. Quantas bolinhas deve receber cada um?

Resolução

1 Leia atentamente o problema.
O número de bolinhas de Raul está sendo comparado ao número de bolinhas de Artur; o número de bolinhas de Fernanda também está sendo comparado ao número de bolinhas de Artur.

2 $\begin{cases} \text{Número de bolinhas de Artur: } x. \\ \text{Número de bolinhas de Raul: } x + 3. \\ \text{Número de bolinhas de Fernanda: } x - 2. \end{cases}$

3 x deverá ser número inteiro e positivo.

4 $\underbrace{x}_{\text{Artur}} + \underbrace{(x + 3)}_{\text{Raul}} + \underbrace{(x - 2)}_{\text{Fernanda}} = 46$

Sandra Matic/Shutterstock

5 $x + (x + 3) + (x - 2) = 46$

$x + x + 3 + x - 2 = 46$

$3x + 1 = 46$

$3x = 46 - 1$

$3x = 45$

$x = \frac{45}{3}$

$x = 15$

6 15 é número inteiro e positivo, então satisfaz a condição da etapa 3.
Como $x = 15$, teremos $x + 3 = 15 + 3 = 18$ e $x - 2 = 15 - 2 = 13$.

7 **Resposta**: Artur vai receber 15 bolinhas; Raul, 18; e Fernanda, 13.
Conferindo: São 46 bolinhas e $15 + 18 + 13 = 46$.

- Obter dois números inteiros consecutivos cuja soma seja 57.

Resolução

1 Leia atentamente o problema.

2 $\begin{cases} \text{O menor número inteiro procurado: } n. \\ \text{Seu consecutivo é } n + 1. \end{cases}$

3 n deverá ser número inteiro.

4 $n + (n + 1) = 57$

$n + (n + 1) = 57$

$n + n + 1 = 57$

$2n + 1 = 57$

$2n = 57 - 1$

$2n = 56$

$n = \dfrac{56}{2}$

$n = 28$

Ilustra Cartoon/Arquivo da editora

6 28 é número inteiro, então satisfaz a condição da etapa 3.
Se $n = 28$, então $n + 1 = 28 + 1 = 29$.

7 **Resposta**: Os números são 28 e 29.
Conferindo: A soma deles é $28 + 29 = 57$.

ATIVIDADES

17. Se R$ 810,00 forem repartidos entre Rubens e Paula, de modo que Paula receba R$ 32,00 a mais que Rubens, quanto Rubens deve receber?

18. Um auditório com capacidade para 540 pessoas está lotado. O número de mulheres é igual ao número de crianças, e o número de homens é $\frac{2}{5}$ do número de mulheres. Quantas são as crianças?

19. Em um retângulo de perímetro 44 cm, um dos lados mede 2 cm a mais que o outro. Quanto mede o menor lado do retângulo?

Banco de imagens/Arquivo da editora

20. Uma fita de 247 m vai ser dividida em duas partes, de modo que uma tenha 37 m a mais que a outra. Quanto mede a parte maior?

21. Reparta R$ 560,00 entre Marlene, Lúcia e Flávia, de modo que Marlene receba R$ 70,00 a mais que Lúcia, e Lúcia receba R$ 50,00 a mais que Flávia.

22. A quantia de R$ 990,00 vai ser repartida entre Ari, Benê e Carlos. Ari deve receber R$ 32,00 a menos que Benê, e Benê deve receber $\frac{2}{3}$ do que Carlos receber. Como deve ser feita a divisão?

23. Sílvio, Marcelo e Carolina estavam jogando pingue-pongue. De repente, decidiram marcar quantos pontos cada um marcava. Na disputa de 404 pontos, Sílvio fez 18 pontos a mais que Marcelo, que fez 47 pontos a menos que Carolina.

a) Quantos pontos fez Marcelo?

b) Quem pontuou mais?

24. A soma de três números inteiros consecutivos é 408. Quais são os números?

25. Na sucessão de números naturais ímpares (1, 3, 5, 7, 9, ...), ache dois números vizinhos cuja soma seja 728.

26. Na sucessão (0, 3, 6, 9, 12, ...) dos números naturais que são múltiplos de 3, determine três números vizinhos cuja soma seja 1 197.

27. Um presidente da República governou durante cinco anos. A soma dos números que representam esses anos é 9 740. Em que ano começou seu governo?

28. Quatro amigos se reuniram para comer numa lanchonete. A conta, de R$ 69,00, foi paga da seguinte forma: Vicente pagou R$ 2,00 a mais que Rubens; Rubens pagou R$ 3,50 a mais que Laerte; Laerte pagou a metade do que Válter pagou.

a) Quem pagou a maior quantia? Quanto foi?

b) Quem pagou a menor quantia? Quanto foi?

29. Antônio é caminhoneiro. Na sua próxima viagem, vai percorrer os 400 km que separam São Paulo do Rio de Janeiro. Ele vai fazer uma parada obrigatória em Jacareí, cuja distância de São Paulo equivale a $\frac{1}{4}$ da distância Jacareí-Rio. A quantos quilômetros do Rio fica a cidade de Jacareí?

30. Gilda tem, hoje, 14 anos, e Aluísio, 4 anos. Daqui a quantos anos Gilda terá o dobro da idade de Aluísio?

31. Na eleição de Miss Primavera, concorreram três candidatas: Rosa, Hortênsia e Margarida. Rosa teve 50 votos a menos que Hortênsia, e Margarida teve 25% da votação de Hortênsia. Votaram 1 085 pessoas. Qual foi a votação da eleita, se 28 votos foram anulados?

Ilustra Cartoon/Arquivo da editora

32. Abelardo tem 3 anos a mais que Ermelinda. A soma da idade dos dois é, atualmente, 31 anos.

a) Qual é a idade de Abelardo?

b) Qual é a idade de Ermelinda?

c) Há quanto tempo a idade de Abelardo era o dobro da idade de Ermelinda?

33. Elabore e resolva um problema que possa ser resolvido a partir da equação $4x + 20 = 2(x + 20)$.

34. Elabore e resolva um problema sobre a divisão de um prêmio de R$ 500,00 em quantias desiguais entre três ganhadores e que possa ser resolvido a partir de uma equação.

CAPÍTULO

21 Sistemas

Serhii Bobyk/Shutterstock

NA REAL

É possível determinar os preços?

Em 2019, o Brasil tinha 845 cinemas distribuídos pelo país, totalizando 3 505 salas. Além disso, naquele mesmo ano, foi registrado crescimento de 2% no número de telespectadores em comparação com 2018. Isso mostra que cada vez mais os brasileiros estavam adquirindo o hábito de ir ao cinema.

Uma família comprou 3 pacotes de pipoca e 4 copos de bebida e gastou R$ 51,00. Outra família comprou 6 pacotes de pipoca e 5 copos de bebida e gastou R$ 84,00. De acordo com essas informações, como você faria para descobrir quanto custam cada pacote de pipoca e cada copo de bebida nesse cinema?

Problemas com duas incógnitas

A festa da turma

Luana e Ênio, pais do Ingo, promoveram uma festinha dos amigos da turma do filho. Cada menino levou mais dois meninos convidados, e cada menina, mais uma menina convidada. Ao todo, compareceram os 25 alunos da turma e mais 35 convidados.

Ilustra Cartoon/Arquivo da editora

Quantos meninos e quantas meninas compõem a turma de Ingo?

Nesse problema, temos duas incógnitas:

- x: número de meninos da turma;
- y: número de meninas da turma.

Para resolvê-lo, precisaremos montar duas equações:

1ª equação

A turma tem 25 alunos. Então:

$$x + y = 25$$

2ª equação

Ao todo foram 35 convidados.

Cada menino levou 2 amigos. Como são x meninos na turma, o total de convidados meninos é $2 \cdot x$.

Cada menina levou mais uma amiga. Como são y meninas na turma, o total de meninas convidadas também é y.

Adicionando apenas os convidados, formamos a equação:

$$2x + y = 35$$

Agora, vamos ver alguns métodos para resolver esse tipo de problema.

Sistemas de equações

Com as duas equações, formamos um **sistema de equações**:

$$\begin{cases} x + y = 25 \\ 2x + y = 35 \end{cases}$$

A chave substitui o conectivo **e**. O sistema ao lado significa: $x + y = 25$ e $2x + y = 35$

Precisamos achar o valor de x e o valor de y **que tornam verdadeiras as duas sentenças**.

Resolução pelo método de substituição

Podemos resolver o sistema (calcular as incógnitas) do seguinte modo:

1º passo: Escolhemos uma das equações e isolamos uma das incógnitas no primeiro membro.

Na primeira equação, vamos isolar y no primeiro membro:

$$x + y = 25$$
$$y = 25 - x$$

2º passo: Na outra equação, substituímos a incógnita isolada (no 1º passo) pela expressão obtida e resolvemos a equação resultante.

Na segunda equação, substituímos y por $(25 - x)$ e resolvemos:

$$2x + y = 35$$
$$2x + (25 - x) = 35$$
$$2x + 25 - x = 35$$
$$2x - x = 35 - 25$$
$$x = 10$$

3º passo: Calculamos a outra incógnita na expressão obtida no 1º passo e damos a resposta.

Calculamos y em $y = 25 - x$:

$$y = 25 - x$$
$$y = 25 - 10$$
$$y = 15$$

Resposta: A turma tem 10 meninos e 15 meninas.

Essa forma de resolução do sistema de equações denomina-se **método de substituição**.

Você pode conferir se resolveu o sistema corretamente verificando se os valores encontrados satisfazem ambas as equações.

Para $x = 10$ e $y = 15$, temos: $x + y = 10 + 15 = 25$ e $2x + y = 2 \cdot 10 + 15 = 35$.

Resolução pelo método de comparação

Vamos resolver o sistema $\begin{cases} x + y = 25 \\ 2x + y = 35 \end{cases}$ de outro modo.

1º passo: Escolhemos uma das incógnitas e a isolamos no primeiro membro de cada equação.

Vamos isolar y nas duas equações:

1ª) $x + y = 25$
$y = 25 - x$

2ª) $2x + y = 35$
$y = 35 - 2x$

2º passo: Igualamos as duas expressões obtidas para a mesma incógnita e resolvemos a equação resultante.

Igualamos as duas expressões obtidas para y e resolvemos:

$$25 - x = 35 - 2x$$
$$-x + 2x = 35 - 25$$
$$x = 10$$

3º passo: Calculamos a outra incógnita numa das expressões obtidas no 1º passo e damos a resposta.

Calculamos y em $y = 25 - x$:

$$y = 25 - x$$
$$y = 25 - 10$$
$$y = 15$$

Resposta: A turma tem 10 meninos e 15 meninas.

Essa forma de resolução do sistema de equações denomina-se **método de comparação**. Podemos conferir a resposta.

Com $x = 10$, temos: $y = 35 - 2x = 35 - 2(10) = 35 - 20 = 15$.

ATIVIDADES

1. Resolva os sistemas pelo método de substituição:

a) $\begin{cases} x - y = 1 \\ x + 2y = 22 \end{cases}$

b) $\begin{cases} 2x + y = 0 \\ 5x - 2y = 45 \end{cases}$

2. Resolva os sistemas pelo método de comparação:

a) $\begin{cases} x + 7y = 200 \\ x - 11y = 2 \end{cases}$

b) $\begin{cases} x + 2y = -3 \\ 3x - y = -\dfrac{25}{2} \end{cases}$

Resolva os problemas seguintes montando sistemas de equações. Use o método de resolução do sistema que achar mais conveniente.

3. Quais são os dois números que apresentam soma igual a 27 e diferença igual a 8?

4. A Escola Rural Fazenda Ibiúna tem 35 alunos, contando meninos e meninas. Metade do número de meninas é igual ao dobro do número de meninos. Quantas são as meninas? E os meninos?

5. Um jogo entre Corinthians e Flamengo foi visto por 48 000 pessoas e apresentou renda de R$ 3 360 000,00. Havia dois tipos de ingressos: arquibancada a R$ 40,00 cada e numerada a R$ 120,00 cada. Quantos torcedores compraram ingressos para arquibancada? E para numerada?

6. Segundo o Instituto Brasileiro de Geografia e Estatística (IBGE), até a década de 1960 a população rural no Brasil era consideravelmente maior que a urbana. Mas o fenômeno chamado êxodo rural reduziu essa diferença pouco a pouco.

A partir da década de 1970, as cidades brasileiras passaram a ser muito mais populosas que o campo.

Em 2020, a população do Brasil era de aproximadamente 212 milhões de habitantes e a população rural era apenas cerca de 18% da urbana. Aproximadamente quantos milhões de habitantes moravam nas cidades? E no campo?

7. No caixa da Nossa Loja havia 40 notas de R$ 10,00 a mais que as notas de R$ 50,00. Elas totalizavam R$ 2 320,00. Quantas eram as notas de cada valor?

8. O comprimento c de um retângulo é o dobro de sua largura ℓ e mais 1 cm. Se o perímetro do retângulo é 29 cm, quanto mede a sua área?

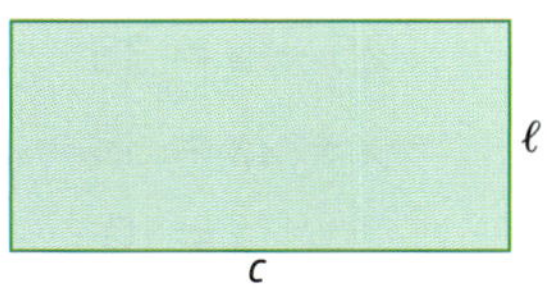

Banco de imagens/Arquivo da editora

9. Você ajuda na cozinha? Que pratos já sabe preparar? Leia as dicas dos itens a seguir e responda às perguntas.

a) Para temperar uma salada com suco de limão e azeite, a quantidade de limão deve ser $\frac{1}{3}$ da de azeite.

Em 10 mL de tempero, contando apenas limão e azeite, quantos mililitros deve haver de cada um?

b) Em uma boa limonada, o suco de limão deve ser aproximadamente $\frac{1}{11}$ do volume de água. Para preparar 1 litro de limonada, quanto devemos colocar de suco de limão?

Lembre-se: 1 L = 1 000 mL.

10. Qual é a fração equivalente a 12,5% em que o numerador e o denominador somam 90?

11. Resolva a atividade 17 do capítulo anterior (partilha de R$ 810,00 entre Rubens e Paula) montando um sistema de equações.

12. Resolva o problema 19 do capítulo anterior (retângulo de perímetro 44 cm) montando um sistema de equações.

13. Resolva o problema 15 do capítulo anterior (churrasco de Érica) montando um sistema de equações.

14. Marina possui R$ 30,00 a mais que Simone. Juntas, elas conseguem comprar dois pares de tênis que custam R$ 96,00 cada um. Quantos reais possui Simone? E Marina?

15. Lara e João Pedro vão repartir entre si 327 figurinhas. Lara deve ficar com 50% do número de figurinhas que João Pedro receber. Como deve ser feita essa divisão?

16. Quantos graus mede o ângulo *y* na figura?

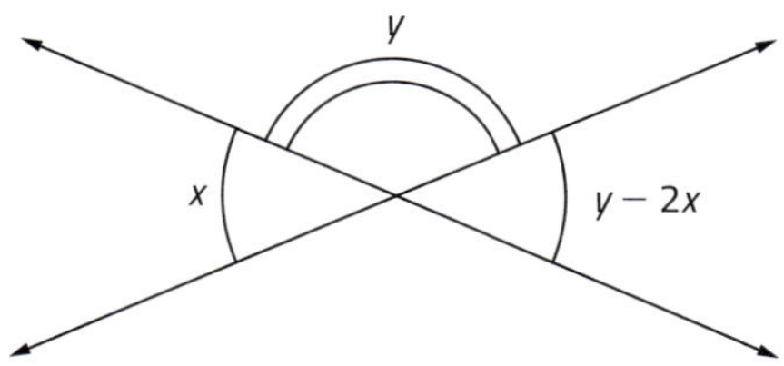

17. Renata e Denise são irmãs. Como fazem aniversário no mesmo mês, decidiram comemorar juntas. A idade de Renata é 75% da idade de Denise e juntas elas somam 28 anos. Quantos anos tem cada uma delas?

18. Em um estacionamento há 52 veículos entre automóveis e motos. São 134 rodas. Quantos são os automóveis?

19. Em uma sorveteria, duas casquinhas e três espumones custam R$ 61,00. Já cinco casquinhas e quatro espumones custam R$ 100,00. Qual é o preço de cada casquinha? E do espumone?

20 Elabore e resolva um problema sobre os estudantes de sua turma que possa ser resolvido a partir de um sistema de equações.

NA OLIMPÍADA

Quantas meninas havia no grupo?

(Obmep) Um grupo de 14 amigos comprou 8 *pizzas*. Eles comeram todas as *pizzas*, sem sobrar nada. Se cada menino comeu uma *pizza* inteira e cada menina comeu meia *pizza*, quantas meninas havia no grupo?

a) 4
b) 6
c) 8
d) 10
e) 12

NA HISTÓRIA

Equações

O estudo das equações faz parte de um ramo da Matemática conhecido como **Álgebra**. Cerca de 4 mil anos antes de essa palavra ser incorporada à Matemática, alguns povos, como os egípcios e os babilônios, já resolviam problemas por métodos que podem ser considerados algébricos, pois a solução envolvia operações com quantidades desconhecidas.

Ainda não havia uma escrita matemática e, para resolver o problema, o estilo adotado era verbal, baseado em "receitas" não formuladas genericamente. Vejamos como isso funcionava.

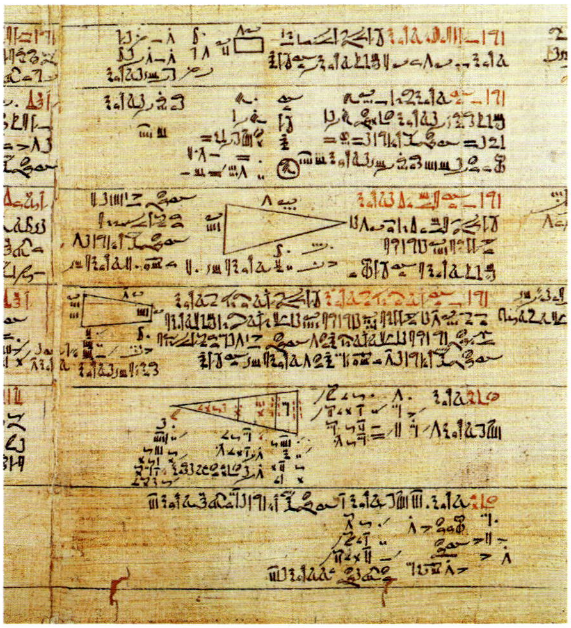

DEA PICTURE LIBRARY/Album/Fotoarena

Vamos exemplificar o estilo verbal com a Matemática do Egito, na qual encontramos vários problemas de caráter algébrico, nos quais a incógnita era chamada de *aha*, palavra que pode ser traduzida como "monte" ou "quantidade". O primeiro problema com *aha* do papiro de Rhind (datado de cerca de 1750 a.C.) — a fonte mais rica em informações sobre a Matemática do Egito antigo — é o de número 24. Esse problema pede o valor de *aha*, informando que "a soma de *aha* com sua sétima parte é 19".

Com a notação algébrica moderna, esse problema pode ser equacionado assim: $x + \frac{x}{7} = 19$, em que x representa *aha* (quantidade incógnita).

Os egípcios utilizavam um método que consistia em experimentar um valor para *aha* e, depois, fazer um ajustamento adequado para chegar ao valor procurado. Observe os passos da resolução dada pelo escriba, em notação atual:

- Atribua o valor 7 a *aha*. Verifica-se que $7 + \frac{7}{7} = 8$ e, portanto, o valor tentado não é a solução.
- Divida 19 (valor da equação) por 8 (resultado encontrado no passo anterior); o resultado é $\frac{19}{8}$.
- *Aha* é o produto $= 7 \cdot \frac{19}{8} = \frac{133}{8}$ (correto).

Por fim, o escriba tirava a prova.

Essa "receita" ficou conhecida, mais tarde, na Europa, como **método de falsa posição simples** e funciona para todas as equações do mesmo tipo.

Por volta do ano 825, o persa Mohammed ibn-Musa al-Khowarizmi escreveu um livro que teria grande influência no desenvolvimento da Álgebra. Seu título — *Hisab al-jabr w'al muqabalah* — poderia ser traduzido como "Ciência da transposição (*al-jabr*) e da redução (*al-muqabalah*)". As duas palavras-chave desse título designam operações elementares com equações.

Como exemplo, consideremos a equação $5x = 7 - 2x$. Aplicando-se a ela a operação *al-jabr* (transposição), obtém-se $5x + 2x = 7$, equivalente à equação dada. E, aplicando-se a operação *al-muqabalah* (redução), obtém-se $7x = 7$, também equivalente à equação dada.

É provável que, al-Khowarizmi tenha sido o primeiro matemático a escrever uma obra em que se utilizavam essas operações na resolução de equações. A palavra **álgebra** deriva singelamente da palavra árabe *al-jabr*, que literalmente significa transposição (dos termos de uma equação).

No período que vai aproximadamente do século XVIII a.C. ao século XVIII d.C., o objetivo da Álgebra era o estudo das equações e dos métodos de resolvê-las. Somente no final do século XVII foi criada uma escrita para ela. A partir de então, passou-se a usar letras para denotar incógnitas e constantes, ou seja, criou-se a **álgebra literal**. A ideia de representar a incógnita por x e as constantes de uma equação genérica por a, b, c, ... foi do cientista francês René Descartes.

Reprodução/Museu do Louvre, Paris, França.

René Descartes (1596-1650).

Na equação $ax + b = c$, ($a \neq 0$), por exemplo, a, b e c representam constantes, e x, a incógnita.

O estilo simbólico da Álgebra foi um dos principais fatores do desenvolvimento da Matemática a partir do século XVII, pelas possibilidades de generalização que oferece, mesmo em outras áreas da Matemática.

1. Qual foi a vantagem de o escriba do papiro de Rhind tentar inicialmente o valor 7 para a determinação de *aha*? Resolva esse problema pelo mesmo método do escriba, mas tentando um valor diferente de 7; verifique, então, que a solução é a mesma.

2. Resolva pelo método de falsa posição simples a seguinte equação e verifique a solução encontrada:

$$x + \frac{x}{15} = 20$$

3. Qual é o significado original da palavra "álgebra"?

4. O primeiro matemático a usar letras para indicar constantes foi o francês F. Viète. Viète usava a seguinte convenção: vogais maiúsculas para indicar quantidades incógnitas e consoantes maiúsculas para indicar constantes. Se Viète empregasse o símbolo de igualdade usado hoje (ele fazia uso da palavra "igual", em latim, ou de uma abreviatura dela) e os símbolos atuais da adição e da multiplicação, como poderia escrever a equação $ax + b = c$, ($a \neq 0$), utilizando as letras A, B, C e D?

5. O atual símbolo de igualdade foi introduzido pelo médico e matemático galês R. Record (1510-1558) numa obra de 1557. Record, porém, usava traços maiores do que os utilizados hoje e sua ideia era de que não podiam existir duas coisas mais iguais do que um par de retas paralelas. Mas esse símbolo demorou a ser adotado genericamente. O fato de Record escrever em inglês (seus livros tinham a forma de um diálogo entre um professor e um aluno) pode ter contribuído para isso? Por quê?

Leemage/AFP

François Viète (1540-1603).

UNIDADE 8

Aritmética aplicada

NESTA UNIDADE VOCÊ VAI

- Expressar a razão entre dois números por meio de uma fração.
- Determinar a escala de um mapa.
- Reconhecer grandezas diretamente proporcionais.
- Reconhecer grandezas inversamente proporcionais.
- Resolver e elaborar problemas com grandezas direta e inversamente proporcionais.
- Resolver problemas usando a regra de três.

CAPÍTULOS

CAPÍTULO 22

Razões e proporções

stockfour/Shutterstock

NA REAL

Como repartir o lucro?

É comum as pessoas abrirem um negócio em sociedade, na qual cada um dos sócios tenha de contribuir com dinheiro ou trabalho, dependendo do tipo de acordo estabelecido.

Imagine que duas amigas, Daniele e Melina, formaram uma sociedade em que ambas se dedicariam igualmente à empresa, ou seja, trabalhariam a mesma quantidade de horas semanais. No entanto, Daniele contribuiu com 40% do valor necessário para abrir a empresa, enquanto Melina contribuiu com o restante. Elas combinaram, então, que os lucros da empresa seriam sempre divididos entre elas, de acordo com essas porcentagens.

Que fração do lucro da empresa vai receber cada uma delas?

Na BNCC
EF07MA09
EF07MA15

Razões

Em situações cotidianas, é comum fazermos comparações entre quantidades ou entre medidas de grandezas. Veja alguns exemplos.

As coleções de selos

Ricardo, Cláudia e Válter estão verificando suas coleções de selos. O álbum de Ricardo tem 240 selos, o de Cláudia tem 120 selos e o de Válter tem 40 selos. Qual dessas coleções é maior?

É fácil responder: a coleção de Ricardo é a maior.

Ricardo tem mais selos que Cláudia e Cláudia tem mais selos que Válter.

Ilustra Cartoon/Arquivo da editora

- Em números relativos, quanto a coleção de Ricardo é maior que a de Cláudia? Podemos comparar fazendo uma divisão:

$$\frac{\text{número de selos de Ricardo}}{\text{número de selos de Cláudia}} = \frac{240}{120} = 2$$

O quociente entre o número de selos de Ricardo e o de Cláudia é 2.

O número de selos de Ricardo é o **dobro** do número de selos de Cláudia.

- Em números relativos, quanto a coleção de Cláudia é maior que a de Válter?

$$\frac{\text{número de selos de Cláudia}}{\text{número de selos de Válter}} = \frac{120}{40} = 3$$

O quociente entre o número de selos de Cláudia e o de Válter é 3.

O número de selos de Cláudia é o **triplo** do número de selos de Válter.

- Em números relativos, quanto a coleção de Ricardo é maior que a de Válter?

$$\frac{\text{número de selos de Ricardo}}{\text{número de selos de Válter}} = \frac{240}{40} = 6$$

O quociente entre o número de selos de Ricardo e o de Válter é 6.

O número de selos de Ricardo é **seis vezes** o número de selos de Válter.

PARTICIPE

I. O professor de Jussara fez o seguinte comentário após corrigir as provas da turma: "De cada cinco alunos, um atingiu a nota A".

a) Nesse comentário o professor fez uma comparação entre duas quantidades. O que ele comparou?

b) Que operação matemática ele empregou nessa comparação?

c) Que fração representa o resultado da comparação feita pelo professor?

d) Que outro nome se dá ao quociente que representa a comparação entre duas quantidades?

e) Há outros modos de transmitir a mesma ideia que o professor transmitiu nesse comentário. Escreva um exemplo.

II. Agora, faça o que se pede em cada item.

a) Substitua as ////////// pela palavra que torna cada frase verdadeira.

- O número de alunos que atingiu a nota A está para o total de estudantes na ////////// de 1 para 5.
- A razão entre o número de alunos que atingiu a nota A e o total de estudantes é //////////.
- O número de alunos que atingiu a nota A está para o total de estudantes, assim como ////////// está para //////////.

b) Qual é a razão entre o número de alunos da turma e o dos que atingiram a nota A?

Consumo de combustível

Banco de imagens/Arquivo da editora

Qual destes automóveis tem o maior custo de combustível para ir de São Paulo ao Rio de Janeiro?

Sabe-se que o carro vermelho, movido a gasolina, consumiu o equivalente a R$ 165,00 de combustível para fazer a viagem. O carro azul, movido a álcool, consumiu o equivalente a R$ 110,00.

É claro que o carro vermelho tem custo maior, mas, em termos relativos, quanto a mais? Vamos calcular o quociente entre os totais gastos pelo carro vermelho e pelo carro azul:

$$\frac{\text{custo de gasolina do carro vermelho}}{\text{custo de álcool do carro azul}} = \frac{165}{110} = 1,5$$

Logo, o carro vermelho gasta com combustível **uma vez e meia** (1,5) o que gasta o carro azul.

A colheita de batatas

Um agricultor colheu 240 kg de batatas do tipo *A*, dos quais 12 kg eram de má qualidade. Ele colheu também 360 kg de batatas do tipo *B*, dos quais 16 kg eram inaproveitáveis. Qual dos dois tipos de batata é mais vantajoso para o agricultor por gerar menos perdas?

Ilustra Cartoon/Arquivo da editora

Nas batatas do tipo *A*, as perdas foram de 12 kg em 240 kg. Como $\frac{12}{240} = \frac{1}{20}$, a perda foi de 1 kg em cada 20 kg de batatas.

Nas batatas do tipo *B*, as perdas foram de 16 kg em 360 kg. Como $\frac{16}{360} = \frac{2}{45}$, houve uma perda de 2 kg em cada 45 kg de batatas.

Vamos comparar as perdas:

$$\frac{1}{20} = \frac{2}{40} \text{ e } \frac{2}{40} > \frac{2}{45}$$

Temos $\frac{1}{20} > \frac{2}{45}$

As perdas do tipo *A* são maiores. Portanto, o cultivo de batatas do tipo *B* é mais vantajoso.

Aplicações financeiras

Maria Clara vendeu seu apartamento e aplicou R$ 8 000,00 em uma caderneta de poupança que, ao final de um ano, rendeu R$ 240,00. No mesmo período, ela aplicou R$ 5 000,00 em um fundo de investimentos que rendeu R$ 200,00. Qual das duas aplicações teve maior rentabilidade?

Ilustra Cartoon/Arquivo da editora

Em termos absolutos, o rendimento da caderneta foi maior.

Em termos relativos, a rentabilidade da caderneta foi de:

$$\frac{240}{8\,000} = \frac{3}{100} = 3\%$$

e a do fundo foi de:

$$\frac{200}{5\,000} = \frac{4}{100} = 4\%$$

Portanto, a rentabilidade do fundo foi maior.

As doações mensais

Antunes tem uma renda mensal de R$ 6 000,00 e doa todo mês R$ 120,00 para as obras da instituição de assistência social de seu bairro.

Medeiros recebe um salário de R$ 4 000,00 e contribui mensalmente com R$ 100,00 para a creche de seu bairro.

Alberto De Stefano/Arquivo da editora

Proporcionalmente, qual dos dois contribui mais?

A comparação pode ser feita de dois modos:

Em termos absolutos, a contribuição de Antunes é maior.

Em termos relativos, Antunes doa todo mês $\frac{120}{6\,000} = \frac{1}{50}$ de sua renda, enquanto Medeiros contribui com $\frac{100}{4\,000} = \frac{1}{40}$ do seu salário. Como $\frac{1}{40} > \frac{1}{50}$, a contribuição de Medeiros é relativamente maior.

Proporcionalmente, Medeiros contribui mais.

Como vemos, o quociente de um número por outro pode ser utilizado para fazer comparações. Em Matemática, o quociente de dois números (ou duas quantidades ou duas medidas) é chamado **razão**.

Dizemos, por exemplo, que:

- a razão de 240 para 40 é $\frac{240}{40}$, ou seja, 6;
- a razão de 45 para 30 é $\frac{45}{30}$, ou seja, 1,5;
- a razão de 16 para 360 é $\frac{16}{360}$, ou seja, $\frac{2}{45}$;
- a razão de 200 para 5 000 é $\frac{200}{5\,000}$, ou seja, $\frac{1}{25}$;
- a razão de 120 para 6 000 é $\frac{120}{6\,000}$, ou seja, $\frac{1}{50}$.

ATIVIDADES

1. Qual é a razão:

a) de 18 para 6?

b) de 3 para 9?

c) de 2 para $\frac{1}{3}$?

d) de $\frac{1}{2}$ para $\frac{1}{4}$?

e) de $-\frac{1}{5}$ para $-\frac{1}{3}$

f) de $\frac{1}{2}$ para 2?

2. Calcule a razão entre:

a) 1,25 e 0,25

b) 4 e 2,5

c) 0,333 e 3

d) 1,4 e −2,1

3. Em cada item, calcule a razão entre o menor número e o maior. Escreva a resposta em porcentagem.

a) 28 e 14

b) $\frac{1}{2}$ e $\frac{1}{5}$

c) 3 e 12

d) 0,3 e 0,06

4. Copie e complete o quadro com os valores corretos das razões $\frac{a}{b}$.

A	14	26	4	18	−4	1,2	−1,8	−3,2	0,01	2,40	3,6
B	7	2	20	−2	−8	0,2	0,6	−4,8	0,005	−0,2	0,04
$\frac{a}{b}$											

5. Copie e complete o quadro de modo que a razão $\frac{a}{b}$ esteja correta.

A	6	8	−1,2			
B	3	2		−5	−9	8
$\frac{a}{b}$	2	4	0,5	3	$\frac{1}{3}$	$-\frac{1}{4}$

6. Qual é a razão entre a altura de Beatriz (150 cm) e a altura de Clóvis (120 cm)?

Artur Fujita/Arquivo da editora

Texto para as atividades **7** a **9**.

Escalas

Um mapa do Brasil é uma representação plana e reduzida da superfície terrestre brasileira.

A **escala** de um mapa é a razão entre as distâncias no mapa e as distâncias reais correspondentes dos referenciais considerados.

No mapa a seguir, a escala utilizada indica que um segmento de 1 cm no mapa representa a distância real de 620 km.

Escrevendo na mesma unidade de medida, temos:

620 km = 620 000 m = 62 000 000 cm

Então, nessa escala a razão é de 1cm para 62 000 000 cm.

Escrevemos a escala na forma:

1 : 62 000 000

(Lê-se: "um para sessenta e dois milhões".)

Fonte: BOCHICCHIO, V. *Atlas mundo Atual*. São Paulo: Atual. p. 115.

7. Qual é a escala de um mapa em que um segmento de reta de 3 cm corresponde à distância real de 300 km?

8. O mapa de uma região metropolitana foi feito usando a escala desenhada abaixo.

0 10 km

Escreva essa escala na forma de razão.

9. A figura abaixo representa a planta baixa de uma casa. Um dos quartos de dimensões reais 3,12 m por 4,20 m, nesta planta, tem 2,6 cm por 3,5 cm.

Tiago Donizete Leme/Arquivo da editora

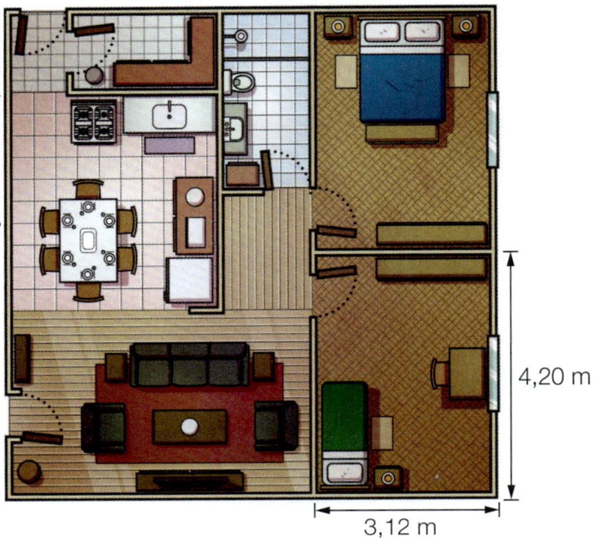

Qual é a escala dessa planta?

10. Determinado refrigerante é vendido por R$ 2,80, em latas de 350 mL, e por R$ 7,00, em garrafas de 1,5 L. Qual das duas embalagens é mais econômica para o consumidor?

11. Bahia e Vitória estão disputando o campeonato brasileiro de futebol. Até agora, o Bahia fez 15 jogos e conseguiu 18 pontos, enquanto o Vitória já fez 16 jogos e conseguiu 19 pontos. Qual dessas equipes está com melhor desempenho no campeonato?

12. Qual é a razão entre a área de um quadrado *A* com 4 cm de lado e a área de um quadrado *B* com 8 mm de lado?

13. Qual é a razão entre o volume de um cubo *A* com 4 cm de aresta e o volume de um cubo *B* com 2 cm de aresta?

14. A razão entre dois números é $\frac{5}{3}$, e o menor deles é 6. Qual é o maior?

15. A razão de um número x para um número y é 4. Qual é a razão de y para x?

16. Os números a e b são positivos, e a razão $\frac{a}{b}$ é igual a 7. Qual é maior: a ou b?

17. Os números a e b são positivos, e $\frac{a}{b}$ é igual a 0,6. Qual é maior: a ou b?

18. Determine dois números que têm soma 51 e que estão na razão $\frac{13}{4}$.

19. Os números a e b são racionais positivos e $3a = 5b$. Determine:

a) a razão de a para b;

b) qual dos números é maior.

20. Determine as dimensões de um retângulo que tem 28 cm de perímetro, sabendo que a razão entre o comprimento e a largura é $\frac{4}{3}$.

21. Calcule a área de um retângulo que tem 70 m de perímetro, sabendo que a razão entre o comprimento e a largura é $\frac{2}{5}$.

22. Elabore um problema que possa ser resolvido pelas equações a seguir.

$x + y = 720$

$\frac{x}{y} = \frac{3}{5}$

Comparando sequências de números

Ilustra Cartoon/Arquivo da editora

Os números da primeira sequência são, na mesma ordem, o dobro dos números da segunda. O quociente de cada termo da primeira sequência pelo respectivo termo na segunda é sempre o mesmo: 2.

$$\frac{2}{1} = \frac{6}{3} = \frac{10}{5} = \frac{18}{9}$$

Números diretamente proporcionais

No caso das duas sequências apresentadas, dizemos que:

- os números da primeira sequência (2, 6, 10, 18) são **diretamente proporcionais** aos números da segunda sequência (1, 3, 5, 9);
- o fator de proporcionalidade é 2.

Os números da sequência a, b, c, d, e, ... são **diretamente proporcionais** aos números da sequência a', b', c', d', e', ..., todos não nulos, quando:

$$\frac{a}{a'} = \frac{b}{b'} = \frac{c}{c'} = \frac{d}{d'} = \frac{e}{e'} = \ldots$$

- O valor desses quocientes é chamado **fator de proporcionalidade**.

a'; lê-se: "a linha"
b'; lê-se: "b linha"
etc.

Proporção

Observando os quocientes do exemplo inicial, temos:

$$\frac{6}{3} = \frac{10}{5}$$

Quando dois números *a* e *b* (nessa ordem) são diretamente proporcionais a outros dois números não nulos *a'* e *b'* (nessa ordem), temos:

$$\frac{a}{a'} = \frac{b}{b'}$$

Essa última igualdade é chamada **proporção**. Ela pode ser lida da seguinte maneira: *a* está para *a'* assim como *b* está para *b'*. Ela também pode ser escrita assim:

$$a : a' = b : b'$$

Já sabemos como comprovar que $\frac{6}{3} = \frac{10}{5}$. Lembremos:

- Dividindo o numerador pelo denominador em ambas as frações:

$$6 : 3 = 2 \text{ e } 10 : 5 = 2\text{; logo, } 6 : 3 = 10 : 5$$

- Simplificando cada fração até obter a forma irredutível:

$$\frac{6}{3} = \frac{2}{1} \text{ e } \frac{10}{5} = \frac{2}{1}\text{; logo, } \frac{6}{3} = \frac{10}{5}$$

- Fazendo as multiplicações cruzadas:

$$\frac{6}{3} \times \frac{10}{5} \qquad 6 \cdot 5 = 30 \text{ e } 10 \cdot 3 = 30\text{; logo, } \frac{6}{3} = \frac{10}{5}$$

A proporção $\frac{a}{a'} = \frac{b}{b'}$, com *a'* e *b'* não nulos, é verdadeira quando $a \cdot b' = a' \cdot b$.

Esta é a chamada **propriedade fundamental da proporção**.

ATIVIDADES

23. Utilize a propriedade fundamental para verificar se cada igualdade é verdadeira.

a) $-\frac{9}{16} = -\frac{18}{32}$

b) $-\frac{0{,}02}{0{,}003} = -\frac{40}{6}$

c) $\frac{3}{7} = \frac{15}{35}$

d) $\frac{0{,}1}{0{,}01} = \frac{2}{20}$

e) $\frac{6}{35} = \frac{-18}{-105}$

f) $1 : 4 = -3 : (-12)$

24. Como se lê a proporção $\frac{1}{5} : \frac{2}{7} = 7 : 10$?

Escreva e comprove se é uma proporção verdadeira.

25. Os números da sucessão 1, 4, 9, 32 e os da sucessão −2, −4, −9, −32 são diretamente proporcionais?

26. Quais das sequências abaixo são formadas por números diretamente proporcionais aos da sequência 3, 4, 5, 6, 7?

a) 6, 8, 10, 12, 14

b) 9, 12, 15, 18, 21

c) 7, 6, 5, 4, 3

d) 13, 14, 15, 16, 17

27. Quais das sequências a seguir são formadas por números diretamente proporcionais aos da sequência 3, 4, 5, 6, 7?

a) $\frac{1}{3}, \frac{1}{4}, \frac{1}{5}, \frac{1}{6}, \frac{1}{7}$

b) $-3, -4, -5, -6, -7$

c) $3^2, 4^2, 5^2, 6^2, 7^2$

28. Considere as sucessões de números diretamente proporcionais 1, 2, 3 e 6, 12, 18. Qual é o fator de proporcionalidade entre elas?

29. Qual é o valor de *x* em cada proporção abaixo?

a) $x : 3 = 5 : 15$

b) $1 : x = 2 : 6$

c) $\frac{0{,}1}{3} = \frac{x}{9}$

d) $\frac{1}{2} : \frac{2}{7} = \frac{3}{4} : x$

e) $\frac{\frac{1}{5}}{\frac{2}{7}} = \frac{\frac{3}{4}}{x}$

f) $\frac{x-2}{4} = \frac{x-1}{2}$

30. Em um mapa com escala 1 : 50 000 000, o segmento de reta que liga Manaus (AM) a Belo Horizonte (MG) mede 5 cm. Qual é a distância em linha reta, em quilômetros, entre Manaus e Belo Horizonte?

31. Em linha reta, a distância entre Caxias do Sul (RS) e Londrina (PR) é, aproximadamente, igual a 650 km. Quantos centímetros deve medir o segmento de reta ligando Caxias a Londrina em um mapa feito na escala 1 : 10 000 000?

32. Determine o valor de *x* e o de *y*:

a) $\frac{x}{4} = \frac{y}{6} = \frac{1}{2}$

b) $\frac{x}{15} = \frac{4}{y} = \frac{2}{3}$

c) $\frac{2x}{7} = \frac{3y}{2} = 6$

d) $\frac{x}{\frac{2}{3}} = \frac{y}{\frac{3}{2}} = \frac{3}{5}$

33. Os números 15, 6, 12 e 18 são diretamente proporcionais aos números da sucessão *a*, *b*, *c* e *d*. Calcule *a*, *b*, *c* e *d*, sabendo que o fator de proporcionalidade entre as proporções é 3.

Números inversamente proporcionais

Fazendo mais comparações

Ilustra Cartoon/Arquivo da editora

O produto de cada termo da primeira sucessão pelo termo correspondente na segunda é sempre o mesmo: 24.

$$2 \cdot 12 = 3 \cdot 8 = 4 \cdot 6 = 6 \cdot 4$$

O quociente de cada termo da primeira sucessão pelo inverso do termo correspondente na segunda é sempre o mesmo: 24.

$$\frac{2}{\frac{1}{12}} = \frac{3}{\frac{1}{8}} = \frac{4}{\frac{1}{6}} = \frac{6}{\frac{1}{4}}$$

No exemplo anterior, dizemos que:

- os números da sucessão 2, 3, 4, 6 são **inversamente proporcionais** aos números da sucessão 12, 8, 6 e 4;
- o fator de proporcionalidade é 24.

Os números da sucessão *a*, *b*, *c*, *d*, *e*, ... são **inversamente proporcionais** aos números da sucessão *a'*, *b'*, *c'*, *d'*, *e'*, ..., não nulos, quando:

$$a \cdot a' = b \cdot b' = c \cdot c' = d \cdot d' = e \cdot e' = \dots$$

O valor desses produtos é chamado **fator de proporcionalidade**.

Isso equivale a afirmar que as razões (quocientes) de cada termo da primeira sucessão pelo inverso do termo correspondente na segunda sucessão são todas iguais:

$$\frac{a}{\frac{1}{a'}} = \frac{b}{\frac{1}{b'}} = \frac{c}{\frac{1}{c'}} = \frac{d}{\frac{1}{d'}} = \dots$$

ATIVIDADES

34. Quais das seguintes sucessões são formadas por números inversamente proporcionais aos da sucessão 1, 3, 5, 10?

a) 60, 20, 12, 6

b) 10, 5, 3, 1

c) 30, 10, 6, 3

d) $1, \frac{1}{3}, \frac{1}{5}, \frac{1}{10}$

e) −1, −3, −5, −10

f) $1^2, 3^2, 5^2, 10^2$

35. Considere as sucessões de números inversamente proporcionais 2, 5, 6 e 60, 24, 20. Qual é o fator de proporcionalidade entre elas?

36. Determine o valor de *x* e de *y*:

a) $2x = 3y = 24$

b) $7x = 2y = 84$

c) $\frac{x}{\frac{1}{2}} = \frac{y}{\frac{1}{3}} = 6$

37. A sucessão *x*, *y*, *z* é formada por números inversamente proporcionais a 1, 2, 11, e o fator de proporcionalidade é 44. Calcule *x*, *y* e *z*.

38. Calcule *x* e *y*, sabendo que os números da sucessão 2, *x*, *y* são inversamente proporcionais aos da sucessão 15, 6, 5.

Divisão proporcional

Um problema muito frequente é dividir um todo em partes proporcionais a números conhecidos. Veja um exemplo:

Negócio entre amigos

Três amigos montaram uma pequena loja para a venda de jogos eletrônicos. Ricardo entrou com R$ 12 000,00, Válter com R$ 16 000,00, e Claudemir com R$ 8 000,00. Ao fim de seis meses obtiveram um lucro de R$ 7 200,00, que foi dividido entre os três em partes diretamente proporcionais ao capital (valor em reais) que cada um empregou. Quantos reais recebeu cada um deles?

Tiago Donizete Leme/Arquivo da editora

Vamos chamar de a, b e c as partes em que o lucro de R$ 7 200,00 será dividido. Essas partes são diretamente proporcionais a 12 000, 16 000 e 8 000, então:

$$\frac{a}{12\,000} = \frac{b}{16\,000} = \frac{c}{8\,000} = k$$

em que k é o fator de proporcionalidade.

Assim, temos as seguintes igualdades:

$a = 12\,000 \cdot k$

$b = 16\,000 \cdot k$

$c = 8\,000 \cdot k$

que, adicionadas, resultam em:

$a + b + c = 12\,000 \cdot k + 16\,000 \cdot k + 8\,000 \cdot k = 36\,000k$

Então, como $a + b + c = 7\,200$, resulta:

$36\,000 \cdot k = 7\,200$

$k = \frac{7\,200}{36\,000} = 0{,}2$

Portanto:

$a = 12\,000 \cdot 0{,}2 = 2\,400$ (quantia recebida por Ricardo)

$b = 16\,000 \cdot 0{,}2 = 3\,200$ (quantia recebida por Válter)

$c = 8\,000 \cdot 0{,}2 = 1\,600$ (quantia recebida por Claudemir)

Há outra maneira de resolver esse problema: se as partes são diretamente proporcionais ao capital que cada um empregou, então cada um receberá do lucro a mesma fração com que contribuiu no capital.

Capital $= 12\,000 + 16\,000 + 8\,000 = 36\,000$

- Fração de Ricardo: $\frac{12\,000}{36\,000}$

  Sua parte no lucro é:

  $$\frac{12\,000}{36\,000} \cdot 7\,200 = 2\,400$$

- Fração de Válter: $\frac{16\,000}{36\,000}$

  Sua parte no lucro é:

  $$\frac{16\,000}{36\,000} \cdot 7\,200 = 3\,200$$

- Fração de Claudemir: $\frac{8\,000}{36\,000}$

  Sua parte no lucro é:

  $$\frac{8\,000}{36\,000} \cdot 7\,200 = 1\,600$$

Conferindo, a soma das três partes é: $2\,400 + 3\,200 + 1\,600 = 7\,200$

ATIVIDADES

39. Em cada caso, divida:

a) 357 em partes diretamente proporcionais a 1, 7 e 13;

b) 1 650 em partes diretamente proporcionais a 1, 3, 4 e 7;

c) 2 002 em duas parcelas diretamente proporcionais a 3 e 8;

40. Agora, divida:

a) 2 870 em três parcelas inversamente proporcionais a 2, 3 e 7;

b) 45 em partes inversamente proporcionais a 3, 4 e 6;

c) 295 em partes inversamente proporcionais a 5, 1 e 9;

41. Abílio vai dividir R$ 9 450,00 entre suas três filhas, de modo que a primeira receba metade do valor da segunda, e a segunda, um terço do valor da terceira. Quantos reais vai receber cada uma delas?

42. Determine os números a e b, em cada item, sabendo que:

a) são diretamente proporcionais a 5 e 7 e que $a - b = 14$;

b) são diretamente proporcionais a 2 e 3 e que $a + b = 60$.

43. Sérgio e Luzia formaram uma sociedade. Sérgio entrou com R$ 6 000,00, e Luzia com R$ 5 000,00. Depois de certo tempo, obtiveram um lucro de R$ 2 200,00. Que parte do lucro coube a cada sócio?

44. João e Maria montaram uma lanchonete em sociedade. João entrou com R$ 20 000,00; Maria investiu R$ 30 000,00 no negócio. Um ano depois eles avaliaram o desempenho da empresa e constataram que o lucro foi de R$ 7 500,00. Quanto do lucro cabe a cada um deles?

Alberto De Stefano/Arquivo da editora

45. Cláudia e Roseli compraram juntas uma bicicleta. Cláudia contribuiu com R$ 450,00, e Roseli, com R$ 550,00. Depois de algum tempo, elas decidiram vender a bicicleta e repartir o dinheiro recebido proporcionalmente à quantia investida. Se a bicicleta foi vendida por R$ 900,00, quanto Roseli recebeu de volta?

Alberto De Stefano/Arquivo da editora

46. Determine a, b e c, sabendo que:

$$\begin{cases} a + b + c = 45 \\ \dfrac{a}{2} = \dfrac{b}{3} = \dfrac{c}{4} \end{cases}$$

47. Se dividirmos R$ 5 000,00 entre Marcelo (7 anos), Luciano (8 anos) e Alexandre (10 anos), de modo que cada um receba uma quantia proporcional à sua idade, quanto receberá cada um deles?

48. Resolva o sistema abaixo e determine o valor de a, b e c.

$$\begin{cases} a + b + c = 31 \\ \dfrac{a}{\frac{1}{3}} = \dfrac{b}{\frac{1}{2}} = \dfrac{c}{\frac{1}{5}} \end{cases}$$

49. Crie um problema que possa ser resolvido com o sistema abaixo. Depois, resolva o sistema.

$$\begin{cases} a + b + c = 24 \\ a \cdot 30 = b \cdot 40 = c \cdot 24 \end{cases}$$

NA MÍDIA

Qual é a relação entre sono e aprendizagem?

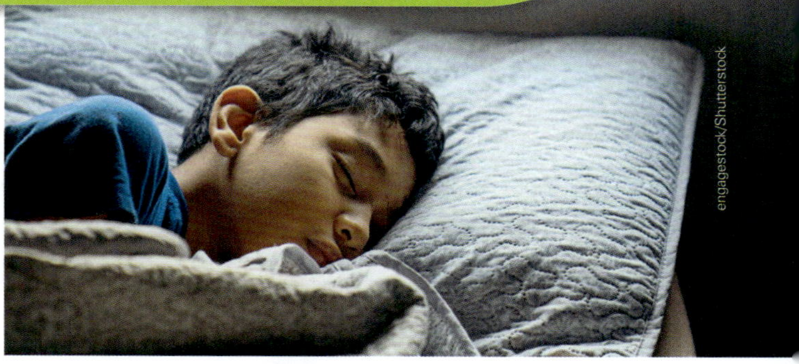

A onipresença de luzes, televisores e celulares, bem como a velocidade frenética com que a sociedade se movimenta, transformou o sono em adversário. [...] Mas os cientistas alertam: a maior experiência de produtividade do corpo humano ocorre que estamos... dormindo. E isso inclui, claro, o processo de aprendizado: a quantidade de horas dormidas está diretamente ligada à capacidade de reter conteúdo.

Para entender a relação entre sono e aprendizado, o Desafios da Educação conversou com Magda Lahorgue Nunes [...].neuropediatra especialista em Neurofisiologia Clínica-Medicina do Sono [...].

[...] Já se sabe que a má noite de sono, ou o sono com baixa eficiência, desequilibra a concentração, a capacidade de memória e o comportamento. São fatores impactados negativamente. O sono é um processo ativo, onde ocorre restauração das atividades cerebrais, como reparação dos tecidos, metabolismo de radicais livre e edição das memórias. Se a privação de sono desregula todo esse sistema, consequentemente vai prejudicar a capacidade de tomar decisões, de resolver problemas e de estudar.

[...] O tempo ideal de sono (para armazenar conteúdo ou qualquer outra atividade) varia de acordo com a idade. A melhor dica é seguir as recomendações publicadas em 2014 pela National Sleep Foundation:

[...] Seis a 13 anos: 9 a 11 horas;

Catorze a 17 anos: 8 a 9 horas;

[...] Teoricamente, uma noite bem dormida produz energia suficiente para manter-se acordado ao longo do dia. Se existe uma sonolência excessiva na hora de estudar, provavelmente há algo errado no sono noturno, o que pode ser produzido a partir de um distúrbio crônico ou de maus hábitos, mesmo.

[...] A higiene do sono é constituída por bons hábitos. Isso inclui reduzir os estímulos luminosos, evitar comidas pesadas ou bebidas com alto teor de cafeína à noite, ir para cama relaxado, estar em um local arejado e evitar barulhos.

[...] Nosso organismo é sensível à luz azulada, a mesma do sol do meio dia e dos computadores, televisores e smartphones. A exposição a ela, quando próximos de dormir, desajusta nosso relógio biológico e pode perturbar o sono. [...]

PUJOL, L. O impacto do sono (ou da falta dele) no processo de aprendizagem. Este texto foi publicado originalmente no portal *Desafios da Educação*, 12 set. 2018. Disponível em: https://desafiosdaeducacao.grupoa.com.br/relacao-sono-aprendizado/. Acesso em: 20 jul. 2021.

Agora, responda às perguntas abaixo:

1. Estudos indicam que o ideal é dormir cerca de 8 horas por dia, o que representa um terço do total de 24 horas. Podemos dizer, então, que passamos em média um terço da vida dormindo. Nesse caso, quantos meses, em média, uma pessoa de exatamente 12 anos ficou acordada?
2. Quantas horas, em média, você dorme por dia? Esse valor representa que fração do seu dia?
3. Qual fração do dia representa o tempo que você gasta utilizando mídias digitais?
4. Qual é a razão entre seu tempo de uso diário de mídias digitais e a quantidade de horas que você dorme? Essa razão reflete que você tem utilizado seu tempo de maneira adequada, distribuindo e organizando suas atividades diárias de forma saudável? Justifique sua resposta.

CAPÍTULO
23 Grandezas proporcionais

New Africa/Shutterstock

NA REAL

O que ocorre ao receber mais animais?

Em 2019, havia cerca de 3,9 milhões de animais em condição de vulnerabilidade no país. Devido a esse cenário, a cada ano, cresce o número de pessoas que se dedicam a cuidar de animais em situação de abandono e protegê-los. É o papel que desempenham as mais de 370 organizações não governamentais e abrigos de animais espalhados pelo Brasil.

Suponha que um abrigo de animais com 15 cachorros receba mensalmente uma doação de valor fixo e que essa quantia seja dividida igualmente pelo número de cachorros para pagar as despesas com ração, veterinário, etc.

Se, em determinado mês, o número de cachorros nesse abrigo aumentar, o valor disponível para cada animal vai aumentar ou diminuir? Sabendo que são utilizados cerca de 2 325 g de ração para alimentar diariamente esses 15 cachorros, se o número de cachorros aumentar, a quantidade de ração utilizada vai aumentar ou diminuir?

Na BNCC
EF07MA17
EF07MA29

Correspondências entre grandezas

A variação da temperatura

Um meteorologista realizou um estudo sobre a variação da temperatura à sombra, em Curitiba, e mediu-a de hora em hora. A tabela a seguir expressa o resultado das medições ao longo de um dia.

Rodrigo Fonseca/Futura Press

Curitiba (PR), depois de uma massa de ar frio e seco atingir o Sul do país, mantendo o tempo estável e com formação de geadas no estado.

Hora	Temperatura (°C)
0	7
1	6
2	5
3	4
4	3
5	2
6	2
7	3

Hora	Temperatura (°C)
8	5
9	7
10	12
11	15
12	18
13	18
14	20
15	20

Hora	Temperatura (°C)
16	20
17	18
18	15
19	13
20	11
21	9
22	8
23	7

Nesse exemplo, são medidas duas grandezas: a hora do dia e a correspondente temperatura. A cada hora corresponde apenas uma temperatura. Dizemos, por isso, que a temperatura varia em **função** da hora.

O preço dos cocos

Um vendedor de cocos expõe em sua barraca a tabela de preços abaixo.

Quantidade de cocos	Preço (R$)
1	3,50
2	7,00
3	10,50
4	14,00
5	17,50
6	21,00
7	24,50
8	28,00
9	31,50
10	35,00

Caio Pederneiras/Shutterstock

Barraca de coco na praia de Jatiúca, Maceió (AL).

Nesse exemplo, são medidas duas grandezas: a quantidade de cocos e o respectivo preço. A cada quantidade de cocos corresponde apenas um preço. Dizemos, por isso, que o preço varia em **função** da quantidade de cocos comprados.

A velocidade do carro

Um automóvel está percorrendo uma estrada à velocidade constante de 120 km/h, que equivale a 2 km/min.

O passageiro ao lado do motorista anota, de minuto em minuto, a distância percorrida registrada no painel. O resultado pode ser observado na tabela a seguir.

Instante no momento da leitura (min)	Distância (km)
0	0
1	2
2	4
3	6
4	8
5	10
6	12
⋮	⋮

06photo/Shutterstock

A cada instante corresponde apenas uma distância percorrida. Dizemos, por isso, que a distância percorrida varia em **função** do tempo.

A variação da massa

Uma vasilha de vidro, com graduação em mililitros, é colocada sobre uma balança. Uma pessoa derrama óleo de soja na vasilha e registra a leitura do volume da porção de óleo derramado e a sua massa.

Cristina Xavier/Arquivo da editora

Veja os resultados obtidos na tabela abaixo.

Volume de óleo (mL)	100	200	300	500	600	800	1 000
Massa (g)	90	180	270	450	540	720	900

A cada volume corresponde apenas um valor de massa. Dizemos, por essa razão, que a massa de porção de óleo varia em **função** do volume da porção de óleo.

Quantidade de ladrilhos

Um pedreiro está revestindo a superfície de uma sala de 3 m × 3 m com ladrilhos quadrados, todos iguais. Se ele pode escolher ladrilhos com lados de 10 cm, 12 cm, 15 cm, 20 cm, 25 cm e 30 cm, qual é a quantidade de ladrilhos que usará em cada caso?

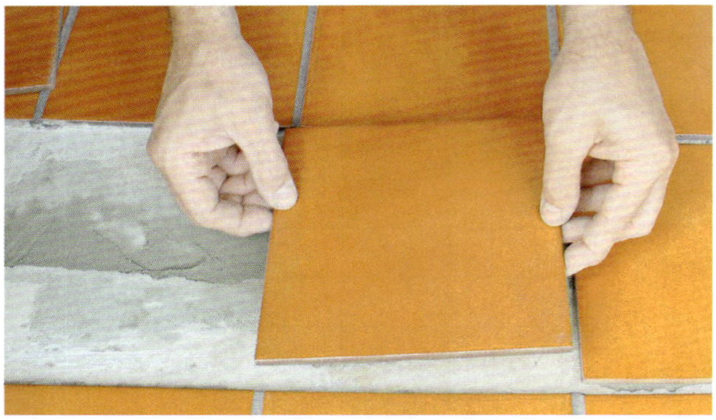

Christina Richards/Shutterstock

Para calcular a quantidade de ladrilhos, podemos dividir a área da sala (9 m^2 = 90 000 cm^2) pela área do ladrilho em cm^2. A tabela abaixo resume os resultados dos cálculos.

Medida do lado (cm)	100	12	15	20	25	30
Área do ladrilho (cm^2)	100	144	225	400	625	900
Quantidade de ladrilhos	900	625	400	225	144	100

Analisando as medidas registradas, concluímos que:

- a área do ladrilho varia em **função** da medida do lado;
- a quantidade de ladrilhos varia em **função** da área do ladrilho;
- a quantidade de ladrilhos varia em **função** da medida do lado.

O prêmio da gincana

Em uma gincana escolar é proposto um enigma a uma turma de 40 alunos, e aqueles que desvendarem o enigma dividirão igualmente o prêmio de R$ 240,00. Quanto receberá cada aluno que desvendar o enigma? A tabela abaixo apresenta alguns valores, de acordo com a quantidade de alunos que desvendar o enigma.

Quantidade de acertadores	40	30	24	20	16	12	10	8	6	4	3	2	1
Quantia por acertador (R$)	6	8	10	12	15	20	24	30	40	60	80	120	240

A quantia que cada acertador receberá varia em **função** do número de acertadores.

ATIVIDADES

1. Uma empresa vai comprar brindes idênticos para distribuir no início do ano entre seus clientes. Cada caixa com 10 brindes custará R$ 60,00. Copie e preencha a tabela considerando que o valor do custo varia em função da quantidade de brindes.

Quantidade de brindes	10	20	30	50			
Custo (R$)	60				600	960	3 000

2. Um saco com 60 quilogramas de milho alimenta certa quantidade de frangos durante 30 dias. Para alimentar a mesma quantidade de frangos por uma quantidade diferente de dias, quantos quilogramas de milho são necessários? Copie e preencha a tabela considerando que a quantidade de milho varia em função da quantidade de dias.

Quantidade de dias	30	60	90		15	
Milho (kg)	60			240		90

Jay Cupcakes/Shutterstock

3. Para produzir certa quantidade de embalagens, 8 máquinas idênticas precisam funcionar juntas durante 40 minutos. Para produzir a mesma quantidade de embalagens com uma quantidade diferente de máquinas, quanto tempo é necessário? Copie e complete a tabela abaixo.

Quantidade de máquinas	**Tempo gasto (min)**
8	40
4	
1	
	64
	32

4. Para imprimir 1 000 exemplares de certo livro, uma gráfica precisa de 360 quilogramas de papel. Copie e complete a tabela para determinar quantos quilogramas de papel serão necessários se as quantidades de exemplares forem outras.

Número de exemplares a produzir	Consumo de papel (kg)
1 000	360
1 500	//////////
2 000	//////////
//////////	1 080
//////////	1 440
//////////	2 160
10 000	//////////
15 000	//////////

5. Uma viagem de ônibus entre São Paulo e Rio de Janeiro tem duração média de 6 horas. Suponha que vários ônibus partam juntos de São Paulo para, em condições idênticas, fazer o percurso até o Rio de Janeiro. Copie e complete a tabela abaixo para determinar a duração da viagem para diferentes quantidades de ônibus.

Quantidade de ônibus	1	2	3	4	5	6	7
Duração da viagem (h)	6	//////////	//////////	//////////	//////////	//////////	//////////

6. Três torneiras idênticas, abertas completamente, enchem um reservatório com água em 24 horas. Considerando outras quantidades de torneiras idênticas àquelas, em quanto tempo encheriam o mesmo reservatório? Copie e preencha a tabela para descobrir.

Quantidade de torneiras	3	1	6	2	//////////	//////////	//////////	//////////
Tempo (h)	24	//////////	//////////	//////////	18	8	9	6

Grandezas diretamente proporcionais

Vamos retomar algumas situações apresentadas anteriormente.

O preço dos cocos

Nesse exemplo, a razão entre o preço e a quantidade de cocos comprados é sempre a mesma:

$$\frac{3{,}50}{1} = \frac{7{,}00}{2} = \frac{10{,}50}{3} = \frac{14{,}00}{4} = \frac{17{,}50}{5} = \frac{21{,}00}{6} = \frac{24{,}50}{7} = \frac{28{,}00}{8} \ldots$$

Por isso, dizemos que o preço é diretamente proporcional à quantidade de cocos comprados.

A velocidade do carro

Nesse exemplo, como a velocidade é constante, a razão entre a distância percorrida e o correspondente tempo gasto para percorrê-la é sempre a mesma:

$$\frac{2}{1} = \frac{4}{2} = \frac{6}{3} = \frac{8}{4} = \frac{10}{5} = \frac{12}{6}$$

Por isso, dizemos que a distância percorrida é diretamente proporcional ao tempo gasto para percorrê-la.

A variação da massa

Nesse exemplo, a razão entre a massa e o volume da porção de óleo na vasilha é sempre a mesma:

$$\frac{90}{100} = \frac{180}{200} = \frac{270}{300} = \frac{450}{500} = \frac{540}{600} = \frac{720}{800} = \frac{900}{1000}$$

Por isso, dizemos que a massa de óleo é diretamente proporcional ao volume de óleo na vasilha.

Duas grandezas variáveis são chamadas **grandezas diretamente proporcionais** quando a razão entre os valores da primeira grandeza e os valores correspondentes da segunda é sempre a mesma.

Grandezas inversamente proporcionais

Vamos retomar duas situações apresentadas anteriormente.

Quantidade de ladrilhos

Nesse exemplo, o produto entre a área do ladrilho e a correspondente quantidade de ladrilhos é sempre o mesmo:

$100 \cdot 900 = 144 \cdot 625 = 225 \cdot 400 = 400 \cdot 225 = 625 \cdot 144 = 900 \cdot 100$

Por isso, dizemos que a quantidade de ladrilhos a assentar é inversamente proporcional à área dos ladrilhos.

O prêmio da gincana

Nesse exemplo, o produto da quantidade de acertadores pela correspondente quantia que cada um vai receber é sempre o mesmo:

$40 \cdot 6 = 30 \cdot 8 = 24 \cdot 10 = 20 \cdot 12 = 16 \cdot 15 = ...$

Por isso, dizemos que a quantia que cada acertador vai receber é inversamente proporcional à quantidade de acertadores.

Duas grandezas variáveis são chamadas **grandezas inversamente proporcionais** quando o produto de cada valor da primeira grandeza pelo valor correspondente da segunda é sempre o mesmo.

ATIVIDADES

7. Analise cada tabela e indique, usando os códigos abaixo, se as grandezas apresentadas nela são diretamente proporcionais, inversamente proporcionais ou não proporcionais.

- DP — grandezas diretamente proporcionais
- IP — grandezas inversamente proporcionais
- NP — grandezas não proporcionais (nem direta nem inversamente)

a)

Hora	0	4	8	12	16	20
Temperatura (°C)	10	5	10	15	17	13

b)

Idade de Alfredo (anos)	1	3	5	7	9	15	18	35
Massa de Alfredo (kg)	10	15	20	30	40	55	60	70

c)

Medida do lado do quadrado (cm)	1	2	3	4	5	6
Perímetro do quadrado (cm)	4	8	12	16	20	24

d)

Medida do lado do quadrado (cm)	1	2	3	4	5	6
Área do quadrado (cm²)	1	4	9	16	25	36

e)

Volume de combustível (L)	1	2	5	10	20
Preço desse combustível (R$)	3,20	6,40	16,00	32,00	64,00

f)

Quantidade de ônibus	4	6	8	10	12
Quantidade de passageiros transportados pelos ônibus	160	230	312	410	485

8. Indique, usando os códigos da atividade anterior, se as grandezas apresentadas em cada situação são diretamente proporcionais, inversamente proporcionais ou não proporcionais.

a) Em um retângulo de área 48 cm².

Comprimento (cm)	6	8	4	3	2	1	5
Largura (cm)	8	6	12	16	24	48	9,6

b) Em um retângulo de largura 5 m.

Comprimento (cm)	2	1	3	6	9	80
Área (cm²)	10	5	15	30	45	400

c) Em uma caminhada de 6 km
(Lembre-se: 6 km = 6 000 m = 600 000 cm.)

Metros por minuto	60	75	80	100	120	125
Tempo de caminhada (min)	100	80	75	60	50	48

Comprimento do passo (cm)	50	60	75	80	100
Número de passos	12 000	10 000	8 000	7 500	6 000

Alberto De Stefano/Arquivo da editora

Regra de três simples

Problemas que envolvem grandezas direta ou inversamente proporcionais podem ser resolvidos com o auxílio de uma regra prática: a **regra de três simples**. Acompanhe como utilizar essa regra nas situações a seguir.

O preço do tecido

Tatiana comprou 8 m de um tecido por R$ 480,00. Quanto vai pagar por 10 m do mesmo tecido?

Para resolver problemas aplicando a regra de três simples, devemos identificar as grandezas envolvidas e verificar se elas são direta ou inversamente proporcionais entre si.

Nesse problema há duas grandezas envolvidas: a quantidade de metros de tecido e o preço pago pelo tecido.

Se a quantidade de metros **aumenta**, o preço pago pelo tecido também **aumenta**; se a quantidade de metros **dobra**, o preço também **dobra**; se a quantidade de metros **triplica**, o preço **triplica**, etc. Então, as grandezas quantidade de metros e preço a pagar são diretamente proporcionais.

Representando por *x* o preço de 10 m de tecido, temos:

Quantidade de metros	Preço (R$)
8	480
10	x

Iakov Filimonov/Shutterstock

Como as grandezas são diretamente proporcionais:

$$\frac{8}{480} = \frac{10}{x}$$

$$8x = 480 \cdot 10$$

$$x = \frac{480 \cdot 10}{8} = 600$$

Portanto, Tatiana vai pagar R$ 600,00 por 10 m de tecido.

PARTICIPE

Geralmente, um problema pode ser resolvido por mais de um modo.

a) Releia o problema "O preço do tecido" e sua resolução. Há outro modo de resolver esse problema? Qual?

b) Resolva o problema utilizando a estratégia que você propôs no item **a**. Depois, confira a resposta com a obtida por meio da resolução pela regra de três.

c) Qual dos modos de resolver você prefere?

Andando de carro

Com velocidade constante, Luiz percorre de carro 8,4 km em 7 minutos. Quantos quilômetros ele percorrerá em 30 minutos?

Nesse problema há duas grandezas envolvidas: a distância percorrida e o tempo gasto para percorrê-la.

Se o tempo **aumenta**, a distância percorrida também **aumenta**; se o tempo **dobra**, a distância **dobra**; se o tempo **triplica**, a distância **triplica**, etc. Então, as grandezas distância percorrida e tempo gasto para percorrê-la são diretamente proporcionais.

Representando por *x* a distância, em quilômetros, que Luiz percorre em 30 minutos, temos:

Distância (km)	Tempo (min)
8,4	7
x	30

Monkey Business Images/Shutterstock

Como as grandezas são diretamente proporcionais:

$$\frac{8,4}{7} = \frac{x}{30}$$

$$7x = 8,4 \cdot 30$$

$$x = \frac{8,4 \cdot 30}{7} = 36$$

Nessas condições, em 30 minutos Luiz percorrerá 36 km.

ATIVIDADES

9. Se 3,5 kg de feijão custam R$ 13,65, quanto custam 6,5 kg?

10. Em certa época, 22 L de gasolina custavam R$ 67,10. Qual era o preço de 27 L nessa época?

11. Marlene está lendo um livro com 352 páginas. Em 3 horas de leitura, ela leu 48 páginas. Se ela mantiver o ritmo de leitura, quantas horas levará para ler o livro todo?

12. O relógio está marcando 2 h 15 min.

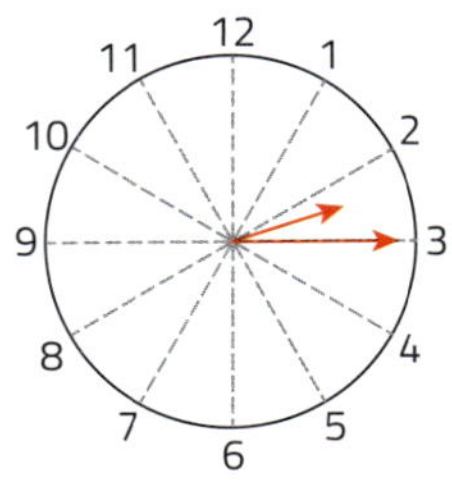

Banco de imagens/Arquivo da editora

a) O ponteiro das horas percorre o correspondente a um ângulo de 30° em 1h (60 minutos). Em 15 minutos, ele percorre o correspondente a um ângulo de quantos graus?

b) Quanto mede o ângulo formado pelos ponteiros das horas e dos minutos às 2 h 15 min?

Veja outros exemplos de resolução de problemas por meio da regra de três simples.

A velocidade do avião

Um avião, à velocidade de 800 km por hora, leva 42 minutos para ir de São Paulo a Belo Horizonte. Se a velocidade do avião fosse de 600 km por hora, em quanto tempo faria a mesma viagem?

Nesse problema há duas grandezas envolvidas: a velocidade do avião e o tempo de voo.

Se a velocidade do avião **aumenta**, o tempo de voo **diminui**; se a velocidade **dobra**, o tempo cai pela **metade**; se a velocidade **triplica**, o tempo de voo se reduz para um **terço**, etc.

Então, a velocidade e o tempo de voo são grandezas inversamente proporcionais.

Representando por x o tempo, em minutos, de voo de São Paulo a Belo Horizonte de um avião a 600 km/h, temos:

Velocidade (km/h)	Tempo de voo (min)
800	42
600	x

Como as grandezas são inversamente proporcionais:

$$800 \cdot 42 = 600 \cdot x$$

$$x = \frac{800 \cdot 42}{600} = 56$$

Portanto, a 600 km/h, o avião vai de São Paulo a Belo Horizonte em 56 minutos.

PARTICIPE

I. Para verificar outro modo de resolver o problema "A velocidade do avião", responda às perguntas a seguir.

a) Que fração da hora representa 42 minutos?

b) À velocidade de 800 km por hora, durante 42 minutos, qual é a distância percorrida pelo avião?

c) Para percorrer essa distância à velocidade de 600 km por hora, a que fração de 1 hora corresponde o tempo gasto?

d) A quantos minutos essa fração corresponde?

II. Agora, compare a resposta do item **d** com a resolução apresentada na teoria.

a) Os resultados são iguais?

b) Qual dos modos de resolver você prefere?

Cortando a grama

Com 4 pessoas trabalhando, é possível aparar a grama de um parque em 72 minutos. Com 6 pessoas trabalhando, em quanto tempo o gramado seria aparado?

Nesse problema há duas grandezas envolvidas: a quantidade de pessoas trabalhando e o tempo gasto para aparar a grama.

Vamos admitir que as pessoas tenham o mesmo desempenho no trabalho.

Se a quantidade de pessoas **aumenta**, o tempo gasto **diminui**; se a quantidade de pessoas **duplica**, o tempo cai pela **metade**; se a quantidade de pessoas **triplica**, o tempo cai para um **terço**, etc.

Então, a quantidade de pessoas e o tempo gasto são grandezas inversamente proporcionais.

Representando por x o tempo, em minutos, gasto para aparar a grama com o trabalho de 6 pessoas, temos:

Quantidade de pessoas	Tempo gasto (min)
4	72
6	x

WiP-Studio/Shutterstock

Como as grandezas são inversamente proporcionais:

$$4 \cdot 72 = 6 \cdot x$$

$$x = \frac{4 \cdot 72}{6} = 48$$

Portanto, com 6 pessoas trabalhando, o gramado seria aparado em 48 minutos.

Escrevendo sentenças algébricas

Problemas que envolvem grandezas direta ou inversamente proporcionais podem ser resolvidos com auxílio de outros recursos, além da regra de três simples. Por exemplo, podemos estabelecer uma sentença algébrica relacionando os valores das grandezas variáveis, e depois calcular o valor pedido.

Vamos representar por x o valor de uma das grandezas variáveis, e por y o valor correspondente da outra grandeza.

Grandezas diretamente proporcionais

Nesse caso, a razão $\frac{y}{x}$ tem sempre o mesmo resultado. Dizemos que $\frac{y}{x}$ é constante.

Representando esse resultado constante pela letra k, temos $\frac{y}{x} = k$, logo:

$$y = kx$$

Grandezas inversamente proporcionais

Se as grandezas são inversamente proporcionais, o produto $x \cdot y$ é constante. Representando essa constante pela letra k, temos $x \cdot y = k$, logo:

$$y = k \cdot \frac{1}{x} \; (x \neq 0)$$

Note que, nesse caso, y é diretamente proporcional ao inverso de x.

Acompanhe como podemos resolver, utilizando sentenças algébricas, alguns problemas apresentados anteriormente.

O preço do tecido

Vamos resolver o problema sobre o cálculo do preço de 10 m de tecido denominando por:

- x a medida, em metros, do tecido;
- y o preço, em reais, a ser pago.

Como o preço é diretamente proporcional à medida do tecido, temos:

$$y = kx$$

Tatiana comprou 8 m por R$ 480,00. Assim, para $x = 8$, temos $y = 480$.

Então: $480 = k \cdot 8$

$$k = \frac{480}{8} = 60$$

Logo, $y = 60 \cdot x$.

Comprando 10 m, ou seja, para $x = 10$, o preço será:

$$y = 60 \cdot 10 = 600$$

Portanto, Tatiana vai pagar R$ 600,00 por 10 m de tecido.

A velocidade do avião

Para resolver o problema do cálculo do tempo de viagem entre São Paulo e Belo Horizonte, vamos denominar por:

- x a velocidade em km/h;
- y o tempo de voo em minutos.

Como o tempo é inversamente proporcional à velocidade, temos:

$$y = k \cdot \frac{1}{x}$$

À velocidade de 800 km/h, o avião leva 42 minutos. Assim, para $x = 800$, temos $y = 42$. Então:

$$42 = k \cdot \frac{1}{800}$$

$$k = 800 \cdot 42$$

Logo, à velocidade de 600 km/h, isto é, $x = 600$, temos:

$$y = 800 \cdot 42 \cdot \frac{1}{600} = 56$$

Portanto, a 600 km/h, o tempo de viagem é 56 minutos.

Observe que, mesmo utilizando outro recurso, obtivemos as mesmas respostas.

ATIVIDADES

13. Antigamente, o trajeto São Paulo-Rio de Janeiro podia ser feito por trem. À velocidade constante de 50 km/h, a viagem durava 8 horas.

a) Caso a velocidade fosse 80 km/h, em quantas horas o trem completaria o mesmo trajeto?

b) E se fosse um trem-bala viajando a 200 km/h, em quantas horas essa viagem seria realizada?

14. Um navio foi abastecido com comida suficiente para alimentar 14 pessoas durante 45 dias. Se 18 pessoas embarcarem nesse navio, para quantos dias, no máximo, as reservas de alimento serão suficientes?

15. Três torneiras idênticas, abertas completamente, enchem um tanque de água em 2 h 24 min. Se em vez de 3 fossem 5 torneiras idênticas às anteriores, quanto tempo elas levariam para encher o mesmo tanque?

16. O relógio de uma praça adianta 21 segundos a cada 7 dias. Quanto adianta em 360 dias?

17. Elabore e resolva um problema com duas grandezas diretamente proporcionais utilizando sentenças algébricas.

18. Elabore e resolva um problema com duas grandezas inversamente proporcionais utilizando sentenças algébricas.

Resolva as atividades **19** a **22** pelo método que achar conveniente.

19. Uma churrascaria comprou 48 kg de picanha por R$ 1 080,00. Quantos quilogramas dessa carne poderiam ser comprados com R$ 1 440,00?

20. Nelson costuma fazer sua caminhada em um parque partindo e chegando sempre ao mesmo ponto. Dando 60 passos por minuto ele faz a caminhada em 36 minutos. Para fazer essa caminhada em 30 minutos, quantos passos por minuto ele deve dar?

21. Para imprimir 5 100 exemplares de certo livro foram usados 2 244 kg de papel. Quantos exemplares desse livro podem ser impressos com 2 156 kg do mesmo papel?

22. Uma torneira, completamente aberta, leva 33 segundos para encher um balde com capacidade de 20 L. Quanto tempo seria necessário para essa torneira encher um recipiente com capacidade para 1 240 L?

NA OLIMPÍADA

Combinando cores

(Obmep) Para obter tinta de cor laranja, devem-se misturar 3 partes de tinta vermelha com 2 partes de tinta amarela. Para obter tinta de cor verde, devem-se misturar 2 partes de tinta azul com 1 parte de tinta amarela. Para obter tinta de cor marrom, deve-se misturar a mesma quantidade de tintas laranja e verde.

Quantos litros de tinta amarela são necessários para obter 30 litros de tinta marrom?

a) 7 **b)** 8 **c)** 9 **d)** 10 **e)** 11

Reprodução/Obmep, 2017.

Porcentagem e regra de três

Já sabemos calcular com porcentagens representando as taxas percentuais na forma de frações centesimais. Veja, por exemplo, como calcular 65% de 420:

$$65\% \text{ de } 420 = \frac{65}{100} \cdot 420 = 273$$

Também podemos utilizar a regra de três para calcular esse valor. Sabemos que 100% é o todo, portanto 420. Assim, para calcular 65% de 420, fazemos:

Quantidade	Porcentagem (%)
420	100
x	65

Aumentando a taxa percentual, a quantidade aumenta proporcionalmente; se a taxa dobra, a quantidade dobra; se a taxa triplica, a quantidade triplica. Assim, temos grandezas diretamente proporcionais. Então:

$$\frac{420}{100} = \frac{x}{65}$$

$$x = \frac{420 \cdot 65}{100} = 273$$

Portanto, 65% de 420 é 273.

Acompanhe outra situação.

Preço das hortaliças

Um período de mau tempo provocou a diminuição da produção de hortaliças. O preço da alface passou de R$ 3,20 para R$ 4,16. De quanto por cento foi o aumento?

Pormezz/Shutterstock

O valor do aumento, em reais, foi: $4,16 - 3,20 = 0,96$. Como o preço era R$ 3,20, temos:

Preço (R$)	Porcentagem (%)
3,20	100
0,96	x

$$\frac{3,20}{100} = \frac{0,96}{x}$$

$$x = \frac{100 \cdot 0,96}{3,20} = 30$$

Portanto, o aumento foi de 30% sobre o preço anterior.

Também poderíamos calcular o percentual do aumento sobre o preço anterior da seguinte maneira:

$$\frac{0,96}{3,20} \cdot 100\% = 30\%$$

ATIVIDADES

Utilize mais de uma estratégia para resolver as atividades **23** e **24**.

23. Uma montadora de automóveis produz mensalmente 1 200 veículos e vai aumentar em 15% essa produção. Quantos veículos passará a produzir?

24. Após aumento de 8%, a mensalidade de uma escola particular passou a ser de R$ 459,00. Quanto era a mensalidade antes do aumento?

UNIDADE

9 Probabilidade e Estatística

NESTA UNIDADE VOCÊ VAI

- Realizar experimentos aleatórios que envolvem cálculo de probabilidade por meio de frequência de ocorrências.
- Compreender o significado de média estatística e relacioná-lo com a amplitude de um conjunto de dados.
- Planejar e realizar pesquisa estatística.
- Construir gráficos.

CAPÍTULOS

CAPÍTULO 24
Frequência relativa e probabilidade

Lauren Elisabeth/Shutterstock

Pessoas vestidas como personagens dos jogos Mario Bros e Super Mario Bros. Los Angeles (EUA), 2016.

NA REAL

Quais números são mais prováveis?

Cosplay é o ato de se fantasiar de determinado personagem de forma fiel às suas características físicas, vestimentas e acessórios.

Em um evento de *cosplay*, cada visitante recebeu um ingresso com um número. Aqueles cujo número do ingresso terminava com um algarismo múltiplo de três, não nulo, eram direcionados a entrar pelo portão A, aqueles com ingressos com números terminados com o algarismo zero ou 5 eram direcionados ao portão B, e os demais, ao portão C. Sabe-se que 500 pessoas compareceram a esse evento e que os ingressos eram numerados de 1 001 a 1 500.

Um dos espectadores foi premiado por meio de um sorteio do número do ingresso. É mais provável que o ganhador tenha entrado por qual dos portões?

Na BNCC
EF07MA34

Experimento aleatório

Considere que vamos jogar uma moeda para cima diversas vezes, sempre da mesma maneira e no mesmo lugar, deixando-a cair sobre uma superfície lisa, e vamos registrar a face que fica voltada para cima.

Nessa situação, não somos capazes de prever a cada lançamento se o resultado será cara ou coroa. Este é um exemplo de **experimento aleatório**.

Um experimento é dito **aleatório** quando, em condições idênticas, pode apresentar resultados diferentes. A variabilidade do resultado é devida ao que chamamos acaso.

Os resultados possíveis de um experimento aleatório formam um conjunto que chamamos **espaço amostral** do experimento.

Por exemplo, no lançamento de uma moeda, o espaço amostral é:

$$\{\text{cara, coroa}\}$$

ou, representando cara por C e coroa por $\overline{C}$, o espaço amostral é:

$$\{C, \overline{C}\}$$

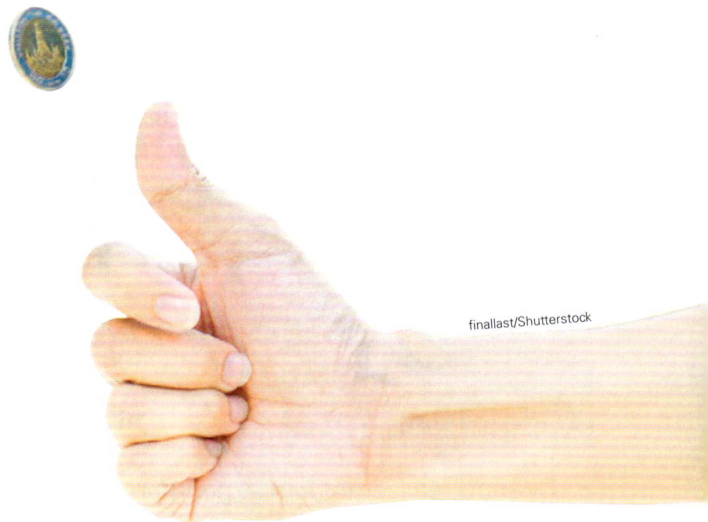

Moedas de 1 real. A cara é o lado da moeda onde está estampado um rosto e a coroa é o lado que tem o valor da moeda.

ATIVIDADES

Para cada experimento aleatório de **1** a **8**, responda quantos são os resultados possíveis e escreva o espaço amostral.

1. Lançar um dado em forma de cubo e registrar o número de pontos indicado na face superior depois que ele parar.
2. Lançar um dado em forma de cubo, com duas faces opostas pintadas de branco, duas faces opostas pintadas de preto e as outras duas de vermelho, e registrar a cor da face superior depois que ele parar.
3. Lançar um dado em forma de cubo e registrar a paridade do número de pontos indicado na face superior depois que ele parar.
4. Retirar uma bola de uma sacola não transparente contendo 10 bolas numeradas de 1 a 10 e registrar o número anotado na bola sorteada.
5. Sortear uma etiqueta de um envelope contendo 7 etiquetas, em que foram anotados os dias da semana, e registrar o dia que foi sorteado.
6. Retirar ao acaso uma lâmpada de um lote que acabou de ser produzido e testar se está funcionando ou se está defeituosa.
7. Lançar duas moedas simultaneamente e registrar quantas caras aparecem nas faces superiores.
8. Lançar dois dados simultaneamente e registrar a soma dos pontos observados nas faces superiores.

Frequência

Repetindo o lançamento de uma moeda 160 vezes, registramos os 160 resultados e depois contamos quantas vezes deu cara, 52, e quantas vezes deu coroa, 108. Com isso, montamos a seguinte tabela:

Resultado	Frequência	Frequência relativa	Porcentagem
Cara	52	//////////	//////////
Coroa	108	//////////	//////////
Total	**160**	//////////	//////////

Quando realizamos um experimento determinado número de vezes, chamamos **frequência de um resultado** o número de vezes em que ele ocorreu.

No experimento citado, a face cara foi registrada 52 vezes e a coroa, 108 vezes.

Frequência relativa

Denominamos frequência relativa de um resultado a razão entre a frequência desse resultado e o número total de realizações do experimento. A frequência relativa pode ser apresentada na forma decimal ou em porcentagem. Fazendo as divisões, calculamos as frequências relativas:

Cara: $\frac{52}{160} = 0{,}325$

Em porcentagem: $0{,}325 = \frac{32{,}5}{100} = 32{,}5\%$

Coroa: $\frac{108}{160} = 0{,}675$

Em porcentagem: $0{,}675 = \frac{67{,}5}{100} = 67{,}5\%$

Completamos a tabela com as frequências relativas e as porcentagens.

Resultado	Frequência	Frequência relativa	Porcentagem
Cara	52	0,325	32,5%
Coroa	108	0,675	67,5%
Total	**160**	**1**	**100%**

Essa tabela é denominada tabela de frequências do experimento realizado.

As porcentagens também podem ser calculadas como frações do todo (100%). Assim:

$$\text{Cara: } \frac{52}{160} \times 100\% = 32{,}5\% \text{ ou } 0{,}325 \times 100\% = 32{,}5\%$$

$$\text{Coroa: } \frac{108}{160} \times 100\% = 67{,}5\% \text{ ou } 0{,}675 \times 100\% = 67{,}5\%$$

Probabilidade

Quando lançamos uma moeda equilibrada, construída de modo que sua massa esteja homogeneamente distribuída, acreditamos que os resultados cara e coroa são igualmente prováveis. Por serem 2 resultados possíveis, a cada um deles atribuímos a probabilidade $\frac{1}{2}$.

Analisando o experimento anterior, vemos que o resultado **coroa** foi registrado mais que o dobro das vezes que o resultado **cara**. Assim, é difícil aceitar que a moeda lançada seja uma moeda equilibrada, cuja massa tenha sido distribuída homogeneamente; é mais provável que se trate de uma moeda viciada, tendendo a dar mais vezes o resultado coroa. (De fato, com uma moeda não viciada os números observados são altamente improváveis.)

Como atribuir probabilidades aos resultados dos lançamentos dessa moeda?

As frequências relativas dão uma ideia de quais são essas probabilidades. Pelo experimento realizado, a conclusão é a de que, em um lançamento dessa moeda, a probabilidade de ocorrer:

- cara é 0,325 (ou 32,5%);
- coroa é 0,625 (ou 62,5%).

É claro que, se forem realizados outros experimentos com a mesma moeda, existe a possibilidade de não obtermos exatamente as mesmas frequências relativas, mas com um número muito grande de lançamentos podemos observar que as frequências relativas calculadas tendem a se estabilizar com valores próximos das verdadeiras probabilidades.

Esse modo de atribuir probabilidades por meio de frequências relativas é usado, por exemplo, em Ciências Humanas e em Ciências Médicas, em geral nas situações em que *a priori* não temos ideia de quais sejam essas probabilidades.

ATIVIDADES

Reúnam-se em grupos para resolver as atividades.

9. Faça o que se pede em cada item.

a) No lançamento de um dado supostamente homogêneo, não viciado, admitimos que as seis faces são igualmente prováveis de sair como resultado na face superior. Neste caso, determine a probabilidade que estamos atribuindo à ocorrência de cada resultado possível.

b) Faça o experimento de lançar um dado muitas vezes (escolha o número de vezes) e registre o número de pontos de cada lançamento. Complete a tabela de frequências.

Resultado	Frequência	Frequência relativa	Porcentagem
1 ponto	//////////	//////////	//////////
2 pontos	//////////	//////////	//////////
3 pontos	//////////	//////////	//////////
4 pontos	//////////	//////////	//////////
5 pontos	//////////	//////////	//////////
6 pontos	//////////	//////////	//////////
Total	//////////	//////////	//////////

c) Compare as frequências relativas com as probabilidades de ocorrência de cada resultado do item **a**. Na sua opinião, pode-se aceitar que o dado usado no experimento é não viciado?

10. Aproveitando os registros da atividade anterior, construa outra tabela de frequências registrando a paridade do resultado, como a que se encontra ao lado.

Responda: Para o dado utilizado neste experimento, qual é, na sua opinião, a probabilidade de que seja observado um número par de pontos em um lançamento? E um número ímpar?

Resultado	Frequência	Frequência relativa	Porcentagem
Número par de pontos	//////	//////	//////
Número ímpar de pontos	//////	//////	//////
Total	//////	//////	//////

11. O setor de inspeção de qualidade de uma fábrica de lâmpadas fez um teste com um lote de 400 lâmpadas produzidas em certo dia e encontrou 6 lâmpadas defeituosas. Responda:

a) Qual foi a frequência relativa do registro lâmpada defeituosa nesse teste?

b) Se for selecionada uma lâmpada ao acaso nesse lote, qual é a probabilidade de ser uma lâmpada defeituosa?

12. Faça o experimento de lançar duas moedas simultaneamente muitas vezes (escolha o número de vezes) e registre o número de caras observado em cada lançamento. Reproduza no caderno a tabela ao lado e complete-a.

Na sua opinião, com base nos resultados obtidos, qual é a probabilidade de obter só uma cara no lançamento de duas moedas simultaneamente?

Resultado	Frequência	Frequência relativa	Porcentagem
Nenhuma cara	//////	//////	//////
Só uma cara	//////	//////	//////
Duas caras	//////	//////	//////
Total	//////	//////	//////

13. Faça o experimento de lançar dois dados simultaneamente muitas vezes (escolha o número de vezes) e registre a soma dos pontos das faces superiores em cada lançamento. Reproduza no caderno a tabela a seguir e complete-a.

Resultado	Frequência	Frequência relativa	Porcentagem
2 pontos	//////	//////	//////
3 pontos	//////	//////	//////
4 pontos	//////	//////	//////
5 pontos	//////	//////	//////
6 pontos	//////	//////	//////
7 pontos	//////	//////	//////
8 pontos	//////	//////	//////
9 pontos	//////	//////	//////
10 pontos	//////	//////	//////
11 pontos	//////	//////	//////
12 pontos	//////	//////	//////
Total	//////	//////	//////

Na sua opinião, com base nos resultados obtidos, qual é a probabilidade de obter a soma 7 pontos?

CAPÍTULO 25

Média e amplitude de um conjunto de dados

Dragana Gordic/Shutterstock

NA REAL

Como fica a distribuição?

Pessoas de todas as idades e classes sociais podem realizar algum serviço voluntário, o que, acima de tudo, representa um ato de compaixão e solidariedade.

Um centro comunitário que atende três comunidades distintas arrecada cestas básicas com três grupos de doadores. Na última campanha, o grupo de doadores A contribuiu com 100 cestas básicas, o grupo de doadores B, com 20 cestas básicas, e o grupo de doadores C, com 60 cestas básicas.

Qual é a diferença entre a maior e a menor das três quantidades de cestas básicas doadas pelos três grupos? Ao distribuir essas doações igualmente entre as três comunidades, quantas cestas básicas cada comunidade deverá receber?

Na BNCC
EF07MA35

Média aritmética

O time de futsal

Este é o time de futsal em que Marcelo joga.

Ilustra Cartoon/Arquivo da editora

Para organizar o time, Marcelo e os amigos tiveram muitas despesas. Eles compraram um jogo de camisas, bolas de futsal, tênis, meias, etc.

Marcelo anotou as despesas de cada mês:

- março – R$ 351,10
- abril – R$ 156,00
- maio – R$ 272,50
- junho – R$ 71,80

No último campeonato, esse time disputou 8 partidas e obteve os resultados indicados no quadro a seguir.

Time em que Marcelo joga	3	5	2	0	4	3	6	1
Times visitantes	0	1	2	1	1	1	0	2

Agora que você já conhece o time de futsal em que Marcelo joga, responda:

- Qual é a média das idades desse time?

Para calcular a média, adicionamos as idades e dividimos a soma pelo número de jogadores:

soma das idades dos jogadores → numerador; número de jogadores → denominador

$$\frac{11 + 13 + 10 + 14 + 12}{5} = \frac{60}{5} = 12$$

A média das idades desse time é 12 anos.

- No último campeonato, quantos gols esse time marcou, em média, por partida?

Devemos adicionar os gols marcados e dividir a soma pelo número de partidas:

soma dos gols marcados → numerador; número de partidas → denominador

$$\frac{3 + 5 + 2 + 0 + 4 + 3 + 6 + 1}{8} = \frac{24}{8} = 3$$

O time marcou, em média, 3 gols por partida.

- Quantos gols esse time sofreu, em média, por partida?

  Adicionamos os gols sofridos e dividimos a soma pelo número de partidas:

soma dos gols sofridos → $\frac{0+1+2+1+1+1+0+2}{8} = \frac{8}{8} = 1$ ← número de partidas

  O time sofreu, em média, 1 gol por partida.

- Qual foi a despesa mensal média do time naquele período?

  Devemos adicionar as despesas de cada mês e dividir a soma pelo número de meses:

soma das despesas de cada mês → $\frac{351{,}10 + 156{,}00 + 272{,}50 + 71{,}80}{4} = \frac{851{,}40}{4} = 212{,}85$ ← número de meses

  A despesa mensal média do time foi de R$ 212,85.

- Em algum dos meses a despesa foi exatamente igual à média?

Não, há dois meses com despesas acima da média e dois meses com despesas abaixo da média. A média pode ser um número diferente de todos os números dados.

Ilustra Cartoon/Arquivo da editora

A **média aritmética** de dois ou mais números dados é o número que obtemos adicionando esses números e dividindo o resultado pelo número de parcelas.

PARTICIPE

Consulte o sumário deste livro, que começa na página 6. O livro está dividido em unidades e estas são divididas em capítulos.

a) Quantas são as unidades?

b) Quantos são os capítulos?

c) Em média, quantos capítulos há em cada unidade?

d) Há alguma unidade com mais capítulos do que a média? Qual (Quais)?

e) Há alguma unidade com menos capítulos do que a média? Qual (Quais)?

f) Há alguma unidade com número de capítulos exatamente igual à média? Qual (Quais)?

g) Como se chama essa média?

ATIVIDADES

1. Qual é a média aritmética de:

a) 7 e 11? **b)** 13,4 e 25,2?

2. Calcule a média aritmética dos números de cada cartão:

a) 38, 62, 68

b) 54, 71, 47, 63

c) 22, 15, 29, 34, 33

d) 12, 40, 27, 19, 31, 21

e) 7, 38, 81, 62, 63, 26, 65, 10

3. O quadro a seguir indica a altura e a massa de alguns alunos do 7º ano.

Nome	Altura (m)	Massa (kg)
Álvaro	1,40	45
Cláudia	1,38	32
Ernesto	1,32	38
Marcelo	1,20	35
Marilene	1,42	37
Paula	1,44	40
Renata	1,30	33
Vicente	1,26	36

a) Qual é a altura média desses alunos?

b) Qual é, em média, a massa desses alunos?

c) Na média, quem são mais altos: os meninos ou as meninas?

Em Estatística, é comum referirmo-nos à **média aritmética** apenas como média.

Por exemplo, determinar a altura média é o mesmo que determinar a média aritmética das alturas.

4. Observe a altura e a idade de Filipe e de algumas pessoas da família dele:

Ranta Images/Shutterstock

Pai Rodrigo
1,72 m
42 anos

Cookie Studio/Shutterstock

Mãe Cláudia
1,65 m
38 anos

Tutatamafilm/Shutterstock

Irmão Márcio
1,63 m
16 anos

LightField Studios/Shutterstock

Filipe
1,60 m
12 anos

WAYHOME studio/Shutterstock

Tio Sérgio
1,73 m
28 anos

Hogan Imaging/Shutterstock

Vó Corina
1,51 m
80 anos

a) Calcule a média das idades dessas pessoas.

b) Qual é a estatura média dessas pessoas?

5. Na escola em que Camila estuda, a média em cada disciplina é obtida adicionando-se as notas dos quatro bimestres e dividindo-se a soma por 4. Veja as notas de Camila.

	1º bim.	2º bim.	3º bim.	4º bim.
Matemática	7,0	6,0	5,0	8,0
Língua Portuguesa	6,0	5,5	9,0	7,5
Ciências	5,5	6,5	7,0	6,0
História	4,5	5,5	6,0	6,0
Geografia	7,5	8,5	8,0	9,0
Inglês	6,5	7,5	8,0	7,0

a) Calcule a média de Camila em cada disciplina.

b) Em que disciplina ela obteve a maior média? E a menor?

Amplitude

Outra importante medida estatística é a **amplitude** de um conjunto de dados numéricos. Trata-se da diferença entre o maior e o menor valor do conjunto.

Vamos considerar o conjunto de dados indicado no quadro a seguir, que representa a altura de 11 jogadores de futebol de um time.

Jogador	Rogério	Cícero	Fábio	Diego	Júnior	Carlos	Josué	Danilo	Luís	Ricardo	Aloísio
Posição	Goleiro	Lateral	Zagueiro	Zagueiro	Lateral	Meia	Meia	Meia	Atacante	Atacante	Atacante
Altura (em metros)	1,89	1,71	1,91	1,82	1,66	1,65	1,71	1,82	1,79	1,83	1,86

Podemos observar que o jogador mais alto do time é o zagueiro Fábio, com 1,91 metro de altura. O jogador mais baixo do time é o meia, Carlos, com 1,65 metro de altura. A amplitude desse conjunto de dados é fornecida então pela diferença entre a altura do maior jogador e a do menor jogador. Logo, a amplitude desse conjunto de dados é:

$$1{,}91 \text{ m} - 1{,}65 \text{ m} = 0{,}26 \text{ m}$$

Enquanto a média é uma **medida de tendência central** dos dados, a amplitude é uma **medida de dispersão**. A amplitude dá uma primeira ideia sobre os dados concentrados em torno da média ou dispersos, mais espalhados.

Por exemplo: em uma prova de Matemática os alunos do 7º ano A tiveram média 6,5, com a menor nota igual a 2,0 e a maior igual a 9,5. No 7º ano B, a média também foi 6,5: a menor nota foi 3,5, e a maior, 8,0. Esses dados mostram que as notas do 7º ano B ficaram mais concentradas em torno da média do que no 7º ano A.

Essa informação pode ser deduzida com base nas amplitudes das notas:

- no 7º ano A, a amplitude foi $9{,}5 - 2{,}0 = 7{,}5$;
- no 7º ano B, a amplitude foi $8{,}0 - 3{,}5 = 4{,}5$.

A amplitude é menor quando os dados estão mais concentrados em torno da média, ou seja, quando a variação deles é menor.

ATIVIDADES

6. Consulte os dados sobre a altura dos alunos da amostra apresentada na atividade **3** e responda:

a) Qual é a amplitude desses dados?

b) Qual é a amplitude dos dados referentes às meninas? E aos meninos?

7. Consulte os dados sobre as massas dos alunos da amostra apresentada na atividade **3** e responda:

a) Qual é a amplitude desses dados?

b) Qual é a amplitude dos dados referentes às meninas? E aos meninos?

8. Consulte os dados da atividade **5**. Em qual disciplina as notas da Camila apresentam a maior amplitude?

MATEMÁTICA E TECNOLOGIA

Estatística com apoio de planilha eletrônica

Utilizando um *software* de planilha eletrônica, é possível criar tabelas para a coleta e/ou a organização de dados em uma pesquisa estatística. Existem diferentes *softwares* de planilhas eletrônicas, mas a maioria deles apresenta funcionalidades semelhantes.

Após definir o tema, o tipo de pesquisa a ser realizada (amostral ou censitária) e os questionamentos que serão feitos, vamos montar as tabelas necessárias.

No exemplo a seguir, apresentamos em uma tabela as idades e as alturas de seis jogadoras de voleibol de uma equipe colegial. Também calcularemos as médias e as amplitudes dos dados.

Idade e altura das jogadoras de uma equipe de voleibol

Nome	Idade (anos completos)	Altura (metros)
Andrea	15	1,68
Camila	17	1,64
Dilce	16	1,70
Érica	16	1,66
Gisele	15	1,70
Joana	14	1,76

Dados fictícios.

Vamos conhecer agora algumas funcionalidades de uma planilha eletrônica.

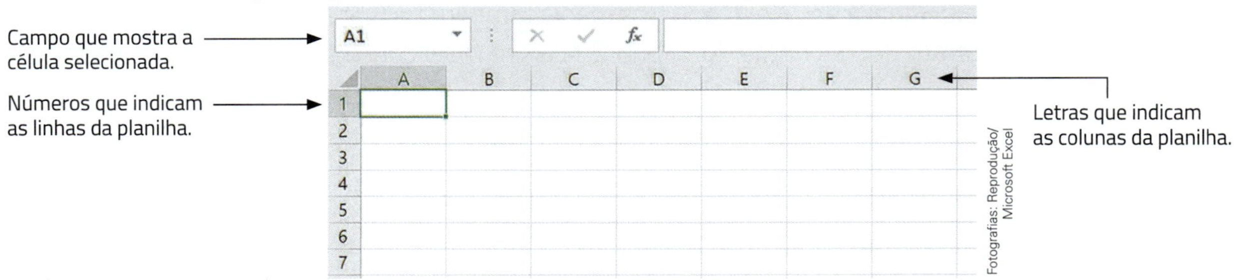

Fotografias: Reprodução/ Microsoft Excel

Para reproduzir a tabela em uma planilha eletrônica, siga estes passos:

- **Selecione** a célula A1 (coluna A e linha 1) e insira: **Nome**.
- **Selecione** a célula B1 (coluna B e linha 1) e insira: **Idade (anos completos)**.
- **Selecione** a célula C1 (coluna C e linha 1) e insira: **Altura (metros)**.

Ao final desse processo, você vai obter:

A coluna A, **Nome**, tem como função armazenar o nome de cada uma das jogadoras. As colunas B, C e D têm como função armazenar os dados pesquisados sobre a idade e a altura das jogadoras.

Veja como deve ficar a tabela preenchida.

Agora vamos calcular a média e a amplitude das idades utilizando a planilha eletrônica.

Selecione a célula A8 (coluna A e linha 8) e insira **Média**. Clique na célula B8 (coluna B e linha 8) e escreva **média(**. Depois, selecione todas as células cuja média quer calcular, no caso as células B2 a B7. Por fim, digite **)** e aperte a tecla *Enter*. A média das idades das jogadoras será apresentada.

Para calcular a amplitude das idades, devemos primeiro anotar o valor máximo observado, depois o valor mínimo e então calcular a diferença.

Em A9 insira **Máximo**, em A10, **Mínimo**, e em A11, **Amplitude**. Para calcular o valor máximo, clique na célula B9 (coluna B e linha 9) e escreva **=máximo(**. Depois, selecione todas as células cujo valor máximo quer encontrar, no caso as células B2 a B7. Na sequência, digite **)** e aperte a tecla *Enter*. O valor máximo das idades das jogadoras será apresentado.

Para calcular o valor mínimo, clique na célula B10 (coluna B e linha 10) e escreva **=mínimo(**. Depois, selecione todas as células cujo valor mínimo quer encontrar, no caso as células B2 a B7. Finalmente, digite **)** e aperte a tecla *Enter*. O valor mínimo das idades das jogadoras será apresentado.

	A	B	C	D	E
1	Nome	Idade (anos completos)	Altura (metros)		
2	Andrea	15	1,68		
3	Camila	17	1,64		
4	Dilce	16	1,70		
5	Érica	16	1,66		
6	Gisele	15	1,70		
7	Joana	14	1,76		
8					
9					
10					
11					

B8 =MÉDIA(B2:B7)

	A	B	C	D	E
1	Nome	Idade (anos completos)	Altura (metros)		
2	Andrea	15	1,68		
3	Camila	17	1,64		
4	Dilce	16	1,70		
5	Érica	16	1,66		
6	Gisele	15	1,70		
7	Joana	14	1,76		
8	Média	15,5			
9					
10					
11					

B11 =B9-B10

	A	B	C	D	E
1	Nome	Idade (anos completos)	Altura (metros)		
2	Andrea	15	1,68		
3	Camila	17	1,64		
4	Dilce	16	1,70		
5	Érica	16	1,66		
6	Gisele	15	1,70		
7	Joana	14	1,76		
8	Média	15,5			
9	Valor máximo	17			
10	Valor mínimo	14			
11	Amplitude	3			
12					
13					

Fotografias: Reprodução/Microsoft Excel

Para calcular a amplitude, clique na célula B11 e insira **=B9-B10**, isto é, na célula B11 vamos inserir a diferença entre os valores das células B9 e B10. Desta maneira, será apresentada a amplitude dos dados.

Agora é sua vez! Descreva os passos e calcule a média e a amplitude das alturas das jogadoras utilizando a planilha eletrônica.

CAPÍTULO

26 Pesquisa estatística e representações gráficas

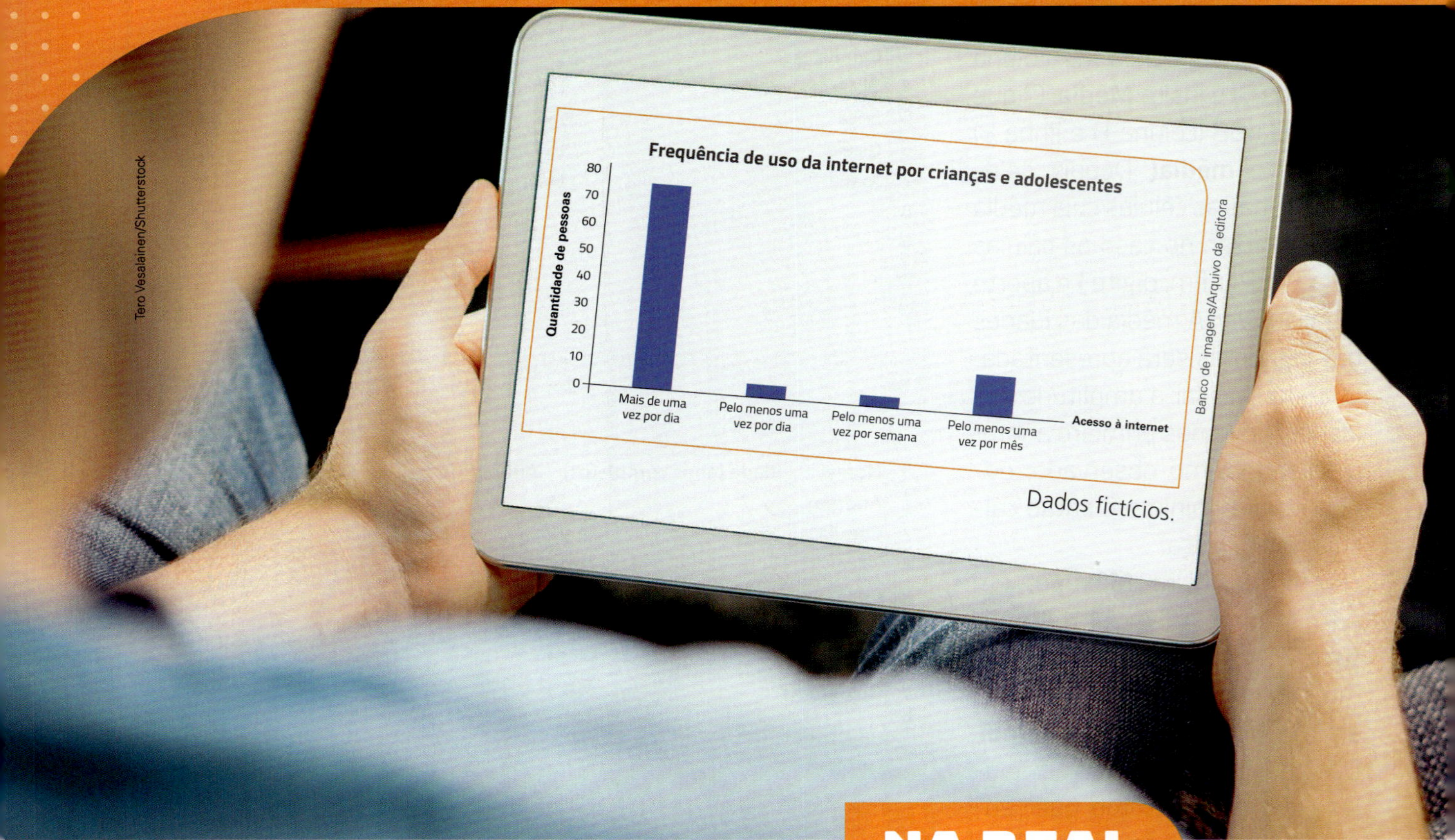

Tero Vesalainen/Shutterstock

Banco de imagens/Arquivo da editora

NA REAL

Está certo?

O uso de diversos tipos de representação gráfica favorece a apresentação e facilita a leitura e a interpretação de informações. Os recursos gráficos, além de serem atrativos, podem resumir claramente os dados de uma tabela ou texto. Porém, se não for feito corretamente, o gráfico pode induzir o leitor a chegar a uma conclusão equivocada em relação aos dados apresentados.

Foi feita uma pesquisa com 100 crianças e adolescentes, e o resultado está representado na tabela ao lado.

Um jornal divulgou os dados dessa pesquisa por meio do gráfico apresentado na imagem acima. Esse gráfico representa corretamente os dados da pesquisa?

Frequência de uso da internet por crianças e adolescentes

Acesso à internet	Quantidade de pessoas
Mais de uma vez por dia	76
Pelo menos uma vez por dia	15
Pelo menos uma vez por semana	4
Pelo menos uma vez por mês	5

Dados fictícios.

Na BNCC
EF07MA36
EF07MA37

Pesquisa estatística

Antes de conhecermos as etapas de uma pesquisa estatística, vamos diferenciar **população** e **amostra**.

Imagine que vamos realizar uma pesquisa estatística para conhecer a opinião das pessoas a respeito de determinado assunto. Para fazer uma pesquisa, é preciso definir a população que se deseja pesquisar.

Em Estatística, **população** é o conjunto de elementos dos quais desejamos pesquisar alguma característica.

Dependendo da pesquisa a ser realizada, a população pode não ser constituída de pessoas, mas de objetos ou animais, por exemplo. Uma população pode ser todos os alunos de uma escola ou todos os pneus produzidos em um dia por uma fábrica.

Outro conceito importante em uma pesquisa estatística é o de amostra.

Uma amostra é uma parte (subconjunto) da população.

O pesquisador precisa ter clareza quanto a fazer a pesquisa com toda a população ou apenas com uma amostra dela.

Quando a pesquisa é realizada com toda a população, dizemos que se trata de uma **pesquisa censitária**. Quando é realizada com uma amostra da população, chamamos de **pesquisa amostral** ou por **amostragem**.

No Brasil, o Instituto Brasileiro de Geografia e Estatística (IBGE) é o responsável por organizar e realizar o Censo Demográfico.

> O censo demográfico tem por objetivo contar os habitantes do território nacional, identificar suas características e revelar como vivem os brasileiros, produzindo informações imprescindíveis para a definição de políticas públicas e a tomada de decisões de investimentos da iniciativa privada ou de qualquer nível de governo. E também constituem a única fonte de referência sobre a situação de vida da população nos municípios e em seus recortes internos, como distritos, bairros e localidades, rurais ou urbanas, cujas realidades dependem de seus resultados para serem conhecidas e terem seus dados atualizados.
>
> Disponível em: https://ces.ibge.gov.br/apresentacao/portarias/200-comite-de-estatisticas-sociais/base-de-dados/1146-censo-demografico.html. Acesso em: 19 maio 2021.

Etapas de uma pesquisa estatística

I. Planejamento

Agora é hora de saber o que pensam as pessoas próximas a você. Para isso, você vai realizar uma pesquisa com os colegas da escola ou com alguns vizinhos do bairro onde mora.

O primeiro passo para a realização de uma pesquisa é o planejamento.

Escolhido o tema, é hora de definir a população a ser investigada e o tipo da pesquisa, censitária ou amostral.

II. Levantamento de dados

Se a escola tiver uma quantidade de estudantes que seja possível entrevistar, pode-se realizar um censo; mas, se a escola tiver grande quantidade de estudantes, o censo pode se tornar inviável ou muito trabalhoso. Nesse caso, é mais viável utilizar uma amostra dos estudantes da escola.

Após a definição dos entrevistados e dos questionamentos que serão feitos, é preciso decidir como os dados serão coletados. Para coletá-los, podemos fazer entrevistas ou elaborar questionários.

III. Execução da pesquisa e registro dos dados

Com o questionário pronto, é hora de começar a pesquisa. Para isso, é importante definir um prazo e a forma segundo a qual as entrevistas serão feitas.

IV. Organização dos dados

Com os dados da pesquisa em mãos, é a hora de organizá-los.

Podemos organizar esses dados elaborando tabelas que correspondam às respostas obtidas nos questionários, por exemplo.

Observe um exemplo de tabela para organizar os dados referentes a uma pergunta da entrevista.

Uma pessoa pode transmitir o coronavírus para outra?	
Sim	32
Não	8
Não respondeu	5
Total de pessoas entrevistadas	**45**

Pergunta — Opções de resposta — Soma

Dados fictícios.

Veja no exemplo que, existe a possibilidade de uma pessoa não responder, e essa quantidade precisa ser registrada. Temos, também, uma linha destinada ao total de pessoas entrevistadas; assim, é possível conferir se a soma da quantidade de respostas é igual ao número total de entrevistados.

V. Apresentação dos resultados

Os resultados podem ser apresentados na forma de tabelas. Porém, o uso de gráficos para a apresentação dos resultados pode facilitar a compreensão. Vários gráficos podem ser elaborados em uma única pesquisa.

Como você acabou de ver, as etapas de uma pesquisa estatística são as seguintes:

Vyacheslavikus/Shutterstock

ATIVIDADES

1. Ao considerar uma pesquisa estatística, o que você entende por população e amostra?

2. Para cada situação a seguir, escreva se ela corresponde a uma população ou a uma amostra.

a) Para avaliar a eficácia de determinada vacina, todas as pessoas que se submeteram a ela foram entrevistadas.

b) Com o objetivo de avaliar a intenção de voto para prefeito de uma cidade com cerca de 40 000 eleitores, foram entrevistados 800 eleitores.

c) Para verificar a audiência de um canal de TV no Brasil, um instituto realizou uma pesquisa telefônica em 2 000 residências.

3. Para saber quais são as necessidades de saneamento básico de um município, a Prefeitura realizou uma pesquisa no bairro central da cidade como amostragem. Você considera essa pesquisa confiável? Justifique.

4. Ao realizar uma pesquisa censitária, foram entrevistados todos os funcionários de uma empresa, a fim de identificar o meio de locomoção utilizado por eles para chegar ao trabalho. Os resultados estão apresentados a seguir.

Meio de transporte utilizado	Quantidade de funcionários
Transporte público	32
Condução própria	36
A pé	12

Observando os dados apresentados, quantos funcionários trabalham nessa empresa?

5. Para conhecer a disciplina favorita dos alunos do 7º ano de uma escola, qual é o tipo de pesquisa mais indicada, a censitária ou a amostral? Justifique.

Construção de gráficos

Apresentando os dados de uma pesquisa

Gabriela fez algumas pesquisas relativas aos colegas de turma. Ela apresentou em tabelas os dados coletados.

Sexo dos alunos entrevistados

Sexo	Quantidade de alunos	Porcentagem
Masculino	16	40%
Feminino	24	60%
Total	**40**	**100%**

Anotações de Gabriela.

Ilustra Cartoon/Arquivo da editora

Região de residência dos alunos entrevistados

Região de residência	Quantidade de alunos	Porcentagem
Zona norte	10	25%
Centro	22	55%
Zona sul	8	20%
Total	**40**	**100%**

Anotações de Gabriela.

Para melhorar a visualização dos resultados, podemos representá-los em gráficos, como os que vamos estudar nesta unidade.

Gráfico de colunas

Nesse tipo de gráfico, as colunas são retângulos de bases iguais, que ficam apoiadas em uma linha reta horizontal. A medida das bases (largura das colunas) não importa; escolhemos uma que deixa o gráfico bem visível. A altura das colunas corresponde às porcentagens observadas e é determinada por uma escala.

Considerando, por exemplo, que a altura de 1 cm corresponde a 20%, a altura da coluna referente ao sexo masculino da turma de Gabriela terá 2 cm (2 vezes 20%), e a referente ao sexo feminino, 3 cm (3 vezes 20%). Acima de cada coluna, anotamos as porcentagens correspondentes. Ou, então, indicamos a escala de altura.

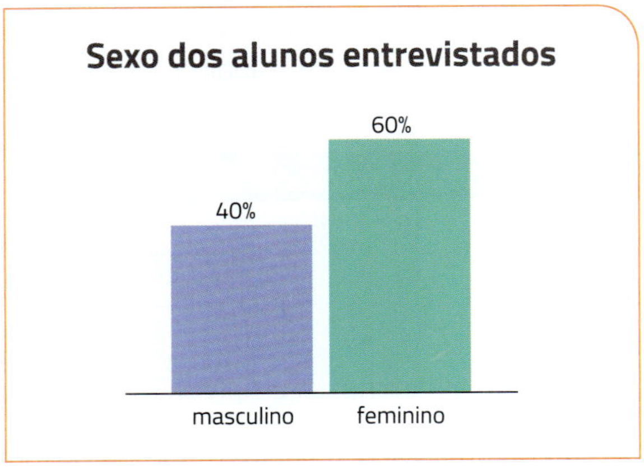

Anotações de Gabriela.

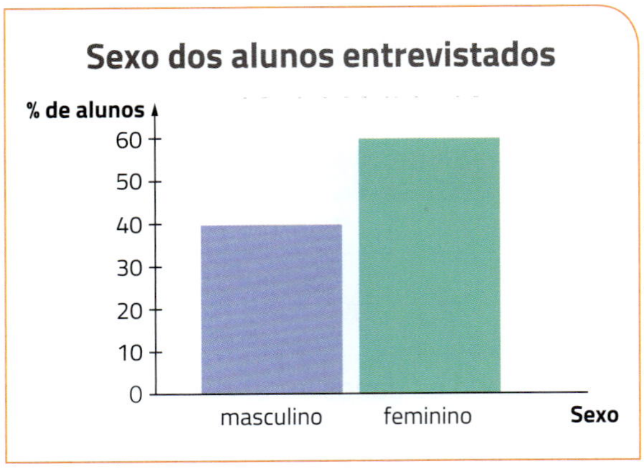

Anotações de Gabriela.

Ilustrações: Banco de imagens/Arquivo da editora

Para o gráfico dos dados relativos à região de residência, vamos considerar outra escala, em que cada milímetro de altura deve corresponder a 2,5%. Assim, a altura da coluna representativa da zona norte será de 10 mm, a do Centro, de 22 mm, e a da zona sul, de 8 mm. Para facilitar a leitura do gráfico, as colunas devem ficar igualmente espaçadas.

É importante observar que todo gráfico deve ter um título que o identifique e apresentar a fonte dos dados.

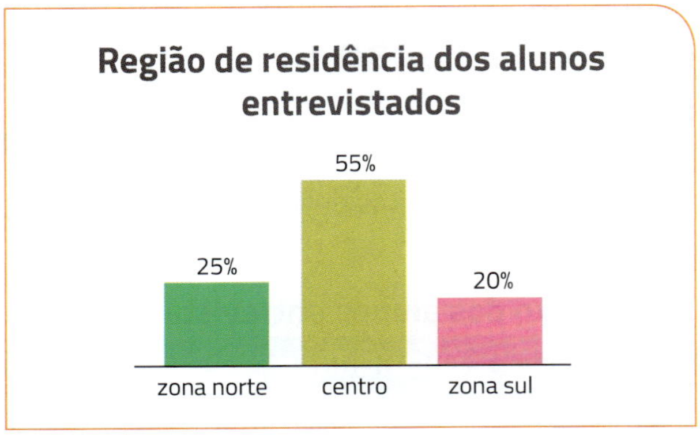

Anotações de Gabriela.

Gráfico de barras

A construção do gráfico de barras é parecida com a do gráfico de colunas. As barras são retângulos de mesma altura e com comprimento proporcional às porcentagens observadas. Elas ficam encostadas em uma linha reta vertical, à esquerda.

Veja os exemplos:

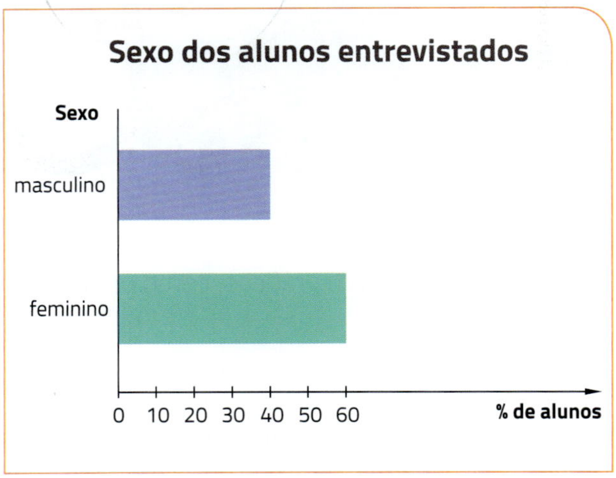

Anotações de Gabriela.

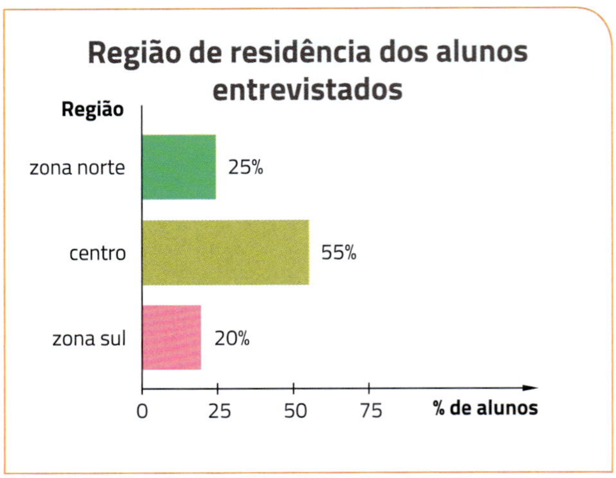

Anotações de Gabriela.

Gráficos de colunas ou de barras geralmente são usados quando queremos comparar as partes (**categorias**). Eles transmitem visualmente, de modo rápido, a ideia de quanto uma categoria tem a mais ou a menos que outra.

Gráfico de setores

Esse tipo de gráfico lembra uma *pizza* repartida em tantas fatias quantas são as categorias que queremos representar. Veja, por exemplo, como ficam os dados coletados por Gabriela a respeito do sexo dos alunos da turma nesse tipo de gráfico.

Ilustrações: Banco de imagens/Arquivo da editora

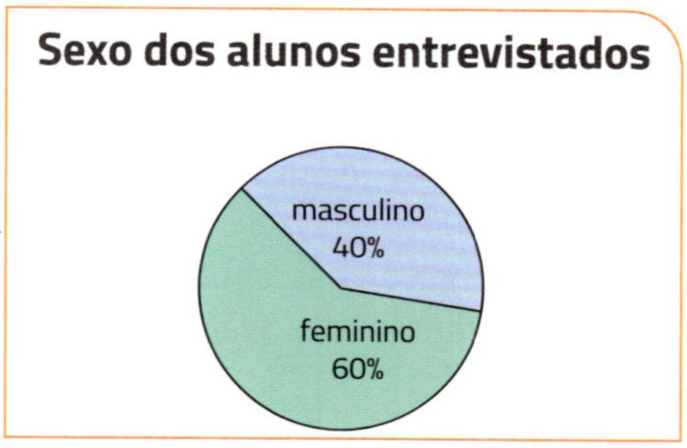

Anotações de Gabriela.

O gráfico é um círculo dividido em partes denominadas **setores**.

Setor circular

Um ângulo, não nulo e não raso, de origem no centro de um círculo, determina nele dois setores. O **setor circular menor** é constituído pelos pontos do círculo que pertencem ao ângulo ou ao seu interior. O **setor circular maior** é constituído pelos pontos que pertencem ao ângulo ou ao seu exterior.

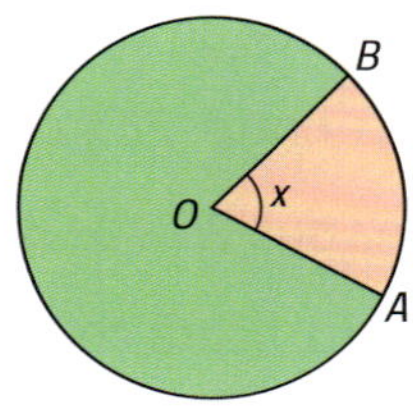

Setor de ângulo central de medida *x* ou setor circular menor $A\hat{O}B$.

Semicírculo

Se *A* e *B* são extremidades de um diâmetro de um círculo, os pontos comuns ao círculo e a um dos semiplanos de origem na reta $\overleftrightarrow{AB}$ constituem um **semicírculo**.

O ângulo central do semicírculo (representado como $A\hat{O}B$ na figura ao lado) é um ângulo raso e, portanto, mede 180°. Como consequência, o círculo todo mede 360°.

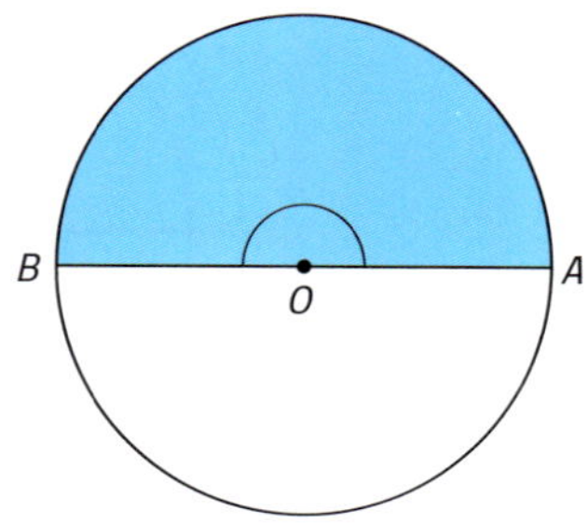

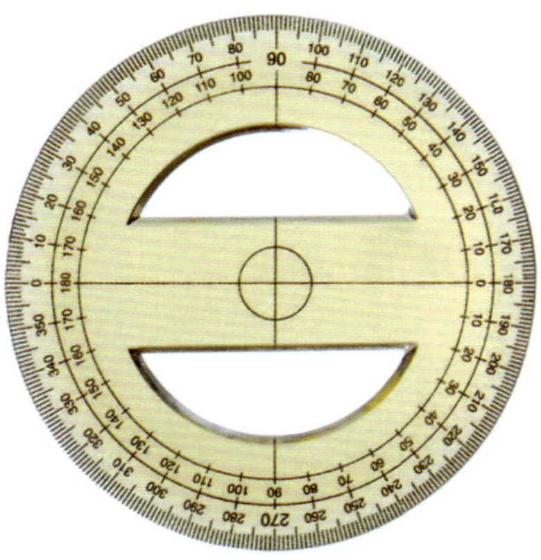

ferli/stockphoto/iStock

Transferidor de 360°

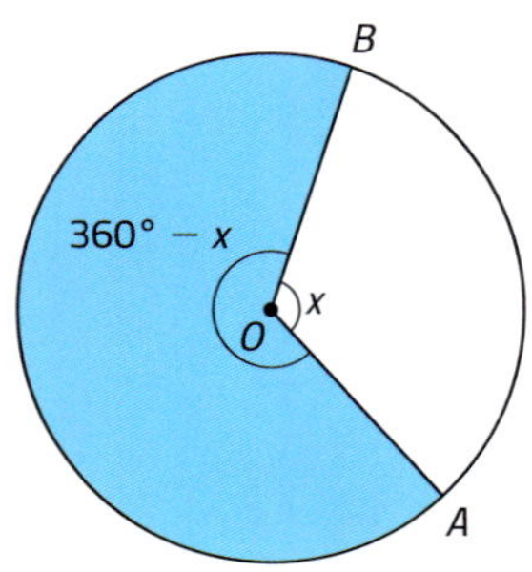

Quando temos um setor circular menor $A\hat{O}B$ de medida *x* graus, o setor circular maior $A\hat{O}B$ mede $(360 - x)$ graus.

Construção de um gráfico de setores

Vejamos como construir um gráfico de setores ou um "gráfico de *pizza*".

O tamanho de cada setor é determinado pela medida, em graus, de seu ângulo central (x). Como o círculo tem 360°, para calcular a medida do ângulo de cada setor, multiplicamos a taxa percentual por 360°.

Assim, para fazer o gráfico anterior, começamos calculando as medidas dos ângulos correspondentes a cada categoria:

- Sexo masculino: 40% de $360° = 0{,}4 \cdot 360° = 144°$;
- Sexo feminino: fica com o restante; portanto, com $360° - 144°$, que resulta em 216°.

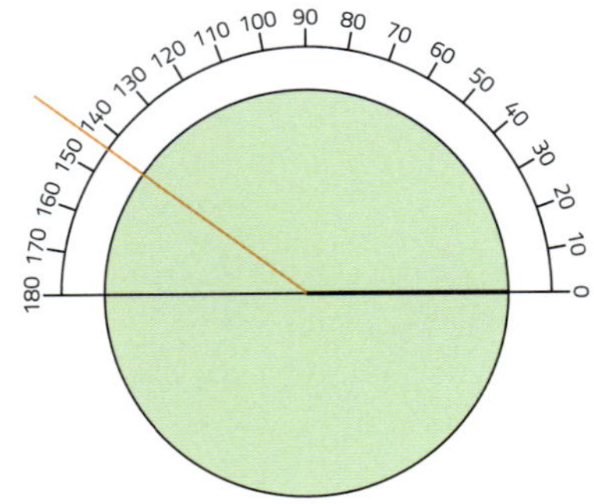

Depois disso, traçamos a circunferência e, com o auxílio de uma régua e um transferidor, desenhamos ângulos com vértices no centro do círculo, dividindo-o nas medidas desejadas.

Finalizando, é só colorir cada parte com uma cor, escrever o nome da categoria e a porcentagem que cada uma representa. Não é preciso marcar a medida dos ângulos.

Ilustrações: Banco de imagens/Arquivo da editora

Esse tipo de gráfico também tem grande impacto visual. É o mais adequado quando queremos comparar cada parte com o total. Além disso, podemos comparar as partes entre si. É como associar o total a uma *pizza* inteira e mostrar que fatia dessa *pizza* cada categoria representa.

Por exemplo, para representar os dados sobre o local de residência dos alunos por um gráfico de setores, começamos calculando as medidas dos ângulos de cada setor:

- zona norte: 25% de $360° = 0{,}25 \cdot 360° = 90°$;
- zona sul: 20% de $360° = 0{,}2 \cdot 360° = 72°$;
- centro: ficará com o restante; portanto, com $360° - 90° - 72°$, que resulta em 198°.

Depois, desenhamos os setores:

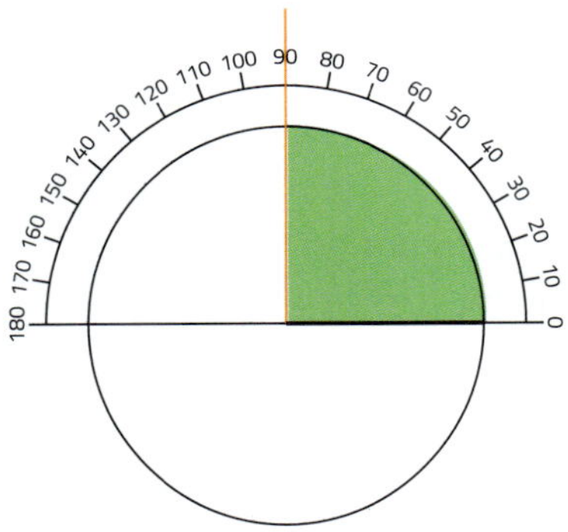

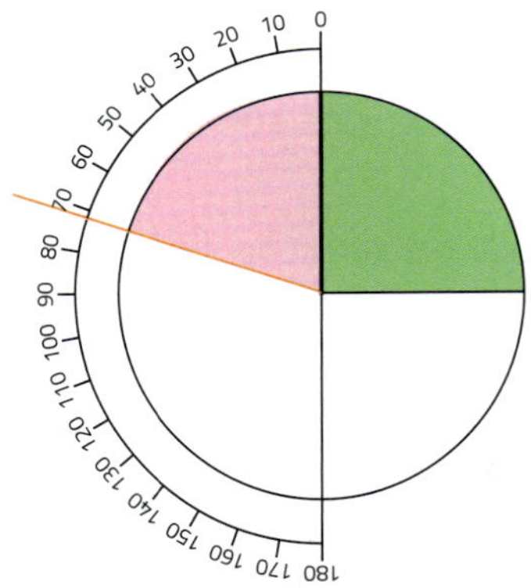

Por fim, colorimos o gráfico e inserimos o título e a fonte.

Região de residência dos alunos entrevistados

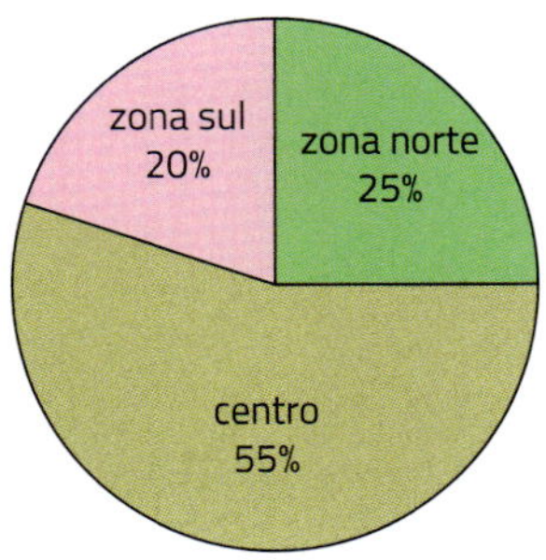

Anotações de Gabriela.

Comparando dois tipos de gráfico

Nos gráficos de barras ou colunas também pode ser indicada a quantidade de elementos de cada categoria (em vez das porcentagens). O comprimento das barras (colunas) deve ser proporcional às quantidades que elas representam.

Já nos gráficos de setores, como o interesse principal é comparar a parte com o todo, é sempre bom indicar a porcentagem de cada categoria.

Um tipo pode reforçar a informação representada por outro. Veja, por exemplo, como se pode ilustrar a superfície terrestre dividida pelos cinco continentes:

Superfície terrestre

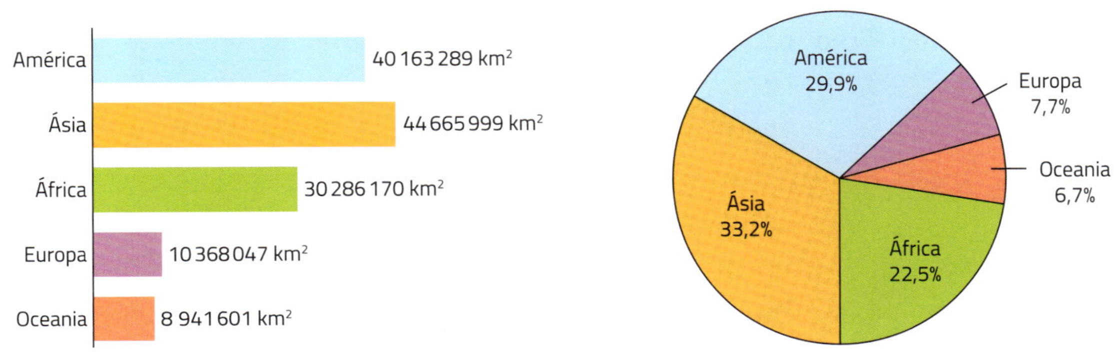

Ilustrações: Banco de imagens/Arquivo da editora

Fonte: BOCHICCHIO, Vincenzo R. *Atlas mundo Atual*. São Paulo: Atual, 2003.

ATIVIDADES

6. O gráfico abaixo apresenta os dados da população mundial com 80 anos ou mais em 1998 e a estimativa dessa população para 2050.

População mundial com 80 anos ou mais – em milhões

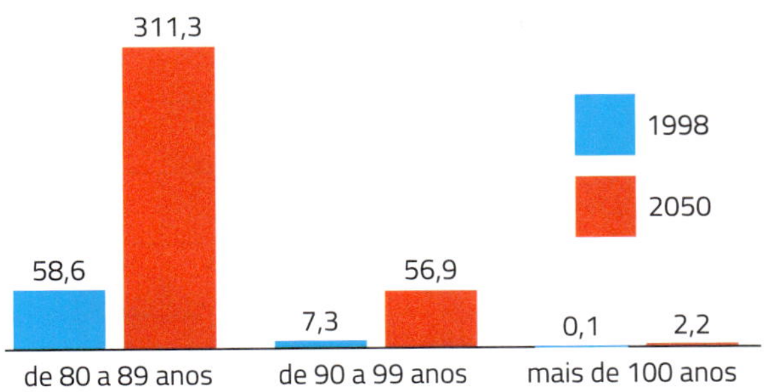

Fonte: *Época*, 15 mar. 1999.

Tom Wang/Shutterstock

a) Considerando a população mundial em 1998, calculada em 6 bilhões de pessoas, e a estimativa para 2050, de 9 bilhões, quantas eram as pessoas de 80 anos ou mais e, aproximadamente, que porcentagem da população mundial elas representavam? E quantas serão em 2050?

b) Que idade você terá em 2050?

7. Leia a seguir um trecho de uma notícia.

> **Soja, milho e arroz representam mais de 90% da safra 2017.**
>
> [...] As informações são do Levantamento Sistemático da produção Agrícola (LSPA), divulgado hoje pelo IBGE. [...]

Reprodução/IBGE - Instituto Brasileiro de Geografia e Estatística

Fonte: Agência de Notícias IBGE. Disponível em: https://agenciadenoticias.ibge.gov.br/agencia-noticias/2012-agencia-de-noticias/noticias/17172-soja-milho-e-arroz-representam-mais-de-90-da-safra-2017.html. Acesso em: 21 jun. 2021.

Responda:

a) Na safra de 2017, que porcentagem representaram soja, milho e arroz juntos?

b) No gráfico apresentado, quantos graus tem o setor correspondente à soja?

8. O gráfico abaixo mostra os conceitos dados pelo professor de Matemática no 1º bimestre para os 40 alunos do 7º ano D.

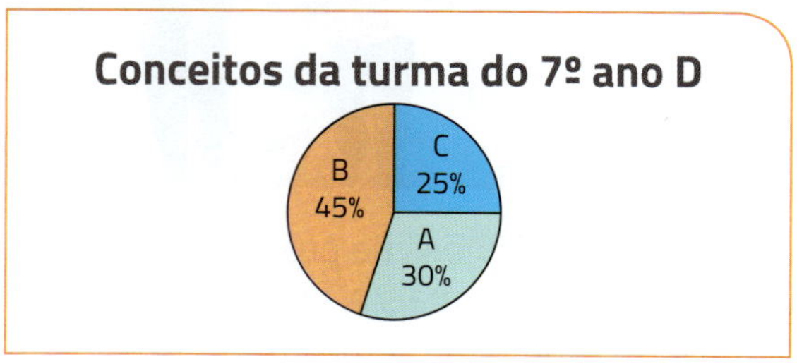

Turma do 7º ano D.

a) Calcule quantos alunos receberam cada conceito, o A, o B e o C.

b) Quantos graus mede o ângulo central do setor que representa os alunos de conceito A? E de B? E de C?

9. No gráfico abaixo está representado o local de nascimento dos 800 funcionários de uma grande loja de departamentos da cidade de São Paulo.

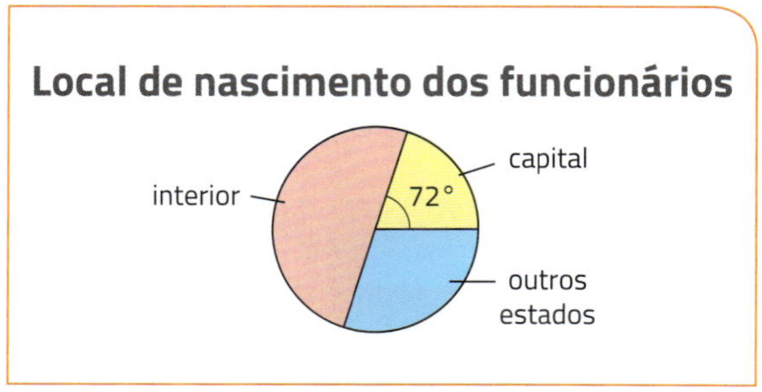

Loja de departamentos de São Paulo.

Ilustrações: Banco de imagens/Arquivo da editora

a) Quantos funcionários nasceram na capital do estado de São Paulo?

b) E no interior do estado de São Paulo?

c) Que porcentagem corresponde aos funcionários que nasceram em outros estados?

10. Nesta tabela estão computadas as opiniões de 60 pessoas sobre um filme que acabou de estrear na cidade.

Avaliação do filme

Opinião	Quantidade de pessoas
Excelente	9
Ótimo	15
Bom	18
Regular	12
Ruim	3
Péssimo	3
Total	**60**

Dados fictícios.

a) Represente os dados em um gráfico de barras.

b) Calcule as porcentagens relativas às opiniões e represente-as em um gráfico de setores.

11. Pesquise e complete os dados das tabelas e construa com eles os gráficos pedidos.

a) Gráfico de barras do total de medalhas de ouro obtidas em todas as olimpíadas, de 1896 a 2016.

Medalhas de ouro nas olimpíadas

País	Até 2012	Em 2016
Estados Unidos	974	
China	201	
França	202	
Reino Unido	236	
Brasil	23	

Fonte (até 2012): www.quadrodemedalhas.com. Acesso em: 21 jun. 2021.

b) Gráfico de setores do total de medalhas obtidas pelo Brasil nas olimpíadas de 1896 a 2016.

Jack Guez/AFP

A jovem atleta Rafaela Silva ganhou a medalha de ouro no judô feminino categoria até 57 kg nas Olimpíadas do Rio, em 2016.

Medalhas do Brasil em todas as olimpíadas

Tipo	Até 2012	Em 2016
Ouro	23	
Prata	30	
Bronze	55	

Fonte (até 2012): www.quadrodemedalhas.com. Acesso em: 21 jun. 2021.

12. A tabela abaixo mostra a produção e as vendas, relativas a um mês, de três fábricas de automóveis.

supergenijalac/Shutterstock

Produção e vendas de carros em 1 mês

Fábrica	Carros produzidos	Carros vendidos
A	2000	1700
B	5000	3600
C	3000	2700

Dados fictícios.

a) Represente a quantidade de carros vendidos por fábrica em um gráfico de colunas e as porcentagens referentes a cada fábrica em um gráfico de setores.

b) Considere que o "sucesso de vendas" seja a porcentagem que representa a quantidade de carros vendidos em relação à quantidade de carros produzidos. Represente em um gráfico o sucesso de vendas de cada fábrica.

c) Que fábrica vendeu mais carros nesse mês? Que fábrica teve o maior sucesso de vendas?

13. O gráfico abaixo resulta de uma pesquisa sobre a cor dos olhos de 720 crianças.

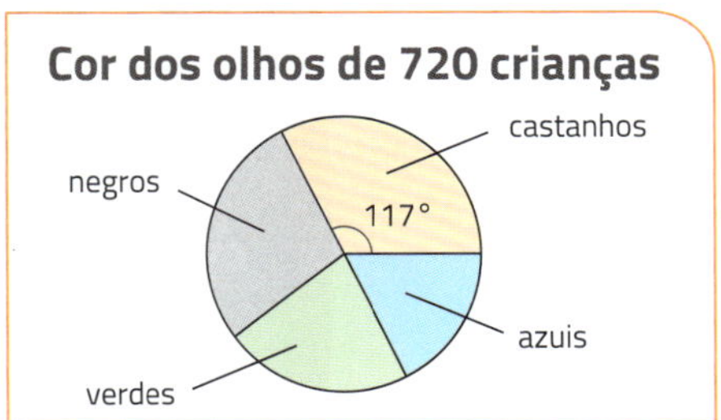

Banco de imagens/Arquivo da editora

Dados fictícios.

a) Que porcentagem corresponde à quantidade de crianças com olhos castanhos?

b) Quantas crianças têm olhos azuis?

14. O Colégio Feliz Cidade promoveu um concurso de redação para os alunos do 6º ao 9º ano. As redações receberam os conceitos A, ótima; B, boa; C, regular; D, fraca. Veja na tabela abaixo o resultado do concurso.

Resultado do concurso de redação – conceito por ano					
Conceito	**6º ano**	**7º ano**	**8º ano**	**9º ano**	**Total**
A		12	15	20	56
B	45	30	25	30	130
C	54	60	40	35	189
D	72	18	20	15	125
Total	180	120	100	100	500

Colégio Feliz Cidade.

a) Quantas redações de alunos do 6º ano receberam conceito A?

b) Represente os resultados em gráficos de setores fazendo um gráfico para cada ano.

c) Faça um gráfico de barras incluindo os alunos de todos os anos.

NA OLIMPÍADA

Resolva por tabela

(Obmep) Beatriz e André foram almoçar juntos e cada um escolheu um prato e uma bebida. André gastou R$ 9,00 a mais do que Beatriz. Qual foi o almoço de André?

a) Prato completo e suco de manga.

b) Prato simples e vitamina.

c) Prato especial e suco de laranja.

d) Prato simples e suco de laranja.

e) Prato especial e suco de manga.

Reprodução/Obmep, 2013.

O crescimento da população brasileira

Na tabela abaixo são fornecidos os números relativos à população brasileira de certos anos.

Suamy Beydoun/AGIF/AFP

Rua 25 de Março, em São Paulo (SP).

População brasileira ao longo dos anos (de 1950 a 2020)

Ano	Habitantes
1950	51 944 397
1960	70 191 370
1970	93 139 037
1980	119 027 706
1991	146 825 475
2000	169 590 693
2010	190 755 799
2020	211 755 692

Fonte: IBGE. Disponível em: www.ibge.gov.br. Acesso em: 11 maio 2021.

Vamos organizar esses dados em um gráfico de colunas, arredondando a quantidade de habitantes para um número inteiro de milhões de pessoas. Observe:

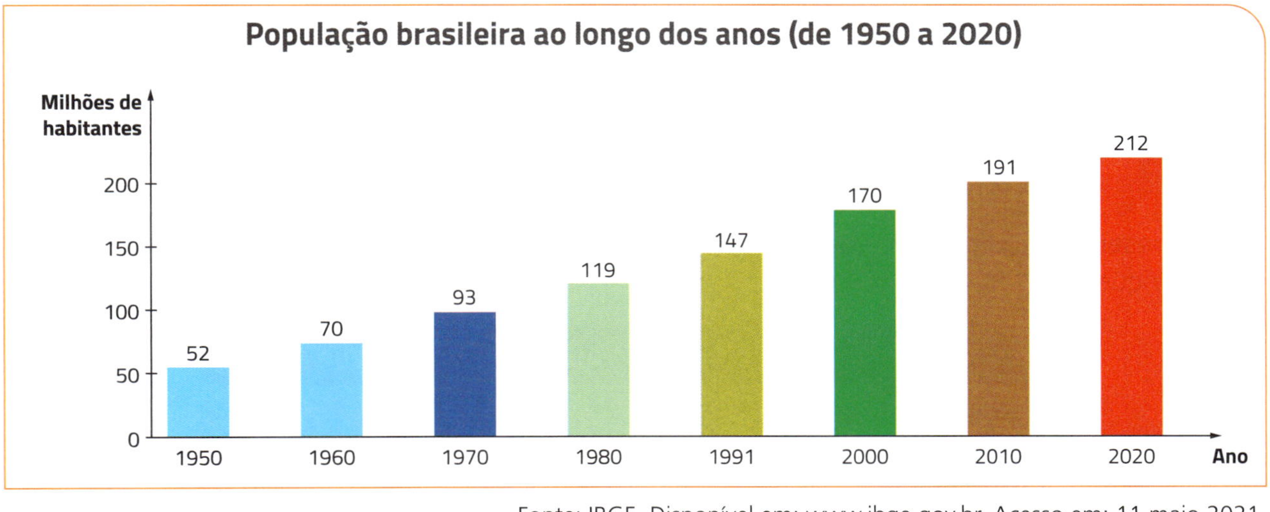

Banco de imagens/Arquivo da editora

Fonte: IBGE. Disponível em: www.ibge.gov.br. Acesso em: 11 maio 2021.

Gráfico de linhas

Podemos observar como vem crescendo a população ao longo do tempo em outro tipo de gráfico, chamado **gráfico de linhas**. Veja abaixo como ele é.

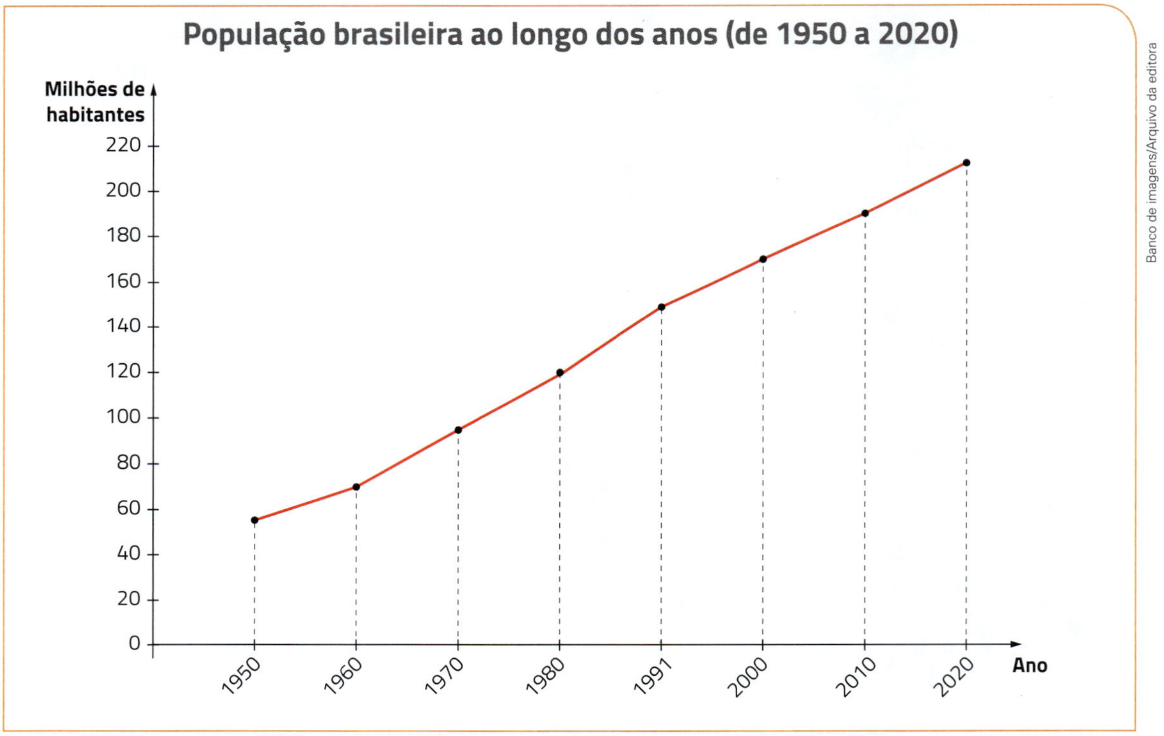

Fonte: IBGE. Disponível em: www.ibge.gov.br. Acesso em: 11 maio 2021.

Para construir esse gráfico de linhas, usamos duas escalas: na horizontal indicamos os anos, e na vertical, a quantidade de habitantes.

Para cada dado da tabela, marcamos um ponto. Por exemplo: no ano de 1950, marcamos o ponto na altura de 52 milhões de habitantes. Observe que cada ponto deve ser marcado na mesma altura que teria a coluna relativa àquele ano, mas, em vez de desenhar a coluna, fazemos apenas um tracejado na vertical até a altura desejada.

Marcados todos os pontos, devemos uni-los por segmentos de reta traçando assim uma linha poligonal. Por isso, o gráfico de linhas é também chamado **gráfico poligonal**.

Esse tipo de gráfico é o mais indicado quando a intenção é mostrar a variação (crescimento ou decrescimento) de dados observados ao longo do tempo.

ATIVIDADES

15. Represente em um gráfico de linhas as notas das provas mensais de Ciências do aluno José Henrique.

Disciplina: Ciências – Aluno: José Henrique					
Mês	Fevereiro	Março	Abril	Maio	Junho
Nota	7,0	5,0	6,0	8,0	4,0

Anotações de José Henrique.

16. Os dados abaixo referem-se ao crescimento da população mundial. Represente-os em um gráfico de linhas. (Atenção: O período entre os anos varia.)

A passos largos

A população mundial só atingiu 1 bilhão de pessoas no século XIX. No final do século XX, o mundo já possuía 6 bilhões de habitantes, atingindo a marca de 7 bilhões em 2011.

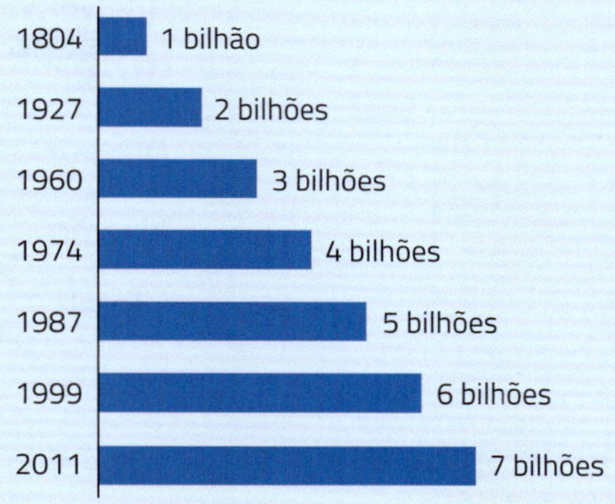

Banco de imagens/Arquivo da editora

Fonte: ONU.

17. Observe os dados da tabela abaixo.

Histórico do Campeonato Metropolitano de Futebol

Ano	Quantidade de jogos	Quantidade de gols	Média de gols por jogo
2016	90	288	
2017	210	483	
2018	240	432	
2019	182	455	
2020	132	462	

Dados fictícios.

a) Calcule a média de gols por jogo em cada campeonato.

b) Represente as médias em um gráfico de linhas.

18. Os 80 alunos do 7º ano do Colégio Bem Bom responderam às perguntas:

- Em que trimestre do ano você faz aniversário?
- Qual é sua estação do ano preferida?

Observe os resultados obtidos:

Trimestres dos aniversários

Aniversário	Quantidade de alunos
1º trimestre	26
2º trimestre	18
3º trimestre	22
4º trimestre	14
Total	80

Alunos do 7º ano.

Estação do ano preferida	
Estação do ano	**Quantidade de alunos**
Primavera	20
Verão	32
Outono	12
Inverno	16
Total	80

Alunos do 7º ano.

Represente os dados de uma das tabelas em um gráfico de linhas e os da outra em um gráfico de setores.

Pense e decida que tipo de gráfico é o melhor para cada situação.

19. Represente em um gráfico de linhas a quantidade de alunos matriculados na Escola Bem Boa no período apresentado na tabela.

Alunos matriculados por ano	
Ano	**Quantidade de alunos matriculados**
2016	550
2017	600
2018	680
2019	850
2020	720

Escola Bem Boa.

20. Observe a tabela abaixo e resolva as questões.

Quantidade de visitantes de um museu por ano	
Ano	**Quantidade de visitantes**
2016	140 000
2017	146 000
2018	150 000
2019	162 000
2020	165 000

Dados fictícios.

wtondossantos/Shutterstock

Museu do Amanhã na cidade do Rio de Janeiro (RJ). Foto de dezembro de 2017.

a) Faça um gráfico de linhas com os dados da tabela.

b) O maior aumento verificado no número de visitantes de um ano para outro ocorreu de 2018 para 2019. De quantos por cento, aproximadamente, foi esse aumento?

NA OLIMPÍADA

Dedicado à leitura

(Obmep) O gráfico de barras mostra a distribuição dos alunos de uma escola conforme o tempo diário dedicado à leitura.

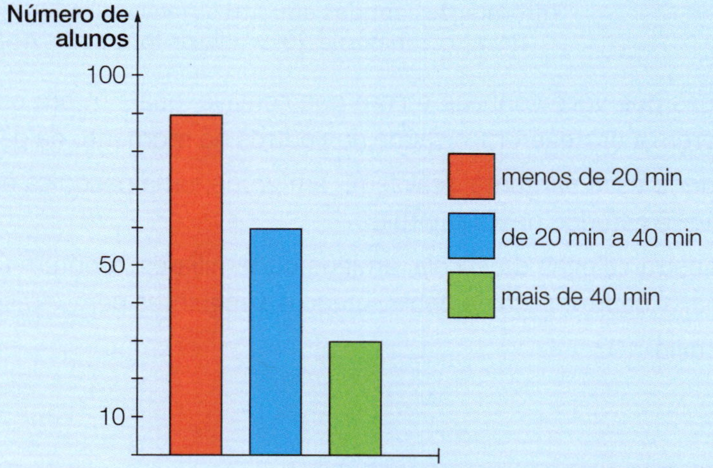

Ilustrações: Banco de imagens/Arquivo da editora

Qual é o gráfico de setores que melhor representa, em amarelo, a fração de alunos que dedicam à leitura no máximo 40 minutos por dia?

a) 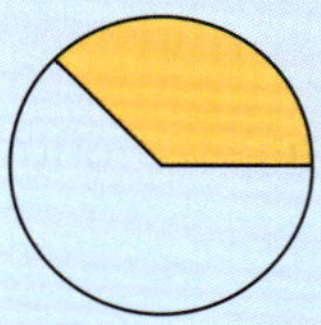

b) 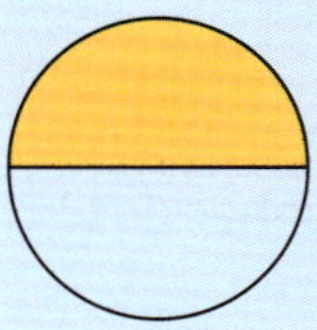

c) 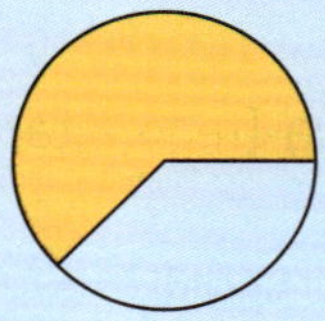

d) 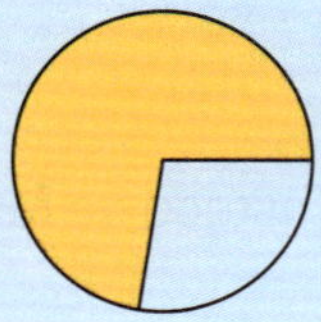

e) 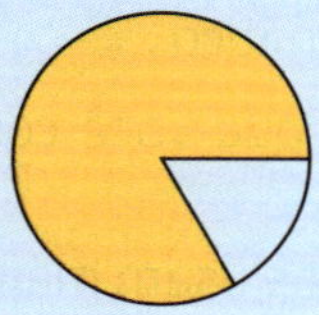

PARTICIPE

Coronavírus

O que posso fazer para me proteger e evitar transmitir para outras pessoas?

A maioria das pessoas infectadas com o coronavírus SARS-CoV-2 apresenta uma forma leve da doença e se recupera, porém a doença pode se manifestar de forma mais grave em outras pessoas. Mantenha-se informado sobre os últimos desenvolvimentos a respeito da covid-19 (doença causada pelo coronavírus SARS-CoV-2). A seguir, mostramos alguns cuidados que devemos tomar para nos proteger e proteger os outros:

- Lave suas mãos com frequência. Use sabão e água ou álcool em gel.
- Mantenha uma distância segura de pessoas que estiverem tossindo ou espirrando.

- Sempre use máscara quando sair de casa.
- Não toque nos olhos, no nariz ou na boca.
- Cubra seu nariz e boca com o braço dobrado ou um lenço ao tossir ou espirrar.
- Fique em casa se você se sentir indisposto.
- Procure atendimento médico se tiver febre, tosse e dificuldade para respirar.

Informações obtidas em: https://www.who.int/emergencies/diseases/novel-coronavirus-2019/advice-for-public. Acesso em: 21 jun. 2021.

Quanto às pessoas que você conhece e com que convive, quais foram os cuidados tomados para se autoprotegerem e protegerem, a saúde dos outros no momento da pandemia?

Para tentar responder a essa pergunta, realizem, em grupo, uma pesquisa estatística de acordo com as etapas que você estudou neste capítulo.

Escolham como amostra colegas da escola, amigos ou familiares. Montem um questionário em que constem o nome, a idade, o sexo do entrevistado e a seguintes perguntas:

1. Você contraiu a covid-19?
( ) Sim.
( ) Não.

2. Se sim, você apresentou sintomas (como febre, tosse seca, fadiga ou outros) ou você foi assintomático?
( ) Apresentou sintomas.
( ) Assintomático.

3. Nos lugares que você costuma ou costumava frequentar, as pessoas se protegem contra a covid-19?
( ) Sim, todas usam máscara e álcool em gel regularmente.
( ) Sim, usam somente máscara.
( ) Não se protegem.

4. Sobre o isolamento social, você se manteve afastado de familiares, amigos e conhecidos?
( ) Sim, por muito tempo.
( ) Sim, por pouco tempo.
( ) Não pratiquei isolamento social.

Organizem-se e façam as entrevistas para que as pessoas escolhidas respondam ao questionário.

Com as respostas, reúna-se com seu grupo e registrem os resultados de cada pergunta por meio de tabela(s). Sugerimos a tabela a seguir. Não se esqueça de colocar um título e a fonte dos dados pesquisados.

Nome	Sexo	Idade	Pergunta 1	Pergunta 2	Pergunta 3	Pergunta 4

Após a organização em tabelas, representem os dados por meio de gráficos. Escolham tipos de gráficos que sejam adequados às informações que pretendem mostrar.

Depois, apresentem à turma os resultados obtidos na pesquisa.

NA MÍDIA

Como salvar vidas com Matemática

[...] Há alguns anos Eileen Magnello, especialista no trabalho de Florence Nightingale, era como muitas pessoas: sabia que Florence tinha reformado a saúde pública no século 19, e que tinha formalizado o papel da enfermagem, mas não sabia que figurava entre as primeiras a organizar e estudar estatísticas sociais. Aliás, na maior parte da reforma que fez na saúde, usa estatística: primeiro para descobrir o que tinha de errado no sistema, depois para convencer políticos a lidar com a descoberta. [...]

[...] Eileen explorou melhor o trabalho e a influência de Florence nas estatísticas médicas. “Florence Nightingale é reconhecida e venerada por seu papel na reforma de enfermagem, mas merece mais reconhecimento por usar estatística nessa reforma”, explica Eileen. “Seu trabalho de pesquisa estatística reduziu as mortes evitáveis em hospitais ingleses, sejam militares ou civis. [...]

Florence era de família rica, porém liberal para a época. [...] Desde cedo ela demonstrou gosto por números e estatísticas. Eileen escreve num de seus artigos que, aos 20 anos, Florence tinha aulas de Matemática com um tutor de Cambridge e ocupava suas manhãs examinando tabelas com dados a respeito de hospitais. [...]

Logo decidiu que queria ser enfermeira, [...] passou anos estudando medicina e saúde pública [...]

A guerra da Crimeia estourou em outubro de 1853. Os jornais noticiavam a história de soldados doentes e feridos que eram deixados para morrer sem nenhum cuidado médico. Florence viu ali uma boa oportunidade de carreira. Mandou uma carta ao amigo e secretário de guerra, Sidney Herbert, para se voluntariar nos hospitais militares.

Florence Nightingale (1820-1910). Enfermeira inglesa e pioneira da Medicina moderna. Gravura de 1868.

Herbert tinha tido ideia parecida e a convidou para ser superintendente de enfermagem no Hospital Geral Inglês na Turquia.

Quando Florence chegou ao local, em outubro de 1854, encontrou instalações com pulgas e ratos por todo lado. Além disso, os relatórios sobre pacientes não eram padronizados e ninguém registrava muitas informações importantes, inclusive mortes. Com os dados que coletou, Florence descobriu que, por exemplo, em fevereiro de 1855, 42,7% das pessoas tratadas morreram. Além disso, as pessoas morriam mais por falta de higiene, isto é, de doenças que podiam ser evitadas, do que por ferimentos de guerra. Ela tinha dinheiro, doado por pessoas e instituições privadas, com o qual melhorou as condições do hospital. Em poucos meses, reduziu as mortes de pacientes já tratados de 42,7% para 2,2%.

Após o final da guerra, em 1856, Florence voltou para a Inglaterra e usou estatística para convencer as autoridades de que, em outros hospitais militares, soldados também morriam por doenças evitáveis. Mostrou que a taxa de mortalidade de soldados doentes na guerra da Crimeia não era muito maior que o número de mortes de soldados na Inglaterra. Aliás, a taxa de mortalidade total das tropas britânicas na Crimeia era apenas $\frac{2}{3}$ da mortalidade dos soldados na Inglaterra, ou seja, eles estavam morrendo porque viviam em condições insalubres.

Eileen conta o que Florence escreveu: "Nossos soldados se alistam para morrer nos quartéis."

[...] Florence gostava da pesquisa de campo, de coletar dados antes de tirar conclusões. Mostrou o que hoje parece óbvio: a importância de obter informações sobre o paciente antes de definir um tratamento. Ou ainda a importância de saber por que certo paciente morreu e se os médicos poderiam ter evitado a morte. Florence promoveu a investigação empírica que quase dois séculos depois ainda tem papel fundamental na saúde pública.

Hoje profissionais da saúde, pesquisadores e epidemiologistas usam análises estatísticas aos montes para aumentar a qualidade de vida das pessoas, encontrar tratamentos para novas doenças e combater epidemias.

Eileen conta que Florence também popularizou o uso de gráficos para comunicar dados estatísticos dos hospitais [...].

Fonte: NA INGLATERRA do século 19, Florence Nightingale usou estatística para melhorar a saúde pública, e seus métodos são úteis até hoje. *Revista Cálculo*: Matemática para todos, n. 24, p. 58. 2013.

1. De acordo com o texto, Florence Nightingale realizou um levantamento de dados acerca do Hospital Geral Inglês em 1855 e constatou que 42,7% das pessoas tratadas morreram mais por falta de higiene do que por ferimentos de guerra. Supondo que nesse hospital o número de pessoas tratadas fosse 250 000, responda:

a) Quantas pessoas teriam sobrevivido nessa situação?

b) Quantas pessoas teriam sobrevivido após a redução das mortes de pacientes já tratados de 42,7% para 2,2%?

2. O texto informa que "em 1856 [...] a taxa de mortalidade total das tropas britânicas na Crimeia era apenas $\frac{2}{3}$ da mortalidade dos soldados na Inglaterra, ou seja, eles estavam morrendo porque viviam em condições insalubres". Dessa maneira, supondo que houvesse uma tropa em que fossem registradas 30 000 mortes na Crimeia, de acordo com os dados do texto, poderíamos calcular a morte de quantos soldados em condições insalubres na Inglaterra?

EDUCAÇÃO FINANCEIRA

Quanto gasta cada um?

De alimentação a despesas com transporte e moradia, são muitos os gastos de uma família. Alguns, como aluguel, por exemplo, não variam se houver uma pessoa a mais ou a menos na casa. Outros variam de acordo com o número de pessoas. Faça as atividades a seguir e descubra qual é a despesa por pessoa na sua casa.

I. Faça um levantamento do valor de cada despesa fixa de sua família ao longo de um mês.

Despesa fixa é uma despesa cujo mesmo valor ocorre todo mês, por vários meses seguidos. Quase sempre uma despesa fixa acontece por causa de um contrato feito pela família e tem data para ser paga. Exemplos: aluguel da casa ou apartamento, taxa de condomínio, taxa de IPTU, convênio médico, mensalidade de clube, etc.

Rido/Shutterstock

II. Durante 30 dias seguidos, anote as despesas variáveis de sua família.

Despesa variável é uma despesa cujo valor varia ao longo dos meses. As despesas variáveis podem ou não ter dia certo para ocorrer. Exemplos: compra de alimentos, compra de artigos de higiene pessoal, compra de material de limpeza, conta de energia elétrica, etc.

Para realizar essa tarefa, registre os seguintes dados em uma tabela, dia a dia:

Data	Descrição da despesa	Valor

Iconic Bestiary/Shutterstock

III. Findos os 30 dias, você deve classificar as despesas que anotou assim:

a) despesas com alimentação;

b) despesas com artigos de higiene pessoal;

c) despesas com material de limpeza;

d) despesas com energia elétrica, gás, TV por assinatura e telefones;

e) despesas com médicos, dentistas, farmácia e tratamentos;

f) despesas com atividades de lazer;

g) outras despesas que não se enquadram nas categorias anteriores.

IV. Calcule o total das despesas mensais por categoria.

V. Calcule o total das despesas mensais **variáveis** de sua família.

VI. Calcule o percentual representado por categoria de despesa variável sobre o total mensal de despesas variáveis.

VII. Calcule o total das despesas mensais **fixas** de sua família.

VIII. Calcule o total das despesas mensais (**fixas** + **variáveis**) de sua família.

IX. Calcule o percentual representado pelas despesas fixas sobre o total mensal.

X. Calcule o percentual representado pelas despesas variáveis sobre o total mensal.

XI. Calcule as despesas mensais *per capita* de sua família.

Despesa *per capita* é a média aritmética obtida dividindo-se as despesas mensais (fixas + variáveis) pelo número de pessoas da família (adultos e crianças).

1. Comparem os resultados obtidos pelos integrantes do grupo nas tarefas **VIII** e **XI**.

2. Estabeleçam a média das despesas *per capita* dos participantes do grupo.

RESPOSTAS DAS ATIVIDADES

UNIDADE 1 Múltiplos e divisores, operações com frações e porcentagens

CAPÍTULO 1 Múltiplos e divisores de um número natural

1. a) 0, 7, 14, 21, 28, 35, 42, 49, 56.
b) 0, 8, 16, 24, 32, 40, 48, 56.

2. a) 24, 36, 84, 120, 180, 240, 264.
b) 0, 12, 48, 60, 72, 96.

3. a) 108
b) 1 000
c) 1 064

4. Resposta pessoal.

5. a) 5, 10, 15, 20, 25 e 30.
b) 7, 14, 21 e 28.
c) 3, 6, 9, 12, 15, 18, 21, 24, 27 e 30.
d) 15, 21 e 30.
e) 21

6. a) 8, 16, 24
b) 24

7. 60

8. a) Sim, 5 é divisor de 50 porque 50 é divisível por 5.
b) Não, 15 não é divisor de 50 porque 50 não é divisível por 15.

9. a) Verdadeira, pois 60 é divisível por 30.
b) Verdadeira, pois 96 é múltiplo de 4.
c) Falsa, pois 250 não é múltiplo de 1 350.
d) Falsa, pois 4 não é divisível por 8.

10. a) 4 é divisor de 20.
b) 36 é múltiplo de 6.
c) 12 é divisor de 132.
d) 132 é múltiplo de 12.
e) 18 é divisor de 18. Ou: 18 é múltiplo de 18. Ambas são corretas.

11. a) 4
b) 4

12. 6

13. a) 1, 2, 3, 4, 6, 9, 12, 18 e 36.
b) 1, 2, 3, 5, 6, 9, 10, 15, 18, 30, 45 e 90.

14. 18

15. 23, 29 e 31

16. Sim, porque mdc (25, 27) = 1

17. a) 6 525 dias
b) Aproximadamente 18 anos.
c) 252 anos

18. 840 segundos (14 min)

19. a) 180
b) 480

20. Os meninos; 30 pontos

21. As equipes azul e branca empataram em 1º lugar.

PARTICIPE

a) $126 = 2 \cdot 3 \cdot 3 \cdot 7$
b) $270 = 2 \cdot 3 \cdot 3 \cdot 3 \cdot 5$
c) 2 e 3
d) Sim, o 3.
e) Duas vezes em 126 e três vezes em 270.
f) 9, ou seja, $3 \cdot 3$
g) $9 \cdot 2 = 18$
h) 18
i) $126 = 2 \cdot 3^2 \cdot 7$; $270 = 2 \cdot 3^3 \cdot 5$; $18 = 2 \cdot 3^2$
j) Menor

22 60

23. a) 5
b) Serra das Onças, Pico dos Gaviões, Pererê, Cidade Feliz e Praia do Sol.

24. a) 12
b) coco: 7; chocolate: 12; leite: 5

25. a) 1
b) 3
c) 1
d) 16
e) Itens **a** e **c**.

26. a) 28
b) 10, 8, 6 e 4

27. a) Marcos tem 20 anos e Daniel, 21 anos; logo, Daniel é o mais velho.
b) Marcos ganhou R$ 840,00 e Daniel, R$ 840,00; logo, ganharam quantias iguais.

28. $75 = 3 \cdot 5^2$; $98 = 2 \cdot 7^2$; $320 = 2^6 \cdot 5$; $480 = 2^5 \cdot 3 \cdot 5$
a) Sim, 75 e 98.
b) 555
c) Há duas possibilidades: 23 520 ou 15 680.

CAPÍTULO 2 Operações com frações e decimais

PARTICIPE

a) $\frac{5}{16}$, própria.
b) $\frac{3}{16}$ própria.
c) $\frac{2}{16}$, própria.
d) $\frac{8}{16}$, própria.
e) $\frac{16}{16}$, imprópria e aparente.

1. a) $\frac{5}{25}$
b) $\frac{8}{25}$
c) $\frac{6}{25}$
d) $\frac{2}{25}$
e) $\frac{4}{25}$

2. Própria; imprópria; própria; imprópria; imprópria; própria

3. Sim, $\frac{16}{4}$

PARTICIPE

a) 1, 3, 7 e 21.
b) 1, 5, 7 e 35.
c) 1 e 7.
d) 7
e) $\frac{3}{5}$
f) Irredutível.

4. a) 10
b) 32
c) 1
d) 6

5. $\frac{7}{10}, \frac{9}{8}, \frac{1}{11}, \frac{3}{10}$

6. a) $\frac{5}{7}, \frac{9}{4}, \frac{25}{7}$
b) $\frac{5}{15} = \frac{1}{3}; \frac{40}{16} = \frac{5}{2}; \frac{6}{12} = \frac{1}{2}$

7. a) $\frac{3}{2}$
b) $\frac{3}{4}$
c) $\frac{11}{2}$
d) $\frac{30}{25}$

8. 320 metros quadrados.

9. Camila possui 75 livros.

10. Sobraram R$ 7,00.

11. 10 km

12. a) oito décimos; 0,8
b) vinte e quatro centésimos; 0,24
c) sete centésimos; 0,07
d) cento e cinquenta de seis milésimos; 0,156
e) doze milésimos; 0,012
f) três milésimos; 0,003

13. a) quatro inteiros e seis décimos.
b) um inteiro e setenta e oito centésimos.
c) dez inteiros e vinte e três centésimos.
d) cinco inteiros e seiscentos e oitenta e nove milésimos.

14. a) $\frac{23}{100}$
b) $\frac{189}{100}$
c) $\frac{1\,225}{100}$
d) $\frac{8\,899}{1\,000}$

15. a) $\frac{105}{10}$

b) $\frac{105}{100}$

c) $\frac{105}{1\,000}$

d) $\frac{105}{10\,000}$

16. a) 0,8

b) 0,02

c) 2,1

d) 11,77

17. a) $\frac{5}{2}$

b) $\frac{9}{5}$

c) $\frac{1}{4}$

d) $\frac{32}{25}$

18. a) 3,5

b) 0,08

c) 0,42

d) 1,75

PARTICIPE

a) 24 (é o mmc de 8 e 6)

b) $\frac{20}{24}$

c) $\frac{9}{24}$

d) $\frac{29}{24}$

e) $\frac{29}{24}$

19. a) $\frac{4}{2} = 2$

b) $\frac{1}{7}$

c) $\frac{7}{8}$

d) 0

20. a) $\frac{9}{10}$

b) $\frac{1}{10}$

21. a) $\frac{1}{5}$

b) $\frac{3}{10}$

22. A fração guardada para emergências será de $\frac{1}{5}$.

23. $\frac{13}{28}$

PARTICIPE

I. a) $\frac{1\,225}{100}$

b) $\frac{866}{100}$

c) $\frac{2\,091}{100}$

d) 20,91

e) 20,91

II. 20,91

24. a) 0,62

b) 3,73

c) 5,34

d) 7,2

25. a) 10,2 cm

b) 14,80 cm = 14,8 cm

26. 3,5 cm

27. Não; 1,30 metro + 2,45 metros = 3,75 metros.

28. a) 3,25

b) 3,25

c) 3,15

d) 19,48

29. a) $\frac{3}{4}$

b) $\frac{8}{15}$

c) $\frac{11}{20}$

d) $\frac{52}{25}$

30. a) $\frac{1}{3}$

b) $\frac{6}{5}$

c) $\frac{11}{5}$

d) $\frac{13}{100}$

31. a) 1

b) $\frac{1}{4}$

c) $\frac{2}{5}$

d) $\frac{14}{33}$

32. a) R$ 500,00

b) R$ 125,00

c) R$ 375,00

PARTICIPE

a) $\frac{22}{10}$

b) $\frac{15}{10}$

c) $\frac{6}{10}$

d) $\frac{22}{10} \cdot \frac{15}{10} \cdot \frac{6}{10} = \frac{1\,980}{1\,000}$

e) 1,980 = 1,98

f) 72,5; 725; 7 250

33. a) 12

b) 4,9

c) 250

d) 89

34. 14 cm; 12,25 cm²

35. 349,80 m²

36. R$ 13,04

37. a) 0,036

b) 0,0008

c) 23,58

d) 0,9999

38. R$ 30 826,12

39. 480 garrafas

40 1,44 metro

41. 4,2; 4,05. $\frac{21}{5}$ é maior.

42. $\frac{19}{8} < \frac{12}{5}$

43. $\frac{35}{12} > \frac{43}{15}$

44. a) No retangular.

b) 72 azulejos.

45. A turma B.

46. O 7º B.

CAPÍTULO 3 Cálculo de porcentagens

PARTICIPE

Fração irredutível	Numeral decimal	Fração centesimal	Taxa porcentual
$\frac{1}{2}$	0,50	$\frac{50}{100}$	50%
$\frac{1}{4}$	0,25	$\frac{25}{100}$	25%
$\frac{1}{5}$	0,20	$\frac{20}{100}$	20%
$\frac{47}{50}$	0,94	$\frac{94}{100}$	94%
$\frac{11}{20}$	0,55	$\frac{55}{100}$	55%
$\frac{1}{3}$	0,333...	$\frac{33,333...}{100}$	33,333...%

1. a) 0,5

b) 0,25

c) 0,6

d) 0,47

2. $\frac{1}{2}, \frac{2}{4}, \frac{4}{8}, \frac{3}{6}$ e $\frac{5}{10}$

3. a) 0,07

b) 0,19

c) 0,30

d) 0,80

e) 1,15

f) 2,01

4. a) 19%

b) 30%

c) 115%

d) 201%

5. a) $\frac{47}{1\,000}$

b) $\frac{623}{1\,000}$

c) $\frac{115}{10\,000}$

d) $\frac{2\,374}{10\,000}$

6.

Numeral decimal	Fração centesimal	Taxa porcentual
0,3	$\frac{30}{100}$	30%
1,25	$\frac{125}{100}$	125%
0,1276	$\frac{12,76}{100}$	12,76%
0,03	$\frac{3}{100}$	3%
0,075	$\frac{7,5}{100}$	7,5%
1,4	$\frac{140}{100}$	140%
1,132	$\frac{113,2}{100}$	113,2%
0,09	$\frac{9}{100}$	9%
0,9	$\frac{90}{100}$	90%
9	$\frac{900}{100}$	900%

7.

Taxa porcentual	Fração centesimal	Forma irredutível
75%	$\frac{75}{100}$	$\frac{3}{4}$
10%	$\frac{10}{100}$	$\frac{1}{10}$
147%	$\frac{147}{100}$	$\frac{147}{100}$
80%	$\frac{80}{100}$	$\frac{4}{5}$
15%	$\frac{15}{100}$	$\frac{3}{20}$
65%	$\frac{65}{100}$	$\frac{13}{20}$

8.

Taxa porcentual	Fração centesimal	Numeral decimal
21%	$\frac{21}{100}$	0,21
37,3%	$\frac{37,3}{100}$	0,373
4,81%	$\frac{4,81}{100}$	0,0481
6,7%	$\frac{6,7}{100}$	0,067
213%	$\frac{213}{100}$	2,13
100%	$\frac{100}{100}$	1

9. a) 50%
b) 25%
c) 87,5%
d) 75%

10. a) R$ 126,00
b) 5%

11. a) R$ 30,00
b) 20%

12. a) 40%
b) 60%

13. a) 240
b) 400
c) 22,5
d) 120

14. a) 90
b) 270
c) 2 000
d) 3 000

15. 1 200

16. a) 200
b) 1 750
c) 30
d) 440

17. R$ 1 800,00

18. 7,5%

19. 550 000

20. R$ 180 000,00

21. a) R$ 126,00
b) 5%

22. 25%

23. 12,5%

24. 100%

25. Resposta pessoal.

26. R$ 1 875,00

27. R$ 34 320,00

28. R$ 756,00

29. Resposta pessoal.

30. 27%

31. R$ 1 365,00

32. R$ 1 500,00; R$ 1 350,00

33. a) 3%
b) R$ 85,00
c) R$ 23,50

PARTICIPE

a) $\frac{230 - 200}{200} \times 100\% = 15\%$

b) Aumento.

c) $\frac{230 - 218,50}{230} \times 100\% = 5\%$

d) $\frac{218,50 - 200}{200} \times 100\% = 9,25\%$

34. 20% de aumento.

35. 40%

36. R$ 70,00

37. R$ 96,00

38. a) R$ 27,00
b) 32,5%

39. Resposta pessoal.

UNIDADE 2 Números inteiros

CAPÍTULO 4 Números positivos e números negativos

PARTICIPE

7 °C − 4 °C; 3 °C − 4 °C

b) 3 °C

c) Partindo de 3 °C e baixando 4 °C, chega-se a 1 °C abaixo de zero. Portanto, seria −1 °C.

d) De 7 °C para −2 °C são 9 °C a menos.

e) De 7 °C para −6 °C são 13 °C a menos.

f) Em São Joaquim.

g) De −2 °C para −6 °C são 4 °C a menos.

1. a) 2 °C
b) 0 °C
c) −2 °C
d) −3 °C
e) −1 °C

2. a) 4
b) 2
c) 0
d) −2
e) −4
f) −6

3.

	Gols pró	Gols contra	Saldo de gols
Argentina	13	6	7
Brasil	14	5	9
Colômbia	9	9	0
Equador	10	14	−4
Paraguai	7	12	−5
Uruguai	4	11	−7

4. a) Diminui 2 °C.
b) Diminui 5 °C.
c) Diminui 2 °C.
d) Diminui 3 °C.
e) Diminui 3 °C.

5. a) +10   −5   15
b) −2   −8   6

6. a) −5   +3   +8
b) −7   −4   +3

7. a)

	Altitude	Temperatura
1ª etapa	−5 m	12 °C
2ª etapa	−8 m	10 °C
3ª etapa	−15 m	5 °C

b) −17 m

8. a) 1º/4: −R$ 30,00; 3/4: −R$ 90,00; 5/4: −R$ 40,00; 10/4: R$ 60,00.
b) −R$ 80,00

9. Quaraí; Colombo.

10. Bom Jardim da Serra (SC), Urupema (SC) e Urubici (SC).

11. **a)** Não.
b) Em 3 municípios.
c) Em 3 municípios.

12. Bento Silva; Celso Arantes.

13. **a)** Pontuação após 3 rodadas

	Pontos ganhos	Gols pró (GP)	Gols contra (GC)	Saldo de gols (GP – GC)
Rialto	4	6	7	−1
Oliveiras	4	10	7	3
Saturno	3	9	11	−2
Quebeque	6	8	8	0

b) 1º Quebeque; 2º Oliveiras 3º Rialto; 4º Saturno.

CAPÍTULO 5 Números inteiros

2. **a)** Laís
b) Cris
c) Bia
d) Marcão
e) Pati
f) Deco

3. **a)** Nuno
b) Enzo
c) Gabi
d) Ingo
e) Fê
f) Pati

4. **a)** +2
b) −1
c) −3
d) +8
e) +3
f) +7

5. João, Mônica, Ester e Célia.

6. **a)** 5
b) 8

7. **a)** 7
b) 9

8. **a)** Vermelha.
b) Verde.
c) Azul e amarela.

9. Bete.

10. **a)** Sim.
b) Sim.
c) Sim.
d) Não.

11. **a)** −10
b) 0
c) 6
d) 15

12. **a)** 1
b) 4
c) −8
d) −3
e) 5

13. **a)** 4 °C
b) −4 °C

14. Marcelo tem o maior saldo; Rodrigo, o menor.

15. **a)** −6
b) −20
c) menor

16. **a)** <
b) >
c) >
d) <

17.

<	<
>	>
<	>

18. **a)** zero
b) positivo
c) positivo

19. **a)** +230
b) +230
c) +150
d) −150

20. **a)** −247
b) −247
c) −470
d) −470

21. **a)** Sim; 1.
b) Não.
c) Não.
d) Sim; −1.

22. **a)** 2
b) 7
c) 4
d) 1

23. 1 005 e 997

24. 899; 911

25. **a)** +5 m
b) −3 m
c) 8 m

26. **a)** 2 377 anos.
b) 1800
c) 2 495 anos.
d) 1501
e) 169 anos.
f) 31/12/2000
g) 1º/1/2001
h) A resposta depende do ano corrente. Por exemplo, em 2022, terão decorrido 4 322 anos. 2 300 + 2 022 = 4 322.

CAPÍTULO 6 Adição e subtração

PARTICIPE

a) R$ 250,00
b) 30 + 60 = 90; +R$ 90,00
c) 250 + 90 = 340; R$ 340,00
d) −150 − 80 = −230; −R$ 230,00
e) 340 − 230 = 110; R$ 110,00
f) 90 − 50 = 40; +R$ 40,00
g) 110 + 40 = 150; R$ 150,00
h) −270 + 70 = 200; −R$ 200,00
i) −200 + 150 = −50; −R$ 50,00
j) −50 − 75 = 125; −R$ 125,00
k) 125 − 125 = 0; R$ 0,00

1. **a)** +14
b) −9
c) +6
d) −1
e) +5
f) −2
g) 0
h) 0

2. **a)**

Sr. Nélson			
data	crédito (R$)	débito (R$)	saldo (R$)
1º/4	—	—	250,00
2/4	500,00	—	750,00

b)

Sra. Carlos			
data	crédito (R$)	débito (R$)	saldo (R$)
1º/4	—	—	536,00
2/4	—	588,00	−52,00

c)

Sra. Cleide			
data	crédito (R$)	débito (R$)	saldo (R$)
1º/4	—	—	−80,00
2/4	650,00	—	570,00

d)

Sra. Syla			
data	crédito (R$)	débito (R$)	saldo (R$)
1º/4	—	—	460,00
2/4	—	500,00	−40,00

e)

Sr. Roque			
data	crédito (R$)	débito (R$)	saldo (R$)
1º/4	—	—	−50,00
2/4	—	575,00	−625,00

f)

Sr. José Luiz			
data	crédito (R$)	débito (R$)	saldo (R$)
1º/4	—	—	−430,00
2/4	305,00	—	−125,00

g)

Sra. Marisa			
data	crédito (R$)	débito (R$)	saldo (R$)
1º/4	—	—	320,00
2/4	—	230,00	90,00

h)

Sra. Olga			
data	crédito (R$)	débito (R$)	saldo (R$)
1º/4	—	—	−78,00
2/4	—	337,00	−415,00

3. **a)** 12; 41; 121.
b) −15; −26; −57.
c) −4; 6; −5.
d) 4; −12; 25.

4. a) 45
b) −30
c) 17
d) −28
e) 18
f) −29

5. −R$ 330,00

6.

+	71	−102	93	−38	−207
−46	25	−148	47	−84	−253
−150	−79	−252	−57	−188	−357
63	134	−39	156	25	−144
19	90	−83	112	−19	−188

7. a) −30
b) −40
c) 0
d) −60

8. a)

Sr. J. J. Silva			
data	crédito (R$)	débito (R$)	saldo (R$)
1º/10	—	—	405,00
2/10	—	350,00	55,00
3/10	200,00	—	255,00
4/10	—	270,00	-15,00

b)

Sr. A. A. Souza			
data	crédito (R$)	débito (R$)	saldo (R$)
1º/10	—	—	-180,00
2/10	—	160,00	-340,00
3/10	—	45,00	-385,00
4/10	360,00	—	-25,00

9. Brasil:+31; Ilhas Virgens: −59.

10. Brasil: 8; Chile: 1; México: −1; Venezuela: −8.

11. André: 9; Cristina: −4; Gabriel: −12; Fernando: 4; Eliana: 7.

12. Ana Maria.

13. a) 2ª: −3; 3ª: −12; 4ª: +32; 3ª: −5; 3ª: +27
b) 57
c) 6ª; 111

14. a) 5
b) 4

15. a) 0
b) 24
c) 2
d) −4

16. −2 e −11; 2 e −56; 0 e 708

a) Azul.
b) 708
c) −54

17. a) 3; 0; −2; −5; −9; −12
b) −6; −5; 0; 4; 5; 8

PARTICIPE

I. a) +6 °C, às 15 h.
b) −8 °C, às 3 h e às 4 h.

II. a) Aumentou 3 °C.
b) +3
c) Aumentou 2 °C.
d) Aumentou 5 °C.
e) +5
f) Diminuiu 5 °C.
g) −5
h) −3

18. a) (−9) (−6) −15
b) +7 (+2) 9
c) −3 (−7) −10
d) −2 (+9) 7

19. Miami: 7 °C; Atlanta: 8 °C; Nova York: 6 °C; Boston: 8 °C; Chicago: 9 °C.

20. a) 9
b) 13
c) 7
d) −1
e) −14
f) −19
g) +4
h) −3

21. −R$ 340,00

22. a) Não.
b) Sim.
c) R$ 250,00

23. Vera, Salete e João.

24. 2 900 metros.

25. a) +2 700 metros. b) −68°C

26. a) +
b) −
c) + −
d) − + − ou + − +
e) + − ou − +
f) −

27. a) Igor: 23; Mariana: 5; Marcela: −6; Rafael: −2; Sabrina: 2; Francisco: −4; Júlia: −20 e Lucas: 3.
b) 1

CAPÍTULO 7 Multiplicação, divisão e potenciação

1. Resposta pessoal.

2. a) −15
b) −32
c) −100
d) −330
e) −720
f) −270
g) −222
h) −15 000

3. a) 99; 99; −99; −99.
b) 300; 300; −300; −300.
c) 44 000; 44 000; −44 000 −44 000.

4.

Número	Número ×(−10)
+5	−50
+4	−40
+3	−30
+2	−20
+1	−10
0	0
−1	10
−2	20
−3	30
−4	40
−5	50

5. a) 8
b) 30
c) 8
d) 90

6.

×	−10	−5	0	+5	+10
+4	−40	−20	0	20	40
+2	−20	−10	0	10	20
0	0	0	0	0	0
−2	20	10	0	−10	−20
−4	40	20	0	−20	−40

7. a) 42 c) −16
b) −25 d) −18

8. a) 60
b) Maranhão.

9. a) Pará
b) −9

10. a) +
b) −
c) +

11. Alternativa **d**.
a) 17
b) −23
c) −23
d) −44
e) 2
f) 25

12. 64

13. a) menos; −6; −10.
b) menos; −8; −12.
c) mais; +6; +10.
d) mais; +8; +12.

14. a) −60; −60; iguais
b) 210; 210; iguais

15. a) −
b) −43 200

16. a) −2 640
b) 2 640
c) 0

17. +5
−1
0

18. −2
+10
0

19. a) −7
b) −1
c) −3
d) +4
e) −5
f) +8
g) −5
h) 0
i) −1

20. *O último dos pelicanos*

PARTICIPE

I. a) +3
b) +3
c) 25. Porque 4 · 25 = 100.
d) Positivo.

II. a) −3
b) −3
c) −25. Porque 4 · (−25) = −100.
d) −3. Porque (−3) · (−6) = 18.
e) −25. Porque (−4) · (−25) = 100.
f) Negativo.

III. a) +3
b) +3
c) 25. Porque (−4) · 25 = −100.
d) Positivo.

---

22. a) +4
b) −11
c) −9
d) +10
e) −15
f) +1
g) 3
h) −6
i) −17

23. a) −2
b) 0
c) 11
d) 16
e) −16

24. a) −24
b) 120
c) 25
d) 44
e) −51
f) −50

25. Laís: −8; Artur: 5; Talita: 6; Fernando: −4; Raul: 0; Adriana: −17.
Pares: Laís, Talita, Fernando, Raul; Ímpares: Artur, Adriana.

26. a) 15
b) 108
c) 2

27. a) 10
b) 3
c) −8
d) 4
e) −18
f) −4
3º lugar

28. a) 7
b) B, F, H
c) G, I

29. a) $(-6)^3$
b) 2^8
c) $(-1)^4$
d) $1\,001^2$

30. a) 16
b) −32
c) 0

31. a) Nas potências em que o expoente é 2.
b) 9; 9

32. a) Nas potências em que o expoente é 3.
b) 8; −8

33. a) 10
b) 1
c) −10
d) 1

34. a) −216
b) −100 000

35. a) 1, −2, 4, −8, 16, −32, 64, −128 e 256.
b) 0, 2, 4, 6, 8 (os pares).
c) 1, 3, 5, 7 (os ímpares).

36. a) 4
b) 1

37. a) 80
b) −3

UNIDADE 3 Ângulos e retas

CAPÍTULO 8 Ângulo

1. 57° 30'
2. 62° 30'
3. 102° 30'
4. 77° 30'
5. 110° 20'

6. a) 162° 40' 39"
b) 76° 4'
c) 1° 2' 12"
d) 53° 10' 37"

7. a) 165°
b) 22° 30'

8. a) 55° 40'
b) 71° 50'

9. 14° 45'

10. a) 48° 13' 40"
b) 14° 25'
c) 14° 24' 43"
d) 62° 55' 8"
e) 9° 40' 33"

11. a) 150°
b) 12,5° (ou 12° 30')
c) 137,5° (ou 137° 30')

12. a) 62° 30' b) 50°

13. a) 80° 51' 6"
b) 75° 1' 45"
c) 77° 59' 50"
d) 128° 15'
e) 20° 3' 28"
f) 8° 25'

14. a) 22° 30'
b) 67° 30'
c) 5° 37' 30"

15. a) 7° 30'
b) 62° 30'

16. a) 7° 3"
b) 27° 18' 13"
c) 1° 40'
d) 1° 44' 40"
e) 23° 36'
f) 27° 56' 28"

17. 6° 16' 55,5"

18. a) 48°
b) 25° 48'
c) 15° 19' 20"

19. a) sim; $\overrightarrow{VS}$
b) não
c) sim

20. a) $\overrightarrow{Px}$
b) $x\hat{P}z$ e $x\hat{P}y$
c) sim
d) não

21. a) $a\hat{O}b$ e $b\hat{O}c$
b) 49°

22. 94° 21'

23. Construção.

PARTICIPE

a) $A\hat{O}B$ e $B\hat{O}C$, $B\hat{O}C$ e $C\hat{O}D$, $C\hat{O}D$ e $D\hat{O}A$, $D\hat{O}A$ e $A\hat{O}B$.
b) 90°

---

24. a) obtuso
b) agudo
c) obtuso
d) agudo
e) agudo
f) obtuso

25. a) obtuso
b) reto
c) obtuso

26. a) não
b) sim

27. a) sim
b) sim

28. a) $x = 75°$
b) $x = 30°$
c) $x = 40°$

29. a) 60°
b) 30°
c) 40°

30. a) 7° 34' 3"
b) 67° 55'
c) 19° 2' 26"

31. 37° 55'

32. a) não
b) sim

33. a) sim
b) sim

34. a) $x = 50°$
b) $x = 45°$
c) $x = 80°$

35. a) 160°
b) 60°
c) 120°

36. a) 59° 45'
b) 124° 17' 28"
c) 179° 54' 45"

37. 98° 24' 4"

38. 39° 30' 35"

39. 15°

CAPÍTULO 9 Retas e retângulos

PARTICIPE

a) Sim.
b) Sim.
c) Infinitas.
d) O ponto *P* e são coplanares.

1. a) O ponto *B*.
b) concorrentes
c) concorrentes

2. a) concorrentes
b) concorrentes
c) paralelas
d) concorrentes
e) paralelas

3. Construção.

4. Exemplo de resposta:
a) $\overleftrightarrow{EA}$ e $\overleftrightarrow{AB}$, $\overleftrightarrow{FG}$ e $\overleftrightarrow{CG}$, $\overleftrightarrow{DC}$ e $\overleftrightarrow{HD}$
b) $\overleftrightarrow{EF}$ e $\overleftrightarrow{AB}$, $\overleftrightarrow{EH}$ e $\overleftrightarrow{FG}$, $\overleftrightarrow{HD}$ e $\overleftrightarrow{GC}$

5. a) concorrentes
b) paralelas
c) concorrentes
d) concorrentes

6. a) $\hat{a}$ e $\hat{c}$; $\hat{b}$ e $\hat{d}$; $\hat{t}$ e $\hat{y}$; $\hat{x}$ e $\hat{z}$
b) $\hat{a}$ e $\hat{d}$; $\hat{a}$ e $\hat{b}$; $\hat{b}$ e $\hat{c}$; $\hat{c}$ e $\hat{d}$; $\hat{x}$ e $\hat{y}$; $\hat{y}$ e $\hat{z}$; $\hat{z}$ e $\hat{t}$; $\hat{t}$ e $\hat{x}$

7. a) 42° b) 120°

8. a) 150° b) 50°

PARTICIPE

a) Construção.
b) A resposta depende da construção.
c) Duas a duas, têm medidas iguais.

9. a) $x = 55°$, $y = z = 125°$
b) $x = 30°$, $y = 50°$, $z = 15°$

10. a) Sim. Duas paralelas formam com uma transversal ângulos correspondentes de mesma medida.
b) 8

11. $x = 110°$, $y = 70°$ e $z = 110°$

UNIDADE 4 Números racionais

CAPÍTULO 10 Os números racionais

PARTICIPE

a) 4 vezes.
b) $\frac{11}{3}$ (ou 3,7)
c) 10; 10 vezes.
d) $\frac{22}{100}$; 0,22; $\frac{11}{50}$
e) $\frac{1}{2}$; 50%
f) $\frac{28}{53}$; aproximadamente 53%

1. a) $\frac{3}{4}$
b) 0,75

2. a) $\frac{4}{7}$
b) 57%

3. a) 8,2
b) Cerca de 8 vezes.

4. a) $-\frac{7}{2}$
b) $-\frac{9}{4}$
c) $\frac{11}{3}$
d) $\frac{2}{1}$
e) $\frac{3}{2}$
f) $-\frac{9}{7}$
g) $-\frac{8}{5}$
h) $\frac{10}{7}$

5. a) +5
b) −7
c) +11
d) −14
e) −12
f) +4
g) −12
h) +24
i) −10
j) −10

6. a) V
b) V
c) F
d) V
e) V
f) F

7. a) $\frac{31}{100}$
b) $-\frac{3}{5}$
c) $-\frac{1}{8}$
d) $-\frac{21}{8}$
e) $-\frac{3}{2}$
f) $-\frac{1\,837}{2}$
g) $\frac{3\,147}{100}$
h) $\frac{1}{20}$
i) $-\frac{11}{20}$
j) $\frac{51}{50}$

8.

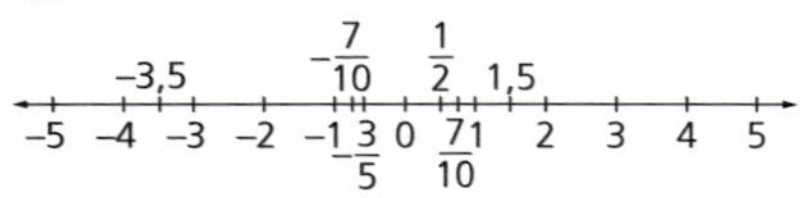

9. a) $-\frac{2}{7}$
b) 0,34
c) $\frac{5}{3}$

10. a) $\frac{7}{11}$
b) $\frac{7}{11}$
c) $\frac{5}{4}$

11. a) $\frac{21}{8}$
b) $\frac{23}{7}$
c) $\frac{11}{23}$

12. $A = -2$; $B = \frac{5}{2}$; $C = \frac{3}{4}$; $D = -\frac{3}{4}$; $E = -\frac{5}{4}$; $F = \frac{3}{2}$

PARTICIPE

a) Comparar dois números significa verificar qual é o maior e qual é o menor entre eles, ou se são iguais.
b) Sim, é possível.
c) Podemos concluir que $-\frac{7}{3}$ é menor que $\frac{3}{4}$, porque $-\frac{7}{3} < 0$ e $0 < \frac{3}{4}$. E, também, porque $-\frac{7}{3}$ é representada à esquerda de $\frac{3}{4}$ na reta numérica.
d) Concluímos que −3 é menor que $\frac{4}{5}$.
e) O número positivo.

13. a) $\frac{7}{11}$

b) $\frac{141}{7}$

c) $-\frac{13}{9}$

14. Marco Antônio.

15. a) $\frac{2}{3}$

b) $\frac{4}{3}$

c) $\frac{13}{3}$

d) $\frac{9}{5}$

16. Lara.

17. $-\frac{7}{2}, -\frac{5}{2}, -\frac{5}{3}, 0; \frac{7}{4}; \frac{7}{3}; \frac{7}{2}$

18. a) =

b) $<$

c) $>$

d) $>$

e) $>$

f) $<$

g) =

h) $<$

CAPÍTULO 11 Operações

1. a) $-\frac{4}{5}$

b) $-\frac{11}{14}$

c) $-0{,}4$

d) $-\frac{26}{7}$

e) -4

f) 1,01

2. Os resultados são iguais.

a) $\frac{41}{15}$

b) $\frac{41}{15}$

3. a) $-\frac{1}{12}$

b) $-\frac{1}{12}$

c) $-\frac{1}{12}$

4. a) $-\frac{2}{5}$

b) $\frac{2}{5}$

c) $\frac{2}{5}$

d) $-\frac{2}{5}$

5. O resultado de todas as adições dá zero.

6. $\frac{5}{8}$ de litro.

7. a) $-\frac{5}{12}$

b) $\frac{9}{2}$

c) 0,38

d) $-\frac{43}{18}$

e) $\frac{1}{6}$

f) $-16, 292$

8. a) $-\frac{2}{3}$

b) $-\frac{1}{4}$

c) -1

d) $-1{,}8$

e) $-\frac{52}{15}$

f) 4,79

g) $-\frac{149}{44}$

h) -4

9. a) 2; China.

b) $\frac{22}{105}$; Estados Unidos.

c) $-\frac{381}{140}$; Rússia.

10. a) $-\frac{8}{3}$

b) $-\frac{5}{14}$

c) $\frac{5}{3}$

d) $\frac{3}{2}$

11. $\frac{1}{3}$

12. $\frac{3}{14}$

13. $\frac{1}{5}$

14. Os resultados são iguais.

a) $-\frac{10}{21}$

b) $-\frac{10}{21}$

15. a) $+\frac{5}{11}$ e $-\frac{22}{7}$

b) $-\frac{2}{9}$ e $-\frac{2}{5}$

c) $-\frac{22}{7}$ e $-\frac{2}{5}$

d) $+\frac{5}{11}$ e $-\frac{2}{9}$

e) $-\frac{22}{7}$ e $-\frac{2}{9}$

f) $+\frac{5}{11}$ e $-\frac{2}{5}$

16. Os resultados são iguais.

a) $-\frac{5}{12}$

b) $-\frac{5}{12}$

c) $-\frac{5}{12}$

d) $-\frac{5}{12}$

17. a) $-\frac{3}{7}$

b) $\frac{3}{7}$

c) $\frac{3}{7}$

d) $-\frac{3}{7}$

18. 1

19. 1

20. Os resultados são iguais.

a) $-\frac{23}{20}$

b) $-\frac{23}{20}$

21. a) $\frac{3}{2}$

b) $\frac{7}{11}$

c) $\frac{1}{3}$

d) 5

e) $-\frac{4}{3}$

f) Não há.

g) $-\frac{1}{2}$

h) -9

22. a) $\frac{9}{5}$

b) $-\frac{12}{7}$

c) $-\frac{83}{24}$

d) $\frac{4}{3}$

e) $-\frac{14}{11}$

23. 0,875 L

24. Em duas: II e IV.

I. $-\frac{7}{3}$

II. -11

III. $-\frac{2}{25}$

IV. 0

V. $-4{,}46$

25. Resposta pessoal.

26. 12 garrafinhas.

27. a) $-\frac{2}{5}$

b) $-\frac{4}{11}$

c) $\frac{1}{4}$

d) −40

e) −6

f) 0,2

g) 4,5

h) $-\frac{42}{5}$

28. a) $\frac{15}{2}$

b) $-\frac{1}{2}$

c) −35

d) $\frac{40}{9}$

e) $-\frac{7}{15}$

f) 0,75

g) 10

29. a) $\frac{11}{26}$

b) $\frac{1}{28}$

30. $\frac{16}{35}$

31. a) $-\frac{2}{3}$

b) $-\frac{7}{11}$

c) $\frac{9}{10} = 0,9$

d) $\frac{1}{5}$

e) 4

f) $\frac{50}{27}$

32. a) −3

b) −0,25

c) $-\frac{11}{80}$

d) $-\frac{3}{25}$

e) −50

f) 4,71

33. a) $-\frac{2}{5}$

b) $\frac{179}{110}$

c) $-\frac{22}{63}$

d) −8

34. Resposta pessoal.

UNIDADE 5 Potenciação e radiciação

CAPÍTULO 12 Potência de expoente inteiro

PARTICIPE

a) −2

b) 5

c) (−2)(−2)(−2)(−2)(−2); −32

d) (−10)(−10)(−10)(−10); 10 000

e) $\frac{1}{2} \cdot \frac{1}{2} \cdot \frac{1}{2} \cdot \frac{1}{2} \cdot \frac{1}{2} \cdot \frac{1}{2}; \frac{1}{64}$

f) 0,56 · 0,56 = 0,3136

g) 0,8

h) $\left(-\frac{3}{4}\right)$

i) É igual à base da potência.

j) 1

k) 1

l) 1

m) 256

n) $4^{(4^4)}$. O maior é 4^{256}, porque é um produto de 256 fatores iguais a 4, enquanto 4^{44} tem 44 fatores iguais a 4.

---

1. a) $\frac{3}{7}$; 1; 61,37; 1; 1; $-\frac{5}{27}$

b) 36; $-\frac{25}{81}$; 4,41; 49; 49; 121; $\frac{225}{49}$

c) 1 331; $\frac{8}{27}$; $-\frac{1}{64}$; 0,125; 64; −64; −343; $-\frac{27}{100}$

d) −1; 64; 1 024; 1 024

2.

Grupo I:	$-\frac{8}{27}$	$\frac{16}{81}$	$\frac{9}{25}$	$\frac{64}{343}$			
Grupo II:	0,008	0,0289	0,0081	−74,088			
Grupo III:	$-\frac{9}{11}$	1	0,1234	1			
Grupo IV:	1	−1	1	−1	1	−1	−1	1

3. a) expoente par: +; expoente ímpar: −

b) 0,064; −0,064

c) 0,0016; 0,0016

4. a) 1

b) −9

c) 1

d) −1

e) 1

f) −10

5. a) 25

b) −25

c) 81

d) −81

6. a) −1 000

b) −1 000

c) 10 000

d) −10 000

7. a) 2

b) 5

c) 4

d) 1

e) 0

f) 3

8. a) $(+2)^2 = 4$; $(+2)^3 = 8$

b) $(+20)^2 = 400$; $(+20)^3 = 8\,000$

c) $(+200)^2 = 400\,000$; $(+200)^3 = 8\,000\,000$

d) $(-5)^2 = 25$; $(-5)^3 = -125$

e) $(-50)^2 = 2\,500$; $(-50)^3 = -125\,000$

f) $(-500)^2 = 250\,000$;
$(-500)^3 = 125\,000\,000$

9. −279 936; −7 776

10. quatro: $(0,8)^0$, $(0,8)^1$, $(0,8)^2$ e $(0,8)^3$

11. $(0,5)^0$, $(0,5)^1$, $(0,5)^2$ e $(0,5)^3$

12. a) 258 b) 448

13. 5^5 (pois $5^5 = 3\,125$)

14. a) $-\frac{68}{9}$

b) 0,107

c) $-\frac{58}{45}$

d) $-\frac{73}{27}$

e) $\frac{2\,944}{5\,103}$

f) −0,909

15. a) 3^9

b) $(-8)^6$

c) $\left(\frac{2}{5}\right)^{12}$

16. a) 16

b) 2

17. a) 5^4

b) $(-4)^7$

c) $\left(\frac{1}{2}\right)^3$

d) $(-0,5)^1$

e) 7^7

18. a) 4

b) 4

c) 6

19. a) $\left(\frac{3}{4}\right)^3$

b) $\left(\frac{1}{2}\right)^7$

20. a) 4

b) 6

c) 20

21. a) $\left(\frac{1}{7}\right)^{17}$

b) $(-3)^{10}$

c) 2^2

22. a) 0

b) 62

23. a) -64
b) -1
c) 10 000
d) 1 000 000

24. 35 pontos
a) 25
b) 10
c) 8
d) 6

25. a) 25
b) 10
c) 8
d) 6

26. 5^{5^5}

PARTICIPE

a) 10, 100 e 1 000.
b) São iguais.
c) $\underbrace{10^4}_{4\text{ zeros}} = 10\,000$
$\underbrace{10^5}_{5\text{ zeros}} = 100\,000$ (o número de zeros é igual ao expoente).

d) Nenhum.
e) $10^8 = \underbrace{100\,000\,000}_{8\text{ zeros}}$
f) expoente

27. a) 10^3
b) 10^6
c) 10^9
d) 10^{12}

28. a) 3
b) 4
c) 7

29. a) 2
b) 3
c) 0

30. a) 5 ou -5
b) 8 ou -8
c) 4
d) $-\frac{1}{2}$
e) Não existe.
f) $\frac{3}{10}$ ou $-\frac{3}{10}$

31. a) 2^{20}
b) 2^{40}

32. 1954; 1994

33. a) -16
b) -18
c) 1
d) -8
e) -1
f) 13

34. a) 0
b) $-\frac{1}{28}$
c) $\frac{1}{9}$
d) $\frac{20}{9}$

35. a)

Potência	Valor
2^4	16
2^3	8
2^2	4
2^1	2
2^0	1
2^{-1}	$\frac{1}{2}$
2^{-2}	$\frac{1}{4}$
2^{-3}	$\frac{1}{8}$
2^{-4}	$\frac{1}{16}$

b)

Potência	Valor
10^4	10 000
10^3	1 000
10^2	100
10^1	10
10^0	1
10^{-1}	$\frac{1}{10}$
10^{-2}	$\frac{1}{100}$
10^{-3}	$\frac{1}{1\,000}$
10^{-4}	$\frac{1}{10\,000}$
10^{-5}	$\frac{1}{100\,000}$

36. a) $\frac{1}{4}$
b) $\frac{1}{16}$
c) $-\frac{1}{2}$
d) $\frac{1}{4}$
e) 1
f) 1
g) $\frac{1}{1\,000}$
h) $\frac{1}{400}$

37. a) $\frac{1}{32}$
b) $\frac{1}{121}$
c) $-\frac{1}{8}$
d) $\frac{1}{3}$
e) $\frac{1}{100}$
f) $\frac{1}{25}$

38. 111,11

39. a) 10^{-2}
b) 10^{-3}
c) 10^{-5}
d) 10^{-9}

40. O número 1 precedido de tantos zeros quanto é o valor absoluto do expoente, contando um zero antes da vírgula.

41. a) 32
b) $\frac{25}{9}$
c) $\frac{3}{8}$
d) 9
e) $\frac{25}{4}$
f) $-1\,000$
g) $\frac{125}{8}$
h) $\frac{49}{9}$

42. a) 64
b) -64
c) -10
d) $\frac{4}{9}$

43. a) 5
b) $\frac{100}{9}$
c) $-\frac{5}{2}$
d) -64

44. a) 1
b) 0,04
c) $\frac{100}{289}$
d) 9
e) $\frac{1}{81}$
f) 79,507
g) 53,1441
h) $-\frac{8}{1\,331}$
i) $-5{,}2172$
j) $-\frac{10}{91}$
k) 4
i) $\frac{4}{3}$

45. a) $(+3)^{-7}$
b) 5^{-3}
c) 7^{-1}
d) $(-2)^{-5}$
e) 2^{-1}
f) 2^{-2}
g) $(-3)^{-2}$
h) $(-3)^{-3}$

46. a) -2
b) -4
c) -1
d) -4
e) -4
f) -1

47. a) $\left(\frac{1}{5}\right)^{-4}$ ou 5^4

b) $\left(\frac{2}{3}\right)^3$

c) $\left(-\frac{3}{4}\right)^{-10}$ ou $\left(-\frac{4}{3}\right)^{10}$

d) (-6)

e) 2^{-9} ou $\left(\frac{1}{2}\right)^9$

f) 2^{17}

48. a) −3

b) 6

c) 11

d) 12

e) 10; −10

f) −1; 1

g) 1; −1

h) 0

49. 5; 2

CAPÍTULO 13 Raiz quadrada aritmética

1. a) 4 cm

b) 6 cm

2. a) 10

b) 8

c) 15

3. a) $\frac{4}{49}$; $\frac{2}{7}$

b) $\frac{1}{25}$, $\frac{1}{25}$

4. a) $\frac{3}{7}$

b) $\frac{1}{9}$

c) $\frac{4}{5}$

5. a) 4,41; 2,1

b) 0,09; 0,09

6. a)

Um inteiro termina em	Seu quadrado termina em
1	1
2	4
3	9
4	6
5	5
6	6
7	9
8	4
9	1
0	0

b)

Um inteiro quadrado perfeito termina em	Sua raiz quadrada termina em
0	0
1	1 ou 9
4	2 ou 8
5	5
6	4 ou 6
9	3 ou 7

7. a) 2,3 cm

b) 4,5 cm

8. a) $\frac{2}{9}$

b) 1,2

c) 0,5

d) 2,5

e) 1,3

f) 3,2

9. a) $(\boxed{4}\boxed{5})^2 = \boxed{20}\boxed{25}$ (5^2; $\times 5$)

b) 3 025; 4 225; 7 225; 11 025.

c) 75; 95; 4,5; 6,5

10. a) 30

b) 10

c) 20

d) 35

e) 40

f) 80

11. a) 3,6 m de lado.

b) 81

12. a) 8 dm de lado.

b) 40 dm

13. a) 14

b) −10

c) −2

d) 14

14. a) $\frac{241}{9}$

b) 3

c) 1,04

d) $\frac{33}{50}$

e) $\frac{17}{12}$

f) 25,3

UNIDADE 6 Áreas e transformações

CAPÍTULO 14 Distâncias e áreas

PARTICIPE

a) km (quilômetro).

b) km² (quilômetro quadrado).

c) m² (metro quadrado).

d) m (metro).

1. *PA* = 3,3 cm; *PB* = 1,6 cm; *PC* = 1,2 cm; *PD* = 2,8 cm; *PE* = 5,2 cm

2. *PM* = 5,5 cm

3. a) 4,8 cm

b) 2,2 cm

4. a) 2 cm

b) 1,3 cm

5. a) 2,2 cm

b) 2 cm

c) 2,1 cm

6. Construção.

PARTICIPE

I. a) Multiplicação da medida da base pela medida da altura.

b) (25 × 20) m² = 500 m²

II. a) O formato; a região do terreno de Leonardo que foi cercada para plantar hortaliças lembra o formato de um retângulo e a de Joaquim lembra o formato de um paralelogramo.

b) Resposta pessoal. Espera-se que os estudantes percebam que é possível calcular as duas áreas usando o mesmo procedimento.

CAPÍTULO 15 Triângulo, polígonos e áreas

1. a) São 3 vértices: *R*, *S* e *T*.

b) São 3 lados: $\overline{RS}$, $\overline{RT}$ e $\overline{ST}$.

c) São 3 ângulos: $\hat{R}$, $\hat{S}$ e $\hat{T}$.

2. Resposta pessoal.

3. Construção.

4. Resposta pessoal.

5. a) Sim, pois o maior lado mede 7 cm e $7 < 5 + 3$.

b) Não, pois 7 não é menor que 2 + 3.

c) Sim, pois o maior lado mede 3 cm e $3 < 3 + 2$.

d) Não, pois 10 não é menor que 5 + 5.

e) Sim, pois o maior lado mede 4 cm e $4 < 4 + 4$.

f) Não, pois 3 não é menor que 1 + 2.

6. 6 cm ou 4 cm.

7. $2 < x < 8$

8. 6 cm, 7 cm, 8 cm, 9 cm, 10 cm, 11 cm ou 12 cm.

9. 14 cm

10. 16 cm

11. 12

12. $x = 4$, $y = 3$ e o lado do triângulo mede 7.

13. a) 12 cm

b) Não existe.

c) Não existe.

14. 18

15. 25 cm

16. 18 cm ou 24 cm.

17. **a)** $x = 20°$; triângulo obtusângulo

b) $x = 110°$; triângulo obtusângulo

c) $x = 50°$; triângulo retângulo

18. Acutângulo.

19. Não pode ter dois ângulos obtusos nem dois ângulos retos.

20. **a)** São complementares.

b) 45°

c) 30° e 60°.

21. **a)** 22° 30' e 67° 30'.

b) 52° 40' e 37° 20'.

22. 80°, 66° e 34°.

23. $\hat{A}$ mede 20°; $\hat{B}$ mede 60°; $\hat{C}$ mede 100°.

PARTICIPE

a) 50° e 70°.

b) 120°

c) Possível resposta: A soma das medidas dos ângulos $\hat{x}$ e $\hat{y}$ é igual à medida do ângulo $\hat{z}$.

24. **a)** $x = 50°$

b) $x = 120°$

c) $x = 60°$

25. **a)** $x = 30°$; $y = 110°$

b) $x = 70°$; $y = 125°$

26. **a)** $x + y + z = 360°$

b) $x + y + z = 900°$

27. $x = 85°$

28. 250°

29. $\hat{x}$ mede 90°.

30. **a)** Sim.

b) Sim.

c) Sim.

31. 56° 13' 34"

32. $x = 60°$; $y = 70°$; $z = 50°$

33. 50°; 60°; 70°

34. $x = 15°$; $y = 135°$

35. $x = 80°$

36. Construção; 1 080°.

37. Construção; 1 800°.

38. Construção.

39. 40 cm²

40. 5 cm

41. *b* e *c*.

42. 4 cm

43. 144 cm²

44. **a)** 4 cm²

b) 3 cm²

c) 12 cm²

45. **a)** 56 cm²

b) 12 cm²

c) 10 cm²

d) 4 cm²

46. **a)** 1,3225 cm²

b) 1,875 cm²

47. 212 m²

48. **a)** 7,5 cm²

b) 8 cm²

c) 13,5 cm²

49. **a)** 16 cm²

b) 160 cm²

c) 12 cm²

d) 12 cm²

50. Resposta pessoal.

51. **a)** 6 m³

b) 2,88 m³

52. 180 m³

53. 40 baldes.

54. **a)** 750 mL

b) 5 recipientes.

55. Resposta pessoal.

CAPÍTULO 16 Circunferência e seus elementos

1. $PA = 3,6$ cm; $PB = 6,3$ cm; $PC = 4,9$ cm; $PD = 3,8$ cm; $PE = 5,9$ cm

1,4 cm

2. $PA = 1,6$ cm; $PB = 1,6$ cm; $PC = 1,6$ cm

3,2 cm

3. Construção.

4. Construção.

5. Construção.

6. Construção.

7. **a)** 1,5 cm

b) 1,5 cm

c) 1,5 cm

d) Do ponto *O*.

e) O ponto *O*; 1,5 cm.

8. **a)** $\overline{OA}$, $\overline{OB}$ e $\overline{OC}$

b) $\overline{CD}$ e $\overline{AC}$

c) $\overline{AC}$

9. **a)** 31,4 cm

b) 12,56 cm

10. **a)** 15,70 cm

b) 20,41 cm

11. De 50 cm aproximadamente

12. I. 3; II. 3,125

13. Entre $3\frac{10}{71}$ e $3\frac{1}{7}$

CAPÍTULO 17 Transformações no plano

PARTICIPE

I. a) 1

b) 2

c) (1, 2)

II. a) (6, 5)

b) (3, 5)

III. a) (4, 5)

b) (7, 2)

c) (4, −1)

1. $G(8, 4)$; $H(6, -6)$; $I(-4, -5)$; $J(-7, 7)$; $K(0, 3)$; $L(-4, 1)$; $M(2, 6)$; $N(3, -1)$; $P(-5, -1)$; $Q(-1, 2)$; $R(-8, 0)$

2. $A(1, 2)$; $B(-2, 0)$; $C(2, -1)$

3. (0, 0)

4. $AB = 3 \cdot A'B'$.

5. *P*, *R* e *S*.

6. (3, 3), (3, −3), (−3, −3) e (−3, 3).

7. **a)** $A'(2, 4)$, $B'(6, -2)$ e $C'(-4, -2)$

b) $A''(3, 6)$, $B''(9, -3)$ e $C''(-6, -3)$

c) Construção.

8. Construção.

9. **a)** *O*

b) *B*

c) *P*

d) *O*

e) *A*

10. **a)** (7,3)

b) (1, −1)

c) (−2, 3)

d) (1, 5)

e) (4, −3)

f) (4, 6)

g) (−4, 0)

11. **a)** $C(1, 1)$ e $C'(-1, -1)$

b) $A(1, 3)$ e $A'(-1, -3)$

c) $B(4, 3)$ e $B'(-4, -3)$

12. Construção.

13. **a)** *H*

b) *C*

c) *F*

d) *A*

e) *D*

f) *G*

14. **a)** $A(4, 2)$ e $A'(4, -2)$

b) $B(3, 4)$ e $B'(-3, 4)$

c) $C(-3, -1)$ e $C'(-3, 1)$

d) $D(-2, -3)$ e $D'(2, -3)$

15. **a)** Construção.

b) Construção.

16. **a)** Construção.

b) Construção.

c) Construção.

17. Construção.

18. a) $E(1, 2)$ e $E'(1, -2)$

b) $B(8, 2)$ e $B'(8, -2)$

c) $A(1, 6)$ e $A'(1, -6)$

d) Multiplicando a ordenada por -1 (ou trocando o sinal da ordenada). A abscissa fica a mesma.

e) Multiplicando a ordenada por -1 e mantendo a abscissa.

PARTICIPE

a) $A(1,1)$, $B(6,1)$, $C(8,5)$ e $D(3,5)$.

b) $A'(10,1)$, $B'(15,1)$, $C'(17,5)$ e $D'(12,5)$.

c) Desenhe o paralelogramo $A'B'C'D'$.

d) translação; direita

e) $A''(10,3)$, $B''(15,3)$, $C''(17,7)$ e $D''(12,7)$

f) O paralelogramo $ABCD$ sofreu uma translação inclinada de 9 unidades para direita e 2 para cima.

24. a) 12 m

b) Construção.

c) 12 m

d) Não. Não.

25. $P'(0,3)$

26. $A'(-3, -1)$ e $B'(-5,-2)$

27. $A'(0,2)$, $B'(0,5)$ e $C'(5,-3)$

UNIDADE 7 Noções de Álgebra

CAPÍTULO 18 Noções iniciais de Álgebra

1.

Em língua portuguesa	Em símbolos matemáticos
o triplo de um número	$3 \cdot x$
a soma de um número com três	$x + 3$
o quádruplo de um número	$4 \cdot x$
a diferença entre um número e dois	$x - 2$
o quadrado de um número	x^2

2.

Em língua portuguesa	Em símbolos matemáticos
a soma de cinco com o triplo de um número	$5 + 3 \cdot x$
a quinta parte de um número	$\frac{x}{5}$
a soma de um número com um terço desse número	$x + \frac{x}{3}$
a décima parte de um número	$\frac{x}{10}$
o produto de um número pela sua sétima parte	$x \cdot \frac{x}{7}$
a diferença entre um número e seu quadrado	$x - x^2$

3.

Em língua portuguesa	Em símbolos matemáticos
a terça parte de um número	$\frac{x}{3}$
os três quartos de um número	$\frac{3}{4} \cdot x$
a soma de um número com sua metade	$x + \frac{x}{2}$
a soma de três números	$x + y + z$
a soma de um número e seu quadrado	$x + x^2$

4. 15

5. a) 1

b) -2

c) 7

d) -8

e) 22

f) -11

6. a) 1

b) $\frac{6}{5}$

c) $\frac{2}{5}$

d) 0

7. A raiz quadrada do número; $\sqrt{n}$.

8. a)

x	-4	-2	0	3	6	$\frac{1}{2}$
$3 \cdot x$	-12	-6	0	9	18	$\frac{3}{2}$
$\frac{x}{2}$	-2	-1	0	$\frac{3}{2}$	3	$\frac{1}{4}$
x^2	16	4	0	9	36	$\frac{1}{4}$

b)

a	b	$a + b$	$a \cdot b$	$a^2 \cdot b$	$3a + b$
-1	3	2	-3	3	0
0	4	4	0	0	4
1	5	6	5	5	8

9. a) $2x$

b) $90° - x$

c) $180° - x$

10. a) 25°

b) $\frac{180° - x}{4}$

11. a) 60°

b) $180° - 3x$

12. a) $\frac{x}{2}$

b) $90° - \frac{x}{2}$

c) $2x$

d) $180° - 2x$

13. a) três quartos da medida do ângulo

b) o triplo do complemento da medida do ângulo

14. a) $\ell + \ell + \ell + \ell$ ou 4ℓ

b) $\ell \cdot \ell$ ou ℓ^2

c) $4 \cdot \ell^2$

15. a) $x + 10$

b) $x + (x + 10) + x + (x + 10)$ ou $4x + 20$, em cm

c) $x(x + 10)$, em cm²

16. a) $\frac{1}{4}a^2$

b) $\frac{6}{8} b \cdot h$ ou $\frac{3}{4} b \cdot h$

c) $\frac{b \cdot h}{2}$

d) $\frac{(a + b)h}{2}$ ou $\frac{a + b}{2} \cdot h$

17. a) O volume do bloco (em cm³).

b) 18 cm³

18. a) 0, 3, 6, 9, 12, ...; $3n$, sendo n um número natural

b) 0, 5, 10, 15, 20, ...; $5n$, sendo n um número natural

19. a) 1, 3, 5, 7, 9, ...

b) 1, 4, 7, 10, 13, ...

20. a) 0, 1, 4, 9, 16, ...

b) 0, 2, 6, 12, 20, 30, ...
+2 +4 +6 +8 +10

21. a) Que n é um número natural.

b) Que k é um número natural não nulo (ou positivo).

22. a) n e $n + 1$ (n natural) ou $n - 1$ e n (n natural positivo)

b) n, $n + 1$, $n + 2$ (n natural) $n - 1$, n, $n + 2$ (n natural positivo) $n - 2$, $n - 1$, n (n natural maior que 1)

23. a) 9

b) -2

c) 5

d) $\frac{3}{4}$

e) 1

f) -1

g) 4

h) $\frac{1}{2}$

24. I B; II C; III A; IV D; V F.

25. a) não; partes literais diferentes

b) sim; monômios com a mesma parte literal

c) sim; porque $ba = ab$, então são monômios de partes literais iguais

d) não; partes literais diferentes

e) não; $9r + 1$ não é monômio

26. F

27. a) $5x$

b) $7y$

c) $-4a$

d) $0x$ (ou 0)

e) $\frac{19}{10}m$

f) $-\frac{5}{2}ab$

28. a) $3x + 5$

b) $6x + 2$

c) $6x + 2$

d) 20

29. a) $5a$

b) $\frac{11}{6}y$

c) $\frac{8}{5}x$

d) $0xy$ (ou 0)

e) $\frac{311}{56}x$

f) $-\frac{3}{5}x$

g) $8p$

h) $-\frac{3}{2}ab$

30. a) $5a + 8$

b) $10x - 3$

c) $5y + x$

d) $\frac{13}{3}a + \frac{b}{2} - 3$

e) $11a - 2$

f) $-5a - 2b - 3c$

g) $8x - 2y + 8$

31. a) $2a + \frac{5}{2}b$

b) $2x + 4y + 1$

32. a) $3x - 1$

b) $a + 4$

c) $12x - 6$

d) 0

33. a) $4x$

b) $4y - x - 1$

c) $a + c$

d) $-3b$

uma (c); uma (b)

34. a) $2a + 8$

b) $10a - 5$

c) $-8x + 12$

d) $30a - 20b + 10$

e) $7x + 5$

f) $-2x + 13y - 6$

35. $6a + 6b$; $2a^2 + 2b^2 + ab$

36. 0, 4, 8, 12, 16, 20, ... (dos naturais múltiplos de 4)

PARTICIPE

I. a) 11 e 19

b) 37

c) a_{n+1}

II. a) 2 cm, 4 cm, 6 cm, 8 cm, 10 cm, 12 cm, 14 cm e 16 cm.

b) 20 cm

c) $a_n = a_{n-1} + 2$

III. a) 1 000 000 b) $a_n = 10 \cdot a_{n-1}$

37. a) 17

b) 66

c) -15

38. a) 2

b) $a_{n-1} + 11$

c) 10; $a_{n-1} - 5$

39. a) 1, 1, 2, 3, 5, 8, 13, 21

b) 1, 1, $a_{n-1} + a_{n-2}$

40. a) 5

b) $a_1 = 1$ e $a_n = a_{n-1} + 1$

c) 11

d) $a_1 = 3$ e $a_n = a_{n-1} + 2$

41. a) $\frac{6}{7}$

b) $\frac{10}{11}$

c) $\frac{100}{101}$

d) $a_n = \frac{n}{(n+1)}$; não recursiva

42. (1958, 1962, 1970, 1994, 2002); não

43. a) (2, 4, 6, 8, 10, ...)

b) $a_1 = 2$ e $a_n = a_{n-1} + 2$; $a_n = 2n$

44. n^2

45. $5 \times 6 = 30$ (ou $5^2 + 5 = 30$)

46. a) $n(n + 1)$ ou $n^2 + n$

b) $a_n = n(n + 1)$ ou $a_n = n^2 + n$

CAPÍTULO 19 Equações

PARTICIPE

I. a) Advogado e antiquário escocês que adquiriu, no Egito, em 1858, o papiro que continha textos matemáticos. Alexander Henry Rhind viveu de 1833 a 1863. O papiro encontra-se no Museu Britânico.

b) $x + \frac{x}{7} = 19$

II. a) $x + x = 46$

b) $x + \frac{x}{5} = 12$

c) Sendo x o número desconhecido, a equação é $\frac{x}{3} + 2 = x + 1$.

d) Representando o menor desses números inteiros por n, a equação é: $n + (n + 1) + (n + 2) = 108$.

1. 1º membro; $3x + 1$; 2º membro; $2x - 3$
Resposta pessoal.

2. a) Sim.

b) Sim.

c) Sim.

3. -2

4. a) e c)

PARTICIPE

a) 3 c) 4

b) 3 d) 4

5. a) $\frac{10}{3}$

b) 7,25

6. a) -5

b) -7

c) -1

d) 6

e) -7

f) $-\frac{7}{3}$

7. $-\frac{5}{12}$

8. $x = 40°$; $y = 100°$

9. a) 4

b) 16

c) $\frac{20}{3}$

d) $-\frac{11}{4}$

e) $\frac{15}{7}$

f) $-\frac{16}{7}$

10. a) $3x = 90° - 30°$; 20°

b) $x + 60° = 180° - 40°$; 80°

PARTICIPE

a) 2

b) Resposta pessoal.

c) 2■ + 1△ = 5△

d) Resposta pessoal.

e) Resposta pessoal.

f) Resposta pessoal.

11. 2

12. $2x + 6 = 12$; 3

13. a) 4

b) 10

c) $\frac{3}{2}$

d) $\frac{1}{3}$

e) 11

f) 2

14. a) 3

b) 4

15. $2x = 180° - x$; 60°

16. a) -11

b) -1

c) $\frac{2}{7}$

d) $\frac{1}{2}$

17. a) 16

b) 7

c) $\frac{8}{3}$

d) 0

e) 6

f) $-\frac{3}{4}$

g) $-\frac{7}{9}$

h) -158

18. a) $x = 20°$
b) $x = 24°$

19. Resposta pessoal.

20. $n = 35$

21. a) −2
b) −20
c) −6
d) −2

22. hexágono: 2,5 cm; triângulo: 6,5 cm.

23. a) $(7x + 5)$ cm
b) 15,5 cm
c) 3,2 cm

24. 3,6 cm

25. a) 5
b) $\frac{3}{4}$
c) $\frac{2}{15}$
d) −6

26. 10

27. $\frac{3}{2}$ ou 1,5

28. $-\frac{2}{5}$

29. a) $-\frac{53}{3}$
b) $\frac{23}{13}$

30. a) 160°
b) 120°
c) 45°

31. $x = 80°$; $y = 70°$; $a = 150°$; $b = 30°$; $r = s = 120°$

32. a) 0
b) $\frac{9}{5}$
c) 4
d) $\frac{13}{25}$

33. a) $-\frac{37}{56}$
b) 0

34. 5 cm e 6 cm

35. Resposta pessoal.

CAPÍTULO 20 Resolução de problemas

1. R$ 66,50
2. 1 metro e 84 centímetros
3. a) 17 anos
b) 2029
4. R$ 205,50
5. 11 anos
6. Resposta pessoal.
7. 21 anos
8. R$ 1 720,00
9. 72
10. 17 anos
11. 570 km
12. 36 alunos
13. 5 250 carros
14. R$ 25 600,00
15. R$ 134,00
16. Resposta pessoal.
17. R$ 389,00
18. 225
19. 10 cm
20. 142 m
21. Marlene: R$ 250,00; Lúcia: R$ 180,00; Flávia: R$ 130,00
22. Ari: R$ 260,00; Benê: R$ 292,00; Carlos: R$ 438,00
23. a) 113 pontos b) Carolina
24. 135, 136 e 137
25. 363 e 365
26. 396, 399 e 402
27. 1946
28. a) Válter; R$ 24,00
b) Laerte; R$ 12,00
29. 320 km
30. 6 anos
31. 492 votos
32. a) 17 anos
b) 14 anos
c) 11 anos

CAPÍTULO 21 Sistemas

1. a) $x = 8$; $y = 7$
b) $x = 5$; $y = -10$
2. a) $x = 123$; $y = 11$
b) $x = -4$; $y = \frac{1}{2}$
3. 17,5 e 9,5
4. 28 meninas e 7 meninos
5. arquibancada: 30 000 torcedores; numerada: 18 000 torcedores
6. 170,8 milhões; 30,7 milhões
7. 72 notas de R$ 10,00 e 32 notas de R$ 50,00
8. 45 cm^2
9. a) 2,5 mL de suco de limão e 7,5 mL de azeite
b) Aproximadamente 83 mL.
10. $\frac{10}{80}$
11. R$ 389,00
12. 10 cm
13. R$ 134,00
14. R$ 81,00; R$ 111,00
15. João Pedro: 218 figurinhas; Lara: 109 figurinhas
16. 135°
17. Renata: 12 anos; Denise: 16 anos
18. 15
19. R$ 8,00; R$ 15,00
20. Resposta pessoal.

UNIDADE 8 Aritmética aplicada

CAPÍTULO 22 Razões e proporções

PARTICIPE

I. a) O número de alunos que atingiram a nota A com o total de alunos da classe.
b) Divisão.
c) $\frac{1}{5}\left(\text{ou } \frac{5}{1}\right)$
d) Razão.
e) Resposta pessoal. Por exemplo: "Os estudantes que atingiram a nota A são um quinto da turma." ou "Um quinto da turma atingiu a nota A".

II. a) • razão
• $\frac{1}{5}$
• 1; 5.
b) $\frac{5}{1}$ (ou 5)

1. a) 3
b) $\frac{1}{3}$
c) 6
d) 2
e) $\frac{3}{5}$
f) $\frac{1}{4}$
2. a) 5
b) 1,6
c) 0,111
d) −0,666...
3. a) 50%
b) 40%
c) 25%
d) 20%
4.

a	b	$\frac{a}{b}$
14	7	2
26	2	13
4	20	$\frac{1}{5}$
18	−2	−9
−4	−8	$\frac{1}{2}$
1,2	0,2	6
−1,8	0,6	−3
−3,2	−4,8	0,666...
0,01	0,005	2
2,40	−0,2	−12
3,6	0,04	90

5.

a	b	$\frac{a}{b}$
6	3	2
8	2	4
−1,2	−2,4	0,5
−15	−5	3
−3	−9	$\frac{1}{3}$
−2	8	$-\frac{1}{4}$

6. 1,25
7. 1 : 10 000 000
8. 1 : 500 000
9. 1 : 120
10. A garrafa.
11. Bahia
12. 25
13. 8
14. 10
15. $\frac{1}{4}$
16. *a*
17. *b*
18. 39 e 12.
19. **a)** $\frac{5}{3}$
    b) *a*
20. 8 cm e 6 cm.
21. 250 m²
22. 270 e 450.
23. **a)** V **b)** V **c)** V **d)** F **e)** V **f)** V
24. É verdadeira. $\frac{1}{5}$ está para $\frac{2}{7}$, assim como 7 está para 10.
25. Não.
26. *a* e *b*.
27. *b*.
28. $\frac{1}{6}$
29. **a)** 1
    b) 3
    c) 0,3
    d) $\frac{3}{7}$
    e) $\frac{15}{14}$
    f) 0
30. 2 500 km
31. 6,5 cm
32. **a)** $x = 2; y = 3$
    b) $x = 10; y = 6$
    c) $x = 21; y = 4$
    d) $x = \frac{2}{5}; y = \frac{9}{10}$
33. 5, 2, 4, 6
34. *a*, *c* e *d*.
35. 120
36. **a)** $x = 12; y = 8$
    b) $x = 12; y = 42$
    c) $x = 3; y = 2$
37. $x = 44; y = 22; z = 4$
38. $x = 5; y = 6$
39. **a)** 17; 119; 221
    b) 110; 330; 440; 770
    c) 546; 1 456
40. **a)** 1 470; 980; 420
    b) 20; 15; 10
    c) 45; 225; 25
41. 1 050; 2 100; 6 300
42. **a)** $a = -35; b = -49$
    b) $a = -4; b = 36$
43. Sérgio: R$ 1 200,00; Luzia: R$ 1 000,00.
44. João: R$ 3 000,00; Maria: R$ 4 500,00.
45. R$ 495,00
46. $a = 10; b = 15; c = 20$
47. Marcelo: R$ 1 400,00; Luciano: R$ 1 600,00; Alexandre: R$ 2 000,00.
48. $a = 10; b = 15; c = 6$
49. $a = 8; b = 6; c = 10$

CAPÍTULO 23 Grandezas proporcionais

1.

Quantidade de brindes	Custo (R$)
10	60
20	120
30	180
50	300
100	600
160	960
500	3 000

2.

Quantidade de dias	Milho (kg)
30	60
60	120
90	180
120	240
15	30
45	90

3.

Quantidade de máquinas	Tempo gasto (min)
8	40
4	80
1	320
5	64
10	32

4.

Número de exemplares a produzir	Consumo de papel (kg)
1 000	360
1 500	540
2 000	720
3 000	1 080
4 000	1 440
6 000	2 160
10 000	3 600
15 000	5 400

5.

Quantidade de ônibus	Duração da viagem (h)
1	6
2	6
3	6
4	6
5	6
6	6
7	6

6.

Quantidade de torneiras	Tempo (h)
3	24
1	72
6	12
2	36
4	18
9	8
8	9
12	6

7. **a)** NP
   b) NP
   c) DP
   d) NP
   e) DP
   f) NP
8. **a)** IP **b)** DP **c)** IP; IP

PARTICIPE

As respostas são pessoais.

9. R$ 25,35
10. R$ 82,35
11. 22 horas.
12. **a)** 7° 30' **b)** 22° 30'

PARTICIPE

I. **a)** $\frac{7}{10}$
   b) 560 km
   c) $\frac{14}{15}$
   d) 56 min

II. **a)** Sim.
   b) Resposta pessoal.

13. **a)** Em 5 horas.
    b) Em 2 horas.
14. Para 35 dias.
15. 1 h 26 min 24 s
16. 18 minutos.
17. Resposta pessoal.
18. Resposta pessoal.
19. 64 kg
20. 72
21. 4 900 exemplares
22. 34 min 6 s
23. 1 380
24. R$ 425,00

UNIDADE 9 Probabilidade e Estatística

CAPÍTULO 24 Frequência relativa e probabilidade

1. 6; $\{1, 2, 3, 4, 5, 6\}$

2. 3; {branco, preto, vermelho}

3. 2; {par, ímpar}

4. 10; $\{1, 2, 3, 4, 5, 6, 7, 8, 9, 10\}$

5. 7; {segunda-feira, terça-feira, quarta-feira, quinta-feira, sexta-feira, sábado, domingo}

6. 2; {boa, defeituosa}

7. 3; $\{0, 1, 2\}$

8. 11; $\{2, 3, 4, 5, 6, 7, 8, 9, 10, 11, 12\}$

9. **a)** $\frac{1}{6}$
b) Respostas pessoais.
c) Resposta pessoal.

10. Resposta pessoal. Num dado não viciado essas probabilidades são $\frac{1}{2}$ e $\frac{1}{2}$.

11. **a)** 0,015 (ou 1,5%)
b) 1,5%

12. Resposta pessoal. Com duas moedas equilibradas, essa probabilidade é $\frac{1}{2}$.

13. Resposta pessoal. (Com dois dados não viciados, essa probabilidade é $\frac{1}{6}$ (aproximadamente 16,7%).)

CAPÍTULO 25 Média e amplitude de um conjunto de dados

PARTICIPE

a) 9
b) 26
c) 2,9 aproximadamente.
d) Sim. Unidades 1, 2, 6, 7 e 9.
e) Sim. Unidades 3, 4, 5, e 8.
f) Não.
g) Média aritmética

1. **a)** 9
b) 19,3

2. **a)** 56
b) 58,75
c) 26,6
d) 25
e) 44

3. **a)** 1,34 m
b) 37 kg
c) As meninas.

4. **a)** 36 anos
b) 1,64 m

5. **a)** 6,50; 7,00; 6,25; 5,50; 8,25; 7,25
b) Geografia; História.

6. **a)** 0,24 m
b) 0,14 m; 0,20 m

7. **a)** 13 kg
b) 8 kg; 10 kg

8. Língua Portuguesa; 3,5.

CAPÍTULO 26 Pesquisa estatística e representações gráficas

1. Resposta pessoal.

2. **a)** População
b) Amostra
c) Amostra

3. Resposta pessoal.

4. 80 funcionários.

5. Resposta pessoal.

6. **a)** 66 milhões (1,1%); 370,4 milhões (4,1%)
b) Resposta pessoal.

7. **a)** 93,7%
b) 171°

8. **a)** 12; 18; 10
b) 108°; 162°; 90°

9. **a)** 160
b) 400
c) 30%

10. **a)** Gráfico.
b) 15%; 25%; 30%; 20%; 5% e 5%.

11. **a)** Gráfico.
b) Gráfico.

12. **a)** *A*: 20%; *B*: 50%; *C*: 30%
b) *A*: 85%; *B*: 72%; *C*: 90% (gráfico de colunas ou de barras)
c) *B*; *C*

13. **a)** 32,5%
b) 126 crianças

14. **a)** 9 redações.
c) $A = 56$ (11,2%); $B = 130$ (26%); $C = 189$ (37,8%); $D = 125$ (25%)

17. **a)** 3,2; 2,3; 1,8; 2,5 e 3,5.
b) Gráfico

18. aniversário: linhas; estações: setores

20. **b)** 8%

AGRADECIMENTOS

Consignamos nossa mais sincera gratidão aos colegas pelo apoio recebido durante a elaboração deste trabalho.

Affonso Luiz Reyz de Paula Neves
Alvaro Zimmermann
Aranha Ambrogina L. Pozzi Cesar
Ana Maria de Souza Almeida Matos
Ângela Maria de Carvalho Barroso
Antonio Lourenço de Oliveira
Antonio Renato de Paula Pessoa
Arnaldo Mendonça
Augusto C. O. Morgado
Bárbara Lutaif
Carlos Balbino Pelegrinelli
Cesar Augusto Soares
Cesar Soares dos Reis
Cleister Alves Cordeiro
Danilo Carvalho Villela
Dylson Faria Lima
Edjarbas de Oliveira Jr.
Edna Maria C. Conceição
Eldon Nogueira de Albuquerque
Elias Veiga
Elisabete Longo Santiago
El-Mani Gomes
Elon Lages Lima
Evaldo Ribeiro da Cunha
Fernando José Campps Lavall
Fernando Willer Klein de Aquino
Flávio Leite Mota
Francisco Guilherme da Silva
Gracia Tereza Bittencourt Martins
Helena Maria Tonet
Henriette Tognetti Penha Morato
Hiroko Ando
Hugo José Nascimento
Iguatemi Coquinot de Alcântara Nunes
Irene Torrano Filisetti
Izelda Maciel Ramos
Jaine Rita Celentano Lino
João Alfredo Sampaio
João Dionísio Amorim
João dos Reis Neto
João Pereira dos Santos
Joaquim Serafim da Paz
José Cardoso
José Fonseca Júnior
José Geraldo
José Jorge Chama
José Wightnan de Carvalho
Judite David
Jélia Hosi
Leonor Farsic Fic
Luciano de Oliveira
Luiz Angelo Marengão
Luiz José de Macedo
Manoel Benedito Rodrigues
Manuel Maria Lourenço de Sousa
Marcelo Antônio Ferreira
Marcelo Marcio Morandi
Maria Aparecida Olivares Pusas Santos
Maria Aparecida Simões Okamura
Maria Consuelo G. B. da Silva
Maria José R. Pereira
Marisa Ortegosa da Cunha
Martha Helena Franco de Andrade
Mercês Edith Dubeux Beltrão
Messias Rosa do Nascimento
Milton Carvalho Barbosa
Mitiko Imoto Kawata
Nelson José Correia
Nilze Silveira de Almeida
Orozimbo Marinho de Almeida
Oscar Augusto Guelli Neto
Otaviano Alves
Pelegrino P. Dinard
Plínio José Oliveira
Regina Célia Santiago do Amaral Carvalho
Rêmulo Pifano
Roberto Meconi Júnior
Ronaldo Schubert Souto
Rosana Covões
Rosângela de Fátima dos Reis Silva
Sergio Augusto Sepúlveda Figueiredo
Sidney Tognini Martos
Silvia de Lima Guitti Oliveira
Silvia Helena Augusto
Valéria Araújo Barbosa
Vanda Cotosck
Vicente Carelli
Vilma Cotosck
Walfrido Diniz Gattoni
Wancleber Pacheco
Wilson José da Silva

BIBLIOGRAFIA

100 jogos geométricos, de Pierre Berloquin (Lisboa: Gradiva, 1999).

100 jogos numéricos, de Pierre Berloquin (Lisboa: Gradiva, 1991).

A arte de resolver problemas, de George Polya (Rio de Janeiro: Interciência, 1978).

Ah, descobri!, de Martin Gardner (Lisboa: Gradiva, 1990).

Anuários do Conselho Nacional de Professores de Matemática dos EUA (NCTM) (São Paulo: Atual, 1995).

As maravilhas da Matemática, de Malba Tahan (Rio de Janeiro: Bloch, 1987).

As seis etapas do processo de aprendizagem em Matemática, de Zoltan P. Dienes (São Paulo: EPU, 1986).

Aventuras matemáticas, de Miguel de Guzman (Lisboa: Gradiva, 1990).

Coleção *O Prazer da Matemática*, de vários autores (Lisboa: Gradiva).

Coleção *Pra que serve Matemática?*, de Luiz Márcio Pereira Imenes e outros (São Paulo: Atual, 1990).

Coleção *Vivendo a Matemática*, de vários autores (São Paulo: Scipione, 1990).

Da realidade à ação – Reflexões sobre educação e Matemática, de Ubiratan D'Ambrósio (São Paulo: Summus, 2004).

Didática da resolução de problemas de Matemática, de Luiz Roberto Dante (São Paulo: Ática, 1999).

Divertimientos lógicos y matemáticos, de M. Mataix (Barcelona: Marcombo, 1982).

El discreto encanto de las matemáticas, de M. Mataix (Barcelona: Marcombo, 1986).

Estatística básica, de Wilton de O. Bussab e Pedro A. Morettin (São Paulo: Saraiva, 2013).

Etnomatemática – Elo entre as tradições e a modernidade, de Ubiratan D'Ambrósio (Belo Horizonte: Autêntica, 2001).

Fazer e compreender Matemática, de Jean Piaget (São Paulo: Melhoramentos, 1978).

História da Matemática, de Carl B. Boyer, tradução: Elza F. Gomide (São Paulo: Edgard Blücher, Edusp, 1974).

Matemática divertida e curiosa, de Malba Tahan (Rio de Janeiro: Record, 2008).

Matemática e língua materna, de Nilson José Machado (São Paulo: Cortez, 2001).

Na vida dez, na escola zero, de David Carraher e outros (São Paulo: Cortez, 2003).

O homem que calculava, de Malba Tahan (Rio de Janeiro: Record, 2008).

O livro dos desafios, v. 1, de Charles Barry Townsend (Rio de Janeiro: Ediouro, 2004).

Quebra-cabeças, truques e jogos com palitos de fósforo, de Gilberto Obermair (Rio de Janeiro: Ediouro, 2000).

Revista do Professor de Matemática (São Paulo: SBM).

Revista Nova Escola (São Paulo: Fundação Victor Civita).

Revista Temas e Debates (São Paulo: SBEM).